普通高等教育物联网工程专业系列教材

无线传感器网络技术及应用

熊茂华　熊　昕　编著

西安电子科技大学出版社

内 容 简 介

本书介绍了无线传感器网络研究领域中的相关技术和应用，共 12 章，内容涵盖无线传感器网络的体系结构、传感器与智能检测技术、无线传感器网络的协议规范、无线传感器网络通信技术、短距离无线通信协议标准、覆盖与拓扑控制技术、定位与跟踪技术、时间同步技术、网络安全技术、无线传感器网络数据融合与管理技术、无线传感器网络中间件技术等方面，其中重点介绍了无线传感器网络开发环境的构建、无线传感器网络操作系统，最后详细介绍了两个典型的无线传感器网络应用系统实例。本书在编写上既重视基础知识，又跟踪前沿技术；既具有学术深度，又具有教材的系统性和可读性。

本书可作为普通高等院校物联网、传感器网络通信工程、电子信息、计算机等专业高年级本科生和研究生的教材，也可作为无线传感器网络领域的研究人员及广大对无线传感器网络感兴趣的工程技术人员的参考书。

图书在版编目(CIP)数据

无线传感器网络技术及应用/熊茂华，熊昕编著.
—西安：西安电子科技大学出版社，2014.1(2023.7 重印)
ISBN 978-7-5606-3280-3

Ⅰ.① 无… Ⅱ.① 熊… ② 熊… Ⅲ.① 无线电通信—传感器—高等学校—教材
Ⅳ.① TP212

中国版本图书馆 CIP 数据核字(2013)第 315541 号

策　　划　邵汉平
责任编辑　雷鸿俊　邵汉平
出版发行　西安电子科技大学出版社(西安市太白南路 2 号)
电　　话　(029)88202421　88201467　　　邮　编　710071
网　　址　www.xduph.com　　　　　　电子邮箱　xdupfxb001@163.com
经　　销　新华书店
印刷单位　陕西天意印务有限责任公司
版　　次　2014 年 1 月第 1 版　　2023 年 7 月第 5 次印刷
开　　本　787 毫米×1092 毫米　1/16　　　印 张 20
字　　数　470 千字
印　　数　7001～8000 册
定　　价　36.00 元
ISBN 978－7－5606－3280－3/TP
XDUP 3572001－5
如有印装问题可调换

普通高等教育物联网工程专业教材
编审专家委员会名单

项目策划：毛红兵
策　　划：邵汉平　刘玉芳　王 飞

前　言

无线传感器网络是新一代的传感器网络，具有非常广泛的应用前景，其发展和应用将会给人类的生活和生产的各个领域带来深远影响。可以预计，无线传感器网络的研究与应用的进一步发展是一种必然趋势。为满足各地无线传感器网络技术与应用人才培养的需要，我们编写了本书。

本书详细介绍了无线传感器网络的概念、关键技术和典型应用。书中首先讨论了无线传感器网络的概念与特点、无线传感器网络体系结构、节点结构、应用系统结构和通信体系结构；无线传感器网络的协议规范，包括 IEEE802.15.4 标准、ZigBee 协议栈体系结构及规范、无线传感器网络路由协议，传感器及检测技术，智能传感器技术，智能检测系统的设计，RFID 的工作原理及系统组成，RFID 中间件技术及 RFID 典型模块应用等；其次介绍了物联网通信与网络技术知识，主要包括无线通信技术、蓝牙技术、WiFi 技术、ZigBee 技术、GPS 技术、无线局域网、无线城域网、无线自组织网络技术、Ad Hoc 网络的体系结构与应用等；然后介绍了无线传感器网络开发环境的构建、TinyOS 操作系统与编程、无线传感器网络的节点定位与跟踪技术、时间同步技术、测距技术、无线传感器网络拓扑控制与覆盖技术、无线传感器网络安全技术、无线传感器网络密钥管理、无线传感器网络中间件技术、无线传感器网络中数据融合与管理技术、无线传感器网络应用系统设计与开发等，使课程理论与实践紧密地结合起来。

本书由熊茂华、熊昕编写，周顺先教授主审。全书由熊茂华负责内容规划和编排。其中，第 1～5 章由熊昕编写，第 6～12 章由熊茂华编写。

本书在编写过程中，得到了部分同事和无锡清华信息科学与技术国家实验室物联网技术中心的帮助，部分内容参考了本书所列的参考文献，在此谨向所有给予帮助的同志和所列参考文献的作者深表谢意。

由于时间仓促，加之编者的水平有限，书中难免存在疏漏之处，敬请各位专家以及广大读者批评指正。与本书配套的开发工具软件、练习题参考答案和课件可登录西安电子科技大学出版社网站下载。

编　者
2013 年 9 月

目　录

第 1 章　无线传感器网络基础知识

本章要点 ✍

- 无线传感器网络的概念与特点；
- 无线传感器网络的发展和现状；
- 无线传感器网络体系结构；
- 无线传感器网络的应用及关键技术；
- 主流无线传感器网络仿真平台。

1.1　无线传感器网络的概念与特点

1.1.1　无线传感器网络的概念

无线传感器网络(Wireless Sensor Network，WSN)是新一代的传感器网络，具有非常广泛的应用前景，其发展和应用将会给人类的生活和生产的各个领域带来深远影响。2001 年 1 月《MIT 技术评论》将无线传感器列于十种改变未来世界新兴技术之首。2003 年 8 月，《商业周刊》预测：无线传感器网络将会在不远的将来掀起新的产业浪潮。2004 年《IEEE Spectrum》杂志出版了专集《传感器的国度》，论述无线传感器网络的发展和可能的广泛应用。我国未来 20 年预见技术的调查报告中，信息领域 157 项技术课题有 7 项与传感器网络直接相关。2006 年年初发布的《国家中长期科学与技术发展规划纲要》为信息技术确定了三个前沿方向，其中两个与无线传感器的研究直接相关，即智能感知技术和自组织网络技术。可以预计，无线传感器网络的研究与应用的进一步发展是一种必然趋势，将会给人类社会带来极大的变革。

无线传感器网络综合了微电子技术、嵌入式计算技术、现代网络及无线通信技术、分布式信息处理技术等先进技术，能够协同地实时监测、感知和采集网络覆盖区域中各种环境或监测对象的信息，并对其进行处理，处理后的信息通过无线方式发送，并以多跳自组的网络方式传送给观察者。

无线传感器网络可以定义为：无线传感器网络是由部署在监测区域内大量的廉价微型传感器节点组成，通过无线通信方式形成的一个多跳自组织网络的网络系统，其目的是协作感知、采集和处理网络覆盖区域中感知对象的信息，并发送给观察者。

可以看出，传感器、感知对象和观察者是传感器网络的三个基本要素。这三个要素之间通过无线网络建立通信路径，协作地感知、采集、处理、发布感知信息。

1.1.2　无线传感器网络的特点

目前常见的无线网络包括移动通信网、无线局域网、蓝牙网络、Ad Hoc 网络等，它们在通信方式、动态组网以及多跳通信等方面有许多相似之处，但同时也存在很大的差别。与这些无线网络相比，无线传感器网络具有如下特点：

(1) 电源能量有限。传感器节点体积微小，通常携带能量十分有限的电池。由于传感器节点数目庞大，成本要求低廉，分布区域广，而且部署区域环境复杂，有些区域甚至人员不能到达，所以传感器节点通过更换电池的方式来补充能源是不现实的。如何在使用过程中节省能源，最大化网络的生命周期，是传感器网络面临的首要挑战。

(2) 通信能量有限。传感器网络的通信带宽窄而且经常变化，通信覆盖范围只有几十到几百米。传感器网络更容易受到高山、建筑物、障碍物等地势地貌以及风雨雷电等自然环境的影响，传感器可能会长时间脱离网络，离线工作。因此，如何在有限通信能力的条件下高质量地完成感知信息的处理与传输，是传感器网络面临的挑战之一。

(3) 传感器节点的计算能力和存储能力有限。传感器节点是一种微型嵌入式设备，其价格低，功耗小，处理器能力比较弱，存储器容量比较小。为了完成各种任务，传感器节点需要完成监测数据的采集和转换、数据的管理和处理、应答汇聚节点的任务请求和节点控制等多种工作。如何利用有限的计算和存储资源完成诸多协同任务成为传感器网络设计的挑战。

(4) 网络规模大，分布广。传感器网络中的节点分布密集，数量巨大。此外，传感器网络可以分布在很广泛的地理区域。传感器网络的这一特点使得网络的维护十分困难甚至不可维护，因此传感器网络的软、硬件必须具有高强壮性和容错性，以满足传感器网络的功能要求。

(5) 自组织、动态性网络。在传感器网络应用中，传感器节点多通过随机布撒的方式放置，其位置往往不能预先精确设定，节点之间的相互邻居关系预先也不知道。这就要求传感器节点具有自组织能力，能够自动进行配置和管理，通过拓扑控制机制和网络协议自动形成转发监控数据的多跳无线网络系统。同时，由于部分传感器节点能量耗尽或环境因素造成失效，以及经常有新的节点加入，或是网络中的传感器、感知对象和观察者这三要素都可能具有移动性，这就要求传感器网络必须具有很强的动态性，以适应网络拓扑结构的动态变化。

(6) 无线传感器网络的传感器节点具有数据融合能力，与 Mesh 网络的区别是数据少、易移动以及注重节点的能源，与无线 Ad Hoc 网络相比数量多、密度大、易受损、拓扑结构变动频繁。此外，无线传感器网络的传感器节点还具有广播式点对多通信、节点能量及计算能力受限等特点。

1.2　无线传感器网络的发展

1.2.1　无线传感器网络的发展阶段

无线传感器网络的发展分为以下几个阶段：

第一阶段：最早可以追溯至 20 世纪 70 年代越战时期使用的传统的传感器系统。当年美越双方在密林覆盖的"胡志明小道"上进行了一场血腥较量，这条道路是胡志明部队向南方游击队源源不断输送物资的秘密通道，美军曾经绞尽脑汁动用航空兵狂轰滥炸，但效果不理想。后来，美军投放了 2 万多个"热带树"传感器。

所谓"热带树"，实际上是由震动和声响传感器组成的系统，它由飞机投放，落地后插入泥土中，只露出伪装成树枝的无线电天线，因而被称为"热带树"。只要越军车队经过，传感器就会探测出目标产生的震动和声响信息并自动发送到指挥中心，美军飞机立即展开追杀，总共炸毁或炸坏越军 4.6 万辆卡车。

第二阶段：20 世纪 80 年代至 90 年代。此阶段主要是美军研制的分布式传感器网络系统、海军协同交战能力系统、远程战场传感器系统等。这种现代微型化的传感器具备感知能力、计算能力和通信能力。

第三阶段：21 世纪初至今。这个阶段的传感器网络技术特点在于网络传输自组织、节点设计低功耗。除了应用于情报部门反恐活动以外，在其他领域也获得了很好的应用，所以 2002 年美国国家重点实验室——橡树岭实验室提出了"网络就是传感器"的论断。

无线传感器网络经历了智能传感器、无线智能传感器和无线传感器网络三个阶段。智能传感器将计算能力嵌入到传感器中，使得传感器节点不仅具有数据采集能力，而且具有滤波和信息处理能力；无线智能传感器在智能传感器的基础上增加了无线通信能力，大大延长了传感器的感知触角，降低了传感器的工程实施成本；无线传感器网络则将网络技术引入到无线智能传感器中，使得传感器不再是单个的感知单元，而是能够交换信息、协调控制的有机结合体，实现了物与物的互联，把感知触角深入世界各个角落，必将成为下一代互联网的重要组成部分。

1.2.2　无线传感器网络技术发展背景

1996 年，美国 UCLA 的 William J. Kaiser 教授向 DARPA 提交的"低能耗无线集成微型传感器"揭开了现代 WSN 的序幕。1998 年，同是 UCLA 的 Gregory J.Pottie 教授从网络研究的角度重新阐释了 WSN 的科学意义。在其后的 10 余年里，WSN 技术得到学术界、工业界乃至政府的广泛关注，成为在国防军事、环境监测和预报、健康护理、智能家居、建筑物结构监控、复杂机械监控、城市交通、空间探索、大型车间和仓库管理以及机场、大型工业园区的安全监测等众多领域中最有竞争力的应用技术之一。美国《商业周刊》将WSN 列为 21 世纪最有影响的技术之一，麻省理工学院(MIT)技术评论则将其列为改变世界的十大技术之一。

1. WSN 相关的会议和组织

WSN 技术一经提出，就迅速在研究界和工业界得到了广泛的认可。1998 年到 2003 年，各种无线通信、Ad Hoc 网络、分布式系统的会议开始大量收录与 WSN 技术相关的文章。2001 年，美国计算机学会(ACM)和 IEEE 成立了第一个专门针对传感网技术的会议International Conference on Information Processing in Sensor Network(IPSN)，为 WSN 技术的发展开拓了一片新的技术园地。2003 年到 2004 年，一批针对传感网技术的会议相继组建。ACM 在 2005 年还专门创刊《ACM Transaction on Sensor Network》，用来出版最优秀的传感器网络技术成果。2004 年, Boston 大学与 BP、Honeywell、Inetco Systems、Invensys、Millennial Net、Radianse、Sensicast Systems 等公司联合创办了传感器网络协会, 旨在促进 WSN 技术的开发。2006 年 10 月, 中国计算机学会传感器网络专委会在北京正式成立, 标志着中国 WSN 技术研究开始进入一个新的历史阶段。

2. 相关科研和工程项目

从 20 世纪 90 年代开始, 美国就陆续展开分布式传感器网络(DSN)、集成的无线网络传感器(WINS)、智能尘埃(Smart Dust)、无线嵌入式系统(WEBS)、分布式系统可升级协调体系结构研究(SCADDS)、嵌入式网络传感(CENS)等一系列重要的 WSN 研究项目。

自 2001 年起, 美国国防部远景研究计划局(DARPA)每年都投入千万美元进行 WSN 技术研究, 设立了 Smart Sensor Web、灵巧传感器网络通信、无人值守地面传感器群、传感器组网系统、网状传感器系统等一系列军事传感器网络研究项目。在美国自然科学基金委员会的推动下, 美国麻省理工学院、加州大学伯克利分校、加州大学洛杉矶分校、南加州大学、康奈尔大学、伊利诺斯大学等许多著名高校也进行了大量 WSN 的基础理论和关键技术的研究。除美国以外, 日本、英国、意大利、巴西等国家也对传感器网络表现出了极大的兴趣, 并各自展开了该领域的研究工作。

中国现代意义的 WSN 及其应用研究几乎与发达国家同步启动, 首先被记录在 1999 年发表的中国科学院《知识创新工程试点领域方向研究》的《信息与自动化领域研究报告》中。

2001 年, 中国科学院成立了微系统研究与发展中心, 挂靠中科院上海微系统所, 旨在整合中科院内部的相关单位, 共同推进传感器网络的研究。从 2002 年开始, 中国国家自然科学基金委员会开始部署传感器网络相关的课题。截至 2008 年年底, 中国国家自然基金共支持面上项目 111 项、重点项目 3 项; 国家"863"重点项目发展计划共支持面上项目 30 余项, 国家重点基础研究发展计划"973"也设立了两项与传感器网络直接相关的项目; 国家发改委中国下一代互联网工程项目(CNGI)也对传感器网络项目进行了连续资助。"中国未来 20 年技术预见研究"提出的 157 个技术课题中有 7 项直接涉及无线传感器网络。这些专项的设立将大大推进 WSN 网络技术在应用领域的快速发展。

3. WSN 技术的成熟度分析

Gartner 信息技术研究与咨询公司从 2005 年到 2008 年对 WSN 技术进行了追踪和评估。2005 年, Gartner 认为 WSN 技术的关注度已经越过了膨胀高峰并回归理性, 表现为以美国为首的科研人员开始理性反思这种技术模式是不是有进一步推广和发展的机会。当时的预期比较乐观, 认为该技术将在 2~5 年内走向成熟。2006 年, Gartner 的评估认为该技术正按照预定曲线前行, 但成熟时间要更长一些。到了 2007 年, Gartner 发现对该技术的关注度又有大幅度回升, 但其市场并没有走向高产能期, 而似乎又回到了技术膨胀期。同时, 距离成熟的时间仍然是 10 年以上。

超过 5 年的市场预测往往意味着公司对该项技术缺乏准确的判断。从这一点上看, WSN 技术从市场的角度上看还有些扑朔迷离。Gartner 的 2008 年技术预测报告中没有对该领域进行预测也正是基于这一点。这种结果的可能原因是杀手级应用所需的几项关键性的支撑技术目前难于突破, 微型化、可靠性、能量供给在目前看来是制约应用的最大问题。

　　无线传感器网络技术要想在未来十几年内有所发展，一方面要在这些关键的支撑技术上有所突破，另一方面则要在成熟的市场中寻找应用，构思更有趣、更高效的应用模式。值得庆幸的是，WSN 技术在中国找到了发展机会。政府引导、研究人员的推动和企业的积极参与大大加快了 WSN 技术的市场化进程。中国必将在 WSN 技术和市场推进中发挥重要作用。

1.3　无线传感器网络结构

1.3.1　无线传感器网络的体系结构

　　无线传感器网络的体系结构如图 1.1 所示。监测区域中随机分布着大量的传感器节点，这些节点以自组织的方式构成网络结构。每个节点既有数据采集又有路由功能，采集数据经过多跳传递给汇聚节点，连接到互联网。在网络的任务管理节点对信息进行管理、分类、处理，最后供用户进行集中处理。

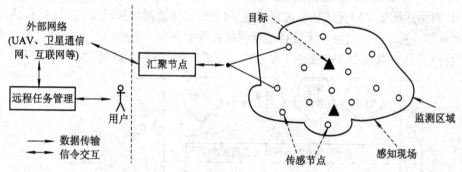

图 1.1　无线传感器网络的体系结构

1.3.2　无线传感器网络的节点结构

　　节点同时具有传感、信息处理和进行无线通信及路由的功能。对于不同的应用环境，节点的结构也可能不一样，但它们的基本组成部分是一致的，一个节点通常由传感器、微处理器、存储器、A/D 转换接口、无线发射以及接收装置和电源组成。概括之，无线传感器节点可分为传感器模块、处理器模块、无线通信模块和能量供应模块四个部分，如图 1.2 所示。

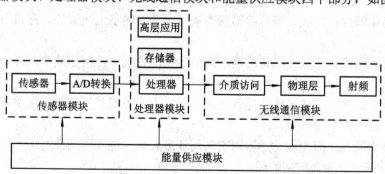

图 1.2　无线传感器节点的体系结构

传感器模块负责信息采集和数据转换；处理器模块控制整个传感器节点的操作，处理本身采集的数据和其他节点发来的数据，运行高层网络协议；无线通信模块负责与其他传感器节点进行通信；能量供应模块为传感器节点提供运行所需的能量，通常是微型蓄电池。

1.3.3 无线传感器网络应用系统结构

无线传感器网络应用系统结构如图 1.3 所示。无线传感器网络应用支撑层、无线传感器网络基础设施和基于无线传感器网络的应用程序以及管理、信息安全等部分组成了无线传感器网络中间件与平台软件。其基本含义是，应用支撑层支持应用业务层为各个应用领域服务，提供所需的各种通用服务，这一层的核心是中间件软件；管理和信息安全是贯穿各个层次的保障。无线传感器网络中间件与平台软件体系结构主要分为四个层次：网络适配层、基础软件层、应用开发层和应用业务适配层。其中，网络适配层和基础软件层组成无线传感器网络节点嵌入式软件(部署在无线传感器网络节点中)的体系结构，应用开发层和基础软件层组成无线传感器网络应用支撑结构(支持应用业务的开发与实现)。在网络适配层中，网络适配器是对无线传感器网络底层(无线传感器网络基础设施、无线传感器操作系统)的封装。基础软件层包含无线传感器网络各种中间件。这些中间件构成了无线传感器网络平台软件的公共基础，并提供了高度的灵活性、模块性和可移植性。

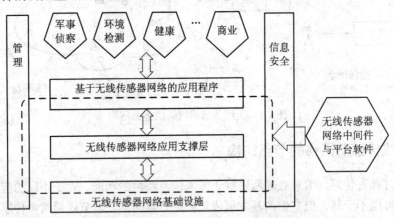

图 1.3 无线传感器网络应用系统结构

无线传感器网络中间件有如下几种：

(1) 网络中间件：完成无线传感器网络接入服务、网络生成服务、网络自愈合服务、网络连通等。

(2) 配置中间件：完成无线传感器网络的各种配置工作，例如路由配置、拓扑结构的调整等。

(3) 功能中间件：完成无线传感器网络各种应用业务的共性功能，提供各种功能框架接口。

(4) 管理中间件：为无线传感器网络应用业务实现各种管理功能，例如目录服务、资源管理、能量管理和生命周期管理。

(5) 安全中间件：为无线传感器网络应用业务实现各种安全功能，例如安全管理、安全监控和安全审计。

无线传感器网络中间件与平台软件采用层次化、模块化的体系结构，使其更加适应无线传感器网络应用系统的要求，并用自身的复杂换取应用开发的简单，而中间件技术能够更简单明了地满足应用的需要。一方面，中间件提供满足无线传感器网络个性化应用的解决方案，形成了一种特别适用的支撑环境；另一方面，中间件通过整合，使无线传感器网络应用只需面对一个可以解决问题的软件平台。因此，无线传感器网络中间件与平台软件的灵活性、可扩展性保证了无线传感器网络的安全性，提高了无线传感器网络的数据管理能力和能量效率，降低了应用开发的复杂性。

1.3.4　无线传感器网络通信体系结构

无线传感器网络的实现需要自组织网络技术，相对于一般意义上的自组织网络，传感器网络具有以下特点，需要在体系结构的设计中加以特殊考虑。

(1) 无线传感器网络中的节点数目众多，这就对传感器网络的可扩展性提出了要求。由于传感器节点的数目多，开销大，传感器网络通常不具备全球唯一的地址标识，这使得传感器网络的网络层和传输层相对于一般网络而言有很大的简化。

(2) 自组织传感器网络最大的特点就是能量受限，传感器节点受环境的限制，通常由电量有限且不可更换的电池供电，所以在考虑传感器网络体系结构以及各层协议设计时，节能是设计的主要考虑目标之一。

(3) 由于传感器网络应用环境具有特殊性、无线信道不稳定以及能源受限的特点，传感器网络节点受损的概率远大于传统网络节点，因此自组织网络的健壮性保障是必需的，以保证部分传感器网络的损坏不会影响全局任务的进行。

(4) 传感器节点高密度部署，网络拓扑结构变化快，对拓扑结构的维护也提出了挑战。

根据以上特性分析，传感器网络需要根据用户对网络的需求设计适应自身特点的网络体系结构，为网络协议和算法的标准化提供统一的技术规范，使其能够满足用户的需求。无线传感器网络通信体系结构如图 1.4 所示，即横向的通信协议层和纵向的传感器网络管理面。通信协议层可以划分为物理层、数据链路层、网络层、传输层和应用层，而网络管理面可以划分为能耗管理面、移动性管理面和任务管理面。网络管理面主要用于协调不同层次的功能以求在能耗管理、移动性管理和任务管理方面获得综合考虑的最优设计。

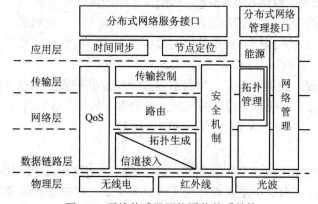

图 1.4　无线传感器网络通信体系结构

1.4　无线传感器网络的应用及关键技术

1.4.1　WSN 的应用

WSN 的应用可以分为监测和追踪两类，如图 1.5 所示。监测应用包括室环境监测、公共卫生监测、商业监测、生物监测、军事监测等方面。跟踪应用包括工业追踪、公共事业追踪、商业追踪、军事追踪等方面。

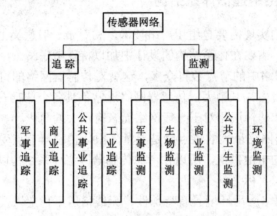

图 1.5　无线传感器网络应用分类

1．军事领域

2005 年，美国军方成功测试了由美国 Crossbow 产品组建的枪声定位系统，为救护、反恐提供了有力手段。美国科学应用国际公司采用无线传感器网络，构筑了一个电子周边防御系统，可为美国军方提供军事防御和情报信息。

中国中科院微系统所主导的团队积极开展基于 WSN 的电子围栏技术的边境防御系统的研发和试点，已取得了阶段性的成果。

2．公共卫生

WSN 可用于残疾人监测、病人监测、诊断及医院药品管理系统。C.R.Badker 等人指出，在公共卫生医疗监测中应用 WSN 能提高现有卫生和病人的监测状况。他们提出了四种应用原型：婴儿监测、聋人提醒、血压监测与追踪以及消防员身体特征信号监测。这些原型采用了 SHIMME 和 T-mote 节点。

在医疗监控方面，美国英特尔公司目前正在研制家庭护理的无线传感器网络系统，它是美国"应对老龄化社会技术项目"的一项重要内容。另外，在对特殊医院(精神类或残障类)中病人的位置监控方面，WSN 也有巨大的应用潜力。

3．环境应用

无线传感器网络的应用包括跟踪生物，如鸟类、小动物和昆虫的迁移，监测影响农作物的环境，以及监测大海、土壤及森林火灾等。美国加利福尼亚州索诺马县应用 WSN 研究红木树林的现状，每个传感器节点用于测量空气温度、相对湿度以及光合有效辐射作用。

在树的不同高度放置节点，生物学家可以追踪红木树林小气候的空间渐变情况，从而验证其生物学理论。哈佛大学 Matt Welsh 等人将传感器网络应用于火山的监测。他们分别于 2004 年和 2005 年对厄瓜多尔的 Tungurahua 和 Reventodaor 两座火山进行了监测。该网络由 16 个传感器节点组成，每个传感器间隔 200～400 m 不等。在 19 天的观测中，网络观测到 230 次火山喷发和其他事件。在肯尼亚构建的 ZebraNet 系统是一个移动传感网络，用于追踪动物的迁移。该系统将跟踪节点安装在斑马的项圈上，目的在于准确记录斑马的位置，用于生物行为分析。

在环境监控和精细农业方面，WSN 的应用最为广泛。2002 年，英特尔公司率先在俄勒冈建立了世界上第一个无线葡萄园，这是一个典型的精细农业、智能耕种的实例。杭州齐格科技有限公司与浙江农科院合作研发了远程农作物管理决策服务平台，该平台利用无线传感器技术实现了对农田温室大棚温度、湿度、露点、光照等环境信息的监测。

4．工业应用

在工业监控方面，美国英特尔公司为俄勒冈的一家芯片制造厂安装了 200 台无线传感器，用来监控部分工厂设备的振动情况，并在测量结果超出规定时提供监测报告。西安成峰公司与陕西天和集团合作开发了矿井环境监测系统和矿工井下区段定位系统。

5．公共事业领域

在民用安全监控方面，英国一家博物馆的工作人员利用无线传感器网络设计了一个报警系统，他们将节点放在珍贵文物或艺术品的底部或背面，通过侦测灯光的亮度改变和振动情况，来判断展览品的安全状态。中科院计算所在故宫博物院实施的文物安全监控系统也是 WSN 技术在民用安防领域中的典型应用。

现代建筑的发展不仅要求为人们提供更加舒适、安全的房屋和桥梁，而且希望建筑本身能够对自身的健康状况进行评估。WSN 技术在建筑结构健康监控方面发挥着重要作用。2004 年，哈尔滨工业大学在深圳地王大厦实施部署了监测环境噪声和震动加速度响应测试的 WSN 网络系统。

在智能交通方面，美国交通部提出了"国家智能交通系统项目规划"，预计到 2025 年全面投入使用。该系统综合运用大量传感器网络，配合 GPS 系统、区域网络系统等资源，实现对交通车辆的优化调度，并为个体交通推荐实时的、最佳的行车路线服务。目前在美国宾夕法尼亚州的匹兹堡市已经建有这样的智能交通信息系统。

以中科院上海微系统所为首的研究团队正在积极开展 WSN 在城市交通中的应用。中科院软件所在地下停车场基于 WSN 网络技术实现了细粒度的智能车位管理系统，使得停车信息能够迅速通过发布系统推送给附近的车辆，大大提高了停车效率。

在物流领域中，基于 RFID 和传感器节点在大粒度商品物流管理中已得到了广泛的应用。宁波中科万通公司与宁波港合作，实现了基于 RFID 网络的集装箱和卡车的智能化管理。

在智能家居领域中，浙江大学计算机系的研究人员开发了一种基于 WSN 网络的无线水表系统，能够实现水表的自动抄录。复旦大学、电子科技大学等单位研制了基于 WSN 网络的智能楼宇系统，其典型结构包括照明控制、警报门禁以及家电控制的 PC 系统，各部件自治组网，最终由 PC 将信息发布到互联网上，人们可以通过互联网终端对家庭状况实施监测。

1.4.2　无线传感器网络的关键技术

WSN 技术是多学科交叉的研究领域，包含众多研究方向。WSN 技术具有应用相关性，利用通用平台构建的系统都无法达到最优效果。WSN 技术的应用定义要求网络中节点设备能够在有限能量(功率)供给下实现对目标的长时间监控，因此网络运行的能量效率是一切技术元素的优化目标。无线传感器网络的核心关键技术和关键支撑技术如下。

1. 核心关键技术

1) 组网模式

在确定采用无线传感器网络技术进行应用系统设计后，首先面临的问题是采用何种组网模式。

(1) 扁平组网模式。此模式中所有节点的角色相同，通过相互协作完成数据的交流和汇聚。最经典的定向扩散路由(Direct Diffusion)就是这种组网模式。

(2) 基于分簇的层次型组网模式。此模式中的节点分为普通传感器节点和用于数据汇聚的簇头节点，传感器节点将数据先发送到簇头节点，然后由簇头节点汇聚到后台。簇头节点完成的工作和消耗的能量更多。

(3) 网状网(Mesh)模式。Mesh 模式在传感器节点形成的网络上增加一层固定无线网络，用来收集传感器节点的数据，另一方面实现节点之间的信息通信以及网内融合处理。

(4) 移动汇聚模式。此模式使用移动终端收集目标区域的传感数据，并转发到后端服务器。采用移动汇聚模式可以提高网络的容量，但数据的传递延迟与移动汇聚节点的轨迹相关。如何控制移动终端轨迹和速率是该模式研究的重要目标。

2) 拓扑控制

组网模式决定了网络的总体拓扑结构，但为了实现 WSN 网络的低能耗运行，还需要对节点连接关系的时变规律进行细粒度控制。目前主要的拓扑控制技术分为时间控制、空间控制和逻辑控制三种。时间控制是通过控制每个节点睡眠、工作的占空比，调度节点间睡眠起始时间，让节点交替工作，网络拓扑在有限的拓扑结构间切换；空间控制是通过控制节点发送功率改变节点的连通区域，使网络呈现不同的连通形态，从而获得控制能耗、提高网络容量的效果；逻辑控制是通过邻居表将不"理想的"节点排除在外，从而形成更稳固、可靠和强健的拓扑。WSN 技术中，拓扑控制的目的在于实现网络的连通(实时连通或机会连通)的同时保证信息的能量高效、可靠地传输。

3) 媒体访问控制和链路控制

媒体访问控制(MAC)和链路控制解决无线网络中普遍存在的冲突和丢失问题，根据网络中数据流状态控制临近节点乃至网络中所有节点的信道访问方式和顺序，达到高效利用网络容量，减低能耗的目的。要实现拓扑控制中的时间和空间控制，WSN 的 MAC 层需要配合完成睡眠机制、时分信道分配和空分复用等功能。

4) 路由、数据转发及跨层设计

WSN 中的数据流向与 Internet 相反：在 Internet 中，终端设备主要从网络上获取信息；而在 WSN 中，终端设备是向网络提供信息。因此，WSN 网络层协议设计有自己的独特要求。由于在 WSN 网络中对能量效率的苛刻要求，研究人员通常利用 MAC 层的跨层服务信息来进行转发节点、数据流向的选择。另外，网络在任务发布过程中一般要将任务信息传送给所有的节点，因此设计能量高效的数据分发协议也是网络层研究的重点。网络编码技术也是提高网络数据转发效率的一项技术。在分布式存储网络架构中，一份数据往往有不同的代理对其感兴趣，网络编码技术通过有效减少网络中数据包的转发次数，来提高网络容量和效率。

5) QoS保障和可靠性设计

QoS 保障和可靠性设计技术是传感器网络走向可用的关键技术之一。QoS 保障技术包括通信层控制和服务层控制。传感器网络大量的节点如果没有质量控制，将很难完成实时监测环境变化的任务。可靠性设计技术的目的是保证节点和网络在恶劣工作条件下长时间工作。节点计算和通信模块的失效直接导致节点脱离网络，而传感模块的失效则可能导致数据出现畸变，造成网络的误警。如何通过数据检测失效节点也是关键研究内容之一。

6) 移动控制模型

随着 WSN 组织结构从固定模式向半移动乃至全移动转换，节点的移动控制模型变得越来越重要。Luo J. 等指出，当汇聚节点沿着网络边缘移动收集时可以最大限度地提高网络生命周期；Bi Y. 等提出了多种汇聚点移动策略，根据每轮数据汇聚情况，估计下一轮能够最大延长网络生命周期的汇聚点位置；Butler Z. 等针对事件发生频度自适应移动节点的位置，使感知节点更多地聚集在使事件经常发生的地方，从而分担事件汇报任务，延长网络寿命。

2. 关键支撑技术

1) WSN网络的时间同步技术

时间同步技术是完成实时信息采集的基本要求，也是提高定位精度的关键手段。常用方法是通过时间同步协议完成节点间的对时，通过滤波技术抑制时钟噪声和漂移。最近，利用耦合振荡器的同步技术实现网络无状态自然同步方法也备受关注，这是一种高效的、可无限扩展的时间同步新技术。

2) 基于WSN的自定位和目标定位技术

定位跟踪技术包括节点自定位和网络区域内的目标定位跟踪。节点自定位是指确定网络中节点自身位置，这是随机部署组网的基本要求。GPS 技术是室外惯常采用的自定位手段，但这种技术成本较高，另一方面在有遮挡的地区会失效。传感器网络更多采用混合定位方法，即手动部署少量的锚节点(携带 GPS 模块)，其他节点根据拓扑和距离关系进行间接位置估计。目标定位跟踪通过网络中节点之间的配合完成对网络区域中特定目标的定位和跟踪，一般建立在节点自定位的基础上。

3) 分布式数据管理和信息融合

分布式动态实时数据管理是以数据中心为特征的 WSN 网络的重要技术之一。该技术部署或者指定一些节点为代理节点，代理节点根据监测任务收集兴趣数据。监测任务通过分布式数据库的查询语言下达给目标区域的节点。在整个体系中，WSN 网络被当作分布式数据库独立存在，实现对客观物理世界的实时和动态监测。

信息融合技术是指节点根据类型、采集时间、地点、重要程度等信息标度，通过聚类技术将收集到的数据进行本地的融合和压缩，一方面排除信息冗余，减少网络通信开销，节省能量；另一方面可以通过贝叶斯推理技术实现本地的智能决策。

4) WSN的安全技术

安全通信和认证技术在军事、金融等敏感信息传递应用中有直接需求。传感器网络由于部署环境和传播介质的开放性，很容易受到各种攻击。但受无线传感器网络资源限制，直接应用安全通信、完整性认证、数据新鲜性、广播认证等现有算法存在实现困难的问题。鉴于此，研究人员一方面探讨在不同组网形式、网络协议设计中可能遭到的各种攻击形式，另一方面设计安全强度可控的简化算法和精巧协议，满足传感器网络的现实需求。

5) 精细控制、深度嵌入的操作系统技术

作为深度嵌入的网络系统，WSN 网络对操作系统也有特别的要求，既要能够完成基本体系结构支持的各项功能，又不能过于复杂。从目前发展状况来看，TinyOS 是最成功的 WSN 专用操作系统。但随着芯片低功耗设计技术和能量工程技术水平的提高，更复杂的嵌入式操作系统，如 Vxworks、Uclinux 和 Ucos 等，也可能被 WSN 网络所采用。

6) 能量工程

能量工程包括能量的获取和存储两方面。能量获取主要指将自然环境的能量转换成节点可利用的电能，如太阳能、振动能量、地热、风能等。在能量存储技术方面，高容量电池技术是延长节点寿命，全面提高节点能力的关键性技术。纳米电池技术是目前最有希望的技术之一。

1.4.3　无线传感器网络的未来发展

WSN 针对不同的应用有不同假设和需求。目前已经提出了一系列协议，它们有各自的优点和适用的环境，也存在一些不足。而随着工艺、计算机及其网络技术的发展，WSN 必将得到越来越广泛的应用，迫切需要高效的支撑技术算法和协议。下面列举将来 WSN 的几个发展方向：

(1) 能效问题研究是无线传感器网络中的热点研究问题。针对不同应用的能效节点自定位算法、优化覆盖算法、时间同步算法都是值得进一步深入研究的问题，以进一步提高网络的性能，延长网络的生命周期。

(2) 在高密度网络中，需要大范围时间同步。时间同步可以减少事件碰撞、能量浪费和统一更新。现有的时间同步方案致力于同步网络中的局部节点时钟以及较少的能量负担。接下来的研究可以更多地关注最小化长时间的不确定性误差，提高精度。

(3) WSN 中布置了大量的节点，随着时间发展会产生大量的数据。数据压缩、融合和聚合技术能有效地减少数据传送量。基于事件的压缩、融合、聚合方案和连续时间采集网络也是具有挑战性的研究领域。

(4) WSN 的安全检测问题。安全协议需要能监视、检测，同时能应对入侵者的攻击。现有的安全协议多数是针对网络层和数据链路层的，然而恶意攻击可能出现在任何层中，不同层的安全检测是一个值得研究的问题。跨层的安全检测是网络安全研究中的又一具有挑战性的课题。

(5) 可扩展性。保证网络的可扩展性是 WSN 的另一项关键需求。由于能消耗尽、节点故障、通信故障等原因，网络的拓扑结构常常会发生变化，如果没有网络的可扩展性保证，网络的性能就会随着网络的规模增加或随着时间而显著降低。

(6) WSN 有着分层的体系结构，导致各层的优化设计不能保证整个网络的设计最优。将 MAC 与路由相结合进行跨层设计可以有效节省能量，延长网络的寿命。传感器网络的能量管理、低功耗设计、时间同步和节点定位方面也可以结合实际，跨层优化设计。

练 习 题

一、填空题

1. 传感器网络的三个基本要素是_____、_____、_____。

2. 传感器网络的基本功能包括_____、_____、_____、_____。

3. 无线传感器节点的基本功能包括_____、_____、_____、_____。

4. 1996 年，美国 UCLA 大学的_____教授向 DARPA 提交的"低能耗无线集成微型传感器"揭开了现代 WSN 网络的序幕。

5. _____年 10 月，在中国北京，中国计算机学会传感器网络专委会正式成立，标志着中国 WSN 技术研究开始进入一个新的历史阶段。

6. 网络中间件完成无线传感器_____、_____、网络自愈合服务、网络连通等。

7. 无线传感器网络的核心关键技术主要包括_____、_____、媒体访问控制和链路控制、路由、数据转发及跨层设计、QoS 保障和可靠性设计、移动控制模型等。

8. 无线传感器网络的关键支撑技术主要包括_____、_____、_____、_____、数据融合及管理、网络安全、应用层技术等。

9. 无线传感器网络的特点有：_____、_____、_____、以数据为中心以及应用相关。

10. 传感器节点由_____、_____、_____和_____四部分组成。

二、简答题

1. 简述无线传感器网络的定义。

2. 无线传感器网络具有哪些特点？

3. 无线传感器网络的发展分为哪几个阶段？

4. 无线传感器网络中间件有哪几种？

5. 简述无线传感器网络的节点结构。

第 2 章　无线传感器网络的协议规范

本章要点 ✍

- IEEE802.15.4 标准；
- ZigBee 技术以及和 IEEE802.15.4 的关系；
- ZigBee 协议规范；
- ZigBee 技术的应用；
- 无线传感器网络路由协议。

2.1　IEEE 802.15.4 标准

2.1.1　IEEE 802.15.4 标准概述

随着通信技术的迅速发展，人们提出了在人自身附近几米范围之内通信的需求，由此出现了个人区域网络(Personal Area Network，PAN)和无线个人区域网络 Wireless Personal Area Network，WPAN)的概念。WPAN 网络为近距离范围内的设备建立无线连接，把几米范围内的多个设备通过无线方式连接在一起，使它们可以相互通信甚至接入 LAN 或 Internet。1998 年 3 月，IEEE 802.15 工作组致力于 WPAN 网络的物理层(PHY)和媒体访问层(MAC)的标准化工作，目标是为在个人操作空间(Personal Operating Space，POS)内相互通信的无线通信设备提供通信标准。POS 一般是指用户附近 10 m 左右的空间范围，在这个范围内用户可以是固定的，也可以是移动的。

在 IEEE 802.15 工作组内有四个任务组(Task Group，TG)，分别制定适合不同应用的标准。这些标准在传输速率、功耗和支持的服务等方面存在差异。下面是四个任务组各自的主要任务：

(1) 任务组 TG1：制定 IEEE 802.15.1 标准，又称蓝牙无线个人区域网络标准。这是一个中等速率、近距离的 WPAN 网络标准，通常用于手机、PDA(个人数字助理，俗称掌上电脑)等设备的短距离通信。

(2) 任务组 TG2：制定 IEEE 802.15.2 标准，研究 IEEE 802.15.1 与 IEEE 802.11(无线局域网 WLAN 标准)的共存问题。

(3) 任务组 TG3：制定 IEEE 802.15.3 标准，研究高传输速率无线个人区域网络标准。该标准主要考虑无线个人区域网络在多媒体方面的应用，以追求更高的传输速率与服务品质。

(4) 任务组 TG4：制定 IEEE 802.15.4 标准，针对低速无线个人区域网络(Low-Rate Wireless Personal Area Network，LR-WPAN)制定标准。该标准把低能量消耗、低速率传输、低成本作为重点目标，旨在为个人或者家庭范围内不同设备之间的低速互连提供统一标准。

任务组 TG4 定义的 LR-WPAN 网络的特征与传感器网络有很多相似之处，很多研究机构把它作为传感器的通信标准。

LR-WPAN 网络是一种结构简单、成本低廉的无线通信网络，它使得在低电能和低吞吐量的应用环境中使用无线连接成为可能。与 WLAN 相比，LR-WPAN 网络只需很少的基础设施，甚至不需要基础设施。IEEE 802.15.4 标准为 LR-WPAN 网络制定了 PHY 和 MAC 子层协议。

IEEE 802.15.4 标准定义的 LR-WPAN 网络具有如下特点：

(1) 在不同的载波频率下实现了 20 kb/s、40 kb/s 和 250 kb/s 三种不同的传输速率；

(2) 支持星型和点对点两种网络拓扑结构；

(3) 有 16 位和 64 位两种地址格式，其中 64 位地址是全球唯一的扩展地址；

(4) 支持冲突避免的载波多路侦听技术(Carrier Sense Multiple Access with Collision Avoidance，CSMA-CA)；

(5) 支持确认(ACK)机制，保证传输可靠性。

2.1.2 IEEE 802.15.4 网络简介

IEEE 802.15.4 网络是指在一个 POS 内使用相同无线信道并通过 IEEE 802.15.4 标准相互通信的一组设备的集合，又名 LR-WPAN 网络。在这个网络中，根据设备所具有的通信能力，可以分为全功能设备(Full Function Device，FFD)和精简功能设备(Reduced Function Device，RFD)。FFD 设备之间以及 FFD 设备与 RFD 设备之间都可以通信。RFD 设备之间不能直接通信，只能与 FFD 设备通信，或者通过一个 FFD 设备向外转发数据。这个与 RFD 相关联的 FFD 设备称为该 RFD 的协调器(Coordinator)。RFD 设备主要用于简单的控制应用，如灯的开关、被动式红外线传感器等，传输的数据量较少，对传输资源和通信资源占用不多，这样 RFD 设备可以采用非常廉价的实现方案。

IEEE 802.15.4 网络中，有一个称为 PAN 网络协调器(PAN Coordinator)的 FFD 设备，是 LR-WPAN 网络中的主控制器。PAN 网络协调器除了直接参与应用以外，还要完成成员身份管理、链路状态信息管理以及分组转发等任务。

无线通信信道的特征是动态变化的。节点位置或天线方向的微小改变、物体移动等周围环境的变化都有可能引起通信链路信号强度和质量的剧烈变化，因而无线通信的覆盖范围不是确定的。这就造成了 LR-WPAN 网络中设备的数量以及它们之间关系的动态变化。

1. IEEE 802.15.4 网络拓扑结构

IEEE 802.15.4 网络根据应用的需要可以组织成星型网络，也可以组织成点对点网络。在星型结构中，所有设备都与中心设备 PAN 网络协调器通信。星型网络适合家庭自动化、个人计算机的外设以及个人健康护理等小范围的室内应用。

2．网络拓扑结构的形成过程

虽然网络拓扑结构的形成过程属于网络层的功能，但 IEEE 802.15.4 为形成各种网络拓扑结构提供了充分支持。

1) 星型网络的形成

星型网络以网络协调器为中心，所有设备只能与网络协调器进行通信，因此在星型网络的形成过程中，第一步就是建立网络协调器。任何一个 FFD 设备都有成为网络协调器的可能，一个网络如何确定自己的网络协调器由上层协议决定。一种简单的策略是一个 FFD 设备在第一次被激活后，首先广播查询网络协调器的请求，如果接收到回应，说明网络中已经存在网络协调器，再通过一系列认证过程，设备就成为了这个网络中的普通设备。如果没有收到回应，或者认证过程不成功，这个 FFD 设备就可以建立自己的网络，并且成为这个网络的网络协调器。

网络协调器要为网络选择一个唯一的标识符，所有该星型网络中的设备都是用这个标识符来规定自己的属主关系的。不同星型网络之间的设备通过设置专门的网关完成相互通信。选择一个标识符后，网络协调器就允许其他设备加入自己的网络，并为这些设备转发数据分组。

星型网络中的两个设备如果需要互相通信，就需要先把各自的数据包发送给网络协调器，然后由网络协调器转发给对方。

2) 点对点网络的形成

点对点网络中，任意两个设备只要能够彼此收到对方的无线信号，就可以进行直接通信，不需要其他设备的转发。但点对点网络中仍然需要一个网络协调器，不过该协调器的功能不再是为其他设备转发数据，而是完成设备注册和访问控制等基本的网络管理功能。网络协调器的产生同样由上层协议规定，比如把某个信道上第一个开始通信的设备作为该信道上的网络协议器。簇树网络是点对点网络的一个例子，下面以簇树网络为例描述点到点网络的形成过程。

在簇树网络中，绝大多数设备是 FFD 设备，而 RFD 设备总是作为簇树的叶设备连接到网络中。任意一个 FFD 都可以充当 RFD 协调器或者网络协调器，为其他设备提供同步信息。在这些协调器中，只有一个可以充当整个点对点网络的网络协调器。网络协调器可能和网络中其他设备一样，也可能拥有比其他设备更多的计算资源和能量资源。网络协调器首先将自己设为簇头(Cluster Header，CLH)，并将簇标识符(Cluster Identifier，CID)设置为 0，同时为该簇选择一个未被使用的 PAN 网络标识符，形成网络中的第一个簇。接着网络协调器开始广播信标帧。邻近设备收到信标帧后，就可以申请加入该簇。设备可否成为簇成员，由网络协调器决定。如果请求被允许，则该设备将作为簇的子设备加入网络协调器的邻居列表。新加入的设备会将簇头作为它的父设备加入到自己的邻居列表中。

2.1.3　IEEE 802.15.4 网络协议栈

IEEE 802.15.4 网络协议栈基于开放系统互连(OSI)模型，每一层都实现一部分通信功能，并向高层提供服务。

IEEE 802.15.4 标准只定义了物理层 PHY 和介质访问控制 MAC 子层协议。PHY 层由射频收发器以及底层的控制模块构成。MAC 子层为高层访问物理信道提供点到点通信的服务接口。

　　MAC 子层以上的几个层次，包括特定服务的聚合子层(Service Specific Convergence Sublayer，SSCS)、链路控制子层(Logical Link Control，LLC)等，只是 IEEE 802.15.4 标准可能的上层协议，并不在 IEEE 802.15.4 标准的定义范围之内。SSCS 为 IEEE 802.15.4 的 MAC 子层接入 IEEE 802.2 标准中定义的 LLC 子层提供聚合服务。LLC 子层可以使用 SSCS 的服务接口访问 IEEE 802.15.4 网络，为应用层提供链路层服务。

1. 物理层

　　物理层定义了物理无线信道和 MAC 子层之间的接口，提供物理层数据服务和物理层管理服务。物理层数据服务从无线物理信道上收发数据，物理层管理服务维护一个由物理层相关数据组成的数据库。

　　物理层数据服务包括以下五方面的功能：

　　(1) 激活和休眠射频收发器；

　　(2) 信道能量检测(Energy Detect)；

　　(3) 检测接收数据包的链路质量指示(Link Quality Indication，LQI)；

　　(4) 空闲信道评估(Clear Channel Assessment，CCA)；

　　(5) 收发数据。

　　信道能量检测为网络层提供信道选择依据。它主要测量目标信道中接收信号的功率强度，这个检测本身不进行解码操作，检测结果是有效信号功率和噪声信号功率之和。

　　链路质量指示为网络层或应用层提供接收数据帧时无线信号的强度和质量信息，与信道能量检测不同的是，它要对信号进行解码，生成的是一个信噪比指标。这个信噪比指标和物理层数据单元一道提交给上层处理。

　　空闲信道评估判断信道是否空闲。IEEE 802.15.4 定义了三种空闲信道评估模式：第一种是简单判断信道的信号能量，当信号能量低于某一门限值就认为信道空闲；第二种是判断无线信号的特征，这个特征主要包括两方面，即扩频信号特征和载波频率；第三种模式是前两种模式的综合，即同时检测信号强度和信号特征，给出信道空闲判断。

　　1) 物理层的帧结构

　　物理帧第一个字段是四个字节的前导码，收发器在接收前导码期间，会根据前导码序列的特征完成片同步和符号同步。帧起始分隔符(Start-of-Delimiter，SFD)字段长度为一个字节，其值固定为 0xA7，标识一个物理帧的开始。收发器接收完前导码后只能做到数据的位同步，通过搜索 SFD 字段的值 0xA7 才能同步到字节上。帧长度由一个字节的低 7 位表示，其值就是物理帧负载的长度，因此物理帧负载的长度不会超过 127 个字节。物理帧的负载长度可变，称之为物理层服务数据单元(PHY Service Data Unit，PSDU)，一般用来承载 MAC 帧。

　　2) 物理层的载波调制

　　PHY 层定义了三个载波频段用于收发数据。在这三个频段上发送数据使用的速率、信号处理过程以及调制方式等方面存在一些差异。三个频段总共提供了 27 个信道(Channel)：868 MHz 频段 1 个信道，915 MHz 频段 10 个信道，2450 MHz 频段 16 个信道。

在 868 MHz 和 915 MHz 这两个频段上，信号处理过程相同，只是数据速率不同。处理过程是首先将物理层协议数据单元(PHY Protocol Data Unit，PPDU)的二制数据差分编码，然后再将差分编码后的每一个位转换为长度为 15 的片序列(Chip Sequence)，最后由二相移相键控 BPSK(Binary Phase Shift Keying)调制到信道上。

3) 2.4 GHz 频段

2.4 GHz 是工作在 ISM 频段的一个频段。ISM 频段是工业、科学和医用频段。一般来说，世界各国均保留了一些无线频段，以用于工业、科学研究和微波医疗方面的应用。应用这些频段无需许可证，只需要遵守一定的发射功率(一般低于 1 W)，并且不要对其他频段造成干扰即可。ISM 频段在各国的规定并不统一，而 2.4 GHz 为各国共同的 ISM 频段。因此，无线局域网(IEEE802.11b/IEEE802.11g)、蓝牙、ZigBee 等无线网络均可工作在 2.4 GHz 频段上。一般所谓的 2.4 G 无线技术，指其频段处于 2.405～2.485 GHz(科学、医药、农业)，所以简称为 2.4 G 无线技术。

2．MAC 子层

在 IEEE 802 系列标准中，OSI 参考模型的数据链路层进一步划分为 LLC(Logical Link Control，逻辑链路控制)和 MAC(Media Access Control，媒介接入控制)两个子层。MAC 子层使用物理层提供的服务实现设备之间的数据帧传输，而 LLC 在 MAC 子层的基础上，在设备间提供面向连接和非连接的服务。

MAC 子层提供两种服务：MAC 层数据服务和 MAC 层管理服务(MAC Sublayer Management Entity，MLME)。前者保证 MAC 协议数据单元在物理层数据服务中的正确收发，后者维护一个存储 MAC 子层协议状态相关信息的数据库。

MAC 子层的主要功能包括以下六个方面：

(1) 协调器产生并发送信标帧，普通设备根据协调器的信标帧与协议器同步；

(2) 支持 PAN 网络的关联(Association)和取消关联(Disassociation)操作；

(3) 支持无线信道通信安全；

(4) 使用 CSMA-CA 机制访问信道；

(5) 支持时隙保障(Guaranteed Time Slot，GTS)机制；

(6) 支持不同设备的 MAC 子层间可靠传输。

关联操作是指一个设备在加入一个特定网络时，向协调器注册和身份认证的过程。LR-WPAN 网络中的设备有可能从一个网络切换到另一个网络，这时就需要进行关联和取消关联操作。

时隙保障机制和时分复用(Time Division Multiple Access，TDMA)机制相似，但它可以动态地为有收发请求的设备分配时隙。使用时隙保障机制需要设备间的时间同步，IEEE 802.15.4 中的时间同步通过下面介绍的"超帧"机制实现。

1) 超帧

在 IEEE 802.15.4 中，LR-WPAN 标准中允许使用超帧结构，超帧格式由协调器定义。每个超帧都以网络协调器发出信标帧(Beacon)为始，在这个信标帧中包含了超帧将持续的时间以及对这段时间的分配等信息。网络中普通设备接收到超帧开始时的信标帧后，就可以根据其中的内容安排自己的任务，例如进入休眠状态直到这个超帧结束。

超帧将通信时间划分为活跃和不活跃两个部分。在不活跃期间，PAN 网络中的设备不会相互通信，从而可以进入休眠状态以节省能量。超帧的活跃期间划分为三个阶段：信标帧发送时段、竞争访问时段(Contention Access Period，CAP)和非竞争访问时段(Contention Free Period，CFP)。超帧的活跃部分被划分为 16 个等长的时隙，每个时隙的长度、竞争访问时段包含的时隙数等参数都由协调器设定，并通过超帧开始时发出的信标帧广播到整个网络。

在超帧的竞争访问时段，IEEE 802.15.4 网络设备使用带时隙的 CSMA-CA 访问机制，并且任何通信都必须在竞争访问时段结束前完成。在非竞争时段，协调器根据上一个超帧 PAN 网络中的设备申请 GTS 的情况，将非竞争时段划分成若干个 GTS。每个 GTS 由若干时隙组成，时隙数目在设备申请 GTS 时指定。如果申请成功，申请设备就拥有了它指定的时隙数目。每个 GTS 中的时隙都指定分配给了时隙申请设备，因而不需要竞争信道。IEEE 802.15.4 标准要求任何通信都必须在自己分配的 GTS 内完成。

超帧中规定非竞争时段必须跟在竞争时段后面。竞争时段的功能包括网络设备可以自由收发数据，域内设备向协调者申请 GTS 时段，新设备加入当前 PAN 网络等。非竞争阶段由协调者指定的设备发送或者接收数据包。如果某个设备在非竞争时段一直处在接收状态，那么拥有 GTS 使用权的设备就可以在 GTS 阶段直接向该设备发送信息。

超帧由协调器发送并受网络信标的限制，如图 2.1 和图 2.2 所示。超帧分为 16 个大小相同的时隙，第 1 个时隙是用来传输信标帧的，后面 15 个时隙是竞争接入期(Contention Access Period，CAP)，这 16 个时隙组成了超帧结构。而最后一个时隙也是传输信标帧，但是属于下一个超帧结构。超帧的第一个时隙用来传输信标帧。如果协调器不希望使用超帧结构，它就不发送信标。

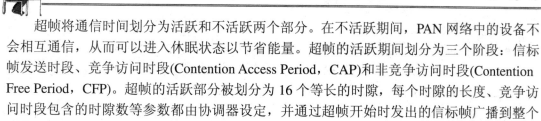

图 2.1　无 GTS 的超帧结构　　　　　　　图 2.2　有 GTS 的超帧结构

信标在网络中用于设备之间的同步、区分 PAN 和描述超帧结构。

任何设备想要在两个信标之间的竞争接入期进行通信，就必须同其他设备采用时隙免冲突载波检测多路接入 CSMA-CA 机制进行竞争，所有的处理必须在下一个网络信标到达之前完成。超帧有活动和不活动部分(网络休眠区和网络活动区)。在不活动部分，协调器与 PAN 之间不能发生联系，并进入低功耗模式。

对于应用于低延迟或需要在特定数据带宽的情况下，PAN 协调器可以用活动超帧的一部分来实现，这部分称为保证时隙(GTS)。保证时隙(可有多个)形成了非竞争期(CFP)，它始终出现在 CAP 之后和活动超帧之前。PAN 协调器可分配七个 GTS，而每个 GTS 时间不少于一个时隙。CAP 的有效部分应当保留，以使基于竞争的其他网络设备和新设备能接入网络。所有基于竞争的传输应当在 CFP 开始之前完成，同时每个工作在 GTS 时期的设备应当确保它的传输在下一个 GTS 开始和 CFP 结束之前完成。

下面介绍几个概念：

- GTS(保证时隙)：是活动超帧的一部分，为实现一些特殊应用开辟的。
- CAP(竞争接入期)：任何设备想在此时通信，必须采用 CSMA-CA 竞争机制。
- CFP(非竞争期)：由 GTS 组成，这段时期内不需要竞争。

2) 数据传输模型

LR-WPAN 网络中存在着三种数据传输方式：设备发送数据给协调器、协调器发送数据给设备、对等设备之间的数据传输。星型拓扑网络中只存在前两种数据传输方式，因为数据只在协调器和设备之间交换；而在点对点拓扑网络中，三种数据传输方式都存在。

LR-WPAN 网络中，有两种通信模式可供选择：信标使能通信和信标不使能通信。

在信标使能的通信网络中，PAN 网络协调器定时广播信标帧。信标帧表示超帧的开始。设备之间通信使用基于时隙的 CSMA-CA 信道访问机制，PAN 网络中的设备都通过协调器发送的信标帧进行同步。在时隙 CSMA-CA 机制下，每当设备需要发送数据帧或命令帧时，它首先定位下一个时隙的边界，然后等待随机的数个时隙。等待完毕后，设备开始检测信道状态。如果信道忙，设备需要重新等待随机的数个时隙，再检查信道状态，重复这个过程直到有空闲信道出现。在这种机制下，确认帧的发送不需要使用 CSMA-CA 机制，而是紧跟着接收帧发送回源设备。

在信标不使能的通信网络中，PAN 网络协调器不发送信标帧，各个设备使用非分时隙的 CSMA-CA 机制访问信道。该机制的通信过程为：每当设备需要发送数据或者发送 MAC 命令时，它首先等候一段随机长的时间，然后开始检测信道状态。如果信道空闲，该设备立即开始发送数据；如果信道忙，设备需要重复上面的等待一段随机时间和检测信道状态的过程，直到能够发送数据。在设备接收到数据帧或命令帧而需要回应确认帧的时候，确认帧应紧跟着接收帧发送，而不使用 CSMA-CA 机制竞争信道。

3) MAC子层帧结构

MAC 子层帧结构的设计目标是用最低复杂度实现在多噪声无线信道环境下的可靠数据传输。每个 MAC 子层的帧都由帧头、负载和帧尾三部分组成。帧头由帧控制信息、帧序列号和地址信息组成。MAC 子层负载具有可变长度，具体内容由帧类型决定。帧尾是帧头和负载数据的 16 位 CRC 校验序列。

在 MAC 子层中设备地址有两种格式：16 位(两个字节)的短地址和 64 位(8 个字节)的扩展地址。16 位短地址是设备与 PAN 网络协调器关联时，由协调器分配的网内局部地址；64 位扩展地址是全球唯一地址，在设备进入网络之前就分配好了。16 位短地址只能保证在PAN 网络内部是唯一的，所以在使用 16 位短地址通信时需要结合 16 位的 PAN 网络标识符才有意义。两种地址类型的地址信息的长度是不同的，从而导致 MAC 帧头的长度也是可变的。一个数据帧使用哪种地址类型由帧控制字段的内容指示。在帧结构中没有表示帧长度的字段，这是因为在物理层的帧里面有表示 MAC 帧长度的字段，MAC 负载长度可以通过物理层帧长和 MAC 帧头的长度计算出来。

IEEE 802.15.4 网络共定义了四种类型的帧：信标帧、数据帧、应答帧和 MAC 命令帧。

(1) 信标帧。信标帧 MPDU 由 MAC 子层产生。在信标网络中，协调器通过向网络中的所有从设备发送信标帧，以保证这些设备能够与协调器同步(同步工作和同步休眠)，以达到网络功耗最低(非信标模式只允许 ZE(ZigBee EndDevice，ZigBee 终端节点)进行周期性休眠，ZC(ZigBee Coordinator，协调点)和所有 ZR(ZigBee Router，ZigBee 路由节点)必须长期处于工作状态)。信标帧结构如图 2.3 所示。

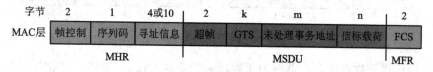

图 2.3　信标帧结构

其中，MHR 是 MAC 层帧头；MSDU 是 MAC 层服务数据单元，表示 MAC 层载荷；MFR 是 MAC 层帧尾。这三部分共同构成了 MAC 层协议数据单元(MPDU)。MFR 中包含 16 位帧校验序列(FCS)。当 MAC 层协议数据单元被发送到物理层时，它便成为了物理层服务数据单元(PSDU)。如果在 PSDU 前面加上一个物理层帧头(PHR)便可构成物理层协议数据单元(PPDU)。如果再加上一个同步帧头(SHR)，则这个数据包便成为最终在空气中传播的数据包。

信标帧结构中各单元的名词解释如下：
- MSDU = 超帧域 + 未处理数据地址域 + 地址列表域 + 信标净荷域；
- MHR = 帧控制域 + 信标序列号 + 寻址信息域；
- MFR = 16 bit 的帧校验序列 FCS；
- MPDU = MHR + MSDU + MFR；
- MAC 协议数据单元 = MAC 帧头 + MAC 服务数据单元 + MAC 帧尾；
- PPDU = PHR + PSDU + PFR；
- 物理层协议数据单元 = 物理层帧头 + 物理层数据单元 + 物理层帧尾；
- 空气中最终传播的数据包 = PPDU + 同步帧头 SHR。

信标帧的负载数据单元由四部分组成：超帧描述字段、GTS 分配字段、待转发数据目标地址字段和信标帧负载数据。

① 信标帧中超帧描述字段规定了这个超帧的持续时间、活跃部分持续时间以及竞争访问时段持续时间等信息。

② GTS 分配字段将无竞争时段划分为若干 GTS，并把每个 GTS 具体分配给某个设备。

③ 转发数据目标地址列出了与协调者保存的数据相对应的设备地址。一个设备如果发现自己的地址出现在待转发数据目标地址字段里，则意味着协调器存有属于它的数据，所以它就会向协调器发出请求传送数据的 MAC 命令帧。

④ 信标帧负载数据为上层协议提供数据传输接口。例如，在使用安全机制时，这个负载域将根据被通信设备设定的安全通信协议填入相应的信息。通常情况下，这个字段可以忽略。

在信标不使能网络里，协调器在其他设备的请求下也会发送信标帧。此时信标帧的功能是辅助协调器向设备传输数据，整个帧只有待转发数据目标地址字段有意义。

(2) 数据帧。数据帧用来传输上层(应用层)发到 MAC 子层的数据，它的负载字段包含了上层需要传送的数据。数据负载传送至 MAC 子层时，被称为 MAC 服务数据单元(MSDU)。通过添加 MAC 层帧头信息和帧尾，便形成了完整的 MAC 数据帧 MPDU，其帧结构如图 2.4 所示。

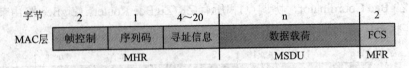

图 2.4　数据帧结构

MAC 帧传送至物理层后，就成为了物理帧的负载 PSDU。PSDU 在物理层被"包装"，其首部增加了同步信息 SHR 和帧长度字段 PHR 字段。同步信息 SHR 包括用于同步的前导码和 SFD 字段，它们都是固定值。帧长度字段的 PHR 标识了 MAC 帧的长度，为一个字节长而且只有其中的低 7 位有效位，所以 MAC 帧的长度不会超过 127 个字节。

数据帧结构中各单元的名词解释如下：

● 应用层生成要传输的数据→逐层数据处理→MSDU→添加 MHR、MFR→MPDU→PSDU→添加 SHR、PHR→PPDU；

● SHR = 前导码序列 + SFD 域；

● PHR = PSDU 长度值。

(3) 应答帧。应答帧由 MAC 子层发起。为了保证设备之间通信的可靠性，发送设备通常要求接收设备在接收到正确的帧信息后返回一个应答帧，向发送设备表示已经正确地接收了相应的信息。其帧结构如图 2.5 所示。MAC 子层应答帧由 MHR 和 MFR 组成。MHR 包括 MAC 帧控制域和数据序列号；MFR 由 16 bit 的 FCS 组形成。

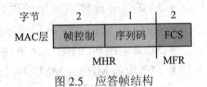

图 2.5　应答帧结构

同样，MPDU 传到物理层就形成了物理应答帧的净载荷，即 PSDU。在 PSDU 前面加上 SHR 和 PHR 就形成了 PPDU。其中，SHR 由前导码序列和 SFD 域构成，PHR 由 PSDU 的长度值域构成。

(4) MAC 命令帧。MAC 命令帧由 MAC 子层发起。在 ZigBee 网络中，为了对设备的工作状态进行控制，同网络中的其他设备进行通信，MAC 层将根据命令类型生成相应的命令帧。其帧结构如图 2.6 所示。

图 2.6　命令帧结构

命令帧结构中各单元的名词解释如下：

● MSDU = 命令类型域 + 数据域(命令净载荷)；

● MHR = MAC 帧控制域 + 数据序列号 + 寻址信息域；

● MFR = 16 bit FCS；

● MPDU = MHR + MSDU + MFR。

同样，MPDU 传到物理层就形成了物理层命令帧的净载荷，即 PSDU。在 PSDU 前面加上 SHR 和 PHR 就形成了 PPDU。其中，SHR 由前导码序列(保证接收机和符号同步)和 SFD 域构成，PHR 由 PSDU 的长度值域构成。

2.1.4　IEEE 802.15.4 的安全服务

IEEE 802.15.4 提供的安全服务是在应用层已经提供密钥的情况下的对称密钥服务。密钥的管理和分配都由上层协议负责。这种机制提供的安全服务基于这样一个假定：密钥的产生、分配和存储都在安全模式下进行。在 IEEE 802.15.4 中，以 MAC 帧为单位提供了四种帧安全服务，为了适用各种不同的应用，设备可以在三种安全模式下进行选择。

1. 帧安全

MAC 子层可以为输入输出的 MAC 帧提供安全服务。提供的安全服务主要包括四种：访问控制、数据加密、帧完整性检查和顺序更新。

访问控制提供的安全服务是确保一个设备只和它愿意通信的设备通信。在这种方式下，设备需要维护一个列表，记录它希望与之通信的设备。

数据加密服务使用对称密钥来保护数据，防止第三方直接读取数据帧信息。在 LR-WPAN 网络中，信标帧、命令帧和数据帧的负载均可使用加密服务。

帧完整性检查通过一个不可逆的单向算法对整个 MAC 帧运算，生成一个消息完整性代码，并将其附加在数据包的后面发送。接收方式用同样的过程对 MAC 帧进行运算，对比运算结果和发送端给出的结果是否一致，以此判断数据帧是否被第三方修改。信标帧、数据帧和命令帧均可使用帧完整性检查保护。

顺序更新使用一个有序编号避免帧重发攻击。接收到一个数据帧后，新编号要与最后一个编号进行比较。如果新编号比最后一个编号新，则校验通过，编号更新为最新的；反之，校验失败。这项服务可以保证收到的数据是最新的，但不提供严格的与上一帧数据之间的时间间隔信息。

2. 安全模式

在 LR-WPAN 网络中设备可以根据自身需要选择不同的安全模式：无安全模式、ACL 模式和安全模式。

无安全模式是 MAC 子层默认的安全模式。处于这种模式下的设备不对接收到的帧进行任何安全检查。当某个设备接收到一个帧时，只检查帧的目的地址。如果目的地址是本设备地址或广播地址，这个帧就会转发给上层，否则丢弃。在设备被设置为混杂模式的情况下，它会向上层转发接收到的帧。

访问控制列表模式为通信提供了访问控制服务。高层可以通过设置 MAC 子层的 ACL 条目指示 MAC 子层根据源地址过滤接收到的帧。因此这种方式下 MAC 子层没有提供加密保护，高层有必要采取其他机制来保证通信的安全。

安全模式对接收或发送的帧提供全部的四种安全服务：访问控制、数据加密、帧完整性检查和顺序更新。

2.2　ZigBee 协议规范

2.2.1　ZigBee 协议概述

ZigBee 的基础是 IEEE 802.15.4，这是 IEEE 无线个人区域网(PAN)工作组的一项标准，被称作 IEEE 802.15.4(ZigBee)技术标准。

ZigBee 使用直接序列扩频技术收发电波；利用 2.4 GHz、868 MHz 和 915 MHz 三个频段；一次调制方式使用 O-QPSK 时，最大数据传输速率为 250 kb/s；网络拓扑采用网状、星型和丛集树状(Cluster-tree)；规定了两种设备级别，一种是支持所有拓扑的"Full Function Device"，一种是只支持部分拓扑的"Reduced Function Device"。

ZigBee 技术的主要特点如下：

(1) 数据传输速率低：只有 10～250 KB/s。

(2) 功耗低：在低耗电待机模式下，两节普通 5 号干电池可使用 6 个月到 2 年，免去了充电或者频繁更换电池的麻烦。

(3) 成本低：因为 ZigBee 数据传输速率低，协议简单，所以大大降低了成本。

(4) 网络容量大：每个 ZigBee 网络最多可支持 255 个设备，也就是说，每个 ZigBee 设备可以与另外 254 个设备相连接。

(5) 时延短：通常时延都在 15～30 ms。

(6) 安全：ZigBee 提供了数据完整性检查和鉴权功能，加密算法采用 AES-128，同时可以灵活确定其安全属性。

(7) 有效范围小：有效覆盖范围为 10～75 m，具体依据实际发射功率的大小和各种不同的应用模式而定，基本上能够覆盖普通的家庭或办公室环境。

(8) 工作频段灵活：使用的频段分别为 2.4 GHz、868 MHz(欧洲)及 915 MHz(美国)，均为免执照频段。

2.2.2　ZigBee 协议栈体系结构及规范

1. ZigBee 协议各版本规范比较

第一个 ZigBee 协议栈规范于 2004 年 12 月正式生效，称为 ZigBee 1.0 或 ZigBee 2004。

第二个 ZigBee 协议栈规范于 2006 年 12 月发布，称为 ZigBee 2006 规范，主要是用"群组库(Cluster Library)"替换了 ZigBee 2004 中的 MSG/KVP 结构。最为重要的新的 ZigBee 2006 协议栈将不兼容原来的 ZigBee 2004 技术规范。

2007 年 10 月，ZigBee 2007 规范发布。ZigBee 2007 规范制定了两套高级的功能指令集(Feature Set)，分别是 ZigBee 功能指令集和 ZigBee Pro 功能指令集(ZigBee 2004 和 ZigBee 2006 都不兼容这两套新的指令集)。ZigBee 2007 包含两个协议栈模板(Profile)：一个是 ZigBee 协议栈模板(Stack Profile 1)，它是 2006 年发布的，目标是消费电子产品和灯光商业应用环境，设计简单，使用在少于 300 个节点的网络中；另一个是 ZigBee Pro 协议栈模板(Stack Profile 2)，它是 2007 年发布的，目标是商业和工业环境，支持大型网络(1000 个以上网络节点)，具有更好的安全性。ZigBee Pro 提供了更多的特性，比如多播、多对一路由和 SKKE(Symmetric-key Key Establishment)高安全，但 ZigBee(协议栈模板 1)在内存和 Flash 中提供了一个比较小的区域。两者都提供了全网状网络与所有的 ZigBee 应用模板工作。

ZigBee 2007 向后完全兼容 ZigBee 2006 设备。ZigBee 2007 设备可以加入一个 ZigBee 2006 网络，并能在 ZigBee 2006 网络中运行。同样，ZigBee 2006 也可兼容 ZigBee 2007 设备。

ZigBee 协议栈各版本间的区别如表 2.1 所示，ZigBee 各版本功能比较如表 2.2 所示。

表 2.1　ZigBee 协议栈各版本间的区别

性　能	描　　述	ZigBee 2004	ZigBee 2006	ZigBee 2007	ZigBee Pro
冲突辟免	支持运行中冲突检测采用新 RF 信道或 PAN ID			支持	支持
自动分配地址管理	设备地址按照一个分等级的、分布式计划自动分配	支持	支持	支持	
	设备地址随机自动分配				支持
组寻址	设备可以按组分配，并可被唯一寻址		支持	支持	支持
集中数据采集	多对一路由允许整个网络发现数据集合体				支持
	源路由允许数据集合体以经济的方式回应所有发送者				支持
安全机制	任何设备可以作为信任中心				支持
	在特定的信任中心决策下允许高层安全机制，并且需要应用层连接钥匙、各实体鉴定等				支持
网络可测量性	网络范围受寻址法则的限制，支持几百个设备	支持	支持	支持	
	降低寻址法则对网络范围的限制，支持几千个设备				支持
信息包	小于 100 B	支持	支持		
	大信息包，支持分裂与重组			支持	支持
标准调试	标准的启动程序和属性支持调试功能		支持	支持	支持
Mesh 网络	每一个设备都支持它的邻居的路径跟踪				支持
串库	支持 ZigBee 串库，作为一种协议栈工具，为开发者提供无价的资源		支持	支持	

表 2.2　ZigBee 各版本功能比较

版本	ZigBee 2004	ZigBee 2006	ZigBee 2007	
指令集	无	无	ZigBee	ZigBee Pro
无线射频标准	802.15.4	802.15.4	802.15.4	802.15.4
地址分配		CSKIP	CSKIP	随机
拓扑	星状	树状、网状	树状、网状	网状
大网络	不支持	不支持	不支持	支持
自动跳频	是，3 个信道	否	否	是
PAN ID 冲突解决	支持	否	可选	支持
数据分割	支持	否	可选	可选
多对一路由	否	否	否	支持
高安全	支持	支持，1 密钥	支持，1 密钥	支持，多密钥
应用领域	消费电子（少量节点）	住宅（300 个节点以下）	住宅（300 个节点以下）	商业（1000 个节点以上）

2. 协议栈体系结构及规范

ZigBee 协议栈体系结构如图 2.7 所示，协议栈的层与层之间通过服务接入点(SAP)进行通信。SAP 是某一特定层提供的服务与上层之间的接口。大多数层有两个接口：数据实体接口和管理实体接口。数据实体接口的目标是向上层提供所需的常规数据服务；管理实体接口的目标是向上层提供访问内部层参数、配置和管理数据的服务。

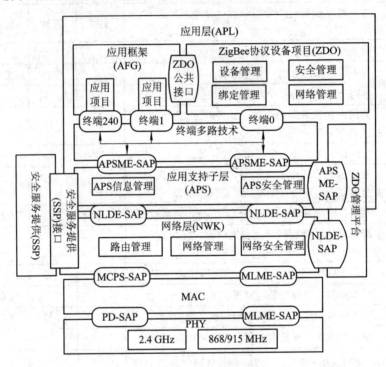

图 2.7　ZigBee 协议栈体系结构

1) 物理层服务规范

物理层通过射频固件和硬件提供 MAC 层与物理无线信道之间的接口。从概念上说，物理层还应包括物理层管理实体(PLME)，以提供调用物理层管理功能的管理服务接口；同时 PLME 还负责维护物理层 PAN 信息库(PHY PIB)。物理层通过物理层数据服务接入点(PD-SAP)提供物理层数据服务，通过物理层管理实体服务接入点(PLME-SAP)提供物理层管理服务。

2) MAC层服务规范

MAC 层提供特定服务会聚子层(SSCS)和物理层之间的接口。从概念上说，MAC 层还应包括 MAC 层管理实体(MLME)，以提供调用 MAC 层管理功能的管理服务接口；同时 MLME 还负责维护 MAC PAN 信息库(MAC PIB)。MAC 层通过 MAC 公共部分子层(MCPS)的数据 SAP(MCPS-SAP)提供 MAC 数据服务，通过 MLME-SAP 提供 MAC 管理服务。这两种服务通过物理层 PD-SAP 和 PLME-SAP 提供了 SSCS 和 PHY 之间的接口。除了这些外部接口外，MCPS 和 MLME 之间还隐含了一个内部接口，用于 MLME 调用 MAC 数据服务。

3) 应用层规范

ZigBee 应用层包括 APS 子层、ZDO(包含 ZDO 管理平台)和厂商定义的应用对象。应用支持子层(APS)提供了网络层(NWK)和应用层 (APL)之间的接口，功能是通过 ZDO 和厂商定义的应用对象都可以使用的一组服务来实现。数据和管理实体分别由 APSDE-SAP 和 APSME-SAP 提供。APSDE 提供的数据传输服务在同一网络的两个或多个设备之间传输应用层 PDU；APSME 提供设备发现和绑定服务，并维护管理对象数据库——APS 信息库(AIB)。

4) 网络层规范

网络层应提供保证 IEEE 802.15.4 MAC 层正确工作的能力并为应用层提供合适的服务接口。数据和管理实体分别由 NLDE-SAP 和 NLME-SAP 提供。具体来说，NLDE 提供的服务有两方面：一是在应用支持子层 PDU 基础上添加适当的协议头产生网络协议数据单元(NPDU)；二是根据路由拓扑，把 NPDU 发送到通信链路的目的地址设备或通信链路的下一跳。而 NLME 提供的服务包括配置新设备、创建新网络、设备请求加入/离开网络和 ZigBee 协调器或路由器请求设备离开网络、寻址、近邻发现、路由发现、接收控制等。网络层的数据和管理服务由 MCPS-SAP 和 MLME-SAP 提供了应用层与 MAC 子层之间的接口。除了这些外部接口，在 NWK 内部 NLME 和 NLDE 之间还有一个隐含接口，允许 NLME 使用 NWK 数据服务。

2.2.3　基于 ZigBee 的 WPAN 网络配置应用

ZigBee 是一种新兴的短距离、低速率、低成本、低功耗的无线网络技术。它采用直接序列扩频(DSSS)技术，工作频率为 868 MHz、915 MHz 或 2.4 GHz，都是无需申请执照的频率。基于 ZigBee 技术配置无线个人区域网络是近年来近距离无线通信技术的一种新发展，在工业自动化领域以及智能家居领域获得了越来越广泛的应用。

1. ZigBee 网络配置

1) 网络设备组成

ZigBee 网络设备主要包括网络协调器、全功能设备和精简功能设备三类。

(1) 网络协调器。网络协调器包含所有的网络消息，是三种设备类型中最复杂的一种，其存储容量最大、计算能力最强。它的功能是发送网络信标、建立一个网络、管理网络节点、存储网络节点信息、寻找一对节点间的路由消息以及不断地接收信息。

(2) 全功能设备。全功能设备(Full-Function Device，FFD)可以担任网络协调者，形成网络，让其他的 FFD 或精简功能装置(RFD)连接。FFD 具备控制器的功能，可提供信息双向传输。其设备特性如下：

① 附带由标准指定的全部 IEEE 802.15.4 功能和所有特征；

② 具有更强的存储能力和计算能力，可使其在空闲时起网络路由器作用；

③ 可用作终端设备。

(3) 精简功能设备。精简功能设备(Reduced-Function Device，RFD)只能传送信息给 FFD 或从 FFD 接收信息，其设备特性如下：

① 附带有限的功能来控制成本和复杂性；

② 在网络中通常用作终端设备；

③ RFD 由于省掉了内存和其他电路，因此降低了 ZigBee 部件的成本，而简单的 8 位处理器和小协议栈也有助于降低成本。

2) 网络节点类型

从网络配置上，ZigBee 网络中有三种类型的节点：ZigBee 协调点、ZigBee 路由节点和 ZigBee 终端节点。

(1) ZigBee 协调点。ZigBee 协调点(ZigBee Coordinator，ZC)在 IEEE 802.15.4 中也称为 PAN 协调点，在无线传感器网络中可以作为汇聚节点。ZigBee 协调点必须是 FFD，一个 ZigBee 网络只有一个 ZigBee 协调点，它往往比网络中其他节点的功能更强大，是整个网络的主控节点。它负责发起建立新的网络、设定网络参数、管理网络中的节点以及存储网络中节点信息等，网络形成后也可以执行路由器的功能。ZigBee 协调点是三种 ZigBee 节点中最为复杂的一种，一般由交流电源持续供电。

(2) ZigBee 路由节点。ZigBee 路由节点(ZigBee Router，ZR)也必须是 FFD。ZigBee 路由节点可以参与路由发现和消息转发，通过连接别的节点来扩展网络的覆盖范围等。此外，ZigBee 路由节点还可以在它的个人操作空间(Personal Operating Space，POS)中充当普通协调点(IEEE 802.15.4 称为协调点)。普通协调点与 ZigBee 协调点不同，它仍然受 ZigBee 协调点的控制。

(3) ZigBee 终端节点。ZigBee 终端节点(ZigBee EndDevice，ZE)可以是 FFD 或者 RFD，它通过 ZigBee 协调点或者 ZigBee 路由节点连接到网络，但不允许其他任何节点通过它加入网络，ZigBee 终端节点能够以非常低的功耗运行。

3) 网络工作模式

ZigBee 网络的工作模式可以分为信标(Beacon)和非信标(Non-beacon)两种模式。信标模式实现了网络中所有设备的同步工作和同步休眠，以达到最大限度的功耗节省，而非信标模式只允许 ZE 进行周期性休眠，ZC 和所有 ZR 设备必须长期处于工作状态。

信标模式下，ZC 负责以一定的间隔时间(一般在 15 ms～4 min)向网络广播信标帧，两个信标帧发送之间有 16 个相同的时槽，这些时槽分为网络休眠区和网络活动区两个部分，消息只能在网络活动区的各时槽内发送。

非信标模式下，ZigBee 标准采用父节点为 ZE 子节点缓存数据，ZE 主动向其父节点提取数据的机制，实现 ZE 的周期性(周期可设置)休眠。网络中所有父节点需为自己的 ZE 子节点缓存数据帧，所有 ZE 子节点的大多数时间都处于休眠模式，周期性地醒来与父节点握手以确认自己仍处于网络中，其从休眠模式转入数据传输模式一般只需要 15 ms。

2. 网络拓扑结构

IEEE 802.15.4 网络根据应用的需要可以组织成星型网络、树状网络和网状网络。

1) 星型网络

星型网络是一个辐射状系统，数据和网络命令都通过中心节点传输。在这种路由拓扑中，外围节点需要直接与中心节点无线连接，某个节点的冲突或者故障将会降低系统的可靠性。星型网络拓扑结构最大的优点是结构简单，因为很少有上层协议需要执行，设备成本低，上层路由管理少；中心节点承担绝大多数管理工作，如发放证书和远距离网关管理等。缺点是：灵活性差，因为需要把每个终端节点放在中心节点的通信范围内，必然会限制无线网络的覆盖范围；集中的信息涌向中心节点，容易造成网络阻塞、丢包、性能下降等情况。

星型网络以网络协调器为中心，所有设备只能与网络协调器进行通信，因此在星型网络的形成过程中，第一步就是建立网络协调器。任何一个 FFD 设备都有成为网络协调器的可能，一个网络如何确定自己的网络协调器由上层协议决定。一种简单的应用策略是：一个 FFD 设备在第一次被激活后，首先广播查询网络协调器的请求，如果接收到回应说明网络中已经存在网络协调器，再通过一系列认证过程，设备就成为了这个网络中的普通设备；如果没有收到回应，或者认证过程不成功，这个 FFD 设备就可以建立自己的网络，并且成为这个网络的网络协调器。

网络协调器要为网络选择一个唯一的标识符，所有该星型网络中的设备都是用这个标识符来规定自己的属主关系。不同星型网络之间的设备通过设置专门的网关完成相互通信。选择一个标识符后，网络协调器就允许其他设备加入自己的网络，并为这些设备转发数据分组。星型网络中的两个设备如果需要互相通信，都是先把各自的数据包发送给网络协调器，然后由网络协调器转发给对方。

2) 树状网络

树状网络是点对点网络的一个例子，也是 ZigBee 典型的网络拓扑结构。在一般的点对点网络中，任意两个设备只要能够彼此收到对方的无线信号，就可以进行直接通信，不需要其他设备的转发。但点对点网络中仍然需要一个网络协调器，不过该协调器的功能不再是为其他设备转发数据，而是完成设备注册和访问控制等基本的网络管理功能。网络协调器的产生同样由上层协议规定，例如把某个信道上第一个开始通信的设备作为该信道上的网络协议器。

在 ZigBee 的树状网络中，大多数设备是 FFD 设备，而 RFD 设备总是作为树状的叶设备连接到网络中。任意一个 FFD 都可以充当 RFD 协调器或者网络协调器，为其他设备提供同步信息。在这些协调器中，只有一个可以充当整个点对点网络的网络协调器。网络协调器可能和网络中的其他设备一样，也可能拥有比其他设备更多的计算资源和能量资源。网络协调器首先将自己设为簇头(Cluster Header，CLH)，并将簇标识符(Cluster Identifier，CID)设置为 0，同时为该簇选择一个未被使用的 PAN 网络标识符，形成网络中的第一个簇。接着，网络协调器开始广播信标帧；邻近设备收到信标帧后，就可以申请加入该簇；设备可否成为簇成员，由网络协调器决定。如果请求被允许，则该设备将作为簇的子设备加入网络协调器的邻居列表。新加入的设备会将簇头作为它的父设备加入到自己的邻居列表中。

3) 网状网络

网状(Mesh)网络拓扑结构的网络具有强大的功能，网络可以通过"多级跳"的方式来通信；该拓扑结构还可以组成极为复杂的网络；网络具备自组织、自愈功能。

网状网是一种特殊的、按接力方式传输的点对点的网络结构，其路由可自动建立和维护。通过图 2.8 可以得知，一个 ZigBee 网络只有一个网络协调器，但可以有若干个路由器。协调器负责整个网络的建网，同时它也可作为与其他类型网络的通信节点(网关)。构成协调器和路由器的器件必须是全功能器件(FFD)，而构成终端设备的器件可以是全功能器件，也可以是简约功能器件(RFD)。

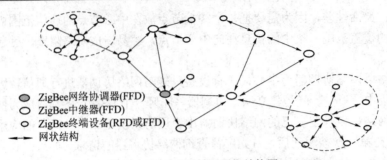

　　○ ZigBee网络协调器(FFD)
　　○ ZigBee中继器(FFD)
　　○ ZigBee终端设备(RFD或FFD)
　　→ 网状结构

图 2.8　ZigBee 网状网网络结构图

3. 节点功能及配置文件

1) 节点功能

ZigBee 节点可支持多种特性和功能。例如，I/O 节点可能有多种数字和模拟输入/输出。一些数字输入可能被一个远程控制器节点用到，而其他数字输入可能被另一个远程控制器节点使用。这种分配将创建一个真正的分布式控制网络。为了便于在 I/O 节点和两个控制器节点之间进行数据传输，所有节点中的应用程序必须保存多个数据链路。为了减少成本，ZigBee 节点仅使用一个无线信道来和多个端点/接口来创建多条虚拟链路或信道。

一个 ZigBee 节点支持 32 个端点(编号为 0～31)和 8 个接口(编号为 0～7)。端点 0 被保留用于设备配置，而端点 31 被保留仅用于广播，剩下的总共 30 个端点用于应用。每个端点总共有 8 个接口。因此，实际上，应用在一个物理信道中最多可能有 240 条虚拟信道。

ZigBee 节点也将有很多属性。例如，I/O 节点包含称为数字输入 1、数字输入 2、模拟输入 1 等的属性。每个属性都有自己的值。例如，数字输入 1 属性可能有值 1 或 0。属性的集合被称为群集。在整个网络中，每个群集都被分配了一个唯一的群集 ID，每个群集最多有 65 535 个属性。

2) 配置文件

ZigBee 协议还定义了一个称为配置文件的术语。配置文件就是指对分布式应用的描述。它根据应用必须处理的数据包和必须执行的操作来描述分布式应用。使用描述符对配置文件进行描述，描述符仅仅是各种值的复杂结构。此配置文件使 ZigBee 设备可以互操作。ZigBee 联盟已经定义了很多标准的配置文件，如远程控制开关配置文件和光传感器配置文件等。任何遵循某一标准配置文件的节点都可以与其他实现相同配置文件的节点进行互操作。每个配置文件可以定义最多 256 个群集，每个群集最多可以有 65 535 个属性。此灵活性允许节点有大量的属性(或 I/O 点)。

2.3　无线传感器网络路由协议

2.3.1　无线传感器网络路由协议的性能指标

针对无线传感器网络的特点与通信需求，网络层需要解决通过局部信息来决策并优化全局行为(路由生成与路由选择)的问题。无线传感器网络的路由协议不同于传统网络的协议，它具有能量优先、基于局部的拓扑信息、以数据为中心和应用相关四个特点。因此，根据具体的应用设计路由机制时，从以下四个方面衡量路由协议的优劣：

(1) 能量高效：传统路由协议在选择最优路径时，很少考虑节点的能量问题。由于无线传感器网络中节点的能量有限，传感器网络路由协议不仅要选择能量消耗小的消息传输路径，更要使能量均衡消耗，避免出现过度使用某些节点，使其失效以致出现路由空洞。实现简单且高效的传输，尽可能地延长整个网络的生存期。

(2) 可扩展性：无线传感器网络的应用决定了它的网络规模不是一成不变的，而且很容易造成拓扑结构动态发生变化，因而要求路由协议有可扩展性，能够适应结构的变化。具体体现在传感器的数量、网络覆盖区域、网络生命周期、网络时间延迟和网络感知精度等方面。

(3) 鲁棒性：无线传感器节点所处的环境非常复杂，而且难以预测，再加上无线信道非常复杂，数据传输的可靠性就显得非常重要。例如，某些敏感区域的探测，比如外太空某区域环境的监测，煤矿矿井下瓦斯的监测等，这些数据非常重要，所以在路由协议的设计过程中必须考虑软硬件的高容错性，保障网络的健壮性。

(4) 快速收敛性：由于网络拓扑结构的动态变化，要求路由协议能够快速收敛，以适应拓扑的动态变化，提高带宽和节点能量等有限资源的利用率和消息传输效率。特别是一些对实时任务和时间有较高要求的，一般都是减小通信开销，提高网络传输的效率。

2.3.2　无线传感器网络路由协议的分类

无线传感器网络中的信道非常复杂，节点所处的环境无法预测，因此给无线传感器网络带来了很多不确定因素，对无线传感器网络中的路由协议的研究是一项极富挑战性的工作。根据不同的分类标准，无线传感器网络中的路由协议可进行多种分类。

(1) 根据应用要求分类。传感器网络中的路由协议按应用要求可分为能量感知路由、基于查询的路由、地理位置路由和可靠性路由。

(2) 根据数据收集方式分类。传感器网络中的路由协议按数据收集方式可分为传统的当需要时再建立路径的按需路由机制(如动态源路由(On-Demand Source Routing Protocol，DSR))、基于数据驱动的主动路由机制(如定向扩散路由(Directed Diffusion，DD))和混合路由机制(即动态扩展多路径路由机制)。

(3) 根据传输过程中采用的路径的跳数分类。传感器网络中的路由协议按传输过程中采用的路径的跳数分为单路径路由和多路径路由。

(4) 根据路由是否考虑 QoS 约束分类。传感器网络中的路由协议按路由是否考虑 QoS 约束可分为保证 QoS 的路由协议与不保证 QoS 的路由协议。保证 QoS 的路由协议是指在路由建立时综合考虑时延、误码率等 QoS 参数，从多条路由中选出一条适合 QoS 约束的最佳路径。

(5) 根据节点路由过程是否有层次结构及节点在选路过程中所起到的作用分类。传感器网络中的路由协议按节点路由过程是否有层次结构及节点在选路过程中所起到的作用可分为平面路由和层次路由。平面路由结构简单，健壮性好，适应传感器节点计算功能不强、存储能力低以及信道复杂多变的特点，但是维护路由的开销大，扩展性不好，数据传输跳数多，适合小型网络。层次路由扩展性好，适合大型网络，但是对于簇的维护开销大，算法复杂，对节点功能要求高。

(6) 按网络结构分类。传感器网络中的路由协议按网络结构可分为基于平面的路由协议、基于位置的路由协议和基于分级的路由协议。基于平面的路由协议中，所有节点通常都具有相同的功能和对等的角色。基于分级的路由协议中，节点通常扮演不同的角色。基于位置的路由协议中，网络节点利用传感器节点的位置来路由数据。但这种分类方式太过分散，没有整体概念。

(7) 按协议的应用特征分类。传感器网络中的路由协议按协议的应用特征可分为基于多径路由协议、基于可靠路由协议、基于协商路由协议、基于查询路由协议、基于位置路由协议和基于 QoS 路由协议。

(8) 按节点的传播方式分类。本书就各个协议的不同侧重点提出一种新的分类方法，把现有的代表性路由协议按节点的传播方式划分为广播式路由协议、坐标式路由协议和分簇式路由协议。下面将详细介绍和分析。

2.3.3　广播式路由协议

1. 扩散法(Flooding)

扩散法是一种传统的网络通信路由协议，是简单的无结构路由协议，每个节点只需将接收到的数据包进行广播，而无需进行路由表查找，选择下一跳节点的计算；其次，其无需特殊的算法保持网络拓扑信息的更新以及新路由的发现。但是 Flooding 路由协议的漏洞也是十分明显且致命的，主要有以下三个方面。

(1) 信息内爆(Implosion)。所谓信息内爆，是指网络中的节点收到一个数据的多个副本的现象。

(2) 部分重叠(Overlap)现象。由于无线传感器网络节点密集部署，因此在同一局部区域中，若干个节点对区域内同一个事件做出的反应相同，所感知的信息在数据性质上相似，数值上相同，那么这些节点的邻居节点所接收到的数据副本也具有较大的相关性。

(3) 网络资源利用不合理。每个节点只是单纯地将接收到的数据进行广播，并没有考虑到网络中节点能量消耗的问题，不能发现下一跳节点的可行性，从而不具备自适应性，造成网络资源浪费。

2. 定向扩散路由 DD(Directed Diffusion)

C.Intanagonwiwat 等人为传感器网络提出了一种新的数据采集模型，即定向扩散路由。它通过泛洪方式广播兴趣消息给所有的传感器节点，随着兴趣消息在整个网络中传播，协议逐跳地在每个传感器节点上建立反向的从数据源节点到基站或者汇聚节点的传输梯度。该协议通过将来自不同源节点的数据聚集再重新路由达到消除冗余和最大程度降低数据传输量的目的，因而可以节约网络能量、延长系统生存期。然而，路径建立时的兴趣消息扩散要执行一个泛洪广播操作，时间和能量开销大。

具体实现：首先是兴趣消息扩散，每个节点都在本地保存一个兴趣列表，其中专门存在一个表项用来记录发送该兴趣消息的邻居节点、数据发送速率和时间戳等相关信息，之后建立传输梯度。数据沿着建立好的梯度路径传输。

3. 谣传路由(Rumor Routing)

谣传路由是 D.Braginsky 等人提出的适用于数据传输量较小的无线传感器网络高效路由协议。其基本思想是时间监测区域的感应节点产生代理消息,代理消息沿着随机路径向邻居节点扩散传播。同时,基站或汇聚节点发送的查询消息也沿着随机路径在网络中传播。当查询消息和代理消息的传播路径交叉在一起时就会形成一条基站或汇聚节点到时间监测区域的完整路径。

具体实现:每个传感器节点维护一个邻居列表和一个事件列表,当传感器节点监测到一个事件发生时,在事件列表中增加一个表项并根据概率产生一个代理消息,代理消息是一个包含事件相关信息的分组,将事件传给经过的节点,收到代理消息的节点检查表项进行更新和增加表项的操作。节点根据事件列表到达事件区域的路径或者节点随机选择邻居转发查询消息。

4. SPIN(Sensor Protocols for Information via Negotiation)

W. Heinzelman 等人提出了一种自适应的 SPIN 路由协议。该协议假定网络中所有节点都是 Sink 节点,每一个节点都有用户需要的信息,而且相邻的节点拥有类似的数据,所以只要发送其他节点没有的数据即可。SPIN 协议通过协商完成资源自适应算法,即在发送真正数据之前,通过协商压缩重复的信息,避免了冗余数据的发送;此外,SPIN 协议有权访问每个节点的当前能量水平,根据节点剩余能量水平调整协议,所以可以在一定程度上延长网络的生存期。

具体实现:SPIN 采用了三种数据包来通信。ADV 用于新数据的广播,当节点有数据要发送时,利用该数据包向外广播;REQ 用于请求发送数据,当节点希望接收数据时,发送该报文;DATA 包含带有 Meta-data 头部数据的数据报文,当一个传感器节点在发送一个 DATA 数据包之前,首先向其邻居节点广播式地发送 ADV 数据包,如果一个邻居希望接收该 DATA 数据包,则向该节点发送 REQ 数据包,接着节点向其邻居节点发送 DATA 数据包。

5. GEAR(Geographical and Energy Aware Routing)

Y.Yu 等人提出了 GEAR 路由协议,即根据时间区域的地址位置,建立基站或者汇聚节点到时间区域的优化路径。把 GEAR 划分为广播式路由协议有点牵强,但是由于它是在利用地理信息的基础上将数据发送到合适区域,而且又是基于 DD 提出的,因此仍将其作为广播式的一种。

具体实现:首先向目标区域传递数据包,当节点收到数据包时,先检查是否有邻居比它更接近目标区域。如有就选择离目标区域最近的节点作数据传递的下一跳节点。如果数据包已经到达目标区域,则利用递归的地理传递方式和受限的扩散方式发布该数据。

2.3.4　坐标式路由协议

1. GEM(Graph Embedding)

J.Newsome 和 D. Song 提出了建立一个虚拟极坐标系统(Virtual Polar Coordinate System, VPCS)GEM 路由协议,用来代表实际的网络拓扑结构。整个网络节点形成一个以基站或汇聚节点为根的带环树(Ringed Tree)。每个节点用距离树根的跳数距离和角度范围两个参数来表示。

具体实现：首先建立虚拟极坐标系统，主要有三个阶段。首先由跳数建立路由并扩展到整个网络形成生成树型结构，再从叶节点开始反馈子树的大小，即树中包含的节点数目，最后确定每个子节点的虚拟角度范围。建立好系统之后，利用虚拟极坐标算法发送消息，即节点收到消息检查是否在自己的角度范围内，不在就向父节点传递，直到消息到达包含目的位置角度的节点。另外，当实际网络拓扑结构发生变化时，需要及时更新，比如节点加入和节点失效。

2. GRWLI(Geographic Routing Without Location Information)

A.Rao 等人提出了建立全局坐标系的路由协议，其前提是需要少数节点精确位置信息。首先确定节点在坐标系中的位置，根据位置进行数据路由。关键是利用某些知道自己位置信息的信标节点确定全局坐标系及其他节点在坐标系中的位置。

具体实现：A.Rao 等人提出了三种策略确定信标节点。一是确定边界节点都为信标节点，则非边界节点通过边界节点确定自己的位置信息。在平面情况下，节点通过邻居节点位置的平均值计算。二是使用两个信标节点，则边界节点只知道自己处于网络边界不知道自己的精确位置消息。引入两个信标节点，并通过边界节点交换信息建立全局坐标系。三是使用一个信标节点，到信标节点最大的节点标记自己为边界节点。

2.3.5　分簇式路由协议

1. LEACH(Low Energy Adaptive Clustering Hierarchy)

LEACH 是 MIT 的 Chandrakasan 等人为无线传感器设计的一种分簇路由算法，其基本思想是以循环的方式随机选择簇首节点，平均分配整个网络的能量到每个传感器节点，从而可以降低网络能源消耗，延长网络生存时间。簇首的产生是簇形成的基础，簇首的选取一般基于节点的剩余能量、簇首到基站或汇聚节点的距离、簇首的位置和簇内的通信代价。簇首的产生算法可以被分为分布式和集中式两种，这里不予介绍。

具体实现：LEACH 不断地循环执行簇的重构过程，可以分为两个阶段。一是簇的建立，即包括簇首节点的选择、簇首节点的广播、簇首节点的建立和调度机制的生成。二是传输数据的稳定阶段。每个节点随机选一个值，小于某阈值的节点就成为簇首节点，之后广播告知整个网络，完成簇的建立。在稳定阶段中，节点将采集的数据送到簇首节点，簇首节点将信息融合后送给汇聚点。一段时间后，重新建立簇，不断循环。

2. GAF(Geographic Adaptive Fidelity)

GAF 是 Y.Xu 等人提出的一种利用分簇进行通信的路由算法。它最初是为移动 Ad Hoc 网络应用设计的，也可以适用于无线传感器网络。其基本思想是网络区被分成固定区域，形成虚拟网格，每个网格里选出一个簇首节点在某段时间内保持清醒，其他节点都进入睡眠状态，但是簇首节点并不做任何数据汇聚或融合工作。GAF 算法即关掉网络中不必要的节点节省能量，同样可以达到延长网络生存期的目的。

具体实现：当划分好固定的虚拟网格之后，网络中每个节点利用 GPS 接受指示的位置信息将节点本身与虚拟网格中某个点关联映射起来。网格上同一个点关联的节点对分组路由的代价是等价的，因而可以使某个特定网格区域的一些节点睡眠，且随着网络节点数目的增加可以极大地提高网络的寿命，在可扩展性上有很好的表现。

总之，通过对广播式路由协议、坐标式路由协议和分簇式路由协议等三类协议的分析，每个协议在其设计的时候都有各自的侧重点和最优的方面，按照衡量标准可以把以上协议做简略的比较并找出相对较好的一类协议。其中，如何提供有效的节能，即能量有效性是无线传感器网络路由协议最首要注重的方面，可扩展性和鲁棒性是路由协议应该满足的基本要求，而快速收敛性和网络存在的时间有紧密的联系。依据上述四个标准，可见广播式总是存在一种矛盾，当具有好的扩展性时势必以差的鲁棒性和能量高效为代价，即以牺牲鲁棒性换取扩展性和高能量，这同时也严重影响了节点的快速收敛性。而坐标式弥补了广播式的不足，可以同时达到四个衡量标准。分簇式相对于前两种方式来说，具备了较好的性能，可以满足人们对传感器网络的一般要求。所以，以能量高效、可扩展性、鲁棒性和快速收敛性四个基本标准来衡量路由协议，分簇式是最佳的选择。

2.3.6　无线传感器网络路由协议比较

1. 路由协议综合比较

　　WSN 具有与应用高度相关的特点，WSN 路由协议具有多样性的特点，很难说哪个协议更为优越。表 2.3 是对上述路由协议以及一些典型的路由协议的特点的比较。

表 2.3　典型的路由协议的特点的比较

性能　　　　路由协议	节能	元数据描述	数据融合	维护多路径	网络生存周期	节点定位	健壮性	扩展性	QoS支持	移动性支持	安全机制
DD	是	有	有	是	较长	否	好	较好	无	一般	无
Rumor	是	有	有	否	较长	否	好	好	无	一般	无
SPIN	是	有	有	是	较长	否	好	一般	无	好	无
GBR	是	有	有	否	较长	否	好	一般	无	一般	无
LEACH	是	无	有	否	长	否	好	较好	无	一般	无
TEEN	是	无	有	否	长	否	好	较好	无	一般	无
PEGASIS	是	无	有	否	长	否	好	好	无	一般	无
GPSR	是	无	无	否	较长	是	好	一般	无	一般	无
GEM	是	无	无	否	较长	是	好	一般	无	不好	无
EAR	是	无	有	是	长	否	好	一般	无	一般	无

2. 路由协议的发展

　　通过对典型协议的比较，可以看出每种路由协议都有其优缺点，分别适用于不同的应用场合，现有的无线传感器网络路由协议设计基本上都是以节能、延长网络生命周期为主要目的的。它们在一定程度上解决了能源消耗问题，但是还存在以下问题：不支持 QoS；移动性的支持比较差，没有安全机制；单路径协议占多数。可以看出将来无线传感器网络路由协议采用的某些研究策略与发展趋势如下：

　　(1) QoS 路由。目前传感器网络路由协议的研究重点主要集中在能量效率上，而在未来的研究中可能还需要解决由视频和成像传感器以及实时应用引起的 QoS 问题。

　　(2) 支持移动性。目前的 WSN 路由协议对网络的拓扑感知能力和移动性的支持比较差，如何在控制协议开销的前提下，支持快速拓扑感知是一个重要挑战。

　　(3) 安全路由。由于 WSN 的固有特性，其路由协议极易受到安全威胁，是网络攻击的主要目标，设计简单、有效、适用于 WSN 的安全机制是今后努力的方向。

(4) 有效功耗。WSN 中数据通信最为耗能，今后尽量通过使用数据融合技术、数据传输中采用过滤机制来减少通信量，并通过让各节点平均消耗能量来保持通信量的负载均衡。

(5) 容错性。由于 WSN 节点容易发生故障，应尽量利用节点易获得的网络信息计算路由，以确保在路由出现故障时能够尽快得到恢复，可采用多路径传输来提高数据传输的可靠性。

练 习 题

一、填空题

1．IEEE 802.15.4 标准主要包括_____和_____。

2．IEEE 802.15.4 网络根据应用的需要可以组织成_____，也可以组织成点对点网络。

3．IEEE 802.15.4 标准包括_____和介质访问控制子层协议。

4．物理层定义了物理无线信道和 MAC 子层之间的接口，提供_____和_____。

5．无线传感器网络可以选择的频段有_____、_____、_____、_____。

6．在 IEEE 802 系列标准中，OSI 参考模型的数据链路层进一步划分为_____和_____两个子层。

7．MAC 子层提供两种服务：_____和_____。前者保证 MAC 协议数据单元在物理层数据服务中的正确收发，后者维护一个存储 MAC 子层协议状态相关信息的数据库。

8．传感器网络的安全问题有：_____、_____、_____。

9．MAC 子层可以为输入/输出的 MAC 帧提供安全服务。提供的安全服务主要包括四种：_____、_____、_____和_____。

10．在 LR-WPAN 网络中设备可以根据自身需要选择不同的安全模式，即_____、_____和_____。

11．传感器网络中的路由协议按应用要求可分为_____、_____、_____和_____。

12．传感器网络中的路由协议按传输过程中采用的路径的跳数分为_____和_____。

二、简答题

1．IEEE 802.15.4 标准定义的 LR-WPAN 网络具有哪些特点？

2．物理层数据服务包括哪几个方面的功能？

3．MAC 子层的主要功能包括哪几个方面？

4．ZigBee 技术的主要特点有哪些？

5．按协议的应用特征分类，传感器网络中的路由协议可分为哪几种？

第 3 章 传感器及检测技术

本章要点 ✍

- 传感器的分类、传感器的组成及传感器在物联网中的应用；
- 检测的基本概念、检测技术的分类及检测系统的组成；
- 典型传感器介绍；
- 智能检测系统的组成及类型、智能传感器技术。

3.1 传 感 器

3.1.1 传感器概述

传感器是一种物理装置或生物器官，能够探测、感受外界的信号、物理条件(如光、热、湿度)或化学组成(如烟雾)，并将探知的信息传递给其他装置或器官。

传感器是一种检测装置，能感受到被测量的信息，并能将检测感受到的信息按一定规律变换成电信号或其他所需形式的信息输出，以满足信息的传输、处理、存储、显示、记录和控制等要求。它是实现自动检测和自动控制的首要环节。

关于传感器，我国曾出现过多种名称，如发送器、传送器、变送器等，它们的内涵相同或相似，所以近年来已逐渐趋向统一，大都使用"传感器"这一名称了。从字面上可以作如下解释：传感器的功用是一感二传，即感受被测信息，并传送出去。根据这个定义，传感器的作用是将一种能量转换成另一种能量形式，所以不少学者也用"换能器(Transducer)"来称呼"传感器(Sensor)"。

3.1.2 传感器的分类

往往同一被测量可以用不同类型的传感器来测量，而同一原理的传感器又可测量多种物理量，因此传感器有许多种分类方法。下面介绍常见的传感器分类方法。

1. 按传感器的用途分类

传感器按照其用途可分为力敏传感器、位置传感器、液面传感器、能耗传感器、速度传感器、加速度传感器、射线辐射传感器、热敏传感器和 24 GHz 雷达传感器等。

2. 按传感器的原理分类

传感器按照其原理可分为振动传感器、湿敏传感器、磁敏传感器、气敏传感器、真空度传感器和生物传感器等。

3. 按传感器的输出信号标准分类

传感器按照其输出信号的标准可分为以下几种:

(1) 模拟传感器:将被测量的非电学量转换成模拟电信号。

(2) 数字传感器:将被测量的非电学量转换成数字输出信号(包括直接和间接转换)。

(3) 膺数字传感器:将被测量的信号量转换成频率信号或短周期信号的输出(包括直接或间接转换)。

(4) 开关传感器:当一个被测量的信号达到某个特定的阈值时,传感器相应地输出一个设定的低电平或高电平信号。

4. 按传感器的材料分类

在外界因素的作用下,所有材料都会作出相应的、具有特征性的反应。它们中的那些对外界作用最敏感的材料,即那些具有功能特性的材料,将被用来制作传感器的敏感元件。从所应用的材料观点出发可将传感器分成下列几类:

(1) 按材料的类别分类:金属聚合物和陶瓷混合物。

(2) 按材料的物理性质分类:导体、半导体、绝缘体和磁性材料。

(3) 按材料的晶体结构分类:单晶、多晶和非晶材料。

与采用新材料紧密相关的传感器开发工作可以归纳为下述三个方向:

(1) 在已知的材料中探索新的现象、效应和反应,然后使它们能在传感器技术中得到实际使用。

(2) 探索新的材料,应用那些已知的现象、效应和反应来改进传感器技术。

(3) 在研究新型材料的基础上探索新现象、新效应和反应,并在传感器技术中加以具体实施。

现代传感器制造业的进展取决于用于传感器技术的新材料和敏感元件的开发强度。传感器开发的基本趋势是和半导体以及介质材料的应用密切关联的。

5. 按传感器的制造工艺分类

传感器按照其制造工艺可分为集成传感器、薄膜传感器、厚膜传感器和陶瓷传感器。

(1) 集成传感器是用标准的生产硅基半导体集成电路的工艺技术制造的。通常还将用于初步处理被测信号的部分电路也集成在同一芯片上。

(2) 薄膜传感器则是通过沉积在介质衬底(基板)上的相应敏感材料的薄膜形成的。使用混合工艺时,同样可将部分电路制造在此基板上。

(3) 厚膜传感器是利用相应材料的浆料涂覆在陶瓷基片上制成的,基片通常是用 Al_2O_3 制成的,然后进行热处理,使厚膜成形。

(4) 陶瓷传感器是采用标准的陶瓷工艺或其某种变种工艺(溶胶-凝胶等)生产的。完成适当的预备性操作之后,已成形的元件在高温中进行烧结。

厚膜传感器和陶瓷传感器这两种工艺之间有许多共同特性,在某些方面,可以认为厚膜工艺是陶瓷工艺的一种变形。

每种工艺技术都有自己的优点和不足。由于研究、开发和生产所需的资本投入较低以及传感器参数的高稳定性等原因,采用陶瓷传感器和厚膜传感器比较合理。

6. 按传感器的测量目的不同分类

传感器根据测量目的不同可分为物理型传感器、化学型传感器和生物型传感器。

(1) 物理型传感器是利用被测量物质的某些物理性质发生明显变化的特性制成的。

(2) 化学型传感器是利用能把化学物质的成分、浓度等化学量转化成电学量的敏感元件制成的。

(3) 生物型传感器是利用各种生物或生物物质的特性做成的，用以检测与识别生物体内化学成分的传感器。

3.1.3 传感器的性能指标

1. 传感器静态特性

传感器的静态特性是指对静态的输入信号，传感器的输出量与输入量之间所具有的相互关系。因为这时输入量和输出量都和时间无关，所以它们之间的关系即传感器的静态特性可用一个不含时间变量的代数方程，或以输入量作横坐标，把与其对应的输出量作纵坐标而画出的特性曲线来描述。表征传感器静态特性的主要参数有线性度、灵敏度、迟滞、重复性、漂移等。

(1) 线性度：指传感器输出量与输入量之间的实际关系曲线偏离拟合直线的程度。其定义为在全量程范围内实际特性曲线与拟合直线之间的最大偏差值与满量程输出值之比。

(2) 灵敏度：是传感器静态特性的一个重要指标。其定义为输出量的增量与引起该增量的相应输入量增量之比。通常用 S 表示灵敏度。

(3) 迟滞：指传感器在输入量由小到大(正行程)及输入量由大到小(反行程)变化期间其输入、输出特性曲线不重合的现象。对于同一大小的输入信号，传感器的正、反行程输出信号大小不相等，这个差值称为迟滞差值。

(4) 重复性：指传感器在输入量按同一方向作全量程连续多次变化时，所得特性曲线不一致的程度。

(5) 漂移：指在输入量不变的情况下，传感器输出量随着时间变化的现象。产生漂移的原因有两个方面：一是传感器自身结构参数；二是周围环境(如温度、湿度等)。

2. 传感器动态特性

所谓动态特性，是指传感器在输入变化时它的输出特性。在实际工作中，传感器的动态特性常用它对某些标准输入信号的响应来表示。这是因为传感器对标准输入信号的响应容易用实验方法求得，并且它对标准输入信号的响应与它对任意输入信号的响应之间存在一定的关系，往往知道了前者就能推定后者。最常用的标准输入信号有阶跃信号和正弦信号两种，所以传感器的动态特性也常用阶跃响应和频率响应来表示。

3. 传感器的线性度

通常情况下，传感器的实际静态特性输出是一条曲线而非直线。在实际工作中，为使仪表具有均匀刻度的读数，常用一条拟合直线近似地代表实际的特性曲线，特性曲线的线性度(非线性误差)就是这个近似程度的一个性能指标。

拟合直线的选取有多种方法，如将零输入和满量程输出点相连的理论直线作为拟合直线，或将与特性曲线上各点偏差的平方和为最小的理论直线作为拟合直线，此拟合直线称为最小二乘法拟合直线。

4. 传感器的灵敏度

灵敏度是指传感器在稳态工作情况下输出量变化 Δy 对输入量变化 Δx 的比值。它是输出、输入特性曲线的斜率。如果传感器的输出和输入之间呈线性关系，则灵敏度 S 是一个常数；否则，它将随输入量的变化而变化。

灵敏度的量纲是输出、输入量的量纲之比。例如，某位移传感器在位移变化 1 mm 时，输出电压变化为 200 mV，则其灵敏度应表示为 200 mV/mm。

当传感器的输出、输入量的量纲相同时，灵敏度可理解为放大倍数。提高灵敏度，可得到较高的测量精度。但灵敏度愈高，测量范围愈窄，稳定性也往往愈差。

5. 传感器的分辨率

分辨率是指传感器可感受到的被测量的最小变化的能力。也就是说，如果输入量从某一非零值缓慢地变化，当输入变化值未超过某一数值时，传感器的输出不会发生变化，即传感器对此输入量的变化是分辨不出来的。只有当输入量的变化超过分辨率时，其输出才会发生变化。

通常传感器在满量程范围内各点的分辨率并不相同，因此常用满量程中能使输出量产生阶跃变化的输入量中的最大变化值作为衡量分辨率的指标。上述指标若用满量程的百分比表示，则称为分辨率。分辨率与传感器的稳定性有负相相关性。

3.1.4　传感器的组成和结构

国家标准 GB7665—1987 对传感器(Transducer/Sensor)下的定义是："能感受规定的被测量并按照一定规律转换成可用输出信号的器件或装置，通常由敏感元件或转换元件组成。"这一定义包含了以下几方面的意思：

(1) 传感器是测量装置，能完成检测任务；

(2) 它的输出量是某一被测量，可能是物理量，也可能是化学量、生物量等；

(3) 它的输出量是某种物理量，这种量要便于传输、转换、处理、显示等，这种量可以是气、光、电量，但主要是电量；

(4) 输出、输入有对应关系，且应有一定的精确程度。

传感器一般由敏感元件、转换元件和转换电路三部分组成，如图 3.1 所示。

图 3.1　传感器组成框图

(1) 敏感元件：是直接感受被测量，并且输出与被测量成确定关系的元件。

(2) 转换元件：敏感元件的输出就是它的输入，它把输入转换成电路参量。

(3) 转换电路：可把敏感元件的输出经转换元件再转换成电量输出。

实际上，有些传感器很简单，有些则较复杂，大多数是开环系统，也有些是带反馈的闭环系统。

3.2 检测技术基础

自动检测技术是一门以研究检测系统中信息提取、转换及处理的理论和技术为主要内容的应用技术学科。在信息社会的一切活动领域，检测是科学地认识各种现象的基础性方法和手段。检测技术是多学科知识的综合应用，涉及半导体技术、激光技术、光纤技术、声控技术、遥感技术、自动化技术、计算机应用技术以及数理统计、控制论、信息化等近代新技术和新理论。

3.2.1 检测系统概述

检测是人类认识物质世界、改造物质世界的重要手段。检测技术的发展标志着人类的进步和人类社会的繁荣。在现代工业、农业、国防、交通、医疗、科研等行业，检测技术的作用越来越大，检测设备就像神经和感官，源源不断地向人们传输各种有用的信息。检测的自动化、智能化归功于计算机技术的发展。从广义上说，自动检测系统包括以单片机为核心的智能仪器、以 PC 为核心的自动测试系统和目前发展势头迅猛的专家系统。

现代检测系统应当包含测量、故障诊断、信息处理和决策输出等多项内容，具有比传统的"测量"更丰富的范畴和模仿人类专家信息综合处理的能力。

现代检测系统充分开发利用了计算机资源，在人工最少参与的条件下尽量以软件实现系统功能，一般具有以下特点：

(1) 软件控制测量过程。自动检测系统可实现自动测量、自动极性判断、自动量程切换、自动报警、过载保护、非线性补偿、多功能测试和自动巡回检测。由于有了计算机，这些过程可采用软件控制，测量过程的软件控制可以简化系统的硬件结构，缩小体积，降低功耗，提高检测系统的可靠性和自动化程度。

(2) 智能化数据处理。智能化数据处理是智能检测系统最突出的特点。计算机可以方便、快捷地实现各种算法。因此，智能检测系统可用软件对测量结果进行及时、在线处理，提高测量精度。

(3) 高度的灵活性。智能检测系统以软件为工作核心，生产、修改、复制都较容易，功能和性能指标更改方便。而传统的硬件检测系统生产工艺复杂，参数分散性较大，每次更改都牵涉到元器件和仪器结构的改变。

(4) 实现多参数检测与信息融合。智能检测系统配备多个测量通道，可以由计算机对多路测量通道进行高速扫描采样。因此，智能检测系统可以对多种测量参数进行检测。在进行多参数检测的基础上，依据各路信息的相关特性，可以实现智能检测系统的多传感器信息融合，从而提高检测系统的准确性、可靠性和可容错性。

(5) 测量速度快。高速测量是智能检测系统追求的目标之一。所谓检测速度，是指从测量开始，经过信号放大、整流滤波、非线性补偿、A/D 转换、数据处理和结果输出的全过程所需的时间。目前高速 A/D 转换的采样速度为 200 MHz 以上，32 位 PC 的时钟频率也在 500 MHz 以上。

(6) 智能化功能强。以计算机为信息处理核心的智能检测系统具有较强的智能功能，可以满足各类用户的需要。典型的智能功能有：

① 检测选择功能。智能检测系统能够实现量程转换、信号通道和采样方式的自动选择，使系统具有对被测对象的最优化跟踪检测能力。

② 故障诊断功能。智能检测系统结构复杂，功能较多，系统本身的故障诊断尤为重要。系统可以根据检测通道的特征和计算机本身的自诊断能力，检查各单元故障，显示故障部位、故障原因和应该采取的故障排除方法。

③ 其他智能功能。智能检测系统还可以具备人机对话、自校准、打印、绘图、通信、专家知识查询和控制输出等智能功能。

检测就是借助专用的手段和技术工具，通过实验的方法，把被测量与同性质的标准量进行比较，求出两者的比值，从而得到被测量数值大小的过程。传感器是感知、获取与检测信息的窗口，特别是在自动检测和自动控制系统中获取的信息，都要通过传感器转换为容易传输、处理的电信号。

实现被测量与标准量比较得出比值的方法，称为测量方法。针对不同测量任务进行具体分析以找出切实可行的测量方法，对测量工作是十分重要的。

3.2.2 检测技术的分类

1. 按测量过程的特点分类

1) 直接测量法

在使用仪表或传感器进行测量时，对仪表读数不需要经过任何运算就能直接表示测量结果的测量方法称为直接测量法。例如，用磁电式电流表测量电路的某一支路电流、用弹簧管压力表测量压力等都属于直接测量。直接测量的优点是测量过程既简单又迅速，缺点是测量精度不高。直接测量法又包括以下几种：

(1) 偏差测量法：用仪表指针的位移(即偏差)决定被测量的量值的测量方法。在测量时，插入被测量，按照仪表指针在标尺上的示值决定被测量的数值。这种方法的测量过程比较简单、迅速，但测量结果精度较低。

(2) 零位测量法：用指零仪表的零位指示检测测量系统的平衡状态，在测量系统平衡时，用已知的标准量决定被测量的量值的测量方法。在测量时，已知的标准量直接与被测量相比较，已知量应连续可调；指零仪表指零时，被测量与已知标准量应相等。

(3) 微差测量法：是综合了偏差测量法与零位测量法的优点而提出的一种测量方法。它将被测量与已知的标准量相比较，取得差值后，再用偏差测量法测得此差值。应用这种方法测量时，不需要调整标准量，而只需测量两者的差值。微差测量法的优点是反应快，而且测量精度高，特别适用于在线控制参数的测量。

2) 间接测量法

在使用仪表或传感器进行测量时，首先对与测量有确定函数关系的几个量进行测量，将被测量代入函数关系式，经过计算得到所需要的结果，这种测量方法称为间接测量法。间接测量法的测量手续较多，花费时间较长，一般用于直接测量法不方便或者缺乏直接测量手段的场合。

3) 组合测量法

组合测量法是一种特殊的精密测量方法，被测量必须经过求解联立方程组才能得到最后结果。组合测量法操作手续复杂，花费时间长，多用于科学实验或特殊场合。

2．按测量的精度因素分类

(1) 等精度测量法：用相同精度的仪表与测量方法对同一被测量进行多次重复测量的测量方法。

(2) 非等精度测量法：用不同精度的仪表或不同的测量方法或者在环境条件相差很大时对同一被测量进行多次重复测量的测量方法。

3．按测量仪表特点分类

(1) 接触测量法：传感器直接与被测对象接触，承受被参数的作用，感受其变化，从而获得其信号，并测量其信号大小的方法。

(2) 非接触测量法：传感器不与被测对象直接接触，而是间接承受被测参数的作用，感受其变化，并测量其信号大小的方法。

4．按测量对象的特点分类

(1) 静态测量法：指被测对象处于稳定情况下的测量，此时被测对象不随时间变化，故又称为稳态测量。

(2) 动态测量法：指被测对象处于不稳定情况下进行的测量，此时被测对象随时间而变化，因此这种测量必须在瞬间完成，才能得到动态参数的测量结果。

3.2.3　检测系统的组成

1．检测系统的构成

在工程中，需要由传感器与多台仪表组合在一起，才能完成信号的检测，这样便形成了一个检测系统。检测系统是传感器与测量仪表、变换装置等的有机结合。图 3.2 所示为检测系统原理结构框图。

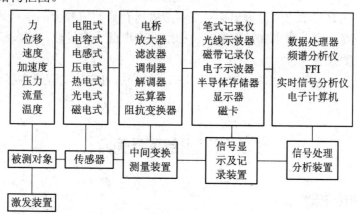

图 3.2　检测系统原理结构框图

2．开环检测系统和闭环检测系统

1) 开环检测系统

开环检测系统的全部信息变换只沿着一个方向进行，如图 3.3 所示。其中，*x* 为输入量，

y 为输出量，x_1 和 x_2 为各个环节的传递系数。采用开环方式构成的检测系统，结构较简单，但各环节特性的变化都会造成测量误差。

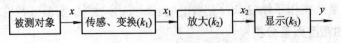

图 3.3　开环检测系统框图

2) 闭环检测系统

闭环检测系统是在开环系统的基础上加了反馈环节，使得信息变换与传递形成闭环，能对包含在反馈环内的各环节造成的误差进行补偿，使得系统的误差变得很小。

3. 检测仪表的组成

检测仪表是实现检测过程的物质手段，是测量方法的具体化，它将被测量经过一次或多次的信号或能量形式的转换，再由仪表指针、数字或图像等显示出量值，从而实现被测量的检测。检测仪表的组成框图如图 3.4 所示。

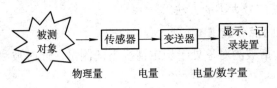

图 3.4　检测仪表的组成框图

1) 传感器

传感器也称敏感元件或一次元件，其作用是感受被测量的变化并产生一个与被测量呈某种函数关系的输出信号。

根据被测量的性质，传感器可分为机械量传感器、热工量传感器、化学量传感器及生物量传感器等；根据输出量的性质，传感器可分为无源电参量型传感器(如电阻式传感器、电容式传感器、电感式传感器等)和发电型传感器(如热电偶传感器、光电传感器、压电传感器等)。

2) 变送器

变送器的作用是将敏感元件输出信号变换成既保存原始信号全部信息又更易于处理、传输及测量的变量，因此要求变换器能准确稳定地实现信号的传输、放大和转化。

3) 显示(记录)仪表

显示(记录)仪表也称二次仪表，它将测量信息转变成对应的工程量在显示(记录)仪表上显示。

3.3　典型传感器简介

3.3.1　磁检测传感器

磁检测传感器使用的是干簧管(Reed Switch)。干簧管也称舌簧管或磁簧开关，是一种磁敏的特殊开关。它通常有两个软磁性材料做成的、无磁时断开的金属簧片触点，有的还有第三个作为常闭触点的簧片。这些簧片触点被封装在充有稀有气体(如氮、氦等)或真空的玻璃管里，玻璃管内平行封装的簧片端部重叠，并留有一定间隙或相互接触以构成开关的常开或常闭触点。干簧管比一般机械开关结构简单、体积小、速度高、工作寿命长；而与电子开关相比，它又有抗负载冲击能力强等特点，工作可靠性很高。

干簧管可以作为传感器用，用于计数、限位等。例如，有一种自行车公里计，就是在轮胎上粘上磁铁，在一旁固定上干簧管构成的。把干簧管装在门上，可作为开门时的报警用，也可作为开关使用。

磁检测传感器的外形和接口电路原理图如图 3.5 所示。磁检测传感器使用的是常开型干簧管。当传感器靠近磁性物质(如磁铁)时，U2 闭合，V1 导通，LED3 点亮。通过 STM8 单片机读取 P1_3 状态，可知当前是否靠近磁性物质，高电平时表明未检测到磁性物质，低电平时表明检测到磁性物质。

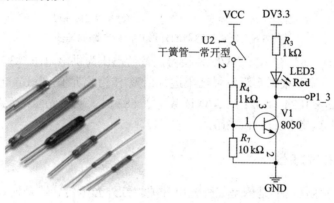

(a) 外形   (b) 接口电路原理

图 3.5 磁检测传感器的外形和接口原理图

3.3.2 光照传感器

光照传感器使用的是光敏电阻。光敏电阻又称光导管，常用的制作材料为硫化镉，另外还有硒、硫化铝、硫化铅和硫化铋等材料。这些制作材料具有在特定波长的光照射下，其阻值迅速减小的特性。这是由于光照产生的载流子都参与导电，在外加电场的做用下做漂移运动，电子奔向电源的正极，空穴奔向电源的负极，从而使光敏电阻器的阻值迅速下降。光敏电阻器一般用于光的测量、光的控制和光电转换(将光的变化转换为电的变化)。常用的光敏电阻器为硫化镉光敏电阻器，它是由半导体材料制成的。光敏电阻器的阻值随入射光线(可见光)的强弱变化而变化。在黑暗条件下，它的阻值(暗阻)可达 1～10 MΩ；在强光条件(100 lx)下，它的阻值(亮阻)仅有几百至数千欧姆。光敏电阻器对光的敏感性(即光谱特性)与人眼对可见光(0.4～0.76 μm)的响应很接近，只要人眼可感受的光，都会引起它的阻值变化。

光照传感器的外形和接口电路原理图如图 3.6 所示。传感器使用的光敏电阻的暗电阻为 1～2 MΩ 左右，亮电阻为 1～5 kΩ 左右。可以计算出：

在黑暗条件下，Light_AD 的数值为 3.3 V × 10 kΩ/(1000 kΩ + 10kΩ) = 0.033 V。

在光照条件下，Light_AD 的数值为 3.3 V × 10 kΩ/(10 kΩ + 5 kΩ) = 2.2 V。

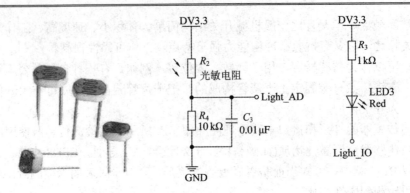

(a) 外形   (b) 接口电路原理

图 3.6   光照传感器的外形和接口电路原理图

    STM8 单片机内部带有 10 位 A/D 转换器，参考电压为供电电压 3.3 V。根据上面的计算结果，选定 2.2 V(需要根据实际测量结果进行调整)作为临界值。当 Light_AD 为 2.2 V 时，A/D 读数为 $2.2/3.3 \times 1024 = 682$；当 A/D 读数小于 682 时说明无光照；当 A/D 读数大于 682 时说明有光照，并点亮 LED3 作为指示。

3.3.3   红外对射传感器

    红外对射传感器使用的是槽型红外光电开关。红外光电传感器是捕捉红外线这种不可见光，采用专用的红外发射管和接收管，转换为可以观测的电信号。红外光电传感器有效地防止周围可见光的干扰，进行无接触探测，不损伤被测物体。在一般情况下，红外光电传感器由三部分构成，即发送器、接收器和检测电路。红外光电传感器的发送器对准目标发射光束，当前面有被检测物体时，物体将发射器发出的红外光线反射回接收器，于是红外光电传感器就"感知"了物体的存在，产生输出信号。

    红外对射传感器的外形和接口电路原理图如图 3.7 所示。槽型红外光电开关把一个红外光发射器和一个红外光接收器面对面地装在一个槽的两侧。发光器能发出红外光，在无阻情况下光接收器能收到光。但当被检测物体从槽中通过时，光被遮挡，光电开关便动作，

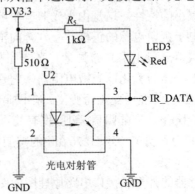

(a) 外形   (b) 接口电路原理

图 3.7   红外对射传感器的外形和接口电路原理图

输出一个开关控制信号，切断或接通负载电流，从而完成一次控制动作。槽型开关的检测距离因为受整体结构的限制一般只有几厘米。

当槽型光电开关 U2 中间有障碍物遮挡时，IR_DATA 为高电平，LED3 熄灭；当槽型光电开关 U2 中间无障碍物遮挡时，IR_DATA 为低电平，LED3 点亮。通过 STM8 单片机读取 IR_DATA 的高低电平状态，即可获知红外对射传感器是否检测到障碍物。

3.3.4　红外反射传感器

红外反射传感器使用的是反射型红外光电开关，反射型红外光电开关把一个红外光发射器和一个红外光接收器装在同一个面上，前方装有滤镜，滤除干扰光。发光器能发出红外光，在无阻情况下光接收器不能收到光。但当前方有障碍物时，光被反射回接收器，光电开关便动作，输出一个开关控制信号，切断或接通负载电流，从而完成一次控制动作。反射型光电开关的检测距离从几厘米到几米不等，在工业测控、安防等方面具有很广的应用。红外反射传感器的外形和接口电路原理图如图 3.8 所示。

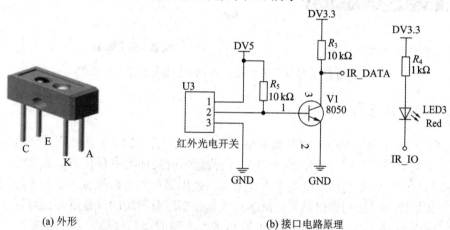

(a) 外形　　　　　　　　　　(b) 接口电路原理

图 3.8　红外反射传感器的外形和接口电路原理图

图 3.8 中，红外光电开关 U3 的供电电压为 5 V，集电极开路输出。当无障碍物时，U3 的 1 脚输出高电平，V1 导通，IR_DATA 为低电平；当有障碍物时，U3 的 1 脚输出低电平，V1 截止，IR_DATA 为高电平。通过 STM8 单片机读取 IR_DATA 的高低电平状态，即可获知红外反射传感器是否检测到障碍物，当检测到障碍物时，可以点亮 LED3 作为指示。

3.3.5　结露传感器

结露传感器 HDS05 是正特性开关型元件，对低湿度不敏感而仅对高湿度敏感，可以在直流电压下工作。其特点是在高湿环境下具有极高的敏感性、具有开关功能、响应速度快、污染能力强、可靠性高、稳定性好；其结露测试范围是 94%～100%RH。HDS05 可用于电子、制药、粮食、仓储、烟草、纺织、气象等行业的温湿度表、加湿器、除湿机、空调、微波炉等产品中。

结露传感器 HDS05 的外形和接口电路原理图如图 3.9 所示。图中，HDS05_AD 的最大值为 47 kΩ/(47 kΩ + 150 kΩ) × 3.3 V = 0.787 V，小于 HDS05 的最大供电电压 0.8 V。根据

结露传感器 HDS05 的技术参数，75%RH、25℃条件下，HDS05 电阻为 10 kΩ，此时，容易计算出 HDS05_AD 为 0.172 V。当湿度增加时，电阻增大，HDS05_AD 增大，选定一个临界值(根据实际情况选择)，比如 0.172 V，此时 A/D 读数为 $0.172/3.3 \times 1024 = 53$。当 A/D 采集的数值大于 53 时表明有结露，并点亮 LED3 作为指示。

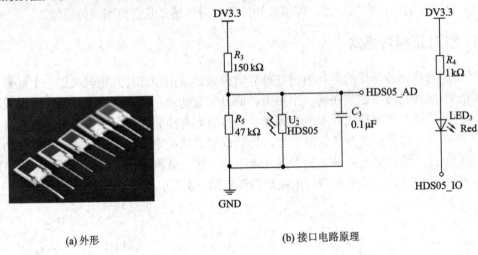

(a) 外形   (b) 接口电路原理

图 3.9   结露传感器 HDS05 的外形和接口电路原理图

3.3.6 酒精传感器

酒精传感器选用 MQ-3 酒精检测用半导体气敏元件。MQ-3 所使用的气敏材料是在清洁空气中电导率较低的二氧化锡(SnO_2)，当传感器所处环境中存在酒精蒸气时，传感器的导电率随空气中酒精气体浓度的增大而增大。使用简单的电路即可将导电率的变化转换为与该气体浓度相对应的输出信号。MQ-3 气体传感器对酒精的灵敏度高，可以抵抗汽油、烟雾、水蒸气的干扰。这种传感器可检测多种浓度的酒精气体，是一款应用广泛的低成本酒精传感器，常应用于对机动车驾驶人员及其他风险作业人员的酒后监督检测和其他场所乙醇蒸气的探测。其主要特点有：对乙醇蒸气有很高的灵敏度和良好的选择性；具有快速的响应恢复特性；具有简单的驱动回路；对酒精的探测范围为 $10 \times 10^{-6} \sim 1000 \times 10^{-6}$ 酒精。

MQ-3 酒精传感器的接口电路原理图如图 3.10 所示。MQ-3 传感器的供电电压 U_c 和加

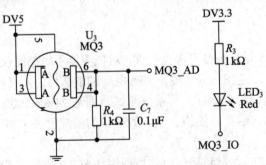

图 3.10   MQ-3 酒精传感器接口电路原理图

热电压 U_h 都为 5 V,负载电阻 R_1 为 1 kΩ。根据 MQ-3 酒精检测用半导体气敏元件的技术参数,在 0.4 mg/L 酒精中,传感器电阻 R_s 为 2~20 kΩ,取 R_s = 10 kΩ。假设检测到酒精浓度为 10 mg/L 时报警,由灵敏度特性曲线可知,MQ3 电阻值为 10 kΩ × 0.12 = 1.2 kΩ,MQ3_AD = 5 V × 1 kΩ/(1 kΩ + 1.2 kΩ) = 2.27 V,A/D 读数为 2.27/3.3 × 1024 = 704,当 A/D 采集的数值大于 704 时表明检测到酒精,并点亮 LED3 作为指示。

3.3.7 人体检测传感器

人体检测传感器使用的是热释电人体红外线感应模块。人体红外线感应模块是基于红外线技术的自动控制产品,灵敏度高,可靠性强,可用于各类感应电器设备,是适合干电池供电的电器产品;低电压工作模式,可方便与各类电路实现对接;尺寸小,便于安装。人体红外线感应模块适用于感应广告机、感应水龙头、各类感应灯饰、感应玩具、感应排气扇、感应垃圾桶、感应报警器、感应风扇等。这类传感器种类繁多,通常具有高响应、低噪音的特点。

人体检测传感器的主要技术参数如下:
- 静态功耗:<50 μA;
- 电平输出:高 3.3 V,待机时输出为 0 V;
- 触发方式:可重复触发;
- 感应范围:≤110° 锥角,7 m 以内。

人体检测传感器的外形和接口电路原理图如图 3.11 所示。传感器检测到人时,输出高电平,V1 导通,I/O 输出低电平;未检测到人时,V1 截止,I/O 输出高电平。通过 STM8 单片机读取 I/O 值可知现在的传感器状态。热释电人体红外线感应模块只对人体活动产生感应信号,对静止的人体不做反应,因此,使用时可在模块上方挥舞手以模拟人体活动。

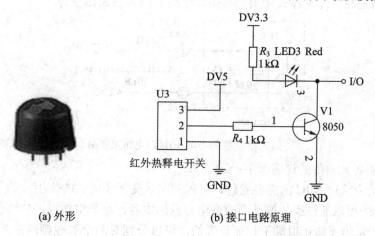

(a) 外形 (b) 接口电路原理

图 3.11 人体检测传感器的外形和接口电路原理图

3.3.8 振动检测传感器

振动检测传感器选用的是振动开关,在静止条件下为开路状态,当受到外力或运动速度达到适当的离心力时,会产生短时间内非连续性导通。SW-1801P 振动传感器的接口电路原理图如图 3.12 所示。

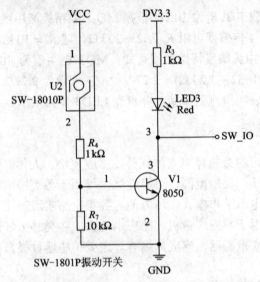

图 3.12　SW-1801P 振动传感器接口电路原理图

当有振动时，U2 导通，V1 导通，SW_IO 输出低电平，并点亮 LED3。由于振动开关为非连续性导通，因此，可采用中断方式采集 SW_IO 信号，在指定时间(如 10 ms)内对中断信号计数，当它大于指定值(如 5)时，说明存在振动。

3.3.9　声响检测传感器

声响检测传感器使用麦克风(咪头)作为拾音器，经过运算放大器放大，单片机 A/D 采集，获取声响强度信号。咪头是将声音信号转换为电信号的能量转换器件，和喇叭正好相反。它选用的是驻极体电容式咪头，其接口电路原理如图 3.13 所示。

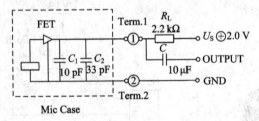

图 3.13　麦克风(咪头)接口电路原理图

图 3.14 中各元器件的说明如下：

FET(场效应管)：MIC 的主要器件，可起到阻抗变换和放大的作用。

C：是一个可以通过膜片振动而改变电容量的电容，是声电转换的主要部件。

C_1，C_2：是为了防止射频干扰而设置的，可以分别对两个射频频段的干扰起到抑制作用。C_1 一般是 10 pF，C_2 一般是 33 pF，10 pF 滤波 1800 MHz，33 pF 滤波 900 MHz。

R_L：负载电阻，它的大小决定灵敏度的高低。

U_S：工作电压，MIC 提供工作电压。

声音检测接口电路如图 3.14 所示。由于麦克风输出的信号微弱，因此必须经过运放放大才能保证 AD 采样的精度。麦克风输入的是交流信号，C_7 和 C_6 用于耦合输入；运放

LMV321 将信号放大了 101 倍，经过 V_{D1} 保留交流信号的正向信号，最后输入到单片机 AD 进行采样。在实验室测得，静止条件下，MIC_AD 为 0 V；给一个拍手的声响信号，MIC_AD 最大到 1 V 左右，此时 AD 值约为 300。因此，取 300 作为临界值，AD 采样值大于 300 时，表明检测到声响，并点亮 LED3 作为指示。

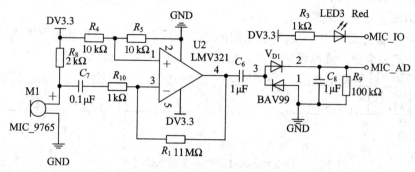

图 3.14　声音检测传感器接口电路

3.3.10　温湿度传感器

AM2302(DHT22)数字温湿度模块是一款含有已校准数字信号输出的温湿度复合传感器。传感器包括一个电容式感湿元件和一个高精度测温元件，并与一个高性能 8 位单片机相连接。因此该产品具有品质卓越、响应超快、抗干扰能力强、性价比极高等优点。

AM2302(DHT22)数字温湿度传感器主要应用在暖通空调、除湿器、测试及检测设备、消费品、汽车、自动控制、数据记录器、家电、湿度调节器、医疗、气象站及其他相关湿度检测控制等当中。

1. 引脚及功能

AM2302 引脚分配图如图 3.15 所示，引脚功能如表 3.1 所示。

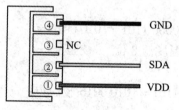

图 3.15　AM2302 引脚分配图

表 3.1　AM2302 引脚功能

引脚	名称	描述
①	VDD	电源(3.5~5.5 V)
②	SDA	串行数据，双向口
③	NC	空脚
④	GND	地

引脚说明如下：

VDD：AM2302 的供电电压，范围为 3.5~5.5 V，建议供电电压为 5 V。

SDA：数据线，SDA 引脚为三态结构，用于读写传感器数据。

GND：电源地。

2. 单总线通信协议

1) 单总线说明

AM2302 器件采用简化的单总线通信。单总线即只有一根数据线，系统中的数据交换、控制均由数据线完成。设备(微处理器)通过一个漏极开路或三态端口连至该数据线，以允许设备在不发送数据时能够释放总线，而让其他设备使用总线；单总线通常要求外接一个约 5.1 kΩ 的上拉电阻，这样，当总线闲置时，其状态为高电平。由于它们是主从结构，只有主机呼叫传感器时，传感器才会应答，因此主机访问传感器都必须严格遵循单总线序列，如果出现序列混乱，传感器将不响应主机。

2) 单总线传送数据定义

SDA 用于微处理器与 AM2302 之间的通信和同步，采用单总线数据格式，一次传送 40 位数据，高位先出。具体通信协议如图 3.16 所示，通信格式说明见表 3.2。

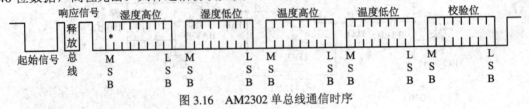

图 3.16　AM2302 单总线通信时序

表 3.2　AM2302 通信格式说明

名　称	单总线格式定义
起始信号	微处理器把数据总线(SDA)拉低一段时间(至少 800 μs)，通知传感器准备数据
响应信号	传感器把数据总线(SDA)拉低 80 μs，再接高 80 μs 以响应主机的起始信号
数据格式	收到主机起始信号后，传感器一次性从数据总线(SDA)串出 40 位数据，高位先出
湿度	湿度分辨率是 16 bit，高位在前；传感器串出的湿度值是实际湿度值的 10 倍
温度	温度分辨率是 16 bit，高位在前；传感器串出的温度值是实际温度值的 10 倍；温度最高位 bit15 是温度的符号位，为 1 表示负温度，0 表示正温度；温度的 bit14～bit0 表示温度值
校验位	校验位 = 湿度高位 + 湿度低位 + 温度高位 + 温度低位

3) 单总线数据计算示例

示例一：接收到的 40 位数据为

　　0000 0010　　1001 0010　　0000 0001　　0000 1101　　1010 0010

　　湿度高 8 位　湿度低 8 位　温度高 8 位　温度低 8 位　　校验位

计算：

　　0000 0010 + 1001 0010 + 0000 0001 + 0000 1101 = 1010 0010(校验位)

若接收数据正确，则结果如下：

湿度：

　　0000 0010 1001 0010 = 0292H (十六进制) = 2 × 256 + 9 × 16 + 2 = 658

　　=> 湿度 = 65.8%RH

温度：

　　0000 0001 0000 1101 = 10DH(十六进制) = 1 × 256 + 0 × 16 + 13 = 269

　　=> 温度 = 26.9℃

特别说明：当温度低于 0℃ 时温度数据的最高位置 1。

示例：−10.1℃ 表示为 1 000 0000 0110 0101。

温度：

0000 0000 0110 0101 = 0065H(十六进制) = $6 \times 16 + 5 = 101$

=> 温度 = $-10.1℃$

示例二：接收到的 40 位数据为

0000 0010　　1001 0010　　0000 0001　　0000 1101　　1011 0010

　湿度高 8 位　　湿度低 8 位　　温度高 8 位　　温度低 8 位　　　校验位

计算：

0000 0010+1001 0010 +0000 0001+0000 1101= 1010 0010 ≠ 1011 0010 (校验错误)

本次接收的数据不正确，放弃，重新接收数据。

3. 单总线通信时序

用户主机(MCU)发送一次起始信号(把数据总线 SDA 拉低至少 800 μs)后，AM2302 从休眠模式转换到高速模式。待主机开始信号结束后，AM2302 发送响应信号，从数据总线 SDA 串行送出 40 bit 的数据，先发送字节的高位；发送的数据依次为湿度高位、湿度低位、温度高位、温度低位、校验位，发送数据结束触发一次信息采集，采集结束传感器自动转入休眠模式，直到下一次通信来临。

AM2302 单总线通信时序如图 3.17 所示，单总线信号特性见表 3.3。

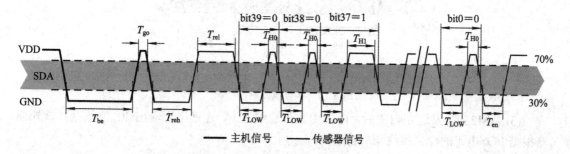

图 3.17　AM2302 单总线通信时序

注：主机从 AM2302 读取的温湿度数据总是前一次的测量值，如两次测量间隔时间很长，请连续读两次以第二次获得的值为实时温湿度值，同时两次读取间隔时间最小为 2 s。

表 3.3　AM2302 单总线信号特性

符号	参　　数	min	typ	max	单位
T_{be}	主机起始信号拉低时间	0.8	1	20	ms
T_{go}	主机释放总线时间	20	30	200	μs
T_{rel}	响应低电平时间	75	80	85	μs
T_{reh}	响应高电平时间	75	80	85	μs
T_{LOW}	信号"0"、"1"低电平时间	48	50	55	μs
T_{H0}	信号"0"高电平时间	22	26	30	μs
T_{H1}	信号"1"高电平时间	68	70	75	μs
T_{en}	传感器释放总线时间	45	50	55	μs

4．外设读取步骤示例

主机和传感器之间的通信可通过如下三个步骤完成：

(1) AM2302 上电后(AM2302 上电后要等待 2 s 以越过不稳定状态，在此期间读取设备不能发送任何指令)，测试环境温湿度数据，并记录数据，此后传感器自动转入休眠状态。AM2302 的 SDA 数据线由上拉电阻拉高一直保持高电平，此时 AM2302 的 SDA 引脚处于输入状态，时刻检测外部信号。

(2) 微处理器的 I/O 设置为输出，同时输出低电平，且低电平保持时间不能小于 800 μs，典型值是拉低 1 ms，然后微处理器的 I/O 设置为输入状态，释放总线。由于上拉电阻，微处理器的 I/O 即 AM2302 的 SDA 数据线也随之变高，等主机释放总线后，AM2302 发送响应信号，即输出 80 μs 的低电平作为应答信号，紧接着输出 80 μs 的高电平通知外设准备接收数据，单总线分解时序图如图 3.18 所示。

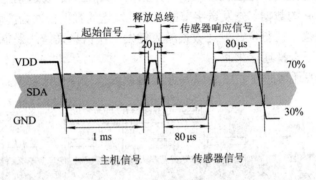

图 3.18　单总线分解时序图

(3) AM2302 发送完响应后，随后由数据总线 SDA 连续串行输出 40 位数据，微处理器根据 I/O 电平的变化接收 40 位数据。

位数据"0"的格式为：50 μs 的低电平加 26～28 μs 的高电平；

位数据"1"的格式为：50 μs 的低电平加 70 μs 的高电平；

位数据"0"、"1"的格式信号如图 3.19 所示。

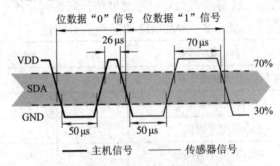

图 3.19　位数据"0"、"1"的格式信号

AM2302 的数据总线 SDA 输出 40 位数据后，继续输出低电平 50 μs 后转为输入状态，上拉电阻随之变为高电平。同时 AM2302 内部重测环境温湿度数据，并记录数据，测试记录结束，单片机自动进入休眠状态。单片机只有收到主机的起始信号后，才重新唤醒传感器，进入工作状态。

5．外设读取流程图

AM2302 传感器的接口电路原理图如图 3.20 所示，读单总线的流程图如图 3.21 所示，同时 AM2302 传感器的生产厂商还提供了 C51 的读取代码示例，需下载的客户，请登录网站 www.aosong.com 进行相关下载，此说明书不提供代码说明。

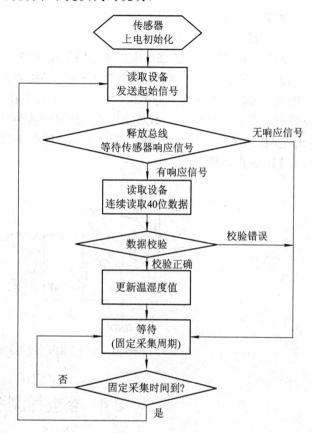

图 3.20　AM2302 传感器接口电路原理图　　　图 3.21　AM2302 传感器读单总线流程图

3.3.11　烟雾传感器

MQ-2 烟雾传感器可用于可燃气体检测用半导体气敏元件。MQ-2 所使用的气敏材料是在清洁空气中电导率较低的二氧化锡(SnO_2)，当传感器所处环境中存在可燃气体时，传感器的电导率随空气中可燃气体浓度的增大而增大。使用简单的电路即可将电导率的变化转换为与该气体浓度相对应的输出信号。MQ-2 气体传感器对液化气、丙烷、氢气的灵敏度高，对天然气和其他可燃蒸汽的检测也很理想。这种传感器可检测多种可燃气体，是一款应用广泛的低成本传感器。

MQ-2 烟雾传感器可应用于家庭和工厂的气体泄漏监测装置，适宜于液化气、丁烷、丙烷、甲烷、酒精、氢气、烟雾等的探测。

MQ-2 烟雾传感器主要技术指标如下：

- 探测范围：300～10 000 ppmm；

- 特征气体：1000 ppmm 异丁烷；
- 灵敏度：R in air/R in typical gas≥5(在空气或典型气体中)；
- 敏感体电阻：1～20 kΩ in 50 ppm(在甲苯中)；
- 响应时间：≤10 s；
- 恢复时间：≤30 s；
- 加热电阻：31 Ω±3 Ω。

MQ-2 烟雾传感器的接口电路原理图如图 3.22 所示，MQ-2 传感器的供电电压 U_c 和加热电压 U_h 都为 5 V，负载电阻 R_1 为 5.1 kΩ。MQ2_AD 在清洁空气中的值以及检测到烟雾时的值需要根据实际应用情况进行调整，以下仅为在实验室条件下做的不完全的实验结果，供参考。在清洁空气中，MQ2_AD 的 AD 采样值为 78；在烟雾(打火机泄漏的液化气)中，MQ2_AD 的 AD 采样值为 300。所以，当 AD 采集的数值大于 300 时表明检测到烟雾，并点亮 LED3 作为指示。

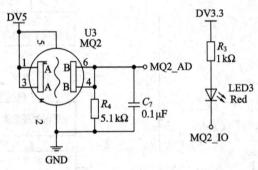

图 3.22　MQ-2 烟雾传感器接口原理图

3.4　智能检测系统

传感器在原理与结构上千差万别，如何根据具体的测量目的、测量对象以及测量环境合理地选用传感器，组成一个智能检测系统，是在进行某个量的测量时首先要解决的问题。当传感器确定之后，与之相配套的测量方法和测量设备也就可以确定了。检测结果的成败，在很大程度上取决于传感器的选项是否合理。为此，组成一个智能检测系统，要从系统总体考虑，明确使用的目的以及采用传感器的必要性。

3.4.1　智能检测系统的组成及类型

智能检测系统和所有的计算机系统一样，由硬件和软件两大部分组成。智能检测系统的硬件基本结构如图 3.23 所示。图中不同种类的被测信号由各种传感器转换成相应的电信号，这是任何检测系统都必不可少的环节。传感器输出的电信号经调节放大(包括交直流放大、整流滤波和线性化处理)后，变成 0～5 V 直流电压信号，经 A/D 转换后送单片机进行初步数据处理。单片机通过通信电路将数据传输到主机，实现检测系统的数据分析和测量结果的存储、显示、打印、绘图以及与其他计算机系统的联网通信。

智能检测系统的分机多以单片机为数据处理核心(特大型智能检测系统以工控机或 PC 主分机为数据处理核心)，典型的智能检测系统包含一个主机和多个分机。

1．分机之间的连接

分机由传感器、信号调理、A/D 转换、单片机等部分组成。将它们连接成智能检测系统的基本单元，是决定系统检测性能的重要环节。

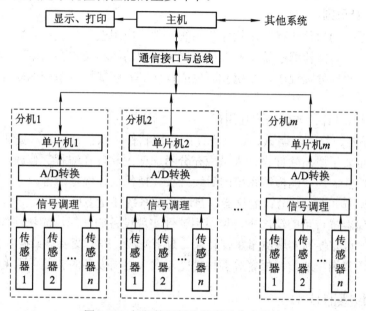

图 3.23　智能检测系统的硬件基本结构

2．通信标准接口与总线系统

各接口之间的连接方式是组建智能检测系统的关键。目前，全世界广泛采用的标准接口系统有 IEC-625 系统、CAMAC 系统、I^2C 系统、CAN 总线系统等。

现有标准接口的仪器可单独使用，也可作为智能检测系统的分机使用。利用标准接口的分机，可以大大简化智能检测系统的设计与实现，使智能检测系统在结构上通用化、积木化，增强可扩展性和可缩性，方便用户更改系统的功能和要求。标准接口系统应包括的内容有：接口的连接线及其传送信号的各种规定；接口电路的工作原理与实现方法；机械结构方面的规定；数据格式和编码方式；控制器的组成及其命令系统。

3.4.2　智能检测系统的设计

智能检测系统的设计主要包括硬件电路设计、接口选型设计和软件设计。对于系统设计人员，硬件电路设计的涉及面广，设计调试周期长，疑难问题较多。一般情况下，在设计智能检测系统时，应坚持以下几项设计原则。

1．硬件设计原则

智能检测系统的硬件包括主机硬件、分机硬件(包括传感器)和通信系统三大部分。硬件组成决定一个系统的主要技术与经济指标。智能检测系统的硬件系统设计应遵循下列原则：

(1) 简化电路设计。

(2) 低功耗设计。

(3) 通用化、标准化设计。

(4) 可扩展件设计。

(5) 采用通用化接口。

2．软件设计原则

智能检测系统的软件包括应用软件和系统软件。应用软件与被测对象直接有关，贯穿整个检测过程，由智能检测系统研究人员根据系统的功能和技术要求编写，它包括检测程序、控制程序、数据处理程序、系统界面生成程序等。智能检测系统的软件设计应遵循下列设计原则：

(1) 优化界面设计，方便用户使用。

(2) 使用编制、修改、调试、运行方便的应用软件。软件是实现、完善和提高智能检测系统功能的重要手段。软件设计人员应充分考虑应用软件在编程、修改、调试、运行和升级方面的方便性，为智能检测系统的后续升级、换代设计做好准备。

(3) 丰富软件功能。无论智能仪器、自动测试系统还是专家系统，设计时都应在程序运行速度和存储容量许可的情况下，尽量用软件实现设备的功能，简化硬件设计。事实上利用软件设计，可方便地实现测量量程转换、数字滤波、FFT 变换、数据融合、故障诊断、逻辑推理、知识查询、通信、报警等多种功能，大大提高设备的智能化程度。

3.4.3　智能传感器技术

智能传感器(Intelligent Sensor)是具有信息处理功能的传感器。智能传感器带有微处理器，具有采集、处理、交换信息的能力，是传感器集成化与微处理器相结合的产物。一般智能机器人的感觉系统由多个传感器集合而成，采集的信息需要计算机进行处理，而使用智能传感器就可将信息分散处理，从而降低成本。与一般传感器相比，智能传感器具有以下三个优点：

(1) 通过软件技术可实现高精度的信息采集，而且成本低。

(2) 具有一定的编程自动化能力。

(3) 功能多样化。

1．智能传感器的结构

智能传感器除了检测物理、化学量的变化之外，还具有测量信号调理(如滤波、放大、A/D 转换等)、数据处理以及数据显示等能力，它几乎包括了仪器仪表的全部功能。可见智能传感器的功能已经延伸到仪器的领域。智能传感器原理框图如图 3.24 所示。

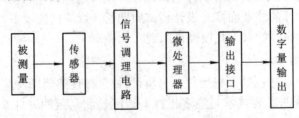

图 3.24　智能传感器原理框图

与传统传感器相比，智能传感器的特点是：

(1) 精度高。

(2) 可靠性、稳定性高。

(3) 信噪比、分辨力高。

(4) 自适应性强。

(5) 性价比低。

2. 智能传感器的功能

智能传感器应具有如下功能：

(1) 自补偿功能：根据给定的传统传感器和环境条件的先验知识，处理器利用数字计算方法，自动补偿传统传感器硬件线性、非线性和漂移以及环境影响因素引起的信号失真，以最佳地恢复被测信号。计算方法用软件实现，达到软件补偿硬件缺陷的目的。

(2) 自校准功能：操作者输入零值或某一标准量值后，自校准软件可以自动地对传感器进行在线校准。

(3) 自诊断功能：因内部和外部因素影响，传感器性能会下降或失效，分别称为软、硬故障。处理器利用补偿后的状态数据，通过电子故障字典或有关算法可预测、检测和定位故障。

(4) 数值处理功能：可以根据智能传感器内部的程序，自动处理数据，如进行统计处理、剔除异常值等。

(5) 双向通信功能：微处理器和基本传感器之间构成闭环，微处理机不但接收、处理传感器的数据，还可将信息反馈至传感器，对测量过程进行调节和控制。

(6) 自计算和处理功能：根据给定的间接测量和组合测量数学模型，智能处理器利用补偿的数据可计算出不能直接测量的物理量数值。利用给定的统计模型可计算被测对象总体的统计特性和参数。利用已知的电子数据表，处理器可重新标定传感器特性。

(7) 数字量输出功能：包括数据交换通信接口功能、数字和模拟输出功能及使用备用电源的断电保护功能等。

(8) 自学习与自适应功能：传感器通过对被测量样本值学习，处理器利用近似公式和迭代算法可认知新的被测量值，即有再学习能力。同时，通过对被测量和影响量的学习，处理器利用判断准则自适应地重构结构和重置参数。例如，自选量程、自选通道、自动触发、自动滤波切换和自动温度补偿等。

3. 智能传感器的应用与方向

智能传感器已广泛应用于航天、航空、国防、科技和工农业生产等各个领域中。例如，它在机器人领域中有着广阔应用前景，智能传感器使机器人具有类人的五官和大脑功能，可感知各种现象，完成各种动作。在工业生产中，利用传统的传感器无法对某些产品质量指标(如黏度、硬度、表面光洁度、成分、颜色及味道等)进行快速直接测量并在线控制。而利用智能传感器可直接测量与产品质量指标有函数关系的生产过程中的某些量(如温度、压力、流量等)，利用神经网络或专家系统技术建立的数学模型进行计算，可推断出产品的质量。在医学领域中，糖尿病患者需要随时掌握血糖水平，以便调整饮食和注射胰岛素，防止其他并发症。通常测血糖时必须刺破手指采血，再将血样放到葡萄糖试纸上，最后把试纸放到电子血糖计上进行测量。这是一种既麻烦又痛苦的方法。美国 Cygnus 公司生产了一种"葡萄糖手表"，其外观像普通手表一样，戴上它就能实现无疼、无血、连续的血糖测试。"葡萄糖手表"上有一块涂着试剂的垫子，当垫子与皮肤接触时，葡萄糖分子就被吸附到垫子上，并与试剂发生电化学反应，产生电流。传感器测量该电流，经处理器计算出与该电流对应的血糖浓度，并以数字量显示。

虚拟化、网络化和信息融合技术是智能传感器发展完善的三个主要方向。虚拟化是利用通用的硬件平台充分利用软件实现智能传感器的特定硬件功能，虚拟化传感器可缩短产品开发周期，降低成本，提高可靠性。网络化智能传感器是将利用各种总线的多个传感器组成系统并配备带有网络接口(LAN 或 Internet)的微处理器。通过系统和网络处理器可实现传感器之间、传感器与执行器之间、传感器与系统之间的数据交换和共享。多传感器信息融合是指可进行智能处理的多传感器信息经元素级、特征级和决策级组合，形成更为精确的被测对象特性和参数。

练 习 题

一、单选题

1. 下列不是传感器的组成元件的是(　　)。

A. 敏感元件　　　　B. 转换元件　　　　C. 变换电路　　　　D. 电阻电路

2. 力敏传感器接受(　　)信息，并转化为电信号。

A. 力　　　　　　　B. 声　　　　　　　C. 光　　　　　　　D. 位置

3. 声敏传感器接受(　　)信息，并转化为电信号。

A. 力　　　　　　　B. 声　　　　　　　C. 光　　　　　　　D. 位置

4. 位移传感器接受(　　)信息，并转化为电信号。

A. 力　　　　　　　B. 声　　　　　　　C. 光　　　　　　　D. 位置

5. 光敏传感器接受(　　)信息，并转化为电信号。

A. 力　　　　　　　B. 声　　　　　　　C. 光　　　　　　　D. 位置

6. (　　)年，哈里·斯托克曼发表的"利用反射功率的通讯"奠定了射频识别 RFID 的理论基础。

A. 1948　　　　　　B. 1949　　　　　　C. 1960　　　　　　D. 1970

7. 在美军全资产可视化系统中，把美军全资产可视化分为 5 个级别，机动车辆采用(　　)。

A. 全球定位系统　　　　　　　　　　B. 无源 RFID 标签

C. 条形码　　　　　　　　　　　　　D. 有源 RFID 标签

8. 下列不是物理传感器的是(　　)。

A. 视觉传感器　　　　　　　　　　　B. 嗅觉传感器

C. 听觉传感器　　　　　　　　　　　D. 触觉传感器

9. 机器人的皮肤采用的是(　　)。

A. 气体传感器　　　　　　　　　　　B. 味觉传感器

C. 光电传感器   D. 温度传感器

10. 利用 RFID、传感器、二维码等随时随地获取物体的信息，指的是(　　)。

A. 可靠传递   B. 全面感知

C. 智能处理   D. 互联网

二、简答题

1. 简述传感器的作用及组成。

2. 简述传感器的选用原则。

3. 简述智能传感器的结构和功能。

4. 光纤传感器有哪些特点？

5. 生物传感器主要有哪几类？

6. 检测技术按测量过程的特点可分为哪几类？

第4章 射频识别技术

本章要点 ✍

- RFID 技术的分类和 RFID 技术标准；
- RFID 的工作原理及系统的组成和 RFID 系统中的软件组件；
- RFID 中间件的组成及功能特点、RFID 中间件体系结构；
- RFID 典型模块应用。

4.1 射频识别技术概述

4.1.1 射频识别

1. 概述

RFID 是 Radio Frequency Identification 的缩写，即射频识别。无线射频识别技术是 20 世纪 90 年代开始兴起的一种自动识别技术，射频识别技术是一项利用射频信号通过空间耦合(交变磁场或电磁场)实现无接触信息传递并通过所传递的信息达到识别目的的技术。RFID 常称为感应式电子芯片或近接卡、感应卡、非接触卡、电子标签、电子条码等。一套完整的 RFID 系统由读写器和电子标签两部分组成，其工作原理为：由读写器发射一特定频率的无限电波能量给电子标签，用以驱动电子标签的电路将内部的 ID Code 送出，此时读写器便接收此 ID Code。电子标签的特殊之处在于免用电池、免接触、免刷卡，故不怕脏污，且芯片密码为世界唯一，无法复制，安全性高、寿命长。

RFID 的应用非常广泛，目前典型应用有动物芯片、汽车芯片防盗器、门禁管制、停车场管制、生产线自动化、物料管理。RFID 标签有两种：有源标签和无源标签。

从信息传递的基本原理来说，射频识别技术在低频段基于变压器耦合模型(初级与次级之间的能量传递及信号传递)，在高频段基于雷达探测目标的空间耦合模型(雷达发射电磁波信号碰到目标后携带目标信息返回雷达接收机)。

许多高科技公司正在加紧开发 RFID 专用的软件和硬件，如英特尔、微软、甲骨文、SAP 和 SUN，无线射频识别技术正在成为全球热门新科技。

2. 射频识别技术的发展历史

射频识别技术的发展可按十年期划分如下：

1940—1950 年：雷达的改进和应用催生了射频识别技术，1948 年奠定了射频识别技术的理论基础。

1950—1960 年：早期射频识别技术的探索阶段，主要处于实验室实验研究。

1960—1970 年：射频识别技术的理论得到了发展，开始了一些应用尝试。

1970—1980 年：射频识别技术与产品研发处于一个大发展时期，各种射频识别技术测试得到加速，出现了一些最早的射频识别应用。

1980—1990 年：射频识别技术及产品进入商业应用阶段，各种规模应用开始出现。

1990—2000 年：射频识别技术标准化问题日趋得到重视，射频识别产品得到了广泛采用，射频识别产品逐渐成为人们生活中的一部分。

2000 年后：标准化问题日趋为人们所重视，射频识别产品种类丰富，有源电子标签、无源电子标签及半无源电子标签均得到发展，电子标签成本不断降低，规模应用行业扩大。

如今，射频识别技术的理论得到了丰富和完善，单芯片电子标签、多电子标签识读、无线可读可写、无源电子标签的远距离识别、适应高速移动物体的射频识别技术与产品正在成为现实并投入应用。

3. 射频识别技术的特点

RFID 需要利用无线电频率资源，因此 RFID 必须遵守无线电频率管理的诸多规范。具体来说，与同期或早期的接触式识别技术相比较，RFID 还具有如下特点：

(1) 数据的读写功能。只要通过 RFID 读写器，不需要接触即可直接读取射频卡内的数据信息到数据库内，且一次可处理多个标签，也可将处理的数据状态写入电子标签。

(2) 电子标签的小型化和多样化。RFID 在读取上不受尺寸大小与形状的限制。RFID 电子标签正向着小型化发展，便于嵌入到不同物品内。

(3) 耐环境性。RFID 可以非接触读写(读写距离可以从十厘米至几十米)、可识别高速运动物体，抗恶劣环境，且对水、油和药品等物质具有强力的抗污性。RFID 可以在黑暗或脏污的环境中读取数据。

(4) 可重复使用。由于 RFID 为电子数据，可以反复读写，因此可以回收标签重复使用，提高利用率，降低电子污染。

(5) 穿透性。RFID 即便是被纸张、木材和塑料等非金属、非透明材质包覆，也可以进行穿透性通信。但是它不能穿过铁质等金属物体进行通信。

(6) 数据的记忆容量大。数据容量随着记忆规格的发展而扩大，未来物品所需携带的数据量会愈来愈大。

(7) 系统安全性。将产品数据从中央计算机中转存到标签上将为系统提供安全保障。射频标签中数据的存储可以通过校验或循环冗余校验的方法来得到保证。

4.1.2 RFID 技术分类及标准

1. RFID 技术的分类

RFID 技术可依据电子标签的供电方式、工作频率、可读性和工作方式进行分类。

1) 根据电子标签的供电方式分类

RFID 的电能消耗是非常低的(一般是 1/100 mW 级别)。按照电子标签获取电能的方式不同，电子标签可分成有源式电子标签、无源式电子标签和半有源式电子标签三种。

(1) 有源式电子标签。有源式电子标签通过标签自带的内部电池进行供电，其电能充足，工作可靠，信号传送距离远。有源式电子标签的缺点主要是价格高，体积大，使用寿命受到限制，而且随着电子标签内电池电力的消耗，数据传输的距离会越来越小，影响系统的正常工作。

(2) 无源式电子标签。无源式电子标签的内部不带电池，需靠外界提供能量才能正常工作。无源式电子标签典型的产生电能的装置是天线与线圈，当电子标签进入系统的工作区域，天线接收到特定的电磁波时，线圈就会产生感应电流，再经过整流并给电容充电，电容电压经过稳压后可作为工作电压。无源式电子标签具有永久的使用期，常用于需要每天读写或频繁读写信息的场合。无源式电子标签的缺点主要是数据传输的距离要比有源式电子标签短，所以需要敏感性比较高的信号接收器才能可靠识读。

(3) 半有源式电子标签。半有源式电子标签内的电池仅对标签内要求供电维持数据的电路供电或者为标签芯片工作所需的电压提供辅助支持，为本身耗电很少的标签电路供电。标签未进入工作状态前，一直处于休眠状态，相当于无源式电子标签，标签内部电池能量消耗很少，因而电池可维持几年，甚至长达 10 年有效。当标签进入读写器的读取区域，受到读写器发出的射频信号激励而进入工作状态时，电子标签与读写器之间信息交换的能量支持以读写器供应的射频能量为主(反射调制方式)，标签内部电池的作用主要在于弥补标签所处位置的射频场强不足，标签内部电池的能量并不转换为射频能量。

2) 根据电子标签的工作频率分类

电子标签的工作频率也就是射频识别系统的工作频率，是其最重要的特点之一。电子标签的工作频率决定着射频识别系统的工作原理(电感耦合还是电磁耦合)、识别距离、电子标签及读写器实现的难易程度和设备的成本。工作在不同频段或频点上的电子标签具有不同的特点。射频识别应用占据的频段或频点在国际上有公认的划分，即位于 ISM 波段，可分为低频段、中高频段和超高频与微波频段电子标签，典型的工作频率有 125 kHz、133 kHz、13.56 MHz、27.12 MHz、433 MHz、902～928 MHz、2.45 GHz、5.8 GHz 等。

(1) 低频段电子标签。低频段电子标签简称低频标签，其工作频率范围为 30～300 kHz，典型工作频率有 125 kHz、133 kHz(也有接近的其他频率，如 TI 公司使用 134.2 kHz)。低频标签一般为无源式电子标签，其工作能量通过电感耦合方式从读写器耦合线圈的辐射近场中获得。低频标签与读写器之间传送数据时，低频电子标签需位于读写器天线辐射的近场区内。低频电子标签的阅读距离一般情况下小于 1 m。

低频标签的典型应用有动物识别、容器识别、工具识别、电子闭锁防盗(带有内置应答器的汽车钥匙)等。与低频标签相关的国际标准有 ISO 11784/11785(用于动物识别)、ISO 18000-2(125～135 kHz)。低频标签有多种外观形式，应用于动物识别的低频标签外观有项圈式、耳牌式、注射式、药丸式等。

低频标签的主要优势体现在电子标签芯片一般采用普通的 CMOS 工艺，具有省电、廉价的特点，工作频率不受无线电频率管制约束，可以穿透水、有机组织、木材等，非常适合近距离、低速度、数据量要求较少的识别应用等。低频标签的劣势主要体现在标签存储数据量较少，只适用于低速、近距离的识别应用。

(2) 中高频段电子标签。中高频段电子标签的工作频率一般为 3～30 MHz，典型工作频率为 13.56 MHz。高频电子标签一般也采用无源方式，其工作能量同低频标签一样，也是通过电感(磁)耦合方式从读写器耦合线圈的辐射近场中获得的。电子标签与读写器进行数据交换时，电子标签必须位于读写器天线辐射的近场区内。

高频电子标签的典型应用包括电子车票、电子身份证、电子闭锁防盗(电子遥控门锁控制器)等，相关的国际标准有 ISO 14443、ISO 15693、ISO 18000-3(13.56 MHz)等。

(3) 超高频与微波频段电子标签。超高频与微波频段电子标签简称微波电子标签，其典型工作频率为 433.92 MHz、902～928 MHz、2.45 GHz、5.8 GHz。微波电子标签可分为有源式电子标签与无源式电子标签两类。工作时，电子标签位于读写器天线辐射场的远区场内，电子标签与读写器之间的耦合方式为电磁耦合方式。读写器天线辐射场为无源式电子标签提供射频能量，将有源式电子标签唤醒。相应的射频识别系统阅读距离一般大于 1 m，典型情况为 4～7 m，最大可达 10 m 以上。读写器天线一般均为定向天线，只有在读写器天线定向波束范围内的电子标签才可被读写。

微波电子标签的典型特点主要集中在是否无源、是否支持多电子标签读写、是否适合高速识别应用、无线读写距离、读写器的发射功率容限、电子标签及读写器的价格等方面。微波电子标签的数据存储容量一般限定在 2 Kbit 以内，从技术及应用的角度来说，微波电子标签并不适合作为大量数据的载体，其主要功能在于标识物品并完成无接触的识别过程。典型的数据容量指标有 1 Kbit、128 bit、64 bit 等。

微波电子标签的典型应用包括移动车辆识别、电子身份证、仓储物流应用、电子闭锁防盗(电子遥控门锁控制器)等。相关的国际标准有 ISO 10374、ISO 18000-4(2.45 GHz)、ISO 18000-5(5.8 GHz)、ISO 18000-6(860～930 MHz)、ISO 18000-7(433.92 MHz)、ANSI NCITS 256-1999 等。

3) 根据电子标签的可读性分类

根据使用的存储器类型，可以将电子标签分成只读(Read Only，RO)、可读可写(Read and Write，RW)和一次写入多次读出(Write Once Read Many，WORM)三种电子标签。

(1) 只读电子标签。只读电子标签内部有只读存储器(Read Only Memory，ROM)。ROM 中存储有电子标签的标识信息。这些信息可以在电子标签制造过程中由制造商写入 ROM 中，电子标签在出厂时，即已将完整的电子标签信息写入电子标签。在这种情况下应用时，电子标签一般具有只读功能。也可以在电子标签开始使用时由使用者根据特定的应用目的写入特殊的编码信息。

(2) 可读可写标签。可读/写电子标签内部的存储器，除了 ROM、缓冲存储器之外，还有非活动可编程记忆存储器。这种存储器一般是 EEPROM(电可擦除可编程只读存储器)，它除了存储数据功能外，还具有在适当的条件下允许多次对原有数据的擦除以及重新写入数据的功能。可读可写电子标签还可能有随机存取器(Random Access Memory，RAM)，用于存储电子标签反应和数据传输过程中临时产生的数据。

(3) 一次写入多次读出电子标签。一次写入多次读出(Write Once Read Many，WORM)电子标签既有接触式改写的电子标签存在，也有无接触式改写的电子标签存在。这类电子标签一般大量用在一次性使用的场合，如航空行李标签、特殊身份证件标签等。

4) 根据电子标签的工作方式分类

根据电子标签的工作方式，可将 RFID 分为被动式、主动式和半主动式三种。一般来讲，无源系统为被动式，有源系统为主动式。

(1) 主动式电子标签。一般来说主动式 RFID 系统为有源系统，即主动式电子标签用自身的射频能量主动地发送数据给读写器，在有障碍物的情况下，只需穿透障碍物一次。由于主动式电子标签自带电池供电，因此其电能充足，工作可靠性高，信号传输距离远。其主要缺点是标签的使用寿命受到限制，而且随着标签内部电池能量的耗尽，数据传输距离越来越短，从而影响系统的正常工作。

(2) 被动式电子标签。被动式电子标签必须利用读写器的载波来调制自身的信号，标签产生电能的装置是天线和线圈。电子标签进入 RFID 系统工作区后，天线接收特定的电磁波，线圈产生感应电流供给电子标签工作，在有障碍物的情况下，读写器的能量必须来回穿过障碍物两次。这类系统一般用于门禁或交通系统中，因为读写器可以确保只激活一定范围内的电子标签。

(3) 半主动式电子标签。在半主动式 RFID 系统里，电子标签本身带有电池，但是电子标签并不通过自身能量主动发送数据给读写器，电池只负责对电子标签内部电路供电。电子标签需要被读写器的能量激活，然后才通过反向散射调制方式传送自身数据。

2．RFID 系统的分类

根据 RFID 系统完成的功能不同，可以粗略地把 RFID 系统分成四种类型，即 EAS 系统、便携式数据采集系统、网络系统和定位系统。

1) EAS系统

EAS(Electronic Article Surveillance)是一种设置在需要控制物品出入的门口的 RFID 技术。这种技术的典型应用场合是商店、图书馆、数据中心等地方，当未被授权的人从这些地方非法取走物品时，EAS 系统会发出警告。在应用 EAS 技术时，首先在物品上黏附 EAS 标签，当物品被正常购买或者合法移出时，在结算处通过一定的装置使 EAS 标签失活，物品就可以取走。物品经过装有 EAS 系统的门口时，EAS 装置能自动检测标签的活动性，发现活动性标签 EAS 系统会发出警告。典型的 EAS 系统一般由三部分组成：附着在商品上的电子标签(即电子传感器)、电子标签灭活装置(以便授权商品能正常出入)和监视器(在出口造成一定区域的监视空间)。

EAS 系统的工作原理是：在监视区，发射器以一定的频率向接收器发射信号。发射器与接收器一般安装在零售店、图书馆的出入口，形成一定的监视空间。当具有特殊特征的标签进入该区域时，会对发射器发出的信号产生干扰，这种干扰信号也会被接收器接收，再经过微处理器的分析判断，就会控制警报器的鸣响。根据发射器所发出的信号不同以及标签对信号干扰原理的不同，EAS 可以分成多种类型。EAS 技术最新的研究方向是标签的制作，人们正在讨论 EAS 标签能不能像条码一样，在产品的制作或包装过程中加进产品，成为产品的一部分。

2) 便携式数据采集系统

便携式数据采集系统是使用带有 RFID 阅读器的手持式数据采集器采集 RFID 标签上的数据。这种系统具有比较大的灵活性，适用于不宜安装固定式 RFID 系统的应用环境。手持式阅读器(数据输入终端)可以在读取数据的同时，通过无线电波数据传输方式(RFDC)实时地向主计算机系统传输数据，也可以暂时将数据存储在阅读器中，再一批一批地向主计算机系统传输数据。

3) 物流控制系统

在物流控制系统中，固定布置的 RFID 阅读器分散布置在给定的区域，并且阅读器直接与数据管理信息系统相连，信号发射机是移动的，一般安装在移动的物体、人上面。当物体、人经过阅读器时，阅读器会自动扫描标签上的信息并把数据信息输入数据管理信息系统存储、分析、处理，达到控制物流的目的。

4) 定位系统

定位系统用于自动化加工系统中的定位以及对车辆、轮船等进行运行定位支持。阅读器放置在移动的车辆、轮船上或者自动化流水线中移动的物料、半成品、成品上，信号发射机嵌入操作环境的地表下面。信号发射机上存储有位置识别信息，阅读器一般通过无线方式或者有线方式连接到主信息管理系统。

总之，一套完整的 RFID 系统解决方案包括标签设计及制作工艺、天线设计、系统中间件研发、系统可靠性研究、读卡器设计和示范应用演示六部分。RFID 系统可以广泛应用于工业自动化、商业自动化、交通运输控制管理和身份认证等多个领域，而在仓储物流管理、生产过程制造管理、智能交通、网络家电控制等方面更是引起了众多厂商的关注。

4.1.3　RFID 技术标准

由于 RFID 的应用牵涉到众多行业，因此其相关的标准非常复杂。从类别来看，RFID 标准可以分为四类：技术标准(如 RFID 技术、IC 卡标准等)、数据内容与编码标准(如编码格式、语法标准等)、性能与一致性标准(如测试规范等)以及应用标准(如船运标签、产品包装标准等)。具体来讲，RFID 相关的标准涉及电气特性、通信频率、数据格式和元数据、通信协议、安全、测试、应用等方面。

与 RFID 技术和应用相关的国际标准化机构主要有国际标准化组织(ISO)、国际电工委员会(IEC)、国际电信联盟(ITU)和世界邮联(UPU)。此外，还有其他的区域性标准化机构(如 EPC Global、UID Center、CEN)、国家标准化机构(如 BSI、ANSI、DIN)和产业联盟(如 ATA、AIAG、EIA)等也制定了与 RFID 相关的区域、国家、产业联盟标准，并通过不同的渠道提升为国际标准。表 4.1 列出了目前 RFID 系统的主要频段标准与特性。

表 4.1　RFID 系统的主要频段标准与特性

	低　频	高　频	超 高 频	微　波
工作频率	125～134 kHz	13.56 MHz	868～915 MHz	2.45～5.8 GHz
读取距离	1.2 m	1.2 m	4 m(美国)	15 m(美国)
速度	慢	中等	快	很快
潮湿环境	无影响	无影响	影响较大	影响较大
方向性	无	无	部分	有
全球适用频率	是	是	部分	部分
现有 ISO 标准	11784/85，14223	14443，18000-3，15693	18000-6	18000-4/555

总体来看，目前 RFID 存在三个主要的技术标准体系：总部设在美国麻省理工学院(MIT)的自动识别中心(Auto-ID Center)、日本的泛在中心(Ubiquitous ID Center，UIC)和 ISO 标准体系。

4.2 RFID 系统的组成

4.2.1 RFID 系统的工作原理及组成

1. 工作原理

RFID 的工作原理是：标签进入磁场后，如果接收到阅读器发出的特殊射频信号，就能凭借感应电流所获得的能量发送出存储在芯片中的产品信息(即 Passive Tag，无源标签或被动标签)或者主动发送某一频率的信号(即 Active Tag，有源标签或主动标签)，阅读器读取信息并解码后，送至中央信息系统进行有关数据处理。

2. 组成

射频识别系统至少应包括两个部分，一是读写器，二是电子标签(或称射频卡、应答器等，本书统称为电子标签)；另外还应包括天线、主机等。RFID 系统在具体的应用过程中，根据不同的应用目的和应用环境，系统的组成会有所不同，但从 RFID 系统的工作原理来看，系统一般都由信号发射机、信号接收机、发射接收天线等几部分组成。RFID 系统的组成如图 4.1 所示，下面分别加以说明。

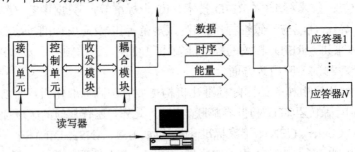

图 4.1 RFID 系统的组成

1) 信号发射机

在 RFID 系统中，信号发射机为了不同的应用目的，会以不同的形式存在，典型的形式是标签(TAG)。标签相当于条码技术中的条码符号，用来存储需要识别传输的信息。另外，与条码不同的是，标签必须能够自动或在外力的作用下把存储的信息主动发射出去。

2) 信号接收机

在 RFID 系统中，信号接收机一般叫做阅读器。阅读器基本的功能就是提供与标签进行数据传输的途径。另外，阅读器还提供相当复杂的信号状态控制、奇偶错误校验与更正功能等。标签中除了存储需要传输的信息外，还必须含有一定的附加信息，如错误校验信息等。识别数据信息和附加信息按照一定的结构编制在一起，并按照特定的顺序向外发送。阅读器通过接收到的附加信息来控制数据流的发送。一旦到达阅读器的信息被正确地接收和译解后，阅读器就通过特定的算法决定是否需要发射机对发送的信号重发一次，或者知道发射器停止发信号，这就是"命令响应协议"。使用这种协议，即便在很短的时间、很小的空间阅读多个标签，也可以有效地防止"欺骗问题"的产生。

3) 编程器

只有可读可写标签系统才需要编程器。编程器是向标签写入数据的装置。编程器写入数据一般来说是离线(Off-line)完成的，也就是预先在标签中写入数据，等到开始应用时直接把标签黏附在被标识项目上。也有一些 RFID 应用系统，写数据是在线(On-line)完成的，尤其是在生产环境中作为交互式便携数据文件来处理时。

4) 天线

天线是标签与阅读器之间传输数据的发射、接收装置。在实际应用中，除了系统功率，天线的形状和相对位置也会影响数据的发射和接收，需要专业人员对系统的天线进行设计和安装。

RFID 主要有线圈型、微带贴片型和偶极子型三种基本形式的天线。其中，小于 1 m 的近距离应用系统的 RFID 天线一般采用工艺简单、成本低的线圈型天线，它们主要工作在中低频段。而 1 m 以上远距离的应用系统需要采用微带贴片型或偶极子型的 RFID 天线，它们工作在高频及微波频段。这几种类型天线的工作原理是不同的。

若从功能实现考虑，可将 RFID 系统分成边沿系统和软件系统两大部分，如图 4.2 所示。这种观点同现代信息技术观点相吻合。边沿系统主要完成信息感知，属于硬件组件部分；软件系统主要完成信息的处理和应用；通信设施负责整个 RFID 系统的信息传递。

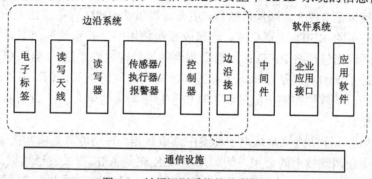

图 4.2　射频识别系统的基本组成

4.2.2　RFID 系统中的软件组件

RFID 系统中的软件组件主要完成数据信息的存储、管理以及对 RFID 标签的读写控制，是独立于 RFID 硬件之上的部分。RFID 系统归根结底是为应用服务的，读写器与应用系统之间的接口通常由软件组件来完成。一般，RFID 软件组件包含边沿接口系统、中间件(即为实现所采集信息的传递与分发而开发的中间件)、企业应用接口(即企业前端软件，如设备供应商提供的系统演示软件、驱动软件、接口软件、集成商或者客户自行开发的 RFID 前端操作软件等)和应用软件(主要指企业后端软件，如后台应用软件、管理信息系统(MIS)软件等)。

1. 边沿接口系统

边沿接口系统主要完成 RFID 系统硬件与软件之间的连接，通过使用控制器实现同 RFID 硬软件之间的通信。边沿接口系统的主要任务是从读写器中读取数据和控制读写器的行为，激励外部传感器和执行器工作。此外，边沿接口系统还具有以下功能：

(1) 从不同读写器中过滤重复数据。

(2) 设置基于事件方式触发的外部执行机构。

(3) 提供智能功能，选择发送到软件系统。

(4) 远程管理功能。

2. RFID 中间件

RFID 系统中间件是介于读写器和后端软件之间的一组独立软件，它能够与多个 RFID 读写器和多个后端软件应用系统连接。应用程序使用中间件所提供的通用应用程序接口 (API)即可连接到读写器，读取 RFID 标签数据。中间件屏蔽了不同读写器和应用程序后端软件的差异，从而减轻了多对多连接的设计与维护的复杂性。

使用 RFID 中间件有以下三个主要目的：

(1) 隔离应用层和设备接口。

(2) 处理读写器和传感器捕获的原始数据，使应用层看到的都是有意义的高层事件，大大减少所需处理的信息。

(3) 提供应用层接口用于管理读写器和查询 RFID 观测数据，目前大多数可用的 RFID 中间件都有这些特性。

3. 企业应用接口

企业应用接口是 RFID 前端操作软件，主要是提供给 RFID 设备操作人员使用的，如手持读写设备上使用的 RFID 识别系统、超市收银台使用的结算系统和门禁系统使用的监控软件等，此外还应当包括将 RFID 读写器采集到的信息向软件系统传送的接口软件。

前端软件最重要的功能是保障电子标签和读写器之间的正常通信，通过硬件设备的运行和接收高层的后端软件控制来处理和管理电子标签与读写器之间的数据通信。前端软件完成的基本功能有：

(1) 读/写功能：读功能就是从电子标签中读取数据，写功能就是将数据写入电子标签。这中间涉及编码和调制技术的使用，例如采用 FSK 还是 ASK 方式发送数据。

(2) 防碰撞功能：很多时候不可避免地会有多个电子标签同时进入读写器的读取区域，要求同时识别和传输数据，这时，就需要前端软件具有防碰撞功能，即可以同时识别进入识别范围内的所有电子标签，其并行工作方式大大提高了系统的效率。

(3) 安全功能：确保电子标签和读写器双向数据交换通信的安全。在前端软件设计中可以利用密码限制读取标签内信息、读写一定范围内的标签数据以及对传输数据进行加密等措施来实现安全功能。也可以使用硬件结合的方式来实现安全功能。标签不仅提供了密码保护，而且能对标签上的数据和数据从标签传输到读取器的过程进行加密。

(4) 检/纠错功能：由于使用无线方式传输数据很容易被干扰，使得接收到的数据产生畸变，从而导致传输出错。前端软件可以采用校验和的方法，如循环冗余校验(Cyclic Redundance Check，CRC)、纵向冗余校验(Longitudinal Redundance Check，LRC)、奇偶校验等检测错误。可以结合自动重传请求(Automatic Repeatre Quest，ARQ)技术重传有错误的数据来纠正错误，以上功能也可以通过硬件来实现。

4. 应用软件

应用软件也是系统的数据中心，它负责与读写器通信，将读写器经过中间件转换之后的数据插入到后台企业仓储管理系统的数据库中，对电子标签管理信息、发行电子标签和

采集的电子标签信息集中进行存储和处理。一般来说,后端应用软件系统需要完成以下功能:

(1) RFID 系统管理:系统设置以及系统用户信息和权限。

(2) 电子标签管理:在数据库中管理电子标签序列号和每个物品对应的序号及产品名称与型号规格、芯片内记录的详细信息等,完成数据库内所有电子标签的信息更新。

(3) 数据分析和存储:对整个系统内的数据进行统计分析,生成相关报表,对采集到的数据进行存储和管理。

4.3　几种常见的 RFID 系统

从电子标签到读写器之间的通信和能量感应方式来看,RFID 系统一般可分为电感耦合(磁耦合)系统和电磁反向散射耦合(电磁场耦合)系统。电感耦合系统是通过空间高频交变磁场实现耦合,依据的是电磁感应定律;电磁反向散射耦合(即雷达原理模型)发射出去的电磁波碰到目标后反射,同时携带回目标信息,依据的是电磁波的空间传播规律。

电感耦合方式一般适合于中、低频率工作的近距离 RFID 系统;电磁反向散射耦合方式一般适合于高频、微波工作频率的远距离 RFID 系统。电感耦合方式和电磁反向散射耦合方式如图 4.3 所示。

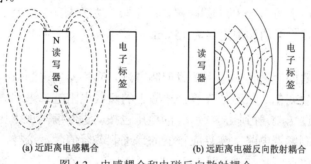

(a) 近距离电感耦合　　　　　　　　(b) 远距离电磁反向散射耦合

图 4.3　电感耦合和电磁反向散射耦合

4.3.1　电感耦合 RFID 系统

电感耦合方式的电路结构如图 4.4 所示。电感耦合的射频载波频率为 13.56 MHz 和小于 135 kHz 的频段,应答器和读写器之间的工作距离小于 1 m。

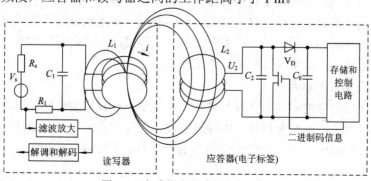

图 4.4　电感耦合方式的电路结构

1. 应答器的能量供给

电磁耦合方式的应答器几乎都是无源的，能量(电源)从读写器获得。由于读写器产生的磁场强度受到电磁兼容性能有关标准的严格限制，因此系统的工作距离较近。

在图 4.4 所示的读写器中，V_s 为射频信号源，L_1 和 C_1 构成谐振回路(谐振于 V_s 的频率)，R_s 是射频源的内阻，R_1 是电感线圈 L_1 的损耗电阻。V_s 在 L_1 上产生高频电流 i，谐振时高频电流 i 最大，高频电流产生的磁场穿过线圈，并有部分磁力线穿过距离读写器电感线圈 L_1 一定距离的应答器线圈 L_2。由于所有工作频率范围内的波长(13.56 MHz 的波长为 22.1 m，135 kHz 的波为 2400 m)比读写器和应答器线圈之间的距离大很多，所以两线圈之间的电磁场可以视为简单的交变磁场。

穿过电感线圈 L_2 的磁力线通过感应，在 L_2 上产生电压，将其通过 V_D 和 C_0 整流滤波后，即可产生应答器工作所需的直流电压。电容器 C_2 的选择应使 L_2 和 C_2 构成对工作频率谐振的回路，以使电压 U_2 达到最大值。

电感线圈 L_2C_2 可以看做变压器初次级线圈，不过它们之间的耦合很弱。读写器和应答器之间的功率传输效率与工作频率 f、应答器线圈的匝数 n、应答器线圈包围的面积 A、两线圈的相对角度以及它们之间的距离是成比例的。

因为电感耦合系统的效率不高，所以只适合于低电流电路。只有功耗极低的只读电子标签(小于 135 kHz)可用于 1 m 以上的距离。具有写入功能和复杂安全算法的电子标签的功率消耗较大，因而其一般的作用距离为 15 cm。

2. 数据传输

应答器向读写器的数据传输采用负载调制方法。应答器二进制数据编码信号控制开关器件，使其电阻发生变化，从而使应答器线圈上的负载电阻按二进制编码信号的变化而改变。负载的变化通过 L_2 映射到 L_1，使 L_1 的电压也按二进制编码规律变化。该电压的变化通过滤波放大和调制解调电路，恢复应答器的二进制编码信号，这样，读写器就获得了应答器发出的二进制数据信息。

4.3.2 反向散射耦合 RFID 系统

1. 反向散射

雷达技术为 RFID 的反向散射耦合方式提供了理论和应用基础。当电磁波遇到空间目标时，其能量的一部分被目标吸收，另一部分以不同的强度散射到各个方向。在散射的能量中，一小部分反射回发射天线，并被天线接收(因此发射天线也是接收天线)，对接收信号进行放大和处理，即可获得目标的有关信息。

2. RFID 反向散射耦合方式

一个目标反射电磁波的频率由反射横截面来确定。反射横截面的大小与一系列的参数有关，如目标的大小、形状和材料，电磁波的波长和极化方向等。由于目标的反射性能通常随频率的升高而增强，所以 RFID 反向散射耦合方式采用特高频和超高频，应答器和读写器的距离大于 1 m。

RFID 反向散射耦合方式的原理框图如图 4.5 所示，读写器、应答器和天线构成一个收发通信系统。

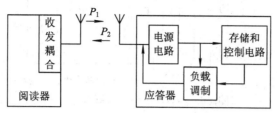

图 4.5　RFID 反向散射耦合方式原理图

1) 应答器的能量供给

无源应答器的能量由读写器提供，读写器天线发射的功率 P_1 经自由空间衰减后到达应答，被吸收的功率经应答器中的整流电路后形成应答器的工作电压。

在 UHF 和 SHF 频率范围，有关电磁兼容的国际标准对读写器所能发射的最大功率有严格的限制，因此在有些应用中，应答器采用完全无源方式会有一定困难。为解决应答器的供电问题，可在应答器上安装附加电池。为防止电池不必要的消耗，应答器平时处于低功耗模式，当应答器进入读写器的作用范围时，应答器由获得的射频功率激活，进入工作状态。

2) 应答器至读写器的数据传输

由读写器传到应答器的功率的一部分被天线反射，反射功率 P_2 经自由空间后返回读写器，被读写器天线接收。接收信号经收发耦合器电路传输到读写器的接收通道，被放大后经处理电路获得有用信息。

应答器天线的反射性能受连接到天线的负载变化的影响，因此，可采用相同的负载调制方法实现反射的调制。其表现为反射功率 P_2 是振幅调制信号，它包含了存储在应答器中的识别数据信息。

3) 读写器至应答器的数据传输

读写器至应答器的命令及数据传输应根据 RFID 的有关标准进行编码和调制，或者按所选用应答器的要求进行设计。

3. 声表面波应答器

1) 声表面波器件

声表面波(Surface Acoustic Wave，SAW)器件以压电效应和与表面弹性相关的低速传播的声波为依据。SAW 器件体积小、重量轻、工作频率高、相对带宽较宽，并且可以采用与集成电路工艺相同的平面加工工艺，制造简单，重获得性和设计灵活性高。

声表面波器件具有广泛的应用，如通信设备中的滤波器。在 RFID 应用中，声表面波应答器的工作频率目前主要为 2.45 GHz。

2) 声表面波应答器

声表面波应答器的基本结构如图 4.6 所示，长长的一条压电晶体基片的端部有指状电极结构。基片通常采用石英铌酸锂或钽酸锂等压电材料制作，制成纸状电极电声转换器(换能器)。在压电基片的导电板上附有偶极子天线，其工作频率和读写器的发送频率一致。在应答器的剩余长度安装了反射器，反射器的反射带通常由铝制成。

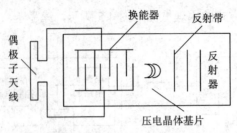

图 4.6　声表面波应答器原理结构图

读写器送出的射频脉冲序列电信号从应答器的偶极子天线馈送至换能器,换能器将电信号转换为声波。转换的工作原理是利用压电衬底在电场作用时的膨胀和收缩效应。电场是由指状电极上的电位差形成的。一个时变输入电信号(即射频信号)引起压电衬底振动,并沿其表面产生声波。严格地说,传输的声波有表面波和体波,但主要是表面波,这种表面波纵向通过基片。一部分表面波被每个分布在基片上的反向带反射,而剩余部分到达基片的终端后被吸收。

一部分反向波返回换能器,在那里被转换成射频脉冲序列电信号(即将声波变换为电信号),并被偶极子天线传送至读写器。读写器接收到的脉冲数量与基片上的反射带数量相符,单个脉冲之间的时间间隔与基片上反射带的空间间隔成比例,从而通过反射的空间布局可以表示一个二进制的数字序列。

由于基片上的表面波传播速度缓慢,在读写器的射频脉冲序列电信号发送后,经过约 1.5 ms 的滞后时间,从应答器返回的第一个应答脉冲才到达。这是表面波应答器时序方式的重要优点。因为在读写器周围所处环境中的金属表面上的反向信号以光速返回到读写器天线(例如,与读写器相距 100 m 处的金属表面反射信号,在读写器天线发射之后 0.6 ms 就能返回读写器),所以当应答器信号返回时,读写器周围的所有金属表面反射都已消失,不会干扰返回的应答信号。

声表面波应答器的数据存储能力和数据传输取决于基片的尺寸和反射带之间所能实现的最短间隔,实际上,16～32 bit 的数据传输率大约为 500 kb/s。

声表面波 RFID 系统的作用距离主要取决于读写器所能允许的发射功率,在 2.45 GHz 下,作用距离可达到 1～2 m。

采用偶极子天线的好处是它的辐射能力强,制造工艺简单,成本低,而且能够实现全向性的方向图。微带贴片天线的方向图是定向的,适用于通信方向变化不大的 RFID 系统,但工艺较为复杂,成本也相对较高。

4.4　RFID 中间件技术

RFID 中间件(Middleware)技术将企业级中间件技术延伸到 RFID 领域,是 RFID 产业链的关键共性技术。它是 RFID 读写器和应用系统之间的中介。RFID 中间件屏蔽了 RFID 设备的多样性和复杂性,能够为后台业务系统提供强大的支撑,从而驱动更广泛、更丰富的 RFID 应用。

4.4.1 RFID 中间件的组成及功能特点

RFID 中间件是介于前端读写器硬件模块与后端数据库、应用软件之间的一类软件，是 RFID 应用部署运作的中枢。它使用系统软件所提供的基础服务(功能)，衔接网络上应用系统的各个部分或不同的应用，能够达到资源共享、功能共享的目的。目前，对 RFID 中间件还没有很严格的定义，普遍接受的描述是：中间件是一种独立的系统软件或服务程序，分布式应用软件借助这种软件在不同的技术之间共享资源，中间件位于客户机服务器的操作系统之上，管理计算资源和网络通信。使用中间件主要有三个目的：隔离应用层与设备接口；处理读写器与传感器捕获的原始数据；提供应用层接口用于管理读写器、查询 RFID 观测数据。

1．RFID 中间件的组成

RFID 中间件也是 EPC global 推荐的 RFID 应用框架中相当重要的一环，它负责实现与 RFID 硬件以及配套设备的信息交互与管理，同时作为一个软硬件集成的桥梁，完成与上层复杂应用的信息交换。鉴于使用中间件的三个主要原因，大多数中间件应由读写器适配器、事件管理器和应用程序接口三个组件组成。

1) 读写器适配器

读写器适配器的作用是提供读写器接口。假若每个应用程序都编写适应于不同类型读写器的 API 程序，那将是非常麻烦的事情。读写器适配器程序提供一种抽象的应用接口，来消除不同读写器与 API 之间的差别。

2) 事件管理器

事件管理器的作用是过滤事件。读写器不断从电子标签读取大量未经处理的数据，一般来说应用系统内部存在大量重复数据，因此必须对其进行去重和过滤。事件管理器就是按照规则取得指定的数据。过滤有两种类型，一是基于读写器的过滤，二是基于标签和数据的过滤。提供这种事件过滤的组件就是事件管理器。

3) 应用程序接口

应用程序接口的作用是提供一个基于标准的服务接口。这是一个面向服务的接口，即应用程序层接口，它为 RFID 数据的收集提供应用程序层语义。

2．RFID 中间件的主要功能

RFID 中间件的任务主要是对读写器传来的与标签相关的数据进行过滤、汇总、计算、分组，减少从读写器传往应用系统的大量原始数据，生成加入了语义解释的事件数据。因此，中间件是 RFID 系统的"神经中枢"，也是 RFID 应用的核心设施。具体来说，RFID 中间件的功能主要集中在以下四个方面。

1) 数据实时采集

RFID 中间件最基本的功能是从多种不同读写器中实时采集数据。目前，RFID 应用处于起始阶段，特别是在物流等行业，条码等还是主要的识别方式，而且现在不同生产商提供的 RFID 读写器接口未能标准化，功能也不尽相同，这就要求中间件能兼容多种读写器。

2) 数据处理

RFID 的特性决定了它在短时间内能产生海量的数据，而这些数据有效利用率非常低，必须经过过滤聚合处理，缩减数据的规模。此外，RFID 本身具有错读、漏读和多读等在硬件上无法避免的问题，通过软件的方法弥补，事件的平滑过滤可确保 RFID 事件的一致性、准确性。这就需要进行数据底层处理，也需要进行高级处理功能，即事件处理。

3) 数据共享

RFID 产生的数据最终目的是数据的共享，随着部署 RFID 应用的企业增多，大量应用出现推动数据共享的需求，高效快速地将物品信息共享给应用系统，提高了数据利用的价值，是 RFID 中间件的一个重要功能。这主要涉及数据的存储、订阅和分发，以及浏览器控制。

4) 安全服务

RFID 中间件采集了大量的数据，并把这些数据共享，这些数据可能是很敏感的数据，比如个人隐私，这就需要中间件实现网络通信安全机制，根据授权给应用系统提供相应的数据。

3. 中间件的工作机制及特点

中间件的工作机制为：在客户端上的应用程序需要从网络中的某个地方获取一定的数据或服务，这些数据或服务可能处于一个运行着不同操作系统的特定查询语言数据库的服务器中。客户/服务器应用程序中负责寻找数据的部分只需访问一个中间件系统，由中间件完成到网络中寻址数据源或服务，进而传输客户请求、重组答复信息，最后将结果送回应用程序的任务。

中间件作为一个用 API 定义的软件层，在具体实现上应具有强大的通信能力和良好的可扩展性。作为一个中间件应具备如下几点：

(1) 标准的协议和接口，具备通用性、易用性；

(2) 分布式计算，提供网络、硬件、操作系统透明性；

(3) 满足大量应用需要；

(4) 能运行于多种硬件和操作系统平台。

其中，具有标准的协议和接口最为重要，因为由此可实现不同硬件、操作系统平台上的数据共享、应用互操作。

4.4.2 RFID 中间件体系结构

RFID 中间件技术涉及的内容比较多，包括并发访问技术、目录服务及定位技术、数据及设备监控技术、远程数据访问、安全和集成技术、进程及会话管理技术等。但任何 RFID 中间件应能够提供数据读出和写入、数据过滤和聚合、数据的分发、数据的安全等服务。根据 RFID 应用需求，中间件必须具备通用性、易用性、模块化等特点。对于通用性要求，系统采用面向服务架构(Service Oriented Architecture，SOA)的实现技术，Web Services 以服务的形式接受上层应用系统的定制要求并提供相应服务，通过读写器适配器提供通用的适配接口以"即插即用"的方式接受读写器进入系统；对于易用性要求，系统采用 B/S 结构，以 Web 服务器作为系统的控制枢纽，以 Web 浏览器作为系统的控制终端，可以远程控制中间件系统以及下属的读写器。

例如，根据 SOA 的分布式架构思想，RFID 中间件可按照 SOA 类型来划分层次，每一层都有一组独立的功能以及定义明确的接口，而且都可以利用定义明确的规范接口与相邻层进行交互。把功能组件合理划分为相对独立的模块，使系统具备更好的可维护性和可扩展性，将中间件系统按照数据流程划分为设备管理系统(包括数据采集及预处理)、事件处理和数据服务接口模块，如图 4.7 所示。

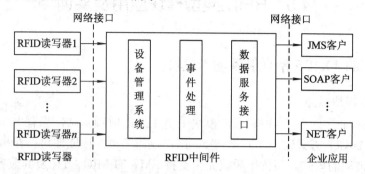

图 4.7　分布式 RFID 中间件分层结构示意图

1. 设备管理系统

设备管理系统实现的主要功能有：一是为网络上的读写器进行适配，并按照上层的配置建立实时的 UDP 连接并做好接收标签数据的准备；二是对接收到的数据进行预处理。读写器传递上来的数据存在大量的冗余信息以及一些误读的标签信息，所以要对数据进行过滤，消除冗余数据。预处理内容包括集中处理所属读写器采集到的标签数据，并统一进行冗余过滤、平滑处理、标签解读等工作。经过处理后，每条标签内容包含的信息有标准 EPC 格式数据、采集的读写器编号、首次读取时间、末次读取时间等，并以一个读周期为时间间隔，分时向事件处理子系统发送，为进一步的数据高级处理做好必要准备。

2. 事件处理

设备管理系统产生事件，并将事件传递到事件处理系统中，由事件处理系统进行处理，然后通过数据服务接口把数据传递到相关的应用系统。在这种模式下，读写器不必关心哪个应用系统需要什么数据。同时，应用程序也不需要维护与各个读写器之间的网络通道，仅需要将需求发送到事件处理系统中即可。由此，设计出的事件处理系统应具有如下功能：数据缓存功能、基于内容的路由功能和数据分类存储功能。

来自事件处理系统的数据一般以临时 XML 文件的形式和磁盘文件方式保存，供数据服务接口使用。这样，一方面可通过操作临时 XML 文件，实现数据入库前数据过滤功能；另一方面又实现了 RFID 数据的批量入库，而不是对于每条来自设备管理系统的 RFID 数据都进行一次数据库的连接和断开操作，减少了因数据库连接和断开而浪费的宝贵资源。

3. 数据服务接口

来自事件处理系统的数据最终是分类的 XML 文件。同一类型的数据以 XML 文件的形式保存，并提供给相应的一个或多个应用程序使用。而数据服务接口主要是对这些数据进行过滤、入库操作，并提供访问相应数据库的服务接口。具体操作如下：

(1) 将存放在磁盘上的 XML 文件进行批量入库操作，当 XML 数据量达到一定数量时，启动数据入库功能模块，将 XML 数据移植到各种数据库中。

(2) 在数据移植前将重复的数据过滤掉。数据过滤过程一般在处理临时存放的 XML 文件的过程中完成。

(3) 为企业内部和企业外部访问数据库提供 Web Services 接口。

4.5　RFID 典型模块应用及实训

4.5.1　RFID 的 TX125 系列射频读卡模块

1. TX125 模块概述

TX125 系列非接触 IC 卡射频读卡模块采用 125 K 射频基站。当有卡靠近模块时，模块会以韦根或 UART 方式输出 ID 卡卡号，用户仅需简单的读取即可，在串口方式下，可工作在主动与被动的模式。该读卡模块完全支持 EM、TEMIC、TK 及其兼容卡片的操作，非常适合于门禁、考勤等系统的应用。

TX125 系列读卡模块的特点如下：

(1) 体积小巧、简单、易用、性价比高。

(2) 支持 EM、TEMIC、TK 及其兼容卡。

(3) 可选低功耗模式，功耗低至 15 μA 仍保持自动寻卡功能，特别适合于电池供电场合。

(4) 读写卡距离远(根据应用可达 60～150 mm)。

(5) 根据需要，可选择 UAR 或 Wiegand 接口与任何 MCU 进行连接。

(6) 使用 UART 接口时，可以选择波特率为 9600 b/s 或 19 200 b/s。

(7) 模块内部具有看门狗，永不死机。

(8) 自动寻卡，检测到卡片就可主动发送。

(9) 在串口模式下，模块可设置为主动或被动工作方式。主动方式下，当卡片进入天线区后，TXD 口直接输出卡片序列号；被动方式下，当只有 CLK 出现下降沿时，TXD 口才会输出卡号。

(10) 工作温度范围宽，低温可到 −40℃。

2. TX125 硬件描述

读卡模块使用了标准的 DIP24 封装(当然有些脚空出了)，模块可以直接安装在线路板上，也可以安装在 DIP24 的 IC 座上进行测试，如图 4.8 所示。

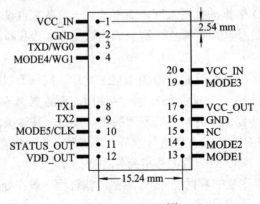

图 4.8　TX125 引脚

TX125 的引脚功能如表 4.2 所示。

表 4.2　TX125 的引脚功能

引脚	符 号	功 能	
		串口模式	韦根模式
1	VCC_IN	DC 5 V 电源输入，内部已经与 20 脚连通，请外接 100 μF 以上电解电容	
2	GND	电源地	
3	TXD/WG0	TXD 用于数据发送	WG0 用于发送 bit 0
4	MODE4/WG1	悬空—主动模式；0—被动模式	WG1 用于发送 bit 1
8	TX1	天线接口 1，连接到线圈的一端	
9	TX2	天线接口 2，连接到线圈的另一端	
10	MODE5/CLK	如果天线区有卡，则 CLK 出现下降沿后，模块发送卡号(被动模式)	韦根极性选择：悬空—正向输出；接地—反向输出
11	STATUS_OUT	有无卡状态指示(1—无卡；0—有卡)	
12	VDD_OUT	DC 3.3 V 输出	
13	MODE1	波特率选择：悬空—9600 b/s　接地—19 200 b/s	韦根位数选择：悬空—韦根 34　接地—韦根 26
14	NC	保留，请悬空	
15	NC	保留，请悬空	
16	GND	电源地	
17	VDD_OUT	DC 3.3 V 输出	
19	MODE3	通信协议选择：悬空—串口(UART)输出；0—韦根(Wiegand)输出	
20	VCC_IN	DC 5 V 电源输入	

应特别注意以下几点：

(1) 如果 MODE1～MODE4 全部悬空，则默认的模式为：串口输出、主动模式、波特率 9600 b/s。

(2) 如果把 MODE3 接地，而 MODE1～2、MODE4～5 悬空，则模式为：韦根输出、韦根 34、正向输出。

(3) 所有的模式设置脚在上电时检测，此后不再检测。

(4) 所有的模式设置脚内部已经上拉，所以要么悬空(不连接任何东西)，要么接地，不能接电源。

3. TX125 的数据通信协议

所谓通信协议，就是读卡模块以何种格式把读取到的卡号发送出来。TX125 支持韦根接口和串口两种协议。

1) 韦根接口协议

韦根接口在门禁行业广泛使用，是一个事实上的行业标准，它通过两条数据线 DATA0 (D0)和 DATA1(D1)发送。目前用得最多的是韦根 34 和韦根 26 接口，二者数据格式相同，只是发送的位数不同。

标准韦根 26 的帧结构如图 4.9 所示，它由 24 位卡号和 1 位偶校验位、1 位奇校验位组成。卡号中的高 12 位进行偶校验，低 12 位进行奇校验。发送顺序从高位(每字节的 bit7)开始，如箭头所示。发送规则为：DATA0 和 DATA1 在无信号时同时保持高电平，若下一位数据为 0，则 DATA0 数据线上出现一个 100 μs(可定义)的低电平，DATA1 数据线上的信号保持不变。若下一位数据为 1，则 DATA1 数据线上出现一个 100 μs(可定义)的低电平，DATA0 数据线上的信号保持不变。在 100 μs 低电平之外，DATA0 和 DATA1 始终保持高电平。每一位数据的发送周期为 1 ms(可定义)。

韦根 26 的帧结构如图 4.9 所示。

1	2	3	4	5	6	7	8	9	10	11	12	13	14	15	16	17	18	19	20	21	22	23	24	25	26
P	E	E	E	E	E	E	E	E	E	E	E	E	O	O	O	O	O	O	O	O	O	O	O	O	P
Even parity (E)偶同位校验													Odd parity(O)奇同位校验												

图 4.9　韦根 26 的帧结构

2) 串口(UART)协议

(1) UART 接口一帧的数据格式为：1 个起始位、8 个数据位、无奇偶校验位、1 个停止位。

(2) 波特率可选择：9600 b/s 或者 19 200 b/s。

(3) 数据格式：6 字节数据，高位在前，格式为 5 字节数据+1 字节校验和(异或和)。例如，卡号数据为 0B00D5F0C7，则输出为 0x0B 0x00 0xD5 0xF0 0xC7 0xE9(校验和计算：0x0B^0x00^0xD5^0xF0^0xC7 = 0xE9)。第一个字节 0x0B 一般是厂家码。中间 4 个字节 0x00 0xD5 0xF0 0xC7 是卡片的序列号。

一般卡片上印刷的都是十进制码，如 001402807 213，61639。上面的数据可以通过转换得到。转换方式为：将中间 4 个字节卡号 0x00D5F0C7 转换为十进制，即得 001402807；将卡号的第二个字节 0xD5 转换为十进制，即得 2^{13}；将卡号的最后两个字节 0xF0C7 转换为十进制，即得 61639。

(4) 主动模式：当有卡进入该射频区域内时，主动发出定义数据格式的卡号数据。

(5) 被动模式：CLK 的下降沿触发卡号的输出，格式为以上数据格式。操作方法为：在准备读取卡号之前，打开串口中断和并启动超时定时器(80 ms)，将一直保持高电平的 CLK 置低电平，产生下降沿并一直保持低电平，等待卡号数据接收，接收到卡号后存储待用。若在等待过程中无数据接收，且超时定时器已经溢出，则表示本次读取卡号失败。无论成功与失败最后都将 CLK 重新置高电平，进入待机以便下一次读取卡号。

4. 接口方式

1) 串行接口

TX125 可以与任何具有串口的 MCU 连接，或者通过 RS232 电平转换与 PC 连接。本模块支持主动串口和被动串口两种模式。

(1) 主动串口模式。图 4.10 所示为主动串口模式的接线图，其模式为：串口(9600，N，1)、主动模式。图中未连接的引脚悬空即可。

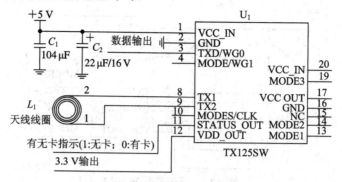

图 4.10 主动串口模式

(2) 被动串口模式。图 4.11 所示为被动串口模式的接线图，其模式为：串口(9600，N，1)、被动模式。当有卡时，主控单片机在 CLK 发起下降沿，则读卡模块输出卡号。

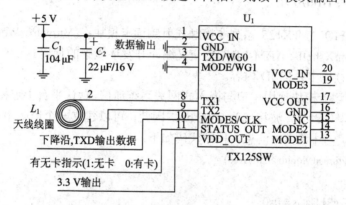

图 4.11 被动串口模式

2) 韦根接口

当主控 MCU 没有串口或者串口不够时，可以选择韦根接口。韦根接口也是门禁控制器最常用的读头连接方式。韦根接口可以输出韦根 26 或者韦根 34，并可选输出反相脉冲。

(1) 正向韦根 34 接口。图 4.12 所示为正向韦根 34 接口的接线图。其模式为：韦根 34、正向输出。

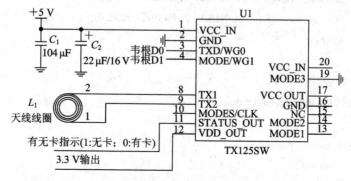

图 4.12 正向韦根 34 接口

(2) 反相韦根 26 接口。图 4.13 所示为反相韦根 26 接口的接线图。其模式为：韦根 26、反相输出。

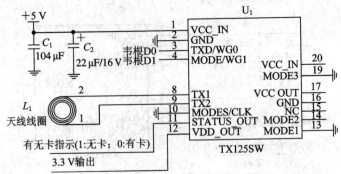

图 4.13　反相韦根 26 接口

本书使用的物联网综合实训平台的 RFID 的 TX125 连接成被动串口模式。

4.5.2　RFID 读卡的应用

本节介绍 RFID 的 TX125 系列非接触式射频读卡模块在 Vmware Workstation+Fedora Core 8 + MiniCom/Xshell + ARM-LINUX 交叉编译开发环境中的使用。在网关系统中通过对串口编程来实现读取卡片的 ID 内容。

TX125 射频读卡模块使用串口与嵌入式网关系统通信，默认平台上连接 6410 网关设备的/dev/ttySAC3 串口设备，波特率为 9600 b/s。因此，可以建立一个监听串口的线程来处理串口发送过来的电子标签 ID 信息。程序代码如下：

```
int ComPthreadMonitorStart(void)
{
        gRFDatas = 0x0;
        tty_init(&rf_fd, "/dev/ttySAC3",RF_BAUDRATE);   //初始化 RFID 模块串口设备
        sa.sa_handler = SigChild_Handler;
        sa.sa_flags = 0;
        sigaction(SIGCHLD,&sa,NULL);                     //设置信号处理函数 sigclitd_Handler
        pthread_mutex_init(&mutex, NULL);
        pthread_create(&th_kb, NULL, KeyBoardPthread, 0);
        pthread_create(&rf_rev, NULL, RFIDRevPthread, 0);       //创建读取 ID 线程
        return 0;
}
```

监听串口线程处理函数如下：

```
void* RFIDRevPthread(void * data)
{
        printf("rfid rev pthread.\n");
        struct timeval tv;
        fd_set rfds;
```

```
tv.tv_sec=15;
tv.tv_usec=0;
int nread;
int i,j,ret,datalen;
unsigned char buff[BUFSIZE]={0,};
unsigned char databuf[BUFSIZE]={0,};
ret = 0;
    //pthread_detach(pthread_self());
    while (STOP==FALSE)
    {
            //printf("rf phread wait...\n");
            tv.tv_sec=10;
            tv.tv_usec=0;
            FD_ZERO(&rfds);
            FD_SET(rf_fd, &rfds);
            ret = select(1+rf_fd, &rfds, NULL, NULL, &tv);
            if(ret >0)
            {
                //printf("rf select wait...\n");
                if (FD_ISSET(rf_fd, &rfds))
                {
                        nread=tty_read(rf_fd,buff, 6);          //读取 ID 信息
                        //printf("readlen=%d\n", nread);
                        buff[nread]='\0';
                        printf("\nRFID ID NUMBER:");           //打印 ID 信息
                         for(i=0;i<nread;i++){
                                printf("0x%x\t",buff[i]);
                        }
                    printf("\n");
                    databuf[0] = Data_CalcFCS(buff, 5); //校验信息
                    if(databuf[0]==buff[5]){
                            //printf("CalcFcs OK\n");
                            HandleRFIDData(buff+1, 4);   //打印处理 ID 信息
                    }
                    else{
                            continue;
                    }
                }
            else{
```

```
                                    //printf("not tty rf_fd.\n");
                        }
                }
                else if(ret == 0){
                        printf("rf read wait timeout!!!\n");
                        //gBTStatusFlag = 0x00;
                }
                else{// ret <0
                        printf("rf select error.\n");
                        //perror(ret);
                }
        }
        printf("exit from reading rf com\n");
        return NULL; /* wait for child to die or it will become a zombie */
}
```

更详细的处理流程见随书资源中的实验源代码。

可将本应用程序源码拷贝至宿主机下的相应目录进行编译、挂载或下载、运行测试。

练 习 题

一、单选题

1. 物联网有四个关键性的技术，下列被认为是能够让物品"开口说话"的一种技术是（　　）。

A. 传感器技术　　　　　　　　B. 电子标签技术

C. 智能技术　　　　　　　　　D. 纳米技术

2. （　　）是物联网中最为关键的技术。

A. RFID 标签　　　　　　　　B. 阅读器

C. 天线　　　　　　　　　　　D. 加速器

3. RFID 卡按（　　）可分为主动式标签(TTF)和被动式标签(RTF)。

A. 供电方式　　　　　　　　　B. 工作频率

C. 通信方式　　　　　　　　　D. 标签芯片

4. 射频识别卡与其他几类识别卡最大的区别在于（　　）。

A. 功耗　　　　B. 非接触　　　　C. 抗干扰　　　　D. 保密性

5. 物联网技术是基于射频识别技术而发展起来的新兴产业，射频识别技术主要是基于（　　）方式进行信息传输的。

A. 电场和磁场　　　　　　　　B. 同轴电缆

C. 双绞线　　　　　　　　　　D. 声波

6. 作为射频识别系统最主要的两个部件——阅读器和应答器，二者之间的通信方式不包括(　　)。

   A．串行数据通信　　　　　　　　B．半双工系统

   C．全双工系统　　　　　　　　　D．时序系统

7. RFID 卡的读取方式为(　　)。

   A．CCD 或光束扫描　　　　　　B．电磁转换

   C．无线通信　　　　　　　　　　D．电擦除、写入

8. RFID 卡按(　　)可分为有源(Active)标签和无源(Passive)标签。

   A．供电方式　　　　　　　　　　B．工作频率

   C．通信方式　　　　　　　　　　D．标签芯片

9. 利用 RFID、传感器、二维码等随时随地获取物体的信息，指的是(　　)。

   A．可靠传递　　　　　　　　　　B．全面感知

   C．智能处理　　　　　　　　　　D．互联网

10. (　　)的工作频率是 30～300 kHz。

   A．低频电子标签　　　　　　　　B．高频电子标签

   C．特高频电子标签　　　　　　　D．微波电子标签

11. (　　)的工作频率是 3～30 MHz。

   A．低频电子标签　　　　　　　　B．高频电子标签

   C．特高频电子标签　　　　　　　D．微波电子标签

12. (　　)的工作频率是 300 MHz～3 GHz。

   A．低频电子标签　　　　　　　　B．高频电子标签

   C．特高频电子标签　　　　　　　D．微波电子标签

13. (　　)的工作频率是 2.45 GHz。

   A．低频电子标签　　　　　　　　B．高频电子标签

   C．特高频电子标签　　　　　　　D．微波电子标签

14. 二维码目前不能表示的数据类型为(　　)。

   A．文字　　　　　B．数字　　　　　C．二进制　　　　　D．视频

15. (　　)抗损性强、可折叠、可局部穿孔、可局部切割。

   A．二维条码　　　B．磁卡　　　　　C．IC 卡　　　　　D．光卡

16. 行排式二维条码有(　　)。

   A．PDF417　　　　B．QR Code　　　C．Data Matrix　　D．Maxi Code

17. QR Code 是由(　　)于 1994 年 9 月研制的一种矩阵式二维条码。

   A．日本　　　　　B．中国　　　　　C．美国　　　　　D．欧洲

18. 下列不是 QR Code 条码的特点的是(　　)。

   A．超高速识读　　　　　　　　　B．全方位识读

   C．行排式　　　　　　　　　　　D．能够有效地表示中国汉字、日本汉字

19. (　　)对接收的信号进行解调和译码后送到后台软件系统处理。

   A．射频卡　　　B．读写器　　　C．天线　　　　D．中间件

20. 低频 RFID 卡的作用距离为(　　)。

A. 小于 10 cm   B. 1~20 cm

C. 3~8 m   D. 大于 10 m

21. 高频 RFID 卡的作用距离为(   )。

A. 小于 10 cm   B. 1~20 cm

C. 3~8 m   D. 大于 10 m

22. 超高频 RFID 卡的作用距离为(   )。

A. 小于 10 cm   B. 1~20 cm

C. 3~8 m   D. 大于 10 m

23. 微波 RFID 卡的作用距离为(   )。

A. 小于 10 cm   B. 1~20 cm

C. 3~8 m   D. 大于 10 m

二、判断题

1. 物联网中 RFID 标签是最关键的技术和产品。(   )

2. 中国在 RFID 集成的专利上并没有主导权。(   )

3. RFID 系统包括标签、阅读器和天线。(   )

4. 射频识别系统一般由阅读器和应答器两部分构成。(   )

5. RFID 是一种接触式的识别技术。(   )

6. 物联网的实质是利用射频自动识别(RFID)技术通过计算机互联网实现物品(商品)的自动识别和信息的互联与共享。(   )

7. 物联网目前的传感技术主要是 RFID。植入这个芯片的产品,是可以被任何人进行感知的。(   )

8. 射频识别技术(RFID)实际上是自动识别技术(AEI)在无线电技术方面的具体应用与发展。(   )

9. 射频识别系统与条形码技术相比,数据密度较低。(   )

10. 射频识别系统与 IC 卡相比,在数据读取中几乎不受方向和位置的影响。(   )

三、简答题

1. RFID 系统中如何确定所选频率适合实际应用?

2. 简述 RFID 的基本工作原理及 RFID 技术的工作频率。

3. 简述 RFID 的分类。

4. 射频标签的能量获取方法有哪些?

5. 射频标签的天线有哪几种?各自的作用是什么?

6. 简述 RFID 中间件的功能和使用目的。

第5章　无线传感器网络通信技术

本章要点 ✎

- 蓝牙标准协议栈、关键技术及蓝牙在通信系统中的应用；
- 无线局域网的标准、WiFi 和无线局域网的结构；
- 超宽频技术体系、高速 UWB 技术的应用和发展情况；
- ZigBee 技术；
- Ad Hoc 网络的特点和分类、体系结构及 Ad Hoc 网络的应用。

5.1　蓝 牙 技 术

5.1.1　蓝牙技术概述

蓝牙(Bluetooth)技术是由爱立信、诺基亚、Intel、IBM 和东芝五家公司于 1998 年 5 月共同提出开发的。蓝牙技术的本质是设备间的无线连接，主要用于通信与信息设备。近年来，在电声行业中也开始使用蓝牙技术。一般情况下，蓝牙的工作范围在 10 m 半径之内，在此范围内，可进行多台设备间的互联。但对于某些产品，设备间甚至远隔 100 m 也照样能建立蓝牙通信与信息传递。

蓝牙技术的特点主要有：

(1) 采用跳频技术，数据包短，抗信号衰减能力强；

(2) 采用快速跳频和前向纠错方案以保证链路稳定，减少同频干扰和远程传输噪声；

(3) 使用 2.4 GHz ISM 频段，无需申请许可证；

(4) 可同时支持数据、音频、视频信号；

(5) 采用 FM 调制方式，降低了设备的复杂性。

5.1.2　蓝牙协议栈体系结构

在蓝牙系统中，为了支持不同应用，需要使用多个协议，这些协议按层次组合在一起，构成了蓝牙协议栈。蓝牙协议栈能使设备之间互相定位并建立连接，通过这个连接，设备间能通过各种各样的应用程序进行交互和数据交换。完整的蓝牙协议体系结构如图 5.1 所示。蓝牙技术规范包括 Core 和 Profiles 两大部分。Core 是蓝牙的核心，主要定义了蓝牙的技术细节；Profiles 部分定义了在蓝牙的各种应用中的协议栈组成，并定义了相应的实现协议栈。

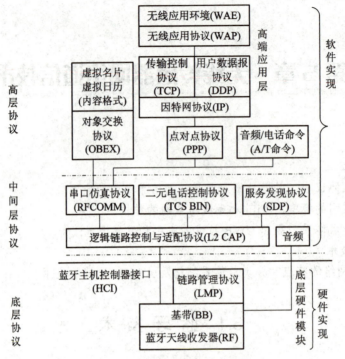

图 5.1　蓝牙协议栈体系结构

按照各层协议在整个蓝牙协议体系中所处的位置，蓝牙协议可分为底层协议、中间层协议和高层协议三大类。

1. 蓝牙底层协议

蓝牙底层协议实现蓝牙信息数据流的传输链路，是蓝牙协议体系的基础，它包括链路管理协议(LMP)、基带(BB)和蓝牙天线收发器(RF)。

1) 链路管理协议(Link Manager Protocol，LMP)

链路管理协议是在蓝牙协议栈中的一个数据链路层协议。LMP 执行链路设置、认证、链路配置和其他协议；链路管理器发现其他远程链路管理器(LM)并与它们通过链路管理协议进行通信。

链路管理协议负责蓝牙各设备间连接的建立。首先，它通过连接的发起、交换、核实进行身份认证和加密；其次，它通过设备间协商以确定基带数据分组的大小；另外，它还可以控制无线部分的电源模式和工作周期，以及微微网内各设备的连接状态。

2) 基带(Base Band)

基带层在蓝牙协议栈中位于蓝牙射频层之上，主要包括基带协议(Base Band Protocol)，它同射频层一起构成了蓝牙的物理层。

基带层的主要功能包括：

(1) 链路控制，比如承载链路连接和功率控制这类链路级路由；

(2) 管理物理链路，即 SCO 链路和 ACL 链路；

(3) 定义基带分组格式和分组类型，其中 SCO 分组有 HV1、HV2、HV3 和 DV 等类型，而 ACL 分组有 DM1、DH1、DM3、DH3、DM5、DH5、AUXl 等类型；

(4) 流量控制，通过 STOP 和 GO 指令来实现；采用 1/3 比例前向纠错码、2/3 比例前向纠错码以及数据的自动重复请求 ARQ (Automatic Repeat Request)方案实现纠错功能；

(5) 其他功能，如处理数据包、寻呼、查询接入和查询蓝牙设备等。

3) 蓝牙天线收发器(RF)

蓝牙天线收发器主要包括射频协议(Radio Frequency Protocol)。蓝牙射频协议处于蓝牙协议栈的最底层，主要包括频段与信道安排、发射机特性和接收机特性等，用于规范物理层无线传输技术，实现空中数据的收发。蓝牙工作在 24 GHz ISM 频段，此频段在多数国家无需申请运营许可。

在信道安排上，系统采用跳频扩频技术，抗干扰能力强、保密性好。蓝牙 SIG(Special Interest Group)制定了两套跳频方案，其一是分配 79 个跳频信道，每个频道的带宽为 1 MHz，其二是 23 信道的分配方案，1.2 版本以后的蓝牙规范目前已经不再推荐使用第二套方案。

2. 蓝牙中间层协议

蓝牙中间层协议完成数据帧的分解与重组、服务质量控制、组提取等功能，为上层应用提供服务，并提供与底层协议的接口，此部分包括主机控制器接口协议、逻辑链路控制与适配协议、串口仿真协议、电话控制协议、电缆替代协议和服务发现协议。

1) 主机控制器接口协议(Host Controller Interface Protocol，HCI)

蓝牙 HCI 是位于蓝牙系统的逻辑链路控制与适配协议层和链路管理协议层之间的一层协议。HCI 为上层协议提供了进入链路管理器的统一接口和进入基带的统一方式。在 HCI 的主机和 HCI 主机控制器之间存在若干传输层，这些传输层是透明的，只需完成传输数据的任务，不必清楚数据的具体格式。蓝牙的 SIG 规定了四种与硬件连接的物理总线方式，即四种 HCI 传输层：USB、RS232、UART 和 PC 卡。

2) 逻辑链路控制与适配协议(L2CAP)

逻辑链路控制与适配层协议是蓝牙系统中的核心协议，它是基带的高层协议，可以认为它与链路管理协议并行工作。L2CAP 为高层提供数据服务，允许高层和应用层协议收发大小为 64 KB 的 L2CAP 数据包。L2CAP 只支持基带面向无连接的异步传输(ACE)，不支持面向连接的同步传输(SCO)。

L2CAP 采用了多路技术、分割和重组技术以及组提取技术，主要提供协议复用、分段和重组、认证服务质量、组管理等功能。

3) 串口仿真协议(RFCOMM)

串口仿真协议在蓝牙协议栈中位于 L2CAP 协议层和应用层协议层之间，基于 ETSI 标准 TS 07.10，在 L2CAP 协议层之上实现了仿真 9 针 RS232 串口的功能，可实现设备间的串行通信，从而对现有使用串行线接口的应用提供了支持。

4) 电话控制协议(Telephony Control Protocol Spectocol，TCS)

电话控制协议位于蓝牙协议栈的 L2CAP 层之上，包括二元电话控制协议(TCS BIN)和一套电话控制命令(AT Commands)。其中，TCS BIN 定义了在蓝牙设备间建立话音和数据呼叫所需的呼叫控制信令；AT Commands 则是一套可在多使用模式下用于控制移动电话和调制解调器的命令，它是在 ITU.TQ.931 的基础上开发而成的。

TCS 层不仅支持电话功能(包括呼叫控制和分组管理)，同样可以用来建立数据呼叫，呼叫的内容在 L2CAP 上以标准数据包形式运载。

电话控制协议主要有：

(1) 二元电话控制协议。二元电话控制协议是面向比特的协议，它定义了蓝牙设备间建立语音和数据呼叫的控制信令，定义了处理蓝牙 TCS 设备群的移动管理进程。

(2) AT 命令集电话控制协议。在 ITU2T V. 250 和 ETS300 916(GSM 07.07)的基础之上，SIG 定义了控制多用户模式下移动电话、调制解调器和可用于传真业务的 AT 命令集。

5) 电缆替代协议(RFCOMM)

电缆替代协议实际上包含在射频通信协议(Radio Frequency Communications Protocol, RFCOMM)之中。RFCOMM 是基于 ETSI 07.10 规范的串行线仿真协议，它在蓝牙基带协议上仿真 RS-232 控制和数据信号，为使用串行线传送机制的上层协议(如 OBEX)提供服务。

6) 服务发现协议(Service Discovery Protocol，SDP)

服务发现协议是蓝牙技术框架中至关重要的一层，它是所有应用模型的基础。任何一个蓝牙应用模型的实现都是利用某些服务的结果。在蓝牙无线通信系统中，建立在蓝牙链路上的任何两个或多个设备随时都有可能开始通信，仅仅是静态设置是不够的。蓝牙服务发现协议就确定了这些业务位置的动态方式，可以动态地查询到设备信息和服务类型，从而建立起一条对应所需要服务的通信信道。

3. 蓝牙高层协议

蓝牙高层协议包括对象交换协议、无线应用协议、音频协议、点对点协议、传输控制协议、用户数据协议、因特网协议等。

1) 对象交换协议(Object Exchange Protocol，OBEX)

OBEX 是由红外数据协会(IrDA)制定用于红外数据链路上数据对象交换的会话层协议。蓝牙 SIG 采纳了该协议，使得原来基于红外链路的 OBEX 应用有可能方便地移植到蓝牙上或在两者之间进行切换。OBEX 是一种高效的二进制协议，采用简单和自发的方式来交换对象。

2) 无线应用协议(Wireless Application Protocol，WAP)

无线应用协议由无线应用协议论坛制定，是由移动电话类的设备使用的无线网络定义的协议。WAP 融合了各种广域无线网络技术，其目的是将互联网内容和电话债券的业务传送到数字蜂窝电话和其他无线终端上。选用 WAP 可以充分利用为无线应用环境开发的高层应用软件。

3) 音频协议

蓝牙音频(Audio)是通过在基带上直接传输 SCO 分组实现的，目前蓝牙 SIG 并没有以规范的形式给出此部分。虽然严格意义上来讲它并不是蓝牙协议规范的一部分，但也可以视为蓝牙协议体系中的一个直接面向应用的层次。

4) 点对点协议(PPP)

PPP 是 IETF(Internet Engineering Task Force)制定的，在蓝牙技术中，它运行于 RFCOMM 之上，完成点对点的连接。

5) UDP/TCP/IP

UDP/TCP/IP 也是由 IETF 制定的，是互联网通信的基本协议，在蓝牙设备中使用这些协议是为了与互联网连接的设备进行通信。

5.1.3　蓝牙网关

1. 蓝牙网关的功能

蓝牙网关用于办公网络或物联网内部的蓝牙移动终端，可通过无线方式访问局域网以及 Internet，跟踪、定位办公网络内的所有蓝牙设备，并在两个属于不同匹配网的蓝牙设备之间建立路由连接，并在设备之间交换路由信息。蓝牙网关的主要功能包括：

(1) 实现蓝牙协议与 TCP/IP 协议的转换，完成办公网络内部蓝牙移动终端的无线上网功能。

(2) 在安全的基础上实现蓝牙地址与 IP 地址之间的地址解析，它利用自身的 IP 地址和 TCP 端口来唯一地标识办公网络内部没有 IP 地址的蓝牙移动终端，比如蓝牙打印机等。

(3) 通过路由表来对网络内部的蓝牙移动终端进行跟踪、定位，使得办公网络内部的蓝牙移动终端可以通过正确的路由，访问局域网或者另一个匹配网中的蓝牙移动终端。

(4) 在两个属于不同匹配网的蓝牙移动终端之间交换路由信息，从而完成蓝牙移动终端通信的漫游与切换。在这种通信方式中，蓝牙网关在数据包路由过程中充当中继作用，相当于蓝牙网桥。

2. 蓝牙移动终端(MT)

蓝牙移动终端是普通的蓝牙设备，能够与蓝牙网关以及其他蓝牙设备进行通信，从而实现办公网络内部移动终端的无线上网以及网络内部文件、资源的共享。蓝牙移动终端各个功能模块的关系如图 5.2 所示。

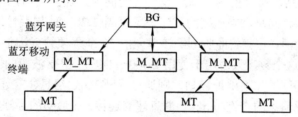

图 5.2　功能模块关系

如果目的端位于单位内部的局域网或者 Internet，则需要通过蓝牙网关进行蓝牙协议与 TCP/IP 协议的转换。如果该 MT 没有 IP 地址，则由蓝牙网关来提供，其通信方式为 MT—BG—MT。如果目的端位于办公网络内部的另一个匹配网，则通过蓝牙网关来建立路由连接，从而完成整个通信过程的漫游，其通信方式为 MT—BG—M_MT(主移动终端)—MT。采用蓝牙技术也可使办公室的每个数据终端互相连通。例如，多台终端共用 1 台打印机，可按照一定的算法登录打印机的等待队列，依次执行。

5.1.4　蓝牙系统的结构及组成

1. 蓝牙网络的结构

微微网是实现蓝牙无线通信的最基本方式。每个微微网只有一个主设备，一个主设备最多可以同时与七个从设备同时进行通信。多个蓝牙设备组成的微微网如图 5.3 所示。

散射网(Scatternet)是多个微微网相互连接所形成的比微微网覆盖范围更大的蓝牙网络，其特点是不同的微微网之间有互连的蓝牙设备，如图 5.4 所示。

○ 主设备
○ 从设备

图 5.3 多个蓝牙设备组成的微微网

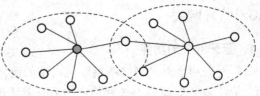

图 5.4 多个微微网组成的散射网

2. 蓝牙系统的组成

蓝牙系统由无线单元、链路控制单元和链路管理器三部分组成。

1) 无线单元

蓝牙是以无线 LAN 的 IEEE802.11 标准技术为基础的，使用 2.45 GHz ISM 全球通自由波段。蓝牙天线属于微带天线，空中接口是建立在天线电平为 0 dBm 基础上的，遵从 FCC(美国联邦通信委员会)有关 0 dBm 电平的 ISM 频段的标准。当采用扩频技术时，其发射功率可增加到 100 mW。频谱扩展功能是通过起始频率为 2.402 GHz、终止频率为 2.480 GHz、间隔为 1 MHz 的 79 个跳频频点来实现的。其最大的跳频速率为 1660 跳/s。系统设计通信距离为 10 cm～10 m，如增大发射功率，其距离可长达 100 m。

2) 链路控制单元

链路控制单元(即基带)描述了硬件—基带链路控制器的数字信号处理规范。基带链路控制器负责处理基带协议和其他一些低层常规协议。

(1) 建立物理链路。微微网内的蓝牙设备之间的连接建立之前，所有的蓝牙设备都处于待命(Standby)状态。此时，未连接的蓝牙设备每隔 1.28 s 就周期性地"监听"信息。每当一个蓝牙设备被激活，它就将监听划给该单元的 32 个跳频频点。跳频频点的数目因地理区域的不同而异(32 这个数字只适用于使用 2.400～2.4835 GHz 波段的国家)。作为主蓝牙设备首先初始化连接程序，如果地址已知，则通过寻呼(Page)消息建立连接；如果地址未知，则通过一个后接寻呼消息的查询(Inquiry)消息建立连接。在最初的寻呼状态，主单元将在分配给被寻呼单元的 16 个跳频频点上发送一串 16 个相同的寻呼消息。如果没有应答，则主单元按照激活次序在剩余 16 个频点上继续寻呼。从单元收到从主单元发来的消息的最大延迟时间为激活周期的 2 倍(2.56 s)，平均延迟时间是激活周期的一半(0.6 s)。查询消息主要用来寻找蓝牙设备。查询消息和寻呼消息很相像，但是查询消息需要一个额外的数据串周期来收集所有的响应。

(2) 差错控制。基带控制器有三种纠错方式：1/3 比例前向纠错(1/3 FEC)码用于分组头；2/3 比例前向纠错(2/3FEC)码用于部分分组；数据的自动请求重发方式(ARQ)用于带有 CRC(循环冗余校验)的数据分组。差错控制用于提高分组传送的安全性和可靠性。

(3) 验证和加密。蓝牙基带部分在物理层为用户提供保护和信息加密机制。验证基于"请求—响应"运算法则，采用口令/应答方式，在连接进程中进行，它是蓝牙系统中的重要组成部分。它允许用户为个人的蓝牙设备建立一个信任域，比如只允许主人自己的笔记本电脑通过主人自己的移动电话通信。

加密采用流密码技术，适用于硬件实现。它被用来保护连接中的个人信息。密钥由程序的高层来管理。网络传送协议和应用程序可以为用户提供一个较强的安全机制。

3) 链路管理器

链路管理器(LM)软件模块设计了链路的数据设置、鉴权、链路硬件配置和其他一些协议。链路管理器能够发现其他蓝牙设备的链路管理器，并通过链路管理协议(LMP)建立通信联系。链路管理器提供的服务项目包括：发送和接收数据、设备号请求(LM 能够有效地查询和报告名称或者长度最大可达 16 位的设备 ID)、链路地址查询、建立连接、验证、协商并建立连接方式、确定分组类型、设置保持方式及休眠方式。

5.1.5　蓝牙配对实践

在 PC 上，安装配置 Vmware Workstation + Fedora Core 9 + MiniCom/Xshell + ARM-LINUX 交叉编译开发环境，在 UP-CUP IOT-6410-Ⅱ型嵌入式物联网综合实验平台上，实现蓝牙模块主从配对通信，在网关系统中通过对串口编程来实现读取蓝牙模块获取的温湿度传感器数据。

1.　蓝牙通信

蓝牙技术规定每一对设备之间进行蓝牙通信时，必须一个为主角色，另一为从角色，才能进行通信。通信时必须由主端进行查找，发起配对，链接成功后，双方即可收发数据。理论上，一个蓝牙主端设备可同时与 7 个蓝牙从端设备进行通信。

一个具备蓝牙通信功能的设备，可以在两个角色间切换，平时工作在从模式，等待其他主设备来连接，需要时再转换为主模式，向其他设备发起呼叫。

一个蓝牙设备以主模式发起呼叫时，需要知道对方的蓝牙地址、配对密码等信息，配对完成后，可直接发起呼叫。

本节配对实践使用的是 HC06 蓝牙模块，具体如下：

(1) 主从蓝牙模块各 1 个。

(2) 主模块有配对清除按键。

(3) 从模块配有单片机和温湿度传感器，另可外接一个任意种类的传感器模块。

(4) 主模块可与嵌入式网关通过串口通信，从模块则独立工作，只从系统吸取电源。

系统 HC06 蓝牙模块上电初始化后自动匹配模块，主蓝牙模块可以通过与嵌入式网关的串口完成数据透传功能，默认串口波特率为 9600 b/s，且主从模块都支持部分特定的 AT 指令进行配置。默认出厂时候蓝牙模块已经设置完成。从模块上电匹配成功后，会自动向主模块发送温湿度传感器数据，由从模块端单片机程序控制。

HC06 蓝牙模块组支持简单的特定的 AT 串口指令控制其部分属性，如测试命令、波特率设置、蓝牙名称、匹配密码等，详细说明参见本书提供的硬件说明书中的模块手册部分。

2.　关键代码分析

HC06 蓝牙模块组中，主模块与嵌入式网关系统通信，默认 UP-CUP IOT-6410-Ⅱ型实验平台上连接 Cortex-A8 网关设备的/dev/s3c2410_serial2 串口设备，波特率为 9600。

因此，可以建立一个监听串口的线程来处理蓝牙主模块发送到从蓝牙的模块温湿度传感器数据信息。

1) 监听串口的线程启动程序

```
int ComPthreadMonitorStart(void)
{
        gBTStatusFlag =0x0;
        gBTDatas = 0x0;
        tty_init(&bt_fd, "/dev/s3c2410_serial2",BT_BAUDRATE);    //初始化蓝牙串口通信设备
        sa.sa_handler = SigChild_Handler;
        sa.sa_flags = 0;
        sigaction(SIGCHLD,&sa,NULL); /* handle dying child */
        pthread_mutex_init(&mutex, NULL);
        pthread_create(&th_kb, NULL, KeyBoardPthread, 0);
        pthread_create(&bt_rev, NULL, BlueToothRevPthread, 0);    //建立蓝牙串口监听线程
        return 0;
}
```

从蓝牙模块从设备发送过来的传感器数据有一定的格式，默认蓝牙从设备发送的数据格式为：

BB FF 06 00 03 DATA3 DATA2 DATA1 DATA0 检验和

其中 DATA3(高字节) DATA2(低字节)为湿度数据 2 个字节，DATA1(高字节) DATA0(低字节)为温度数据 2 个字节。网关系统获取到温湿度数据后还需要进行相应转换才可以得到有效的温湿度数据。

2) 监听串口线程处理函数

```
void* BlueToothRevPthread(void * data)
{
    printf("bluetooth rev pthread.\n");
    struct timeval tv;
    fd_set rfds;
    tv.tv_sec=15;
    tv.tv_usec=0;
    int nread;
    int i,j,ret,datalen;
    unsigned char buff[BUFSIZE]={0,};
    unsigned char databuf[BUFSIZE]={0,};
    ret = 0;
        //pthread_detach(pthread_self());
        while (STOP==FALSE)
        {
            tv.tv_sec=10;
            tv.tv_usec=0;
            FD_ZERO(&rfds);
```

```
FD_SET(bt_fd, &rfds);
ret = select(1+bt_fd, &rfds, NULL, NULL, &tv);
    if(ret >0)
{
 //printf("bt select wait...\n");
   if (FD_ISSET(bt_fd, &rfds))
    {
        gBTStatusFlag = 0x01;      // any data of uart can flag it's status.
        nread=tty_read(bt_fd,buff, 1);
        buff[nread]='\0';
          if(buff[0]==0xBB){
              nread=tty_read(bt_fd,buff, 1);
              buff[nread]='\0';
              if(buff[0]==0xFF){
                  nread=tty_read(bt_fd,buff, 1);
                  buff[nread]='\0';
                    if(buff[0]==0x06){
                        nread=tty_read(bt_fd,buff, 1);
                        buff[nread]='\0';
                        if(buff[0]==0x00){

                        nread=tty_read(bt_fd,buff, 1);
                        buff[nread]='\0';
if(buff[0]==0x03){//获取 4 字节温湿度数据
nread=tty_read(bt_fd,databuf, 4);
buff[nread]='\0';
HandleBlueToothData(databuf, 4);   //处理温湿度数据，转换成有效数据显示
                                }
                            }
                        }
                    }

                }
            }
            else{
                //printf("not tty bt_fd.\n");
            }
        }
    else if(ret == 0){
```

```
                    printf("bt read wait timeout!!!\n");
                    gBTStatusFlag = 0x00;
                    } else{// ret <0
                        printf("bt select error.\n");
                        //perror(ret);
                    }
                }
                printf("exit from reading bt com\n");
                return NULL; /* wait for child to die or it will become a zombie */

        }
```

3) 温湿度数据转换并打印函数

```
        void getsht11(char *rData, char *pTemp, char *pHumi)
        {
                        int i=0,j=0;
                        float temp,humi;
                        uint8 tlen,hlen;
                        int calcret=0;
                        i = rData[1] * 256 + rData[0];
                        j = rData[3] * 256 + rData[2];
                        temp = (float)j;
                        humi = (float)i;
                        calcret = calc_sth11(&humi,&temp);              //校验转换
                        if( ((int)temp) > 0   && 0 <= humi <= 100 && calcret) {
                            tlen = sprintf(pTemp, "%d.%d",(int)temp,(int)((temp-(int)temp)*10));
                            hlen = sprintf(pHumi, "%d.%d",(int)humi,(int)((humi-(int)humi)*10));
                            printf("temp=%s\thumi=%s\n",pTemp,pHumi); //打印有效温湿度数据
                        }
                        //free(pTemp);
                        //free(pHumi);

        }
```

更详细的处理流程和实验步骤，可参见随书资源中的实验源代码和实验指导书。

5.2 GPRS 技 术

5.2.1 GPRS 概述

1. GPRS 简介

GPRS 为通用分组无线业务(General Packet Radio Service)的简称，是欧洲电信协会 GSM

系统中有关分组数据所规定的标准。GPRS 具有充分利用现有的网络、资源利用率高、始终在线、传输速率高、资费合理等特点。

与 GSM CSD 业务不同的是，GPRS 业务以数据流量计费，而 GSM CSD 业务则以时间计费，GPRS 这一计费方式更适应数据通信的特点。此外，GPRS 业务的速度较 GSM CSD 业务也将有很大提高，GPRS 可提供高达 115 kb/s 的传输速率(最高值为 171.2 kb/s)，下一代 GPRS 业务的速度可以达到 384 kb/s。

GPRS 一个较大的优势是能够充分利用现有的 GSM 网，可以使运营商在全国范围内推出此项业务。目前，通过便携式电脑，GPRS 用户能以与 ISDN(Integrated Services Digital Network，综合业务数字网)用户一样快的速度上网浏览，同时也使一些对传输速率敏感的移动多媒体应用成为可能。

GPRS 用户只有在发送或接收数据期间才占用资源，这意味着多个用户可高效率地共享同一无线信道，从而提高了资源的利用率。同时，用户只需按数据通信量付费，而无需对整个链路占用期间付费。实际上，GPRS 用户可能连接的时间长达数小时，却只需支付相对低廉的连接费用，可使用户的使用费用大大降低。

GPRS 通信模块就是为使用 GPRS 服务而开发的无线通信终端设备。可应用到远程数据监测系统、远程控制系统、自动售货系统、无线定位系统、门禁保安系统、物质管理系统等系统集成中。

2. GPRS 的特点

GPRS 是一种基于 GSM 系统的无线分组交换技术，提供端到端的、广域的无线 IP 连接。GPRS 充分利用共享无线信道，采用 IP Over PPP 实现数据终端的高速、远程接入。作为现有 GSM 网络向第三代移动通信演变的过渡技术(2.5 G)，GPRS 在许多方面都具有显著的优势。

GPRS 有下列特点：

(1) 可充分利用现有资源——中国移动全国范围的电信网络 GSM，方便、快速、低建设成本地为用户数据终端提供远程接入网络的部署。

(2) 传输速率高。GPRS 数据传输速度可达到 57.6 kb/s，最高可达到 115~170 kb/s，完全可满足用户应用的需求，下一代 GPRS 业务的速度可以达到 384 kb/s。

(3) 接入时间短。GPRS 接入等待时间短，可快速建立连接，平均为 2 s。

(4) 提供实时在线功能 "alwaysonline"，用户将始终处于连线和在线状态，这将使访问服务变得非常简单、快速。

(5) 按流量计费。GPRS 用户只有在发送或接收数据期间才占用资源，用户可以一直在线，按照用户接收和发送数据包的数量来收取费用，没有数据流量的传递时，用户即使挂在网上也是不收费的。

5.2.2　GPRS 无线通信实践

1. SIM900 GPRS 模块硬件

SIM900 GPRS 模块硬件是 SIMCOM 公司推出的新一代 GPRS 模块，主要为语音传输、短消息和数据业务提供无线接口。SIM900 集成了完整的射频电路和 GSM 的基带处理器，适合于开发一些 GSM/GPRS 的无线应用产品，如移动电话、PCMCIA 无线 MODEM 卡、无线 POS 机、无线抄表系统以及无线数据传输业务，应用范围十分广泛。SIM900 模块的详细技术指标请参阅相关的硬件说明文档及 datasheet 手册。

SIM900 提供标准的 RS-232 串行接口，用户可以通过串行口使用 AT 命令完成对模块的操作。串行口支持以下通信速率：300，1200，2400，4800，9600，19200，38400，57600，115 200(起始默认)。

当模块上电源启动并报出 RDY 后，用户才可以和模块进行通信，模块的默认速率为 115 200，可通过 AT+IPR=<rate>命令自由切换至其他通信速率。在应用设计中，当 MCU 需要通过串口与模块进行通信时，只用三个引脚：TXD、RXD 和 GND。其他引脚悬空，建议 RTS 和 DTR 置低。

SIM900 模块提供了完整的音频接口，应用设计只需增加少量外围辅助元器件，主要是为 MIC 提供工作电压和射频旁路。音频分为主通道和辅助通道两部分。可以通过 AT + CHFA 命令切换主副音频通道。音频设计应该尽量远离模块的射频部分，以降低射频对音频的干扰。本扩展板硬件支持两个语音通道，主通道可以插普通电话机的话柄，辅助通道可以插带 MIC 的耳麦。当选择为主通道时，有电话呼入时板载蜂鸣器将发出铃声以提示来电。但选择辅助通道时来电提示音乐只能在耳机中听到。蜂鸣器是由 GPRS 模块的 BUZZER 引脚加驱动电路控制的。

GPRS 模块的射频部分支持 GSM900/DCS1800 双频，为了尽量减少射频信号在射频连接线上的损耗，必须谨慎选择射频连线。应采用 GSM900/DCS1800 双频段天线，天线应满足阻抗 50 Ω 和收发驻波比小于 2 的要求。为了避免过大的射频功率导致 GPRS 模块的损坏，在模块上电前应确保天线已正确连接。

模块支持外部 SIM 卡，可以直接与 3.0 V SIM 卡或者 1.8 V SIM 卡连接。模块自动监测和适应 SIM 卡类型。对用户来说，GPRS 模块实现的就是一个移动电话的基本功能，该模块正常的工作是需要电信网络支持的，需要配备一个可用的 SIM 卡，在网络服务计费方面和普通手机类似。

2. 16C550 芯片介绍

S5PV210 处理器通过 CPLD 逻辑单元控制连接在外部总线上的 16C550 芯片，北京博创的物联网实训平台(UP-CUP IOT-A8-Ⅱ型)的网关部分设备使用 16C550 芯片扩展串口来实现控制 GPRS 功能单元电路。其中 16C550 芯片连接在 S5PV210 处理器的 BANK1，地址空间为 0x8800 0000～0x8F00 0000。另外，S5PV210 处理器定义的 BANK1 空间地址为 16 位，低八位有效。

CPLD 译码表如表 5.1 所示。

表 5.1　CPLD 译码表

外　设	Bank	地址 A[15:13]	系统物理地址空间
DM9000A～0	1	001	0x8800 2000～0x8800 3FFF
16C550	1	010	0x8800 4000～0x8800 5FFF
CPLD 内部	1	011	0x8800 6000～

注：CPLD 设计的详细说明可参见随书资源中的 CPLD 硬件说明。

16C550 功能单元连接如图 5.5 所示。

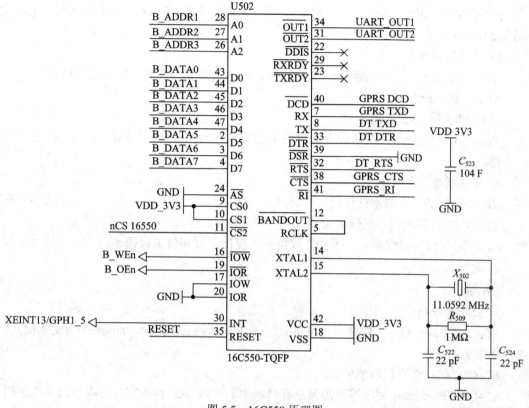

图 5.5　16C550 原理图

16C550 使用处理器的外部中断 13(XEINT13/GPH1_5)。

3. GPRS 通信模块的 AT 指令集

GPRS 模块和应用系统是通过串口连接的，控制系统可以发给 GPRS 模块 AT 命令的字符串来控制其行为。GPRS 模块具有一套标准的 AT 命令集，包括一般命令、呼叫控制命令、网络服务相关命令、电话本命令、短消息命令、GPRS 命令等。详细信息可参考 GPRS/SIM300 的应用文档。

1) 一般命令

AT 命令字符串功能描述如下：

AT+CGMI：返回生产厂商标识。

AT+CGMM：返回产品型号标识。

AT+CGMR：返回软件版本标识。

ATI：发行的产品信息。

ATE<value>：决定是否回显输入的命令。value = 0 表示关闭回显，value = 1 表示打开回显。

AT+CGSN：返回产品序列号标识。

AT+CLVL?：读取受话器音量级别。

AT+CLVL=<level>：设置受话器音量级别，level 的范围为 0～100，数值越小则音量越轻。

AT+CHFA=<state>：切换音频通道。state = 0 为主音频通道，state = 1 为辅助音频通道。

AT+CMIC=<ch>,<gain>：改变 MIC 增益，ch=0 为主 MIC，ch=1 为辅助 MIC；gain 的范围为 0~15。

2) 呼叫控制命令

ATDxxxxxxxx;：拨打电话号码 xxxxxxxx，注意最后要加分号，中间无空格。

ATA：接听电话。

ATH：拒接电话或挂断电话。

AT+VTS=<dtmfstr>：在语音通话中发送 DTMF 音，dtmfstr 举例："4，5，6"为 456 三字符。

3) 网络服务相关命令

AT+CNUM=?：读取本机号码。

AT+COPN：读取网络运营商名称。

AT+CSQ：信号强度指示，返回接收信号强度指示值和信道误码率。

4) 电话本命令

（略）

5) 短消息命令

AT+CMGF=<mode>：选择短消息格式。mode=0 为 PDU 模式，mode=1 为文本模式。建议采用文本模式。

AT+CSCA?：读取短消息中心地址。

AT+CMGL=<stat>：列出当前短消息存储器中的短信。stat 参数空白为收到的未读短信。

AT+CMGR=<index>：读取短消息。index 为所要读取短信的记录号。

AT+CMGS=xxxxxxxx 'CR' Text 'Ctrl + Z'：发送短消息。xxxxxxxx 为对方手机号码，回车后接着输入短信内容，然后按 Ctrl + Z 发送短信。Ctrl + Z 的 ASCII 码是 26。

AT+CMGD=<index>：删除短消息。index 为所要删除短信的记录号。

6) GPRS命令

(本实验仅实现基本功能，GPRS 命令请参考手册)

4. GPRS 通信模块应用的关键代码

在本实验中创建了两个线程：发送指令线程 keyshell 和 GPRS 反馈读取线程 gprs_read。下面介绍 GPRS 通信模块应用的关键代码。

(1) 循环采集键盘的信息，若为符合选项的内容就执行相应的功能函数。以按键按下"1"为例：

```
get_line(cmd);                              //采集按键
if(strncmp("1",cmd,1)==0){                   //如果为"1"
    printf("\nyou select to gvie a call, please input number:")
    fflush(stdout);                          //立即输出串口缓冲区中的内容
    get_line(cmd);                           //继续读取按键输入的电话号码
gprs_call(cmd, strlen(cmd));                 //调用具体的实现函数
printf("\ncalling......");                   //显示相应的提示信息
```

(2) gprs_call 实现：

```
void gprs_call(char *number, int num)
{                                              //tty_ write 串口写函数
    tty_write("ATD", strlen("ATD"));           //发送拨打命令 ATD，详见 AT 命令
    tty_write(number, num);                    //发送电话号码
    tty_write(";\r", strlen(";\r"));           //发送结束字符
    usleep(200000);                            //进行适当的延时
}
```

(3) gprs_hold 实现：

```
void gprs_hold()
{
    tty_writecmd("AT", strlen("AT"));
    tty_writecmd("ATH", strlen("ATH"));        //发送挂机命令 ATH
}
```

(4) gprs_ans 实现：

```
void gprs_ans()
{
    tty_writecmd("at", strlen("at"));
    tty_writecmd("ata", strlen("ata"));        //发送接听命令 ATA
}
```

(5) gprs_msg 实现：

```
//发送短信
void gprs_msg(char *number, int num)
{
        char ctl[]={26,0};
/*定义固定短信字符串*/
        char text[]="Welcome to use up-tech embedded platform!";
        tty_writecmd("AT", strlen("AT"));
        usleep(5000);
        tty_writecmd("AT", strlen("AT"));
        tty_writecmd("AT+CMGF=1", strlen("AT+CMGF=1"));     //发送修改字符集命令
        tty_write("AT+CMGS=", strlen("AT+CMGS="));          //发送发短信命令，具体格式见手册
        tty_write("\"", strlen("\""));
        tty_write(number, strlen(number));
        tty_write("\"", strlen("\""));
        tty_write(";\r", strlen(";\r"));
        tty_write(text, strlen(text));
        tty_write(ctl, 1);                                  // "Ctrl+Z" 的 ASCII 码
        usleep(300000);
}
```

(6) 主函数 main.c 分析：

```
int main(int argc,char** argv)
{
        int ok;
        pthread_t th_a, th_b;
        void * retval;
        if (argc >1)
        { /*命令行参数设置串口波特率，默认为 9600*/
baud=get_baudrate(argc, argv);
        }
/*初始化 16C550 串口*/
        tty_init();
/*建立键盘及 gprs_read 监听线程*/
        pthread_create(&th_b, NULL, gprs_read, 0);
        pthread_create(&th_a, NULL, keyshell, 0);
        while(!STOP){
                usleep(100000);
        }
        tty_end();
        exit(0);
}
```

更详细的处理流程可参见随书资源中的实验源代码。

5.3 ZigBee 技术

5.3.1 ZigBee 技术概述

ZigBee 使用 2.4 GHz 波段，采用跳频技术。它的基本速率是 250 kb/s，当降低到 28 kb/s 时，传输范围可扩大到 134 m，并获得更高的可靠性。另外，它可与 254 个节点联网，可以比蓝牙更好地支持游戏、消费电子、仪器和家庭自动化应用。

ZigBee 技术具有如下主要特点：

(1) 数据传输速率低：只有 10～250 kb/s，专注于低传输应用。

(2) 功耗低：在低耗电待机模式下，两节普通 5 号干电池可使用 6 个月以上。这也是 ZigBee 的支持者一直引以为豪的独特优势。

(3) 成本低：因为 ZigBee 数据传输速率低，协议简单，所以大大降低了成本； 积极投入 ZigBee 开发的 Motorola 和 Philips 均已在 2003 年正式推出芯片。Philips 预估，应用于主机端的芯片成本和其他终端产品的成本比蓝牙更具价格竞争力。

(4) 网络容量大：每个 ZigBee 网络最多可支持 255 个设备，也就是说每个 ZigBee 设备可以与另外 254 台设备相连接。

(5) 有效范围小：有效覆盖范围为 10～75 m，具体依据实际发射功率的大小和各种不同的应用模式而定，基本上能够覆盖普通的家庭或办公室环境。

(6) 工作频段灵活：使用的频段分别为 2.4 GHz、868 MHz(欧洲)及 915 MHz(美国)，均为免执照频段。

根据 ZigBee 联盟目前的设想，ZigBee 将应用于 PC 外设(鼠标、键盘、游戏操控杆)、消费类电子设备(TV、VCR、CD、VCD、DVD 等设备上的遥控装置)、家庭内智能控制(照明、煤气计量控制及报警等)、玩具(电子宠物)、医护(监视器和传感器)、工控(监视器、传感器和自动控制设备)等非常广阔的领域。

1. ZigBee 网络配置

低数据速率的 WPAN 中包括两种无线设备：全功能设备(FFD)和精简功能设备(RFD)。其中，FFD 可以和 FFD、RFD 通信，而 RFD 只能和 FFD 通信，RFD 之间是无法通信的。RFD 的应用相对简单，例如在传感器网络中，它们只负责将采集的数据信息发送给它的协调点，并不具备数据转发、路由发现和路由维护等功能。RFD 占用资源少，需要的存储容量也小，成本比较低。

在一个 ZigBee 网络中，至少存在一个 FFD 充当整个网络的协调点，即 PAN 协调点，ZigBee 中也称作 ZigBee 协调点。一个 ZigBee 网络只有一个 PAN 协调点。通常，PAN 协调点是一个特殊的 FFD，它具有较强大的功能，是整个网络的主要控制者，负责建立新的网络、发送网络信标、管理网络中的节点以及存储网络信息等。FFD 和 RFD 都可以作为终端节点加入 ZigBee 网络。此外，普通 FFD 也可以在它的个人操作空间(POS)中充当协调点，但它仍然受 PAN 协调点的控制。ZigBee 中每个协调点最多可连接 255 个节点，一个 ZigBee 网络最多可容纳 65 535 个节点。

2. ZigBee 网络的拓扑结构

ZigBee 网络的拓扑结构主要有三种：星型网、网状(Mesh)网和混合网。

星型网如图 5.6(a)所示，它是由一个 PAN 协调点和一个或多个终端节点组成的。PAN 协调点必须是 FFD，负责发起建立和管理整个网络，其他的节点(终端节点)一般为 RFD，分布在 PAN 协调点的覆盖范围内，直接与 PAN 协调点进行通信。星型网通常用于节点数量较少的场合。

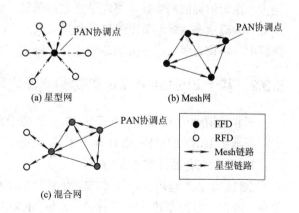

图 5.6　ZigBee 拓扑结构

Mesh 网如图 5.6(b)所示，它一般是由若干个 FFD 连接在一起形成的，它们之间是完全的对等通信，每个节点都可以与它的无线通信范围内的其他节点通信。Mesh 网中，一般将发起建立网络的 FFD 节点作为 PAN 协调点。Mesh 网是一种高可靠性网络，具有"自恢复"能力，它可为传输的数据包提供多条路径，一旦一条路径出现故障，则存在另一条或多条路径可供选择。

Mesh 网可以通过 FFD 扩展网络，组成 Mesh 网与星型网构成的混合网，如图 5.6(c)所示。混合网中，终端节点采集的信息首先传到同一子网内的协调点，再通过网关节点上传到上一层网络的 PAN 协调点。混合网适用于覆盖范围较大的网络。

3．ZigBee 组网技术

ZigBee 中，只有 PAN 协调点可以建立一个新的 ZigBee 网络。当 ZigBeePAN 协调点希望建立一个新网络时，首先扫描信道，寻找网络中的一个空闲信道来建立新的网络。如果找到了合适的信道，则 ZigBee 协调点会为新网络选择一个 PAN 标识符(PAN 标识符是用来标识整个网络的，所选的 PAN 标识符必须在信道中是唯一的)。一旦选定了 PAN 标识符，就说明已经建立了网络，此后，如果另一个 ZigBee 协调点扫描该信道，这个网络的协调点就会响应并声明它的存在。另外，这个 ZigBee 协调点还会为自己选择一个 16 bit 的网络地址。ZigBee 网络中的所有节点都有一个 64 bit 的 IEEE 扩展地址和一个 16 bit 的网络地址，其中，16 bit 的网络地址在整个网络中是唯一的，也就是 802.15.4 中的 MAC 短地址。

ZigBee 协调点选定了网络地址后，就开始接受新的节点加入其网络。当一个节点希望加入该网络时，它首先会通过信道扫描来搜索其周围存在的网络。如果找到了一个网络，它就会进行关联过程加入网络，只有具备路由功能的节点可以允许别的节点通过它关联网络。如果网络中的一个节点与网络失去联系后想要重新加入网络，它可以进行孤立通知过程重新加入网络。网络中每个具备路由器功能的节点都维护一个路由表和一个路由发现表，它可以参与数据包的转发、路由发现和路由维护，以及关联其他节点来扩展网络。

ZigBee 网络中传输的数据可分为三类：① 周期性数据，如传感器网中传输的数据，这类数据的传输速率根据不同的应用而确定；② 间歇性数据，如电灯开关传输的数据，这类数据的传输速率根据应用或者外部激励而确定；③ 反复性的、反应时间低的数据，如无线鼠标传输的数据，这类数据的传输速率是根据时隙分配而确定的。为了降低 ZigBee 节点的平均功耗，ZigBee 节点有激活和睡眠两种状态，只有当两个节点都处于激活状态才能完成数据的传输。在有信标的网络中，ZigBee 协调点通过定期地广播信标为网络中的节点提供同步；在无信标的网络中，终端节点定期睡眠、定期醒来，除终端节点以外的节点要保证始终处于激活状态，终端节点醒来后会主动询问它的协调点是否有数据要发送给它。在 ZigBee 网络中，协调点负责缓存要发送给正在睡眠的节点的数据包。

5.3.2 基于 ZigBee 技术的烟雾传感器应用实践

在北京博创的 UP-CUP IOT-6410-Ⅱ 实验平台上，利用 ZIGBEE 模块上 CC2430 的 I/O 中断，基于 IAR 开发环境设计程序来监测烟雾传感器的状态。

1．CC2430 芯片的主要特点

CC2430 芯片延用了以往 CC2420 芯片的架构，在单个芯片上整合了 ZigBee 射频(RF)前端、内存和微控制器。它使用 1 个 8 位 MCU(8051)，具有 128 KB 可编程闪存和 8 KB 的 RAM，还包含模拟数字转换器(ADC)、几个定时器(Timer)、AES128 协同处理器、看门狗定时器、32 kHz 晶振的休眠模式定时器、上电复位电路、掉电检测电路以及 21 个可编程 I/O 引脚。CC2430 芯片采用 0.18 μm CMOS 工艺生产，工作时的电流损耗为 27 mA；在接收和发射模式下，电流损耗分别低于 27 mA 或 25 mA。CC2430 的休眠模式和转换到主动模式的超短时间的特性，特别适合那些要求电池寿命非常长的应用。

- 高性能和低功耗的 8051 微控制器核。
- 集成符合 IEEE 802.15.4 标准的 2.4 GHz 的 RF 无线电收发机。
- 优良的无线接收灵敏度和强大的抗干扰性。
- 在休眠模式时仅 0.9 μA 的流耗，外部的中断或 RTC 能唤醒系统；在待机模式时少于 0.6 μA 的流耗，外部的中断能唤醒系统。
- 硬件支持 CSMA/CA 功能。
- 较宽的电压范围(2.0～3.6 V)。
- 数字化的 RSSI/LQI 支持和强大的 DMA 功能。
- 具有电池监测和温度感测功能。
- 集成了 14 位模/数转换的 ADC。
- 集成 AES 安全协处理器。
- 带有 2 个强大的支持几组协议的 USART，以及 1 个符合 IEEE 802.15.4 规范的 MAC 计时器、1 个常规的 16 位计时器和 2 个 8 位计时器。
- 强大和灵活的开发工具。

2. 硬件接口原理

1) ZigBee(CC2430)模块LED硬件接口

ZigBee(CC2430)模块 LED 硬件接口如图 5.7 所示。

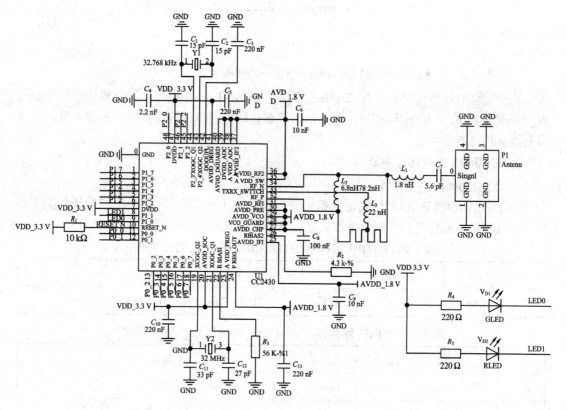

图 5.7　ZigBee(CC2430)模块 LED 硬件接口

ZigBee(CC2430)模块硬件上设计有两个 LED 灯，用来编程调试使用，分别连接 CC2430 的 P1_0、P1_1 两个 I/O 引脚。从原理图上可以看出，两个 LED 灯共阳极，当 P1_0、P1_1 引脚为低电平时，LED 灯点亮。

2) 烟雾传感器模块硬件接口

广谱气体感器模块与 ZigBee(CC2430)模块硬件接口如图 5.8 所示。

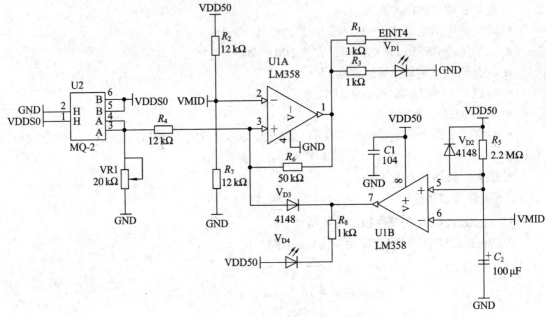

图 5.8 烟雾传感器与 ZigBee 接口

系统配套的红外传感器，与 ZigBee 模块的 IO/INT 排针相连，红外模块的信号线与 ZigBee 模块的 P1_2 IO 引脚相连。因此，需要在代码中将该引脚配置成中断输入模式，以监测烟雾传感器的状态。

3. CC2430 寄存器及中断

1) CC2430的P1口寄存器

CC2430 处理器 P1 口的相关寄存器主要有 P1DIR 方向寄存器、P1INP 端口输入配置寄存器、PICTL 中断使能和中断触发模式寄存器，如表 5.2～表 5.6 所示。

表 5.2 P1DIR 寄存器(P1DIR(0XFE)—端口 1 方向)

位	位　名	复位	读/写	功　能　描　述
7：0	DIRP1[7：0]	0	读/写	DIRP1_7 到 DIRP1_0：0—输入，1—输出

表 5.3 P1INP 寄存器(P1INP(0xF6)—端口 1 输入模式)

位	位　名	复位	读/写	功　能　描　述
7：2	MDP1_[7：2]	0	R/W	P1_7 到 P1_2　I/O 输入模式：0—上拉/下拉，1—三态
1：0	—	0	RO	未使用

表 5.4　P1CTL 寄存器(P1CTL(0x8C)—端口中断控制)

位	位 名	复位	读/写	功 能 描 述
7	—	0	RO	未使用
6	PADSC	0	R/W	强制控制 I/O 引脚在输出模式。选择 DVDD 引脚上压占低的输出驱动能力 0—最小驱动能力。DVDD 等于或大于 2.6 V 1—最大驱动能力。DVDD 小于 2.6 V
5	P2IEN	0	R/W	端口 2，P2_4～P2_0 输入模式下的中断使能。该位为端口 2 输入模入下的 4 到 0 使能中断请求 0—中断禁止，1—中断使能
4	PIOENH	0	R/W	端口 0，P0_7～P0_4 输入模式下的中断使能。该位为端口 0 输入模入下的 7 到 4 使能中断请求 0—中断禁止，1—中断使能
3	PIOENL	0	R/W	端口 0，P0_3～P2_0 输入模式下的中断使能。该位为端口 0 输入模入下的 3 到 0 使能中断请求 0—中断禁止，1—中断使能
2	P2ICON	0	R/W	端口 2，P2_4～P2_0 输入模式下的中断使能。该位为端口 2 输入选择中断请求 0—输入的上升沿引起中断，1—输入的上升沿引起中断
1	P1ICON	0	R/W	端口 1，P1_7～P1_0 输入模式下的中断配置。该位为所有端口 1 的输入选择中断请求条件 0—输入的上升沿引起中断，1—输入的上升沿引起中断
0	P0ICON	0	R/W	端口 0，P0_7～P0_0 输入模式下的中断配置。该位为所有端口 1 的输入选择中断请求条件 0—输入的上升沿引起中断，1—输入的上升沿引起中断

表 5.5　P1IFG(P1 口中断标志寄存器)

位号	位 名	复位	操作性	功 能 描 述
7：0	P1IF[7:0]	0x00	可读/写 0	P1(0～7)为中断标志位，在中断条件发生，相应位自动置 1

表 5.6　P1 寄存器(P1 口(0x90))

位	位 名	复位	读/写	功 能 描 述
7：0	P1[7:0]	0	R/W	端口 1：通用 I/O 口，位寻址

2) CC2430的中断相关寄存器

CPU 有 18 个中断，每个中断源都有它自己的位于一系列特殊功能寄存器中的中断请求标志，中断分别组合为不同的、可以选择的优先级别。CC2430 的中断寄存器如表 5.7～表 5.9 所示。

表 5.7　IEN0(中断使能控制寄存 0)

位	位　名	复位	读/写	功　能　描　述
7	EAL	0	读/写	总中断使能：0—禁止所有中断，1—允许中断
6	—	0	可读	保留，读出为 0
5	STIE	0	读/写	睡眠定时器中断使能：0—关中断，1—开中断
4	ENCIE	0	可读	AES 加解密中断使能：0—关中断，1—开中断
3	URX1IE	0	读/写	串口 1 接收中断使能：0—关中断，1—开中断
2	URX0IE	0	读/写	串口 0 接收中断使能：0—关中断，1—开中断
1	ADCIE	0	读/写	ADC 中断使能：0—关中断，1—开中断
0	RFERRIE	0	读/写	射频 TX/RX FIFO 中断：0—关中断，1—开中断

表 5.8　IEN1(中断使能寄存器 1)

位	位　名	复位	读/写	功　能　描　述
7：6	—	00	可读 0	保留
5	P0IE	0	读/写	P0 口中断使能：0—关中断，1—开中断
4	T4IE	0	读/写	定时器 4 中断使能：0—关中断，1—开中断
3	T3IE	0	读/写	定时器 3 中断使能：0—关中断，1—开中断
2	T2IE	0	读/写	定时器 2 中断使能：0—关中断，1—开中断
1	T1IE	0	读/写	定时器 1 中断使能：0—关中断，1—开中断
0	DMAIE	0	读/写	DMA 传输中断使能：0—关中断，1—开中断

表 5.9　IEN2(中断使能寄存器 2)

位	位　名	复位	读/写	功　能　描　述
7：6	—	00	可读 0	保留
5	WDTIE	0	读/写	看门狗定时器中断使能：0—关中断，1—开中断
4	P1IE	0	读/写	P1 中断使能：0—关中断，1—开中断
3	UTX1IE	0	读/写	串口 1 发送中断使能：0—关中断，1—开中断
2	UTX0IE	0	读/写	串口 0 发送中断使能：0—关中断，1—开中断
1	P2IE	0	读/写	P2 口中断使能：0—关中断，1—开中断
0	RFIE	0	读/写	普通射频中断使能：0—关中断，1—开中断

3) CC2430的其他相关寄存器

CC2430 的其他主要寄存器如表 5.10～表 5.19 所示。

表 5.10　CLKCON(时钟控制寄存器)

位号	位　名	复位	读/写	功　能　描　述
7	OSC32K	1	读/写	32 kHz 时钟源选择：0—32k 晶振，1—32k RC 振荡
6	OSC	1	读/写	主时钟源选择：0—32M 晶振，1—16M RC 振荡
5：3	TICKSPD [2:0]	001	读/写	定时器计数时钟分频(该时钟频不大于 OSC 决定频率)：000—32M，001—16M，010—8M，011—4M，100—2M，101—1M，110—0.5M，111—0.25M
2：0	—	001	读/写	保留，写 0

表 5.11　SLEEP(睡眠模式控制寄存器)

位号	位 名	复位值	读/写	功 能 描 述
7	—	00	可读	保留
6	XOSC_STB	0	可读	低速时钟状态：0—未打开或不稳定，1—打开且稳定
5	HFRC_STB	0	可读	主时钟状态：0—未打开或不稳定，1—打开且稳定
4:3	RST[1:0]	XX	可读	最后一次复位指示： 00—上电复位，01—外部复位，10—看门狗复位
2	OSC_PD	0	读/写 H0	节能控制，OSC 状态改变的时候硬件清 0 0—不关闭无用时钟，1—关闭无用时钟
1:0	MODE[1:0]	0	可读/写	功能模式选择： 00—PM0，01—PM1，10—PM2，11—PM3

表 5.12　WDCTL(看门狗定时器控制寄存器)

位号	位 名	复位	读/写	功 能 描 述
7:4	CLR[3:0]	0000	读/写	看门狗复位，先写 0xa 再写 0x5 复位看门狗，两次写入 不超过 0.5 个看门狗周期，读出为 0000
3	EN	0	读/写	看门狗定时器使能位，在定时器模式下写 0 停止计数， 在看门狗模式下写 0 无效 0—停止计数，1—启动看门狗/开始计数
2	MODE	0	读/写	看门狗定时器模式：0—看门狗模式，1—定时器模式
1:0	INT[1:0]	00	读/写	看门狗时间间隔选择：00—1 s，01—0.25 s， 10—15.625 ms，11—1.9 ms(以 32.768 k 时钟计算)

表 5.13　PERCFG(外设控制寄存器)

位号	位 名	复位值	操作性	功 能 描 述
7	—	0	可读 0	保留
6	T1CFG	0	可读/写	T1I/O 位置选择：0—位置 1，1—位置 2
5	T3CFG	0	可读/写	T3I/O 位置选择：0—位置 1，1—位置 2
4	T4CFG	0	可读/写	T4I/O 位置选择：0—位置 1，1—位置 2
3::2	—	00	可读 0	保留
1	U1CFG	0	可读/写	串口 1 位置选择：0—位置 1，1—位置 2
0	U0CFG	0	可读/写	串口 0 位置选择：0—位置 1，1—位置 2

表 5.14　U0CSR(串口 0 控制和状态寄存器)

位	位 名	复位	操作性	功 能 描 述
7	MODE	0	读/写	串口模式选择：0—SPI 模式，1—UART 模式
6	RE	0	读/写	接收使能：0—关闭接收，1—允许接收
5	SLAVE	0	读/写	SPI 主从选择：0—SPI 主，1—SPI 从
4	FE	0	读/写 0	串口帧错误状态：0—没有帧错误，1—出现帧错误
3	ERR	0	读/写 0	串口校验结果：0—没有校验错误，1—字节校验出错
2	RX_BYTE	0	读/写 0	接收状态：0—没有接收到数据，1—接收到 1 字节数据
1	TX_BYTE	0	读/写 0	发送状态：0—没有发送，1—最后一次写入 U0BUF 的 数据已经发送
0	ACTIVE	0	可读	串口忙标志：0—串口闲，1—串口忙

表 5.15 U0GCR(串口 0 常规控制寄存器)

位	位 名	复位	读/写	功能描述
7	CPOL	0	读/写	SPI 时钟极性：0—低电平空闲，1—高电平空闲
6	CPHA	0	读/写	SPI 时钟相位：0—由 CPOL 跳向非 CPOL 时采样，由非 CPOL 跳向 CPOL 时输出；1—由非 CPOL 跳向 CPOL 时采样，由 CPOL 跳向非 CPOL 时输出
5	ORDER	0	读/写	传输位序：0—低位在先，1—高位在先
4:0	BAUD_E[4:0]	0x00	读/写 0	波特率指数值，与 BAUD_F 决定波特率

表 5.16 U0BAUD(串口 0 波特率控制寄存器)

位号	位 名	复位值	操作性	功能描述
7:0	BAUD_M[7:0]	0x00	读/写	波特率尾数，与 BAUD_E 决定波特率

表 5.17 U0BUF(串口 0 收发缓冲器)

位号	位 名	复位值	操作性	功能描述
7:0	DATA[7:0]	0x00	可读/写	UART0 收发寄存器

表 5.18 ADCCON1

位	位 名	复位	操作性	功能描述
7	EOC	0	读 H0	ADC 结束标志位：0—ADC 进行中，1—ADC 转换结束
6	ST	0	读/写 1	手动启动 A/D 转换(读 1 表示当前正在进行 A/D 转换) 0—没有转换；1—启动 A/D 转换(STSEL=11)
5:4	STSEL[1:0]	11	读/写	A/D 转换启动方式选择： 00—外部触发，01—全速转换，不需要触发 10—T1 通道 0—比较触发，11—手工触发
3:2	RCTRL[1:0]	00	读/写	16 位随机数发生器控制位(写 01，10 会在执行后返回 00)： 00—普通模式(13x 打开)；01—开启 LFSR 时钟一次 10—生成调节器种子；11—信用随机数发生器
1:0	—	11	读/写 0	保留，总是设置为 1

表 5.19 ADCCON3

位号	位 名	复位	读/写	功能描述
7:6	SREF[1:0]	00	读/写	选择单次 AD 转换参考电压： 00—内部 1.25 V 电压；01—外部参考电压 AIN7 输入 10—模拟电源电压；11—外部参考电压 AIN6-AIN7 输入
5:4	SDIV[1:0]	01	读/写	选择单次 A/D 转换分辨率： 00—8 位(64dec)；01—10 位(128dec) 10—12 位(256dec)；11—14 位(512dec)
3:0	SCH[3:0]	00	读/写	单次 A/D 转换选择，如果写入时 ADC 正在运行，则在完成序列 A/D 转换后立刻开始，否则写入后立即开始 A/D 转换，转换完成后自动清 0 0000 AIN0，0001 AIN1，0010 AIN2，0011 AIN3 0100 AIN4，0101 AIN5，0110 AIN6，0111 AIN7 1000 AIN0- AIN1，1001 AIN2- AIN3，1010 AIN4- AIN5 1011 AIN6- AIN7，1100 GND，1101 正电源参考电压 1110 温度传感器，1111 1/3 模拟电压

CC2430 相关中断向量定义如下：

```
#define RFERR_VECTOR   VECT( 0, 0x03 )
#define ADC_VECTOR     VECT( 1, 0x0B )
#define URX0_VECTOR    VECT( 2, 0x13 )
#define URX1_VECTOR    VECT( 3, 0x1B )
#define ENC_VECTOR     VECT( 4, 0x23 )
#define ST_VECTOR      VECT( 5, 0x2B )
#define P2INT_VECTOR   VECT( 6, 0x33 )
#define UTX0_VECTOR    VECT( 7, 0x3B )
#define DMA_VECTOR     VECT( 8, 0x43 )
#define T1_VECTOR      VECT( 9, 0x4B )
#define T2_VECTOR      VECT( 10, 0x53 )
#define T3_VECTOR      VECT( 11, 0x5B )
#define T4_VECTOR      VECT( 12, 0x63 )
#define P0INT_VECTOR   VECT( 13, 0x6B )
#define UTX1_VECTOR    VECT( 14, 0x73 )
#define P1INT_VECTOR   VECT( 15, 0x7B )
#define RF_VECTOR      VECT( 16, 0x83 )
#define WDT_VECTOR     VECT( 17, 0x8B )
```

4．软件设计

源码分析：

```
#include <ioCC2430.h>
#include <string.h>
#define uint unsigned int
#define uchar unsigned char

//定义控制灯的端口
#define LED1 P1_0
#define LED2 P1_1

//函数声明
void Delay(uint);
void initUARTtest(void);
void UartTX_Send_String(char *Data,int len);
unsigned int smog_flag;
/*延时函数*/
void Delay(uint n)
{
    uint i,t;
```

```
        for(i = 0;i<5;i++)
    for(t = 0;t<n;t++);
}

/*初始化串口函数*/
void initUART(void)
{
        CLKCON &= ~0x40;                 //晶振
        while(!(SLEEP & 0x40));          //等待晶振稳定
        CLKCON &= ~0x47;                 //TICHSPD128 分频，CLKSPD 不分频
        SLEEP |= 0x04;                   //关闭不用的 RC 振荡器
        PERCFG = 0x00;                   //位置 1 P0 口
        P0SEL = 0x3c;                    //P0 用作串口
        P2DIR &= ~0XC0;                  //P0 优先作为串口 0
        U0CSR |= 0x80;                   //UART 方式
        U0GCR |= 10;                     //baud_e
        U0BAUD |= 216;                   //波特率设为 57600
        UTX0IF = 0;
}

/*串口发送字符串函数*/
void UartTX_Send_String(char *Data,int len)
{
    int j;
    for(j=0;j<len;j++)
    {
        U0DBUF = *Data++;
        while(UTX0IF == 0);
        UTX0IF = 0;
    }
}
void UartTX_Send_word(char word)
{
        U0DBUF = word;
        while(UTX0IF == 0);
        UTX0IF = 0;
}

/* P1_2 中断模式初始化*/
void Init_IO(void)
```

```
    {
        P1DIR = 0X03;                   //设置 LED
        LED1 = 1;
        LED2 = 1;
        P1DIR &= ~(0x01<<2);            //P1_2 输入模式
        P1INP &= ~(0x01<<2);            //P1_2 开开上拉、下拉
        P1IEN |=(0x01<<2);              //P1_2 中断使能
        PICTL &= ~(0x01<<1);            //P1_2 上升沿触发
        IEN0 |=0x80;                    //全局允许中断
        IEN1 |=0x20;                    //P0 端口中断允许
        P1IFG &=~(0x01<<2);             //P1_2 中断标志清 0
    };


/*主函数*/
void main(void)
{
smog_flag = 0;
initUART();
Init_IO();                              //P1_0 IO 初始化
    while(1)
    {
    LED1 = 1;
    LED2 = 1;
    if( (1 == smog_flag) &&(P0IFG == 0) ){
smog_flag = 0;
    LED1 = 0;
    LED2 = 0;
    UartTX_Send_String("SMOG Warning!",14);
    UartTX_Send_word(0x0A);
    UartTX_Send_word(0x0D);
    Delay(10000);                       //延时
    }
    }
}


/*中断服务程序(P1_2 端口) */
#pragma vector = P1INT_VECTOR
 __interrupt void P1_ISR(void)
 {
        if((P1IFG&0X04) > 0)            //中断
```

```
        {
            P1IFG &= ~(0x04);
            smog_flag = 1;
            LED1 = 0;
            Delay(1000);
        }
        P1IF = 0;                              //清中断标志
    }
```

程序通过配置 CC2430 处理器的 IO P1_2 引脚为输入中断引脚，用来监测烟雾传感器传感器的状态，如果检测到烟雾或可燃气体报警信号中断，则将点亮 LED，并向串口输出"SMOG Warning! " 字符串。

5.4 WiFi 技 术

5.4.1 WiFi 技术的概念

WiFi 是一种可以将个人电脑、手持设备(如 PDA、手机)等终端以无线方式互相连接的技术。简单来说其实就是 IEEE 802.11b 的别称，是由一个名为"无线以太网相容联盟"(Wireless Ethernet Compatibility Alliance，WECA)的组织所发布的业界术语，它是一种短程无线传输技术，能够在数百英尺范围内支持互联网接入的无线电信号。随着技术的发展以及 IEEE 802.11a 和 IEEE 802.11g 等标准的出现，现在 IEEE802.11 这个标准已被统称作 WiFi。它可以帮助用户访问电子邮件、Web 和流式媒体。它为用户提供了无线的宽带互联网访问。同时，它也是在家里、办公室或在旅途中上网的快速、便捷的途径。WiFi 无线网络是由 AP(Access Point)和无线网卡组成的无线网络。在开放性区域，其通信距离可达 305 m；在封闭性区域，其通信距离为 76～122 m。WiFi 方便与现有的有线以太网络整合，组网的成本更低。WiFi 的优点如下：

(1) 无线电波的覆盖范围广。WiFi 的覆盖半径可达 100 m，适合办公室及单位楼层内部使用。而蓝牙技术只能覆盖 15 m。

(2) 速度快，可靠性高。802.11b 无线网络规范是 IEEE 802.11 网络规范的变种，最高带宽为 11 Mb/s，在信号较弱或有干扰的情况下，带宽可调整为 6.5 Mb/s、2 Mb/s 和 1 Mb/s，带宽的自动调整，有效地保障了网络的稳定性和可靠性。

(3) 无需布线。WiFi 最主要的优势在于不需要布线，不受布线条件的限制，因此非常适合移动办公用户的需要，具有广阔的市场前景。

(4) 健康安全。IEEE802.11 规定的发射功率不可超过 100 mW，实际发射功率约 60～70 mW 毫瓦，手机的发射功率约为 200 mW～1 W，手持式对讲机高达 5 W，而且无线网络的使用方式并非像手机直接接触人体，是绝对安全的。

5.4.2 WiFi 网络结构和原理

WiFi 网络是利用基于 IEEE 802.11 定义的无线网络通信的工业标准来组成网络并进行

数据传输的局域网，由于支持无线上网，只要移动终端具有这种功能就可无线上网。

1. WiFi 网络架构

WiFi 网络架构如图 5.9 所示，主要包括如下六部分。

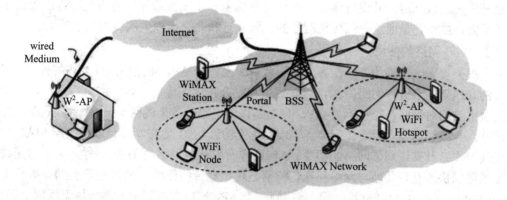

图 5.9　WiFi 网络架构

(1) 站点(Station)：网络最基本的组成部分。

(2) 基本服务单元(Basic Service Set，BSS)：网络最基本的服务单元。最简单的服务单元可以只由两个站点组成。站点可以动态地连接到基本服务单元中。

(3) 分配系统(Distribution System，DS)：用于连接不同的基本服务单元。分配系统使用的媒介(Medium)逻辑上和基本服务单元使用的媒介是截然分开的，尽管它们物理上可能是同一个媒介，例如同一个无线频段。

(4) 接入点(Access Point，AP)：既有普通站点的身份，又有接入到分配系统的功能。

(5) 扩展服务单元(Extended Service Set，ESS)：由分配系统和基本服务单元组合而成。这种组合是逻辑上的，而非物理上的——不同的基本服务单元有可能在地理位置上相去甚远。分配系统也可以使用各种各样的技术。

(6) 关口(Portal)：也是一个逻辑成分，用于将无线局域网和有线局域网或其他网络联系起来。

网络中有三种媒介，即站点使用的无线媒介、分配系统使用的媒介以及和无线局域网集成在一起的其他局域网使用的媒介，物理上它们可能互相重叠。IEEE 802.11 只负责在站点使用的无线媒介上的寻址(Addressing)。分配系统和其他局域网的寻址不属无线局域网的范围。

IEEE 802.11 没有具体定义分配系统，只是定义了分配系统应该提供的服务(Service)。整个无线局域网定义了九种服务，其中有五种服务属于分配系统的任务，分别是连接(Association)、结束连接(Diassociation)、分配(Distribution)、集成(Integration)和再连接(Reassociation)；四种服务属于站点的任务，分别为鉴权(Authentication)、结束鉴权(Deauthentication)、隐私(Privacy)和 MAC 数据传输(MSDU Delivery)。

2. WiFi 网络的工作原理

WiFi 的设置至少需要一个 AP 和一个或一个以上的 Client。AP 每 100 ms 将 SSID(Service Set Identifier)经由 Beacons(信号台)封包广播一次，Beacons 封包的传输速率是 1 Mb/s，并且

长度相当短，所以这个广播动作对网络效能的影响不大。因为 WiFi 规定的最低传输速率是 1 Mb/s，所以确保所有的 WiFi Client 端都能收到这个 SSID 广播封包，Client 可以借此决定是否要和这一个 SSID 的 AP 连线。使用者可以设定要连线到哪一个 SSID。WiFi 总是对客户端开放其连接标准，并支持漫游。但这也意味着一个无线适配器有可能在性能上优于其他适配器。由于它是通过空气传送信号的，所以它和非交换以太网有相同的特点。

3. WiFi 网络的使用

一般架设无线网络的基本配备就是无线网卡及一台 AP，如此便能以无线的模式，配合既有的有线架构来分享网络资源，架设费用和复杂程度远远低于传统的有线网络。如果只是几台电脑的对等网，也可不要 AP，只需要每台电脑配备无线网卡。AP 为 Access Point 的简称，一般翻译为"无线访问节点"或"桥接器"，它主要在媒体存取控制层 MAC 中扮演无线工作站及有线局域网络的桥梁。AP 就像一般有线网络的 Hub 一样，有了它无线工作站就可以快速且轻易地与网络相连。特别是对于宽带的使用，WiFi 更显优势，有线宽带网络(ADSL、小区 LAN 等)到户后，连接到一个 AP，然后在电脑中安装一块无线网卡即可。普通的家庭有一个 AP 已经足够，甚至用户的邻里得到授权后，无需增加端口，也能以共享的方式上网。

5.5 无线自组织网络技术

5.5.1 Ad Hoc 网络的基本概念

Ad Hoc 网络是一种没有有线基础设施支持的移动网络，网络中的节点均由移动主机构成。Ad Hoc 网络最初应用于军事领域，它的研究起源于战场环境下分组无线网数据通信项目，该项目由 DARPA 资助。之后，又在 1983 年和 1994 年进行了抗毁可适应网络 SURAN(Survivable Adaptive Network)和全球移动信息系统 GloMo(Global Mobile Information System)项目的研究。由于无线通信和终端技术的不断发展，Ad Hoc 网络在民用环境下也得到了发展，如需要在没有有线基础设施的地区进行临时通信，可以很方便地通过搭建 Ad Hoc 网络实现。

在 Ad Hoc 网络中，当两个移动主机在彼此的通信覆盖范围内时，它们可以直接通信。但是由于移动主机的通信覆盖范围有限，如果两个相距较远的主机要进行通信，则需要通过它们之间的移动主机的转发才能实现。因此在 Ad Hoc 网络中，主机同时还是路由器，担负着寻找路由和转发报文的工作。在 Ad Hoc 网络中，每个主机的通信范围有限，因此路由一般都由多跳组成，数据通过多个主机的转发才能到达目的地。故 Ad Hoc 网络也被称为多跳无线网络。

Ad Hoc 网络可以看做是移动通信和计算机网络的交叉。在 Ad Hoc 网络中，使用计算机网络的分组交换机制，而不是电路交换机制。通信的主机一般是便携式计算机、个人数字助理(PDA)等移动终端设备。Ad Hoc 网络不同于目前因特网环境中的移动 IP 网络。在移动 IP 网络中，移动主机可以通过固定有线网络、无线链路和拨号线路等方式接入网络，而在 Ad Hoc 网络中只存在无线链路一种连接方式。在移动 IP 网络中，移动主机通过相邻的基站等有线设施的支持才能通信，在基站和基站(代理和代理)之间均为有线网络，仍然使用因特网的传统路由协议。而 Ad Hoc 网络没有这些设施的支持。此外，在移动 IP 网络中移动主机不具备路由功能，只是一个普通的通信终端。当移动主机从一个区移动到另一个区时并不改变网络拓扑结构，而 Ad Hoc 网络中移动主机的移动将会导致拓扑结构的改变。

Ad Hoc 网络作为一种新的组网方式，具有以下特点：

(1) 网络的独立性。Ad Hoc 网络相对常规通信网络而言，最大的区别就是可以在任何时刻、任何地点不需要硬件基础网络设施的支持，快速构建起一个移动通信网络。它的建立不依赖于现有的网络通信设施，具有一定的独立性。Ad Hoc 网络的这种特点很适合灾难救助、偏远地区通信等应用。

(2) 动态变化的网络拓扑结构。在 Ad Hoc 网络中，移动主机可以在网中随意移动。主机的移动会导致主机之间的链路增加或消失，主机之间的关系不断发生变化。在自组网中，主机可能同时还是路由器，因此，移动会使网络拓扑结构不断发生变化，而且变化的方式和速度都是不可预测的。对于常规网络而言，网络拓扑结构则相对较为稳定。

(3) 有限的无线通信带宽。在 Ad Hoc 网络中没有有线基础设施的支持，因此，主机之间的通信均通过无线传输来完成。由于无线信道本身的物理特性，它提供的网络带宽相对有线信道要低得多。除此以外，考虑到竞争共享无线信道产生的碰撞、信号衰减、噪音干扰等多种因素，移动终端可得到的实际带宽远远小于理论中的最大带宽值。

(4) 有限的主机能源。在 Ad Hoc 网络中，主机均是一些移动设备，如 PDA、便携式计算机或掌上电脑。由于主机可能处在不停的移动状态下，主机的能源主要由电池提供，因此 Ad Hoc 网络有能源有限的特点。

(5) 网络的分布式特性。在 Ad Hoc 网络中没有中心控制节点，主机通过分布式协议互联。一旦网络的某个或某些节点发生故障，其余的节点仍然能够正常工作。

(6) 生存周期短。Ad Hoc 网络主要用于临时的通信需求，相对于有线网络，它的生存时间一般比较短。

(7) 有限的物理安全。移动网络通常比固定网络更容易受到物理安全攻击，易于遭受窃听、欺骗和拒绝服务等攻击。现有的链路安全技术有些已应用于无线网络中来减小安全攻击。不过 Ad Hoc 网络的分布式特性相对于集中式的网络具有一定的抗毁性。

5.5.2　Ad Hoc 网络的体系结构

Ad Hoc 网络中的节点不仅要具备普通移动终端的功能，还要具有报文转发能力，即要具备路由器的功能。因此，就完成的功能而言可以将节点分为主机、路由器和电台三部分。其中，主机部分完成普通移动终端的功能，包括人机接口、数据处理等应用软件，路由器部分主要负责维护网络的拓扑结构和路由信息，完成报文的转发功能；电台部分为信息传输提供无线信道支持。从物理结构上分，结构可以被分为以下几类：单主机单电台、单主机多电台、多主机单电台和多主机多电台。手持机一般采用单主机单电台的简单结构。作为复杂的车载台，一个节点可能包括通信车内的多个主机。多电台不仅可以用来构建叠加的网络，还可用作网关节点来互联多个 Ad Hoc 网络。

1. Ad Hoc 网络结构

Ad Hoc 网络一般有两种结构：完全分布式结构和分层分布式结构。

(1) 完全分布式结构：也称为平面结构或对等式结构。其结构简单，所有节点在网络控制、路由选择和流量管理上都是平等的，健壮性高，但存在用以管理和控制的开销太大、难以扩充等缺陷。这种结构通常用于中、小型 Ad Hoc 网络。

(2) 分层分布式结构：也称为分级结构。分级结构中，网络被划分为簇，即将整个 Ad Hoc 网络分为若干个簇(Cluster)，每个簇由一个簇头和多个簇成员组成。这些簇头形成了高一级的网络。在高一级网络中，又可以分簇，再次形成更高一级的网络，直至最高级。在分级结构中，簇头节点负责簇间数据的转发。簇头可以预先指定，也可以由节点使用算法自动选举产生。分级结构的网络又可以被分为单频分级和多频分级两种。单频分级网络中，所有节点使用同一个频率通信。为了实现簇头之间的通信，要有网关节点(同时属于两个簇的节点)的支持。而在多频分组网络中，不同级采用不同的通信频率。低级节点的通信范围较小，而高级节点要覆盖较大的范围。高级节点同时处于多个级中，有多个频率，用不同的频率实现不同级的通信。在两级网络中，簇头节点有两个频率，频率 1 用于簇头与簇成员的通信，而频率 2 用于簇头之间的通信。分级网络的每个节点都可以成为簇头，所以需要适当的簇头选举算法，算法要能根据网络拓扑的变化重新分簇。平面结构的网络比较简单，网络中的所有节点是完全对等的，原则上不存在瓶颈，所以比较健壮。它的缺点是可扩充性差——每一个节点都需要知道到达其他所有节点的路由。维护这些动态变化的路由信息需要大量的控制消息。在分级结构的网络中，簇成员的功能比较简单，不需要维护复杂的路由信息。这大大减少了网络中路由控制信息的数量，因此具有很好的可扩充性。由于簇头节点可以随时选举产生，因此分级结构也具有很强的抗毁性。分级结构的缺点是，维护分级结构需要节点执行簇头选举算法，簇头节点可能会成为网络的瓶颈。因此，当网络的规模较小时，可以采用简单的平面式结构；而当网络的规模增大时，应采用分级结构。美军在其战术互联网中使用近期数字电台(Near Term Digital Radio, NTDR)组网时采用的就是双频分级结构。

2. Ad Hoc 网络体系

和普通网络不同的是，Ad Hoc 网络中链路的带宽和主机的能源都比较紧缺，而主机的处理能力和存储空间相对比较充足。因此，应该尽量通过增加协议栈各层间的垂直交互来减少协议栈对等实体间的水平方向通信。

1) 分层体系结构

(1) 物理层：负责频率的选择、无线信号检测、调制解调、信道加解密、信号发送和接收，以及确定采用何种无线扩频技术(包括直接序列扩频、跳频扩频等)等工作。

(2) 数据链路层：可以细分为媒体访问控制层(MAC，控制节点对共享无线信道的访问机制，如 CDMA、轮询机制等)和逻辑链路控制层(LLC，负责数据流的复用、数据帧检测、分组确认、优先级排队、差错控制和流量控制等)两个子层。

(3) 网络层：主要功能是完成网络路由表的生成、维护以及数据报文的转发等。

(4) 传输层：用于向应用层提供可靠的端到端服务，使上层与通信子网(最底三层)的细节相隔离，并根据网络层的特性来高效地利用网络资源。

(5) 应用层：用于提供面向用户的各种应用服务。

2) 跨层设计方法

除了以上仿照 ISO/OSI 七层协议栈模型和 TCP/IP 五层体系结构对 Ad Hoc 网络进行分层体系设计外，为了高效地利用网络带宽和降低能耗，通常要求通信协议能适应不同的信道条件，充分利用动态变化的信道条件来提高各种应用的服务质量。考虑到网络灵活性、性能等之间的矛盾，要求 Ad Hoc 协议栈尽量利用各层之间的相关性(主要包括各层的自适应性、通用系统约束和应用要求等)，使其尽量集中到一个综合的分级框架中。跨层设计要求每层根据自身所需要提供的服务以及其他层反馈的信息等做出合理的反应，以达到自适应的要求。在目前的研究中，跨层设计已经成为最为主要的设计方案。

3. 分簇机制

对 Ad Hoc 网络进行分簇处理，主要的参照因素包括节点度数、移动性、发射功率、能耗、地理位置、簇头负载以及簇的稳定度和尺寸等，对分簇算法的评价主要有簇头数、网关数、节点重新加入簇的频率、簇头重新选举的频率、节点充当簇头的公平性指数(HFI)和网络负载平衡因子(LBF，定义为簇内成员节点数方差的倒数，越小平衡性越好)等指标。

1) 自适应按需加权分簇算法(AOW)

综合考虑节点的度数、移动性、发射功率和能耗四个因素，并根据实际应用确定各因子的权重，基本算法如下(假设在分簇算法执行的过程中网络拓扑不会发生变化)：

(1) 初始时，各节点通过交换探测信息获取自身的度数 dn，并计算度数与理想度数(预先给定)之差，即 $Dn = |dn - Dideal|$。

(2) 各节点计算其到邻居的距离之和 Pn。

(3) 各节点用自身的平均移动速度来表示移动性 Mn。

(4) 各节点用自身已经作为簇头出现的时间 Tn 来表示已消耗的能量(假设初始时各节点能量相等且簇头的能耗大于普通节点)。

(5) 各节点计算自身组合权重 $In = a*Dn+b*Pn+c*Mn+d*Tn$，其中 a、b、c、d 为各因子的权重。

(6) 节点在邻居间交换各自的权重，并且选举权重最小的节点成为簇头(如果权重相等则选举 ID 最小的为簇头)。其余节点成为该簇的普通节点，并根据分簇策略决定是否继续参与分簇过程(实现交叠簇与非交叠簇)。

2) 簇的维护

对于普通节点的移动，只需简单地改变其所属的簇，或形成一个新簇即可；对于簇头的移动，可能会导致整个网络重新进行一次分簇算法。

5.5.3　Ad Hoc 网络的应用

Ad Hoc 网络的应用范围很广，总体上来说，它可以用于以下场合：

(1) 没有有线通信设施的地方，如没有建立硬件通信设施或有线通信设施遭受破坏。

(2) 需要分布式特性的网络通信环境。

(3) 现有有线通信设施不足，需要临时快速建立一个通信网络的环境。

(4) 作为生存性较强的后备网络。

Ad Hoc 网络技术的研究最初是为了满足军事应用的需要，军队通信系统需要具有抗毁性、自组性和机动性。在战争中，通信系统很容易受到敌方的攻击，因此，需要通信系统能够抵御一定程度的攻击。若采用集中式的通信系统，一旦通信中心受到破坏，将导致整个系统的瘫痪。分布式的系统可以保证部分通信节点或链路断开时，其余部分还能继续工作。在战争中，战场很难保证有可靠的有线通信设施，因此，通过通信节点自己组合，组成一个通信系统是非常有必要的。此外，机动性是部队战斗力的重要部分，这要求通信系统能够根据战事需求快速组建和拆除。

练 习 题

一、单选题

1. 下列物联网相关标准中(　　)是由中国提出的。

A．IEEE 802.15.4a　　　　　　　　　B．IEEE 802.15.4b

C．IEEE 802.15.4c　　　　　　　　　D．IEEE 802.15.4n

2. ZigBee 的(　　)是指无需人工干预，网络节点能够感知其他节点的存在，并确定连接关系，组成结构化的网络。

A．自愈功能　　　　　　　　　　　　B．自组织功能

C．碰撞避免机制　　　　　　　　　　D．数据传输机制

3. 下列不属于无线通信技术的是(　　)。

A．数字化技术　　　　　　　　　　　B．点对点的通信技术

C．多媒体技术　　　　　　　　　　　D．频率复用技术

4. 蓝牙的技术标准为(　　)。

A．IEEE 802.15　　　　　　　　　　B．IEEE 802.2

C．IEEE 802.3　　　　　　　　　　　D．IEEE 802.16

5. 下列不属于 3G 网络的技术体制的是(　　)。

A．WCDMA　　　　　　　　　　　　B．CDMA2000

C．TD-SCDMA　　　　　　　　　　　D．IP

6. ZigBee 的(　　)是指增加或者删除一个节点，节点位置发生变动，节点发生故障等，网络都能够自我修复，并对网络拓扑结构进行相应的调整，无需人工干预，保证整个系统仍然能正常工作。

A．自愈功能　　　　　　　　　　　　B．自组织功能

C．碰撞避免机制　　　　　　　　　　D．数据传输机制

7. ZigBee 采用了 CSMA-CA 的(　　)，同时为需要固定带宽的通信业务预留了专用时隙，避免了发送数据时的竞争和冲突；明晰的信道检测。

A．自愈功能　　　　　　　　　　　　B．自组织功能

C．碰撞避免机制　　　　　　　　　　D．数据传输机制

8. 通过无线网络与互联网的融合，将物体的信息实时准确地传递给用户，指的是(　　)。

A．可靠传递　　　　　　　　　　　　B．全面感知

C．智能处理　　　　　　　　　　　　D．互联网

9．ZigBee 网络设备中的(　　)只能传送信息给 FFD 或从 FFD 接收信息。

A．网络协调器　　　　　　　　　　　B．全功能设备(FFD)

C．精简功能设备(RFD)　　　　　　　D．交换机

10．ZigBee 堆栈是在(　　)标准基础上建立的。

A．IEEE 802.15.4　　　　　　　　　　B．IEEE 802.11.4

C．IEEE 802.12.4　　　　　　　　　　D．IEEE 802.13.4

11．ZigBee 的(　　)是协议的最底层，承担着和外界直接作用的任务。

A．物理层　　　　　　　　　　　　　B．MAC 层

C．网络/安全层　　　　　　　　　　　D．支持/应用层

12．ZigBee 的(　　)负责设备间无线数据链路的建立、维护和结束。

A．物理层　　　　　　　　　　　　　B．MAC 层

C．网络/安全层　　　　　　　　　　　D．支持/应用层

13．ZigBee 的(　　)负责建立新网络，保证数据的传输。

A．物理层　　　　　　　　　　　　　B．MAC 层

C．网络/安全层　　　　　　　　　　　D．支持/应用层

14．ZigBee 的(　　)根据服务和需求使多个器件之间进行通信。

A．物理层　　　　　　　　　　　　　B．MAC 层

C．网络/安全层　　　　　　　　　　　D．支持/应用层

15．ZigBee 的频带中，(　　)的传输速率为 20 kb/s，适用于欧洲。

A．868 MHz　　　　　　　　　　　　B．915 MHz

C．2.4 GHz　　　　　　　　　　　　　D．2.5 GHz

16．ZigBee 的频带中，(　　)的传输速率为 40 kb/s，适用于美国。

A．868 MHz　　　　　　　　　　　　B．915 MHz

C．2.4 GHz　　　　　　　　　　　　　D．2.5 GHz

17．ZigBee 的频带中，(　　)的传输速率为 250 kb/s，全球通用。

A．868 MHz　　　　　　　　　　　　B．915 MHz

C．2.4 GHz　　　　　　　　　　　　　D．2.5 GHz

18．ZigBee 网络设备中，(　　)的功能是发送网络信标、建立一个网络、管理网络节点、存储网络节点信息、寻找一对节点间的路由消息以及不断地接收信息。

A．网络协调器　　　　　　　　　　　B．全功能设备(FFD)

C．精简功能设备(RFD)　　　　　　　D．路由器

19．ZigBee Alliance 成立于(　　)。

A．2002 年　　　　B．2003 年　　　　C．2004 年　　　　D．2005 年

20．MAC 层采用了完全确认的(　　)，每个发送的数据包都必须等待接收方的确认信息。

A．自愈功能　　　　　　　　　　　　B．自组织功能

C．碰撞避免机制　　　　　　　　　　D．数据传输机制

二、判断题

1. ZigBee 是 IEEE 802.15.4 协议的代名词。ZigBee 就是一种便宜的、低功耗的近距离无线组网通信技术。(　　)

2. 物联网、泛在网、传感网等概念基本没有交集。(　　)

3. RFID 技术、传感器技术和嵌入式智能技术、纳米技术是物联网的基础性技术。(　　)

4. 2009 年 8 月 7 日，温家宝考察中科院无锡高新微纳传感网工程技术研发中心，强调"在传感网发展中，要早一点谋划未来，早一点攻破核心技术，把传感系统和 3G 中的 TD 技术结合起来"。(　　)

5. 2010 年 1 月，传感(物联)网技术产业联盟在无锡成立。(　　)

6. 感知延伸层技术是保证物联网络感知和获取物理世界信息的首要环节，并将现有网络接入能力向物进行延伸。(　　)

7. 传感器不是感知延伸层获取数据的一种设备。(　　)

8. RFID 是一种接触式的自动识别技术，它通过射频信号自动识别目标对象并获取相关数据。(　　)

9. 无线传输用于补充和延伸接入网络，使得网络能够把各种物体接入到网络，主要包括各种短距离无线通信技术。(　　)

10. IEEE 802.15.4 是一种经济、高效、低数据速率(小于 250 kb/s)、工作在 2.4 GHz 和 868/928 MHz 的无线技术，用于个人区域网和对等网络。(　　)

11. 蓝牙是一种支持设备短距离通信(一般 10 m 内)的无线电技术，能在包括移动电话、PDA、无线耳机、笔记本电脑、相关外设等众多设备之间进行无线信息交换。(　　)

12. 传感器网是由各种传感器和传感器节点组成的网络。(　　)

13. RFID 是物联网的灵魂。(　　)

14. 传感网、WSN、OSN、BSN 等技术是物联网的末端神经系统，主要解决"最后 100 米"连接问题，传感网末端一般是指比 M2M 末端更小的微型传感系统。(　　)

15. 无线传感网(物联网)由传感器、感知对象和观察者三个要素构成。(　　)

16. 传感器网络通常包括传感器节点、汇聚节点和管理节点。(　　)

17. 中科院早在 1999 年就启动了传感网的研发和标准制定，与其他国家相比，我国的技术研发水平处于世界前列，具有同发优势和重大影响力。(　　)

18. 低成本是传感器节点的基本要求。只有低成本，才能大量地布置在目标区域中，表现出传感网的各种优点。(　　)

19. 物联网和传感网是一样的。(　　)

20. 传感器网络规模控制起来非常容易。(　　)

21. 物联网的单个节点可以做得很大，这样就可以感知更多的信息。(　　)

22. 传感器不是感知延伸层获取数据的一种设备。(　　)

三、简答题

1. 无线网与物联网有哪些区别？

2. 蓝牙的核心协议有哪些？

3. WLAN 无线网技术的安全性定义了哪几级？

第6章 无线传感器网络开发环境的构建及应用实践

本章要点

- TinyOS 操作系统开发环境的安装、配置与使用；
- NesC 语言和 TingOS 的组件；
- 无线传感器网络实验平台及 TingOS 操作系统在无线传感器网络中的应用实践。

6.1 无线传感器网络操作系统概述

在某种程度上可以将传感器网络看做一种由大量微型、廉价、能量有限的多功能传感器节点组成的、可协同工作的、面向分布式自组织网络的计算机系统。因此，针对传感器网络应用多样、硬件功能有限、资源有限、节点微型化和分布式多协作等特点，研究和设计新的基于传感器网络的操作系统就成为当前提高无线传感器网络性能的一个重要课题。当前，有些研究人员认为传感器网络的硬件很简单，没有必要设计一个专门的操作系统，可以直接在硬件上设计应用程序。这种观点在实际应用中会碰到很多问题。首先就是面向传感器网络的应用开发难度会加大，应用开发人员不得不直接面对硬件进行编程，无法得到像传统操作系统那样的丰富服务；其次是软件的重用性差，程序员无法继承已有的软件成果，降低了开发效率，增加了开发成本。

另外，一些设计人员认为，可以直接使用现有的嵌入式操作系统，如 VxWorks、WinCE、Linux、QNX 等。这些系统中有基于微内核架构的嵌入式操作系统，如 VxWorks、QNX 等，也有基于单体内核架构的嵌入式操作系统，如 Linux 等。由于这些操作系统主要面向嵌入式领域相对复杂的应用，其功能也比较复杂，如它们可提供内存动态分配、虚拟内存实时性支持、文件系统支持等，但是系统代码尺寸相对较大。而传感器网络的硬件等资源极为有限，上述操作系统很难在无线传感器网络这样的硬件资源上高效运行。

随着无线传感器网络的深入发展，目前已经出现了多种适合于无线传感器网络应用的操作系统，如 TinyOS、MantisOS 和 SOS。本书只对 TinyOS 操作系统进行简单介绍。

6.2 TinyOS 操作系统

TinyOS 是一个典型的无线传感器网络操作系统，能够很好地满足无线传感器网络操作的要求。TinyOS 是由加州大学伯克利分校开发的一个开源的嵌入式操作系统。它采用一种基于组件(Component-based)的开发方式，能够快速实现各种应用。TinyOS 的程序核心往往都很小(一般来说核心代码和数据大概为 400 B)，这样能够突破传感器存储资源少的限制，让 TinyOS 有效运行在无线传感器网络上。它还提供一系列可重用的组件，可以简单方便地编制程序，用来获取和处理传感器的数据并通过无线电来传输信息。一个应用程序可以使用这些组件，方法是通过连接配置文件(Configuration)将各种组件连接(Wiring)起来，以完成它所需要的功能。系统采用事件驱动的工作模式——采用事件触发去唤醒传感器工作。

TinyOS 操作系统、库程序和应用服务程序均是用 nesC 语言编写的，TinyOS 的很多特性，如并发模型、组件结构等都是由 nesC 语言体现的。nesC 是一种开发组件式结构程序的语言，采用 C 语法风格的语言，其语法是对标准 C 语法的扩展。nesC 支持 TinyOS 的并发模型，也使得组织、命名和连接组件成为健壮的嵌入式网络系统的机制。

TinyOS2.x 支持 eyesIFX、intelmote2、mica2、mica2dot、mlcaz、shimmer、telosb、tinynode 等平台。

TinyOS 集成开发环境(IDE)种类有：eclipse(集成开发环境)、TOSSIM(TinyOS Simultor)、IAR Embedded Workbench、TI 公司提供的开发工具(支持 MCU 的有 CC2530、MSP430、TMS470、C2000 等处理器)、ATMEL AVR Studio 集成开发环境和 AVR 单片机 C 语言编译器等。

6.2.1 Ubuntu 下 TinyOS2.x 环境的搭建

1. 在 Ubuntu10.04 下添加 TinyOS 资源

Ubuntu10.04 下 TinyOS2.x 环境的搭建所需的软件如下：

(1) Ubuntu 版本：10.04；

(2) Eclipse 版本：3.6；

(3) TinyOS 版本：2.1.1。

在 Ubuntu10.04 下添加 TinyOS 的步骤如下：

(1) 配置 source 源，修改/ect/apt/sources.list 文件，添加一行：

    $ deb http://TinyOS.stanford.edu/TinyOS/dist/ubuntu lucid main

具体命令如下：

    $ sudo gedit /ect/apt/sources.list

    $deb http://TinyOS.stanford.edu/TinyOS/dist/ubuntu lucid main

其中，lucid 是 ubuntu10.04 系统版本的代号。

(2) 更新源目录的包的列表，命令如下：

    $sudo apt-get update

(3) 安装 tinyOS 最新版及其相关工具。在命令行下运行下列命令：

    $sudo apt-get install TinyOS

很有可能会提示在几个版本中选择，可选其中一个版本，然后重新执行如下命令：

    $sudo apt-get install TinyOS-2.1.1

(4) 进入/opt/tinyOS2.1.1 目录下，修改 tinyOS.sh 文件，将 CLASSPATH 一行修改为：

    CLASSPATH=$CLASSPATH:$TOSROOT/support/sdk/java:$TOSROOT/support/sdk/java/TinyOS.jar

(5) 进入/home/yourname 目录，在当前目录下.bashrc 文件中添加以下内容来进行开发环境的配置。

执行命令：

$sudo gedit ~/.bashrc

增加下面两行：

source /opt/TinyOS-2.1.1/TinyOS.sh

export CLASSPATH=$TOSROOT/support/sdk/java/TinyOS.jar:.

(6) 执行如下更新命令：

$source ~./bashrc

$sudo tos-install-jni

当上述配置完毕后，运行以下命令检查环境配置情况：

$tos-check-env

(7) 安装 g++。执行如下命令，可完成 g++的安装。

$sudo apt-get install g++

$sudo apt-get install python2.6-dev

(8) 测试。用下列命令可测试配置是否成功：

$cd   /opt/TinyOS-2.1.1/apps/Blink

$make telosb

如果要仿真，则需要修改/opt/TinyOS-2.1.1/support/make/sim.extra 文件。首先执行命令：

$gedit /opt/TinyOS-2.1.1/support/make/sim.extra

然后修改 python 的版本为：

PYTHON_VERSION=2.6

再重新运行：

make micaz sim

若出现了提示：

*** Successfully built micaz TOSSIM library

则表示构建了 TOSSIM 库。

2. 安装 Eclipse 和 Yeti 插件

1) 安装 Eclipse3.5

可在终端里直接输入：

sudo apt-get install eclipse

具体安装步骤如下：

(1) 下载 eclipse3.6 for Linux 的版本：

http://download.springsource.com/release/eclipse/helios/R/eclipse-SDK-3.6-linux-gtk.tar.gz

(2) 解压缩安装包，放置相应安装目录。执行如下命令：

cd /home/frankwoo/Downloads

tar -zxvf eclipse-SDK-3.6-linux-gtk.tar.gz

mv eclipse /usr/share

(3) 创建 ubuntu 的 eclipse 菜单，执行如下命令：

> gedit /usr/share/applications/Eclipse36.desktop

添加内容：

> [Desktop Entry]
>
> Name=Eclipse
>
> Comment=Eclipse IDE
>
> Exec=/usr/share/eclipse/eclipse
>
> Icon=/usr/share/eclipse/icon.xpm
>
> Terminal=false
>
> Type=Application
>
> Categories=Application;Development;

然后保存关闭。至此，Ubuntu 上 Eclipse3.6 的安装完成。

2）安装插件

安装必要的插件，以免在安装 Yeti 时出现提示缺少组件。具体步骤如下：

（1）安装 GEF 插件。选择 ecllipse 的 help 菜单下的 install new software 子选项，再选择 add，然后在 name 中输入 GEF，在 location 中输入

> http://download.eclipse.org/tools/gef/updates/releases/

直接选上最后一个，然后单击 next，再选择 accept all 直至完成 "finish"，最后重新启动。

（2）安装 CDT 插件。在 name 处输入 CDT，在 location 处输入

> http://download.eclipse.org/tools/cdt/releases/helios

（3）安装 Yeti 插件。选择 ecllipse 的 help 菜单下的 install new software 子选项，再选择 add，然后在 name 中输入 Yeti2，在 location 中输入http: //tos-ide.ethz.ch/update/site.xml。然后单击下一步 "next"，等待更新。

安装完毕后可设置环境变量，如下：

> Window->Preferences->TinyOS->Environments

检查各个目录，单击 Apply，若出现 OK，则设置完毕。

3．检查 TinyOS 的安装

> TinyOS->Check Installation

至此，TinyOS 环境搭建完毕。

6.2.2 NesC 语言和 TinyOS 的组件

1．NesC 语言的使用环境

NesC 是一种扩展 C 的编程语言，主要用于传感器网络的编程开发，加州大学伯克利分校研发人员为这个平台开发了微型操作系统 TinyOS 和编程语言 NesC，同时国内外很多大学和机构利用这一平台进行了相关问题的研究。NesC 主要用在 TinyOS 中，TinyOS 也是由 NesC 编写完成的。TinyOS 操作系统就是为用户提供一个良好的用户接口。基于以上分析，研发人员在无线传感器节点处理能力和存储能力有限的情况下设计了一种新型的嵌入式系统 TinyOS，具有更强的网络处理和资源收集能力，可满足无线传感器网络的要求。为满足无线传感器网络的要求，研发人员在 TinyOS 中引入了四种技术：轻线程、主动消息、

事件驱动和组件化编程。轻线程主要是针对节点并发操作可能比较频繁，且线程比较短，传统的进程/线程调度无法满足(使用传统调度算法会产生大量能量用在无效的进程互换过程中)的问题提出的。

2. NesC 语言的主要特性

由于传感器网络的自身特点，面向它的开发语言也有其相应的特点。主动消息是并行计算机中的概念。在发送消息的同时传送处理这个消息的相应处理函数 ID 和处理数据，接收方得到消息后可立即进行处理，从而可减少通信量。整个系统的运行是因为事件驱动而运行的，没有事件发生时，微处理器进入睡眠状态，从而可以达到节能的目的。组件就是对软硬件进行功能抽象。整个系统是由组件构成的，组件可提高软件重用度和兼容性，程序员只关心组件的功能和自己的业务逻辑，而不必关心组件的具体实现，从而可提高编程效率。

3. TinyOS 的组件模型

1) 接口(Interface)

nesC 的接口有双向性，是提供者组件和使用者组件之间的多功能交互通道。接口提供者实现了接口的一组功能函数，称为命令；接口使用者需要实现的一组功能函数称为事件。对于一个组件而言，如果它要使用某个接口中的命令，它必须实现这个接口的事件。接口由 interface 类型定义，interface 的语法定义如下：

```
nesC-file:
includes-listopt interface
...
interface:
interface identifier { declaration-list }
storage-class-specifier: also one of
command event async
```

声明列表中，每个接口类型都有一个声明范围。声明列表必须由 command 或 event 存储类(Storage Class)的功能描述组成，否则会发生编译时错误。可选的 async 关键字指出命令或事件能在一个中断处理程序(Interface Handler)中执行。

通过包含列表(Includes-list)，一个接口能可选择地包括 C 文件。简单的接口定义例子如下：

```
interface SendMsg
command result_t send(uint16_t address, uint8_t length, TOS_MsgPtr msg);
event result_t sendDone (TOS_MsgPtr msg,  result_t success)j}
```

从上面的定义可以看出，接口 SendMsg 包括了一个命令 send 和一个事件 sendDone。提供接口 SendMsg 的组件必须实现 send 命令，而使用该接口的组件必须实现 sendDone 事件。

2) 组件(Component)

任何一个 nesC 应用程序都是由一个或多个组件连接起来的，从而形成了一个完整的可执行程序。在 nesC 中有两种类型的组件，分别称为模块和配置。模块提供应用程序代码，实现一个或多个接口；配置则是用来将其他组件装配起来的组件，将各个组件所使用的接口与其他组件提供的接口连接在一起，这种行为称为连接(Wiring)。每个 nesC 应用程序都由一个顶级配置所描述，其内容就是将该应用程序所用到的所有组件连接起来，形成一个有机整体。组件的语法定义如下：

nesC-file:

includes-listopt module

includes-listopt configuration

...

module:

module identifier specification module-implementation

configuration:

configuration identifier specification configuration-implementation

组件名由标识符(Identifier)定义。该标识符是全局性的，且属于组件和接口类型命名空间。一个组件可以有两种作用域：一个规范(Specification)作用域，属于 C 的全局作用域；一个实现(Implementation)作用域，属于规范作用域。

通过包含列表，一个组件能可选择地包括 C 文件。

规范列出了该组件所提供或使用的规范元素(接口实例、命令或事件)。就如前面所述，一个组件必须实现它提供接口的命令和它使用的接口事件。

一般情况下，命令向下调用硬件组件，而事件向上调用应用组件。组件间的交互只能通过组件的规范元素来沟通。每种规范元素有一个名字(接口实例名、命令名或事件名)。这些名字属于每个组件特有的规范作用域的变量命名空间。规范的语法定义如下：

specification:

{uses-provides-list }

uses-provides-list:

uses-provides

uses-provides-list uses-provides

uses-provides:

uses specification-element-list

provides specification-element-list

specification-element-list:

specification-element

{ specification-elements }

specification-elements:

specification-element

specification-elements specification-element

一个组件规范可以有多个 uses 和 provides 指令。多个 uses 和 provides 指令的规范元素可以通过使用 "{" 和 ")" 符号在一个 uses 或 provides 命令中指定。例如，下面两个定义是等价的：

```
module A1 { module A1 {
uses interface X; uses {
uses interface Y; interface X;
} ... interface Y;
}
} ...
```

一个接口实例描述如下：

```
specification-element:
interface renamed-identifier parametersopt
...
renamed-identifier:
identifier
identifier as identifier
interface-parameters:
[parameter-type-list]
```

接口实例声明的完整语法是 interface X as Y，这里可以明确地定义 Y 作为接口的名字。interface X 是 interface X as X 的一个简写形式。如果接口参数(Interface-parameters)被省略，那么 interface X as Y 声明了对应该组件的单一接口的一个简单的接口实例。如果给出了接口参数(如 interface SendMsg[uint8_t id])，那么这就是一个参数化的接口实例声明，对应该组件的多个接口中的一个(每个接口对应不同参数值，因为 8 位整数可以表示 256 个值，所以 interface SendMsg[uint8_t id]中可以声明 256 个 SendMsg 类型的接口)。参数化接口的参数类型必须是整型(这里枚举类型是不允许的)。

指令或事件能通过一个声明了指令或事件及存储类型的标准的 C 函数作为规格元素直接地被包含：

```
specification-element:
declaration
...
storage-class-specifier: also one of
command event async
```

如果该声明不是带有指令或事件存储类型的函数声明，则会产生编译时错误。

作为接口实例，如果没有指定接口参数，指令(事件)就是简单的指令(简单的事件)；如果接口参数是指定的，就是参数化指令(参数事件)。接口参数被放置在一般的函数参数列表之前，例如：

```
command void send[uint8 t id](int x):
direct-declarator: also
direct-declarator interface-parameters ( parameter-type-list )
...
```

注意：接口参数只允许在组件说明中的指令或事件上使用，而不允许在接口类型中使用。

下面是一个完整的规格例子：

```
configuration GenericComm {
provides {
interface StdControl as Control;
//该接口以当前消息序号作参数
interface SendMsg[uint8_t id];
interface ReceiveMsg[uint8_t id];
}
uses {
//发送完成之后为组件作标记
//重试失败的发送
event result_t sendDone();
}
} ...
```

在这个例子中，提供了简单的接口实例类型 StdControl 的控制，提供了接口类型 SendMsg 和 ReceiveMsg 的参数实例，参数实例分别为 SendMsg 和 ReceiveMsg，使用了事件 sendDone。

3) 模块(Module)

模块使用 C 语言实现组件规范，其定义如下：

```
module-implementation:
implementation  { translation-unit }
```

其中，translation-unit 是一连串的 C 语言声明和定义。模块中的 translation-unit 的顶层声明属于模块的组件实现作用域。这些声明的范围可以是任意的标准 C 语言的声明或定义、任务声明或定义、命令或事件的实现。

下面的 C 语言语法定义了这些命令和事件的实现：

```
storage-class-specifier: also one of
command event async
declaration-specifiers: also
default declaration-specifiers
direct-declarator: also
identifier.identifier
direct-declarator interface-parameters (parameter-type-list )
```

简单命令或事件的实现需要满足具有 command 或 event 存储类的 C 语言函数定义的语法。另外，如果在命令或事件的声明中包含了 async 关键字，那么在实现中必须包含 async。

4) 调用命令(Calling Commands)和触发事件(Signaling Events)

下面的 C 语法的扩展语法定义了调用命令和触发事件：

```
postfix-expression:
postfix-expression [ argument-expression-list ]
call-kindopt primary ( argument-expression-listopt )
...
call-kind: one of
call signal post
```

使用 can a(…)调用一个简单的命令 a，使用 signal a(…)来触发一件简单的事件 a。

例如，在模块中使用接口 Send 的 SendMsg 类型：

```
call Send.send(l，sizeof(Message)，&msgl)
```

对于类型为 t1，…，tn 的接口参数的参数化命令 a(或事件 a)，可以使用 call a[el](…)来调用，也可以使用 signal a[el,,，en](…)来触发事件。

接口参数表达式 ei 必须匹配类型 ti；实际的接口参数值映射到 ti。

5) 原子(Atomic)的陈述

nesC 使用"原子"指出该段代码"不可被打断"。原子的语法如下：

```
atomic-stmt:
atomic statement
```

下面是一个简单的例子：

```
bool busy;        //全局变量
void f()  {
bool available;
 atomic f
available=  !busy;
 busy=TRUE;
 if (available) do_something;
atomic busy=FALSE;
```

原子的区段应该很短，虽然这常常并不是必需的。控制只能"正常地"流入或流出原子的陈述；任何 goto、return、break 或 continue 跳转入或转出一原子陈述都是错误的。返回陈述决不允许进入原子陈述。

6) 配置(Configuration)

配置通过连接一些其他组件来实现一个组件的规范。配置的语法如下：

```
configuration-implementation:
implementation  {  component-list 印 t connection-list }
```

connection-list 中列出用来构成配置的组件，connection-list 指出这些组件是如何相连接以及如何与配置规范连接在一起的。这里把配置规范中的规范元素称为外部(External)规范元素，而把在配置的组件中的规范元素称为内部(Internal)规范元素。

7) 包含组件

组件列表列出用来建立这一结构的组件。在结构里这些组件可随意地重命名，使用共同外形规格元素，或简单地改变组件结构从而避免名称冲突。为避免改变配置，为组件选择的名字属于成分的实现域。

包含组件列表的语法如下:

> component-list:
>
> components
>
> component-list components
>
> components:
>
> components component-line;
>
> 　component-line:
>
> renamed-identifier
>
> component-line, renamed-identifier
>
> renamed-identifier:
>
> identifier
>
> identifier as identifier

如果两个组件使用 as 而导致重名，则会产生编译时错误(如 components X、Y as X)。一个组件始终只能有一个实例，如果在两个不同的配置中都使用了组件 K，或者在同一配置中使用两次组件 K，在程序中仍然只有 K(及它的变量)的一个实例。

8) 连接(Wiring)

连接用来把规范元素(接口、命令和事件)联系在一起。由于连接的内容比较复杂，读者可以参考 nesC 给出的应用示例中的源代码进行对照阅读。连接的语法定义如下:

> connection-list:
>
> connection
>
> connection-list connection
>
> connection:
>
> endpoint=endpoint
>
> endpoint<- endpoint
>
> endpoint:
>
> identifier-path
>
> identifier-path
>
> identifier-path:identifier

连接语句中连接了两个端点(Endpoint)。每个端点的 identifier-path 指明一个规范元素。可选项 argument-expression-list 指出了接口参数值。如果端点的规范要素是参数化的，且这个端点又没有参数值，那么该端点是参数化的。如果一个端点有参数值，则下面的任一事件成立时，就会产生一个编译时错误。

(1) 参数值不全是常量表达式。

(2) 端点的规范元素不是参数化的。

(3) 参数个数比规范要素中规定的参数个数多(或少)。

(4) 参数值不在规范元素限定的参数类型范围中。

如果端点的 identifier-path 不是以下三种形式之一，就会产生一个编译时错误。

(1) X:X 是一个外部的规范元素。

(2) K.X:K 是 connection-list 中的一个组件，而 X 是 K 个规范元素。

(3) K:K 是 connection-list 中的一个组件。这种形式用于隐式连接中(稍后会给出分析)。值得注意的是，当指定了参数值时，这种形式不能使用。

nesC 有三种连接语句：

(1) endpoint1=endpoint2;是赋值连接。这是一种包含外部规范元素的连接。

(2) endpoint1. >endpoint2;是一种包含两个内部规范元素的连接。这样经常把 endpoint1 定义的被使用的规范元素连接到 endpoint2 定义的被提供的规范元素上。

(3) endpoint1<. endpoint2;，该连接等价于 endpoint2 ->endpoint1。

这三种连接中，指定的两个规范元素必须是相容的，即它们必须都是命令、事件或接口实例。同时，如果它们都是命令(或事件)，则它们必须有相同的函数特征。如果它们都是接口实例，则它们必须有相同的接口类型。如果这些条件不能满足，就会发生编译时错误。

如果一个端点是参数化的，则另一个必须也是参数化的，并且必须有相同的参数类型；否则就会发生编译时错误。

同一规范元素可能会被多次连接，例如：

```
configuration C  {
rovides interface Xj
}implementation  {
components C1, C2;
X = C1.X;
X = C2.X;
}
```

在这个例子中，多次连接将会导致接口 X 的事件多次被触发(扇入)，当接口 X 中的命令被调用时，会导致多个函数被执行(扇出)。注意：当两个配置独立地连接同一接口时，也会发生多重连接。

6.3 无线传感器网络实验平台

6.3.1 无线传感器网络实验平台简介

本节主要介绍 GreenOrbs 无线传感器网络实验平台，该实验平台将节点固定在有机玻璃面板上的滑动槽中，每个节点通过面板上的 USB 接口和 USB Hub 相连。多级 USB Hub 和电脑相连，实验人员能够直接访问所有节点进行程序烧录、参数配置和数据获取。有机玻璃面板可以悬挂在墙壁上或者安放在实验平台附带的金属支架上。多个面板可以自由组合，方便运输和网络规模的扩充。实验平台的节点柜如图 6.1 所示。

GreenOrbs 无线传感器网络实验平台的设计目标是为大规模自组织网络的协议及应用开发提供便利的测试环境，同时可作为

图 6.1 节点柜

物联网相关课程的教学实验系统。

1. 功能特点

GreenOrbs 无线传感器网络实验平台的功能特点如下：

(1) 网络规模可动态调整，实验人员可根据实验要求灵活快捷地增加和减少节点数量，目前可支持多达 150 个节点的传感器节点矩阵。

(2) 实验平台支持程序的自动批量烧录，可为实验提供很大的便利。

(3) 实验平台具备节点位置自动识别功能，实验人员可对指定位置节点进行操作。

(4) 实验平台为节点提供了电池和 USB 接口两种供电方式。

(5) 实验平台可对网络拓扑进行在线控制。

(6) 除无线通信之外，实验平台能方便地通过 USB 接口获取节点数据，为程序调试和其他科研教学活动提供了强有力的支持。

(7) GreenOrbs 物联网实验室解决方案提供了丰富的软件工具和高效的开发测试环境，可显著加快传感器网络通信协议开发、系统设计和应用研究进程。

(8) GreenOrbs 物联网实验室解决方案附带一系列无线传感网络的实例、演示程序和开发教程，可为物联网相关课程的教学工作提供帮助。

(9) GreenOrbs 物联网实验室解决方案从物联网四层结构对高校物联网实验室建设给出了合理性的建议，采用"层阶式"教学方式，强调学生的设计、创新及实践能力，培养物联网工程专业的高级人才。

2. 平台方案

GreenOrbs 无线传感器网络实验平台支持多达 150 个节点的 15×10 矩阵。所有节点固定在一块 3 m × 4.5 m 有机玻璃上，通过 USB 线连接到一台 PC。节点间水平和垂直距离均为 20 cm。节点数量和网络拓扑可以根据实验需求动态调整。

GreenOrbs 实验平台服务器端采用开源的 Linux 操作系统，用户能够根据自己的需求选用大量的开源软件或者根据自己的需求自由开发新的工具。节点采用 TinyOS 2.x 和 NesC 编译工具。TinyOS 是为传感器网络节点而设计的一个事件驱动的操作系统。NesC 是对 C 的扩展，它基于体现 TinyOS 的结构化概念和执行模型而设计。GreenOrbs 实验平台支持现有的大量 TinyOS 和 NesC 开发工具。

GreenOrbs 实验平台提供自动、灵活的节点软件批量并行烧录工具。该工具能自动识别各个节点在平台上的物理位置并自动实现和管理节点 ID 与物理位置之间的映射关系。在代码烧录过程中，可以根据需求对任意指定的多个节点并行烧入不同的代码，极大地缩短软件烧录时间。GreenOrbs 实验平台支持实时的大批量实验数据收集。在实验过程中，传感器节点产生的各种实验和监控数据能够通过 USB 端口将实验数据实时发送到 PC 端。在 PC 端，GreenOrbs 实验平台能够自动地将节点产生的数据按照实验要求存储在 PC 中。在试验过程中，研究人员能够随时分析实验数据和了解试验进展。

1) 硬件方案

GreenOrbs 实验平台主要选用如下硬件模块：

- GF-100 传感器节点(基本模块)；
- GF-103 传感器节点(基本模块、温湿度传感器、光照传感器、GPS)；

- GF-103E 传感器节点(基本模块、温湿度传感器、光照传感器、GPS、封装套件);
- GC-203E 传感器节点(基本模块、增强处理模块、温湿度传感器、光照传感器、CO_2 传感器);
- 实验床及平台支持移动装置;
- 基站。

2) 软件方案

Green Orbs 实验平台主要选配如下软件模块:

- Linux 下的 TinyOS 开发环境;
- 实验平台驱动配置软件工具包;
- 实验平台工具软件套装(包括传感器自动定位和程序烧录工具,支持定点烧录和批量烧录);
- 物联网示范系统演示软件套装;
- 传感器网络实验数据分析和演示工具;
- 物联网和传感器网络实验课程教学管理软件。

3) 传感器节点

传感器节点 GF-103/GF-103E、GC-203E 的主要技术性能指标如表 6.1 所示。

表 6.1　传感器节点的主要技术性能指标

名　称	GF-103/GF-103E	GC-203E
MCU	F1611	F5438
通信模块	CC 2420	CC2420
通信频段/GHz	2.4/2.4835	2.4/2.4835
最大数据传输率/(kb/s)	250	250
最大通信半径/m	75~100	75~100
程序内存/KB	64	256
RAM/KB	10	10
尺寸/mm	117 × 69 × 32	118 × 112 × 68
用户接口	USB	USB
传感器	SHT11(温湿度), SI087(光照)	SHT11(温湿度), SI087(光照), CO2 sensor
软件平台	TinyOS 2.X	TinyOS 2.X

6.3.2　TinyOS 操作系统在无线传感器网络中的应用实践

1. 简单 TinyOS 程序

通过设计实现单个传感器节点程序的 LED 亮灯的程序,初步了解如何编译及烧录简单嵌入式 NesC 程序,并了解典型 NesC 的程序结构及语法。

1) 编译及运行示例程序

首先,将 telosb 节点连接到 PC 的 USB 接口后,运行以下命令查看连接情况:

```
$ motelist

Reference     Device              Description
----------    ----------------    -----------------------------------------
```

M4AP1122 /dev/ttyUSB0 Sentilla tmote sky

这表示 telosb 节点成功连接到 PC，并且设备端口号为/dev/ttyUSB0。

运行以下编译烧录命令：

$make telosb install

如果没有提示错误，并且节点上的 LED 开始有规律地闪烁，那么表示程序编译并且烧录成功。

2) 程序结构说明

每一个 nesC 程序都是由若干组件(Component)组成的。组件有两种类型，一种是模块(Module)，另一种是配置(Configuration)。

配置文件的作用是表明组件之间的关系。模块文件的作用是将程序的具体实现放在其中。此外，每个程序都需要一个顶层的配置文件，它是用程序名命名的。

例 1 示例 Blink 程序：程序由一个模块文件(BlinkC.nc)和一个配置文件(BlinkAppC.nc)两个组件组成。

下面是 BlinkAppC.nc 的源代码：

```
configuration BlinkAppC {
}
implementation {
components MainC, BlinkC, LedsC;
components new TimerMilliC() as Timer0;
components new TimerMilliC() as Timer1;
components new TimerMilliC() as Timer2;
BlinkC -> MainC.Boot; BlinkC.Timer0 -> Timer0; BlinkC.Timer1 -> Timer1; BlinkC.Timer2
        -> Timer2; BlinkC.Leds -> LedsC;
}
```

这表明这是一个名为 BlinkAppC 的配置。在 implementation 关键字后面的括号内是配置的具体实现。components 关键字后面表明了这个配置文件所引用的组件，在这里分别是 Main、BlinkC、LedsC 以及三个 TimerMilliC 组件。最后五行表明了各组件间的 Provider 和 User 的关系。A->B 表示了一种关系，其中 A 为使用方(User)，而 B 为提供方(Provider)。命令(Command)是接口提供方已经实现的函数。事件(Event)是需要接口使用方实现的函数。

```
BlinkC.nc 的源代码：
module BlinkC {
uses interface Timer<TMilli> as Timer0;
uses interface Timer<TMilli> as Timer1;
uses interface Timer<TMilli> as Timer2;
uses interface Leds; uses interface Boot;
}
implementation {
// implementation code omitted
}
```

第一行内容表明这是一个名为 BlinkC 的 module，而后括号中的内容表明了该 module 使用的接口(interface)。注意：这个 module 没有提供接口。

由于使用方必须实现接口中的 event 函数，因此我们可以看到该文件中的 implement 中包含了初始化 Boot.booted，以及三个 Timer 时的 event 函数的具体实现。在每个 Timer 的触发 event 函数内容中写明了其需要触发的内容。

2. TinyOS 执行模型

典型的传感器节点程序可能同时包含同步处理与异步处理过程。本小节通过介绍 TinyOS 的执行模型来实现程序的异步处理。

1) 同步及异步处理原理

前面的程序都是同步运行处理，只单一地执行上下文，是非抢占式的方式。同步运行处理有利于 TinyOS 的调度，在使得 RAM 使用最小化的同时让同步代码尽可能地简单。缺点是从开始运行一直占用 CPU 直到运行完毕为止，期间其他同步代码没有任何运行的机会，从而严重影响系统的响应性。

非抢占式的同步代码在大计算量的情况下可能会遇到一些问题，因此，就需要将大计算量的代码分割成若干小的部分，每次只执行一小部分，并且当一个组件需要做某件事情时，可以稍后再做。

在 TinyOS 中，对计算进行延迟，直到计算所需要的条件都满足时再开始任务(Task)是应用程序中通用的"后台"处理方式。一个任务就是一个函数，它告诉 TinyOS 可以在稍晚时候进行运算，而不是立刻执行。在传统操作系统(Linux)中与之最接近的概念是中断阀门和延迟程序调用。

2) 同步阻塞例子说明

例2 BlinkTask1 例子。

```
event void Timer0.fired()
{ uint32_t i;
dbg("BlinkC", "Timer 0 fired @ %s.\n",
sim_time_string());
for(i=0;i<400001;i++)
call Leds.led0Toggle();
}
```

这段代码使得 LED0 转换 400 001 次，因为计数，所以最后效果与转换 1 次的效果是一样的。

编译运行 BlinkTask1，可以看到效果是只有 LED0 长亮，LED1 与 LED2 没有响应。这是由于 LED0 中的 for 计算大量占据了 CPU，使得 Timer1 和 Timer2 的 fire 函数被阻塞了。可以修改计数为 10001 及 5000 再次查看效果。

3) Task 使用说明

可以看到上面的 LED1 和 LED2 被阻塞是由于大量的计算干扰了 Timer 的触发，而实际上有些计算是可以延迟的：

NesC 中，一个任务可以进行如下声明：

```
Task void taskname();
```

taskname 就是任务的名称。需要注意的是，任务必须没有任何收入参数，返回值为空。把一个任务加入执行队列中，使用如下命令：

```
post taskname();
```

可以从一个命令、事件甚至另外一个任务内部"布置"(post)任务。布置操作将任务放入一个以先进先出（FIFO）方式处理的内部任务队列。当某个任务执行时，它会一直运行直至结束，然后下一个任务开始执行。因此，任务不应该被挂起或阻塞太长时间。虽然任务之间不能够相互抢占，但任务可能被硬件事件句柄所抢占。如果要运行一系列较长的操作，应该为每个操作分配一个任务，而不是使用一个过大的任务。

4) 分组(Split-phase)操作

由于 NesC 的接口是在编译时链接的，因此回调也就是 event 的调用是非常有效的。在 C 语言中，回调函数是通过在运行时注册函数指针的方式进行调用的，这样使得编译器无法对调用路径上的代码做优化。而在 NesC 中由于是静态链接的，因此编译器知道所需要调用的回调函数是哪个，从而可以进行最大程度的优化。

TinyOS 中跨组件的优化是非常重要的，因为它没有阻塞操作。每一个长时间运算的操作都是分组操作的。在一个阻塞系统中，一个长时间运算的操作直到运算完毕才返回。

在 Split-phase 系统中，当调用一个长时间运算的操作时，调用立刻返回，当运算完成时再触发一个回调函数告知运算完毕。Split-phase 方法就是把函数的调用和完成变为两个单独的执行部分。

下面看一个简单的例子。

```
if (send() == SUCCESS) {
sendCount++;
}
// start phase send();
//completion phase
void sendDone(error_t err) {
if (err == SUCCESS) {
sendCount++;
}
}
```

3. 节点—节点无线通信

在 TinyOS 上可进行节点与节点之间的无线通信。

1) 基本概念介绍

TinyOS 提供了许多接口来抽象底层的通信服务和相关接口的组件。这些接口和组件都使用了一个共同的消息抽象——message_t，其对应的 nesC 的结构体如下：

```
typedef nx_struct message_t {
nx_uint8_t header[sizeof(message_header_t)];
nx_uint8_t data[TOSH_DATA_LENGTH];
```

```
nx_uint8_t footer[sizeof(message_footer_t)];

nx_uint8_t metadata[sizeof(message_metadata_t)];

} message_t;
```

使用了 message_t 结构的常用接口如下：

- Packet：该接口提供了基本的操作 message_t 的功能。例如，清除消息内容、获取 payload 长度以及获取 payload 的地址指针等。
- Send：该接口提供了基本的不基于地址(Address-free)的消息发送功能，例如发送一条消息以及取消一条待发消息的发送等，并且还提供了事件来提示发送是否成功。当然也提供了获取消息最大 payload 以及 payload 地址指针的功能。
- Receive：该接口提供了基本消息接收功能和获取 payload 信息的功能。
- PacketAcknowledgements：该接口提供了获取发送消息回执的机制。
- AMPacket：该接口和 Packet 类似，提供了获取与设置一个节点的 AM 地址、AM 包的目的地址以及 AM 包的类型等功能。
- AMSend：该接口和 Packet 类似，提供了获取与设置一个节点的 AM 地址、AM 包的目的地址以及 AM 包的类型等功能。

典型的提供了以上接口的组件有：

- AMReceiverC：提供了 Receive、Packet 和 AMPacket 接口。
- AMSenderC：提供了 AMSend、Packet、AMPacket 和 PacketAcknowledge 接口。
- AMSnooperC：提供了 Receive、Packet 和 AMPacket 接口。
- AMSnoopingReceiverC：提供了 Receive、Packet 和 AMPacket 接口。
- ActiveMessageAddressC：提供了动态修改消息地址的命令。要慎用这个命令，因为它可能会导致网络崩溃。

2) 消息发送的结构体定义

程序 BlinkToRadio 通过消息发送自身的计数器至对方，同时收到对方的消息后，解析出对方的计数器，按照这个计数器亮灯，使用单个 Timer 实现发送的频率间隔。

首先，定义数据传送的消息格式。消息包括两个部分：节点 ID 和计数值。

```
typedef nx_struct BlinkToRadioMsg {

nx_uint16_t nodeid;

nx_uint16_t counter;

} BlinkToRadioMsg;
```

接下来确认使用的接口和组件。使用 AMSenderC 组件来提供 AMSend 和 Packet 接口，使用 AMSend 接口来发送包，使用 Packet 接口来操作 message_t，使用 ActiveMessageC 提供的 SplitControl 接口来启动 Radio。因此在 BlinkToRadioC.nc 中可以看到如下声明：

```
module BlinkToRadioC {

…

uses interface Packet;

uses interface AMSend;

uses interface SplitControl as AMControl;

}
```

然后进行变量声明，message_t 用来进行数据传输，busy 用来标志是否在传输中。在
BlinkToRadioC.nc 中声明如下：

```
implementation {
bool busy = FALSE;
message_t pkt;
...
}
```

通信过程中进行 Radio 初始化及停止：

```
event void Boot.booted() { // Radio 初始化
call AMControl.start();
}
event void AMControl.startDone(error_t err) {
if (err == SUCCESS) {
call Timer0.startPeriodic(TIMER_PERIOD_MILLI);}
else {
 call AMControl.start(); } }
event void AMControl.stopDone(error_t err) { }
```

发送消息，在 Timer0.fired 中添加代码：

```
event void Timer0.fired() {
...
if (!busy) {
BlinkToRadioMsg* btrpkt = (BlinkToRadioMsg*)(call
Packet.getPayload(&pkt, sizeof (BlinkToRadioMsg))); btrpkt->nodeid = TOS_NODE_ID;
btrpkt->counter = counter;
if (call AMSend.send(AM_BROADCAST_ADDR, &pkt, sizeof(BlinkToRadioMsg))==SUCCESS) {
busy = TRUE;
}
}
}
```

消息发送完毕后，清除忙标志位：

```
event void AMSend.sendDone(message_t* msg, error_t error) {
if (&pkt == msg) {
busy = FALSE;
}
}
```

　　要为每个提供接口的组件添加组件声明，其中 AM_BLINKTORADIO 参数表明
AMSenderC 的 AM 类型。在头文件中有定义：

```
implementation {
...
```

```
components ActiveMessageC;
components new AMSenderC(AM_BLINKTORADIO);
...
}
```

然后，将接口的提供方和使用方连接起来：

```
implementation {
...
App.Packet -> AMSenderC;
App.AMPacket -> AMSenderC;
App.AMSend -> AMSenderC;
App.AMControl -> ActiveMessageC;
}
```

3) 消息接收

接收到消息后，首先解析出消息中的计数器，然后计数器按照这个计数值的低三位亮灯，具体过程如下：

(1) 接口声明。使用 Receive 接口来接收包。在 BlinkToRadioC.nc 文件中添加以下声明：

```
module BlinkToRadioC {
...
uses interface Receive;
}
```

(2) 接收逻辑。接收逻辑实现接口 Receive.receive 事件处理。

```
event message_t* Receive.receive(message_t* msg, void* payload, uint8_t len) {
if (len == sizeof(BlinkToRadioMsg)) {
BlinkToRadioMsg* btrpkt =
(BlinkToRadioMsg*)payload;
call Leds.set(btrpkt->counter);
}
return msg;
}
```

(3) 组件声明。添加 Receive 接口对应的组件声明：

```
implementation {
...
components new AMReceiverC(AM_BLINKTORADIO);
...
}
```

4) 程序测试

分别使用 make telosb install, 1 和 make telosb install,2 烧录两个节点。通电后查看效果。当按住某一个节点的 RESET 键时，另一个节点的读数应当停止。

4．PC 串口通信

通过串口连接，PC 可以从网络搜集其他节点的数据，也可以发送数据或者命令到节点，实现节点和 PC 间的串口双向通信，因此，串口通信编程是无线传感器网络中的重要内容。

下面介绍使用 MIG 工具和 SerialForwarder 修改 BlinkToRadio 程序，使用 MsgReader 读取 MIG 创建的 BlinkToRadioMsg 的 Java 对象内容。

1）TestSerial例子程序

节点与 PC 之间的通信在 TinyOS 中被抽象为数据包源(Packet Source)。一个数据包源就是一种与节点双向通信的介质，可用串口或 TCP Socket、SerialForwarder 工具。

例如，将一个节点连接到 PC，进入 TestSerial 例子程序目录，运行如下命令编译并烧录程序：

    $ make telosb install

运行 TestSerial 程序，显示下列结果：

    Sending packet 1

    Received packet sequence number 4

        …

此时节点的 LED 灯闪烁，表明节点与串口双向通信正常。

2）基站程序示例

基站节点是无线传感器网络的重要组成部分，它负责与后台服务器进行串口通信以及与网络中的其他节点进行无线通信，可起到一个桥梁的作用。

取两个节点，一个节点烧录 BlinkToRadio 程序，另一个节点烧录 BaseStation 程序，将两个节点都通电。可以看到 BaseStation 的 LED1 灯闪烁，按住 BlinkToRadio 节点的 RESET，LED1 不闪烁。BaseStation 节点的 LED0 闪烁表示它收到了网络包；LED1 闪烁表示将网络包发送到串口；LED2 闪烁表示网络包被丢弃，丢弃的原因可能是串口的带宽小于节点的无线带宽。再将 BaseStation 节点连接到 PC，使用 Listen 命令读取串口的内容：

    $ java net.tinyos.tools.Listen

Listen 命令的功能是创建数据包源，打印出每一个监听到的包。输出的内容如下：

    00 FF FF 00 00 04 22 06 00 02 00 01

    00 FF FF 00 00 04 22 06 00 02 00 02

        …

每一行表示串口所收到的一个包。其中第一个字节 00 表示这是一个 AM 类型的包。其余字段是普通的 Active Message 字段。最后的部分是之前定义的 BlinkToRadioMsg 结构体。

BlinkToRadioC 应用的消息格式如下(忽略开始的 00 字节)：

目标地址：Destination address(2 Byte)；

连接源地址：Link source address(2 Byte)；

消息长度：Message length(1 Byte)；

组号：Group ID(1 Byte)；

Active Message handler 类型：Active Message handler type(1 Byte)；

有效载荷：Payload(最大 28 Byte)；

① 源节点 ID：Source mote ID(2 Byte)；

② 示例计数值：Sample counter(2 Byte)。

3) MIG及数据包对象

Listen 程序是与节点通信最基础的方式。但是它只打印了二进制的包。在实际中，往往需要读取这些二进制数据后，再根据二进制的内容分析其字段。

TinyOS 提供了一种方便解析二进制数据包内容的工具——MIG(Message Interface Generator)。MIG 可以为用户指定的消息结构建立一个 Java、Python 或 C 的接口，免除了解析二进制的麻烦。

进入到 TestSerial 目录下，输入 make clean 清除上次的编译结果。然后输入 make telosb，可以看到类似以下内容：

```
...
mig java -target=telosb -I%T/lib/oski -java-classname=TestSerialMsg TestSerial.h TestSerialMsg
-o TestSerialMsg.java
javac *.java
compiling TestSerialAppC to a telosb binary
ncc -o build/telosb/main.exe -Os -O -mdisable-hwmul -Wall -Wshadow –
...
```

这个输出表示在编译 TinyOS 应用程序之前，Makefile 中要求先生成 TestSerialMsg.java 文件，然后将 TestSerialMsg.java 和 TestSerial.java 进行编译，最后再编译 TinyOS 应用程序。

打开 TestSerial 目录下的 Makefile 文件，如下：

```
COMPONENT=TestSerialAppC
BUILD_EXTRA_DEPS += TestSerial.class
CLEAN_EXTRA = *.class TestSerialMsg.java

TestSerial.class: $(wildcard *.java) TestSerialMsg.java
javac *.java
TestSerialMsg.java:
mig java -target=null -java-classname=TestSerialMsg
TestSerial.h test_serial_msg -o $@

include $(MAKERULES)
```

打开 TestSerial 目录下的 Makefile 文件如下：

```
BUILD_EXTRA_DEPS += TestSerial.class
```

说明 TinyOS 应用生成以前要先编译 TestSerial.class。

```
TestSerial.class: $(wildcard *.java) TestSerialMsg.java javac *.java
```

这行说明 TestSerialMsg.java 是 TestSerial.class 的依赖文件，在编译生成 TestSerial.class 之前需要先生成 TestSerialMsg.java。而 TestSerialMsg.java 的生成要利用 MIG 工具。

Makefile 文件中下面三条命令中相关参数的含义如表 6.2 所示。

TestSerialMsg.java:

mig java -target=null -java-classname=TestSerialMsg

TestSerial.h test_serial_msg -o $@

表 6.2 命令中相关参数的含义

参　数	含　义
mig	调用 mig 命令
java	生成 class 文件
-target=null	无特定平台
-java-classname=TestSerialMsg	生成的 java 类的名字
TestSerial.h	数据包的定义头文件
test_serial_msg	头文件中的结构名称
-o $@	输出

4）SerialForwarder

直接监听串口的问题就是只能与一个程序进行读取，因为这是一个硬件资源，并且需要监听程序物理连接到串口才可以进行读取。为解决以上限制，TinyOS 中的 SerialForwarder 工具提供了一个解决方案。

一般来说，SerialForwarder 工具连接一个真实的物理串口，然后在此之上创建一个虚拟数据包源，再允许多个程序同时通过 TCP/IP 连接来访问这个数据包源。可以看出，SerialForwarder 相当于物理串口的读写包的代理。

一个 SerialForwarder 数据包源的语法如下：

sf@HOST: PORT

HOST 和 PORT 是可选的。默认状态是 localhost 和 9002 端口。运行 SerialForwarder 命令：

$java net.tinyos.sf.SerialForwarder

会弹出一个如图 6.2 所示的窗口。这表示已经成功创建了一个数据包源 sf，它的地址是本地的 9001 端口。还可以在这个 sf 上再次创建 sf 数据包源。例如：

$java net.tinyos.sf.SerialForwarder -port 9003 -comm sf@localhost:9001

这条命令创建了第 2 个 sf，它的源是工作在 9001 端口上的第 1 个 sf，第一个 sf 的引用数会增加 1。使用 MsgReader 工具来读取第一个 sf 的内容，可以观察到第一个 sf 的引用数加 1，并且使用 MsgReader 开始打印内容。

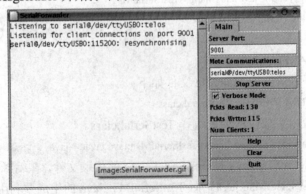

图 6.2 SerialForwarder 窗口

除了串口和 SerialForwarder 以外，TinyOS 还支持 Crossbow MIB 600 类型的以太网卡，缺省端口是 10002。数据包源的语法格式如表 6.3 所示。

表 6.3　数据包源的语法格式

语　　法	源
serial@PORT:SPEED	串口
sf@HOST:PORT	SerialForwarder
network@HOST:PORT	MIB 600

5) 向串口发送数据包

在 TinyOS 中向串口发送一个 AM 类型的数据包与通过 radio 发送是非常相似的。可以使用 AMSend 接口，调用 AMSend.send 发送数据包，然后处理 AMSend.sendDone 事件，不用设置 AM 地址字段，如表 6.4 所示。

表 6.4　串口和 radio 发送的 AM 类型的数据包所使用的组件

Serial	Radio
SerialActiveMessageC	ActiveMessageC
SerialAMSenderC	AMSenderC
SerialAMReceiverC	AMReceiverC

其中，SerialActiveMessageC 用来打开和关闭栈，其余两个分别为收发组件。组件接口上的相似也带来了实现上的相似。

5. 感知数据获取

实现节点获取感知数据后，通过无线通信发送至基站节点，再由 PC 通过串口读取该数据并显示。下面通过 Sense 程序介绍简单的感知数据获取方法，通过 Oscilloscope 程序介绍无线传输和串口传输并进行图形化显示。

1) 基本概念介绍

感知数据的获取是无线传感器网络最重要的功能之一。一般来说，感知数据的获取包含以下两个步骤：

(1) 配置并初始化传感器。传感器一般通过模/数转换器(ADC)或串行外设接口(SPI)与处理器总线相联系，因此需要相应地配置这两个模块，不同的平台和传感器可能配置方法不同。

(2) 读取感知数据。由于配置工作与读取工作相分离，使得读取功能较为一般化。可以使用 Read、ReadStream 或 ReadNow 来读取感知。

2) Sense例子程序

Sense 程序是一个简单的感知数据获取的程序，其基本功能为周期性地采集感知数据，然后显示在 LED 的低 3 位上。SenseAppC 的内容如下，可以看到与 Blink 程序非常相似。

```
configuration SenseAppC {
}
implementation {
components SenseC, MainC, LedsC, new TimerMilliC(); components new DemoSensorC() as Sensor;
SenseC.Boot -> MainC;
```

```
SenseC.Leds -> LedsC;
SenseC.Timer -> TimerMilliC;
SenseC.Read -> Sensor;
}
```

通过查看接口的连接情况，可以看到与 Blink 程序最大的不同是使用了 Read 接口。

```
module SenseC {
uses {
interface Boot;
interface Leds;
interface Timer<TMilli>;
interface Read<uint16_t>;
}
}
```

SenseC 的具体实现是：Boot 接口在系统初始化后启动定时器，然后产生周期性事件，在这个周期性事件中通过 Read 接口读取感知数据。感知数据的读取是一个异步操作过程，分别通过 Read.read 和 Read.readdone 来完成。

```
implementation{
…
event void Boot.booted() {
call Timer.startPeriodic(SAMPLING_FREQUENCY);
}
event void Timer.fired() {
call Read.read();
}
event void Read.readDone(error_t result, uint16_t data){
...
}
}
```

Read 接口一次读取一个感知数据，其定义如下：

```
interface Read<val_t> {
event void readDone( error_t result, val_t val );
}
```

与 Timer 类似，这是一个需要参数化的接口。<val_t>表示读取的感知数据的类型。

通过以下两行(第一行为组件声明，第二行为接口连接)，可以看到最后读取感知数据的传感器是哪一个。用 DemoSensorC 来读取感知数据：

```
components new DemoSensorC() as Sensor;
SenseC.Read -> Sensor;
```

在不同的平台，DemoSensorC 的实现是不一样的。例如，在 micaz 中是简单返回一个常量；在 telosb 中是返回 MCU 内部的电压值。它们共同的特点就是都需要提供 Read 接口。

```
generic configuration DemoSensorC() {
provides interface Read<uint16_t>;
}
```

如果不使用默认的传感器，通常是定义新的组件来替代默认的传感器。例如：

```
components new VoltageC() as DemoSensor;
```

可供选择的传感器类型由相应的开发平台决定。传感器组件的放置目录可能位于 /tos/platforms 或 /tos/sensorboards 或 /tos/chips 中。

最后，运行 Sense 程序，查看效果：

```
$make telosb install
```

3) Oscilloscope 例子程序

Oscilloscope 是一个图形化显示感知数据的程序。在节点上周期性地采集感知数据，累积到 10 个后通过无线传输至基站，然后通过串口发送至 PC 端，最后通过 Java 应用程序进行图形化显示。因此，最少需要两个节点，一个为基站连接到 PC，一个为普通节点。

OscilloscopeAppC 的内容如下：

```
configuration OscilloscopeAppC {}
implementation{
components OscilloscopeC, MainC, ActiveMessageC, LedsC, new TimerMilliC(),
            new DemoSensorC() as Sensor,
new AMSenderC(AM_OSCILLOSCOPE),
new AMReceiverC(AM_OSCILLOSCOPE);
OscilloscopeC.Boot -> MainC;
OscilloscopeC.RadioControl -> ActiveMessageC; OscilloscopeC.AMSend -> AMSenderC;
            OscilloscopeC.Receive -> AMReceiverC; OscilloscopeC.Timer -> TimerMilliC;
OscilloscopeC.Read -> Sensor;
OscilloscopeC.Leds -> LedsC; }
```

OscilloscopeC 模块使用的接口如下：

```
module OscilloscopeC {
uses {
interface Boot;
interface SplitControl as RadioControl;
interface AMSend;
interface Receive;
interface Timer;
interface Read;
interface Leds;
}
}
```

OscilloscopeC 模块的具体实现(代码略)为：利用定时器周期性地使用 DemoSensorC 进行感知数据获取，当数据达到 10 时，将其放入一个消息包中并通过 AMSend 进行发送。同时通过 Receive 接口进行消息接收，控制感知数据获取的频率。结果如图 6.3 所示。

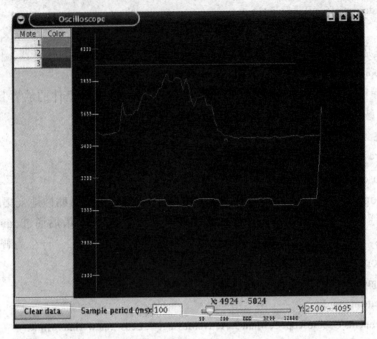

图 6.3　Oscilloscope 感知数据

6．TinyOS 的启动过程

下面介绍 TinyOS 的启动过程，详细讲解 Boot.booted 之前和之后都进行了哪些操作，从而学习如何对组件进行合理的初始化工作。

1) 启动顺序

TinyOS 的启动顺序主要包含以下四个步骤：

(1) 调度器初始化。

(2) 组件初始化。

(3) 启动完成事件。

(4) 运行任务调度器。

MainC 结构示意图如图 6.4 所示。

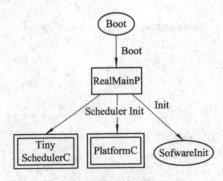

图 6.4　MainC 结构示意图

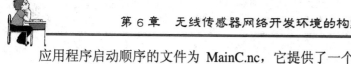

应用程序启动顺序的文件为 MainC.nc，它提供了一个 Boot 接口，同时也使用了 Init 接口(重命名为 SoftwareInit)。调度器初始化和平台初始化连接到 TinySchedulerC 组件和 PlatformC 组件上，TinyOS 的启动过程封装在 RealMainP 中。

```
configuration MainC {
provides interface Boot;
uses interface Init as SoftwareInit;
}
implementation {
components PlatformC, RealMainP, TinySchedulerC; RealMainP.Scheduler -> TinySchedulerC;
RealMainP.PlatformInit -> PlatformC;
// Export the SoftwareInit and Booted for applications SoftwareInit = RealMainP.SoftwareInit;
Boot = RealMainP;
}
```

RealMainP 的声明如下：

```
module RealMainP {
provides interface Booted;
uses {
interface Scheduler;
interface Init as PlatformInit;
interface Init as SoftwareInit;
}
}
```

除了 Boot 和 SoftwareInit，RealMainP 还使用了另外两个接口，即 PlatformInit 和 Scheduler。MainC 通过自动连接到系统的调度器和平台初始化中，使得这些接口对应用程序透明。PlatformInit 与 SoftwareInit 的区别在于，一个用于硬件，一个用于软件。

RealMainP 的代码如下，可以看到清晰的三个步骤：

```
implementation {
int main() __attribute__ ((C, spontaneous)) {
atomic {
call Scheduler.init();
call PlatformInit.init();
while (call Scheduler.runNextTask());
call SoftwareInit.init();
while (call Scheduler.runNextTask());
}
__nesc_enable_interrupt();
signal Boot.booted();
call Scheduler.taskLoop();
 return -1;
```

```
        }
        default command error_t PlatformInit.init() {
        return SUCCESS;
        }
        default command error_t SoftwareInit.init() {
        return SUCCESS;
        }
        default event void Boot.booted() { }
        }
```

RealMainP 的命名之后有一个"P"，表示该组件不能直接被其他组件调用。在硬件接口层(HIL)之上的组件都应该连接到 MainC 组件上，而不是直接连接到 RealMainP 上。

2) 调度器初始化

第一个步骤是调度器初始化，如果调度器初始化放在组件初始化之后，那么组件初始化过程中将不能提交任务(Post Task)。但并不是所有组件初始化都需要提交任务。

3) 组件初始化

在调度器初始化后，将进行组件的初始化。Init 接口只有一个函数，如下：

```
        interface Init {
        command error_t init();
        }
```

任何需要初始化的组件都可以实现这个接口，而不直接依赖于硬件的初始化工作都应该连接到 MainC 的 SoftwareInit 接口上。

```
        configuration MainC {
        provides interface Boot;
        uses interface Init as SoftwareInit;
        }
```

在 RealMainP 中，PlatformInit.init 负责硬件模块的初始化，因此这个接口应该连接到特定平台的 PlatformC 组件上。例如，当平台移植的时候，必须提供一个 PlatformC 组件，并提供 Init 接口完成其初始化工作。

在初始化代码里，关于各个组件之间独立性的问题，TinyOS 提出了以下三种处理方式：

(1) 特定的硬件初始化由 PlatformC 处理。

(2) 系统服务由应用程序初始化，如定时器、无线模块等。

(3) 当一个服务被封装为若干个组件时，可以在其中一个组件的 Init 接口中调用其他组件的初始化命令，完成初始化工作。

4) 启动完成

一旦完成上述初始化工作，就立刻触发 MainC 组件中的 Boot.booted，也就是编写应用程序中的 booted 实现过程。这个 booted 也就相当于传统意义上的 main 函数。

5) 运行任务调度器

当应用程序 booted 处理完毕后，TinyOS 进入内核进行任务调度循环。只要任务队列不为空，调度系统就一直运行。当任务队列为空时，TinyOS 将调节硬件至低功耗休眠模式。

后面将介绍微控制器如何管理电源状态。

如果其中有中断到达，那么将退出休眠模式，进入中断处理函数。中断处理函数可能会提交若干任务，从而再次使得调度器开始工作，如此循环。

6) Boot 与 SoftwareInit

MainC 提供的 Boot 接口是由应用程序负责处理的。它主要用来启动定时器、无线通信等服务。对于在系统中只需要运行一次的初始化操作，可以把它们连接到 SoftwareInit。

自动连接(Auto-wiring)是指一个组件自动连接其依赖组件而不是将其导出供开发者进行调用。在这样的情况下，一个组件除了提供该接口外，还需要将其与 MainC 的 SoftwareInit 相连接。

例如，PoolC 是一个内存池相关的组件，它主要负责分配内存对象集合来提供动态分配服务。在它的实现 PoolP 中需要进行数据结构的初始化工作。因此，PoolC 组件应该实例化一个 PoolP，然后将其连接到 SoftwareInit。这样一来，开发者将不需要担心它何时被初始化，系统会进行自动调用的。

```
generic configuration PoolC(typedef pool_t, uint8_t POOL_SIZE) { provides interface Pool; }
implementation { components MainC, new PoolP(pool_t, POOL_SIZE); MainC.SoftwareInit -> PoolP;
Pool = PoolP; }
```

7. TinyOS 的数据存储

TinyOS 中永久存储允许节点保存的数据在断电或重新烧录程序后依然存在。

1) 基本概念介绍

TinyOS 提供了三种存储类型：小对象(Small Objects)、循环日志(Circular Logs)和大对象(Large Objects)。

存储主要接口都在 tos/interfaces 目录下，类型定义在 tos/types 目录下，相关文件名称为 BlockRead、BlockWrite、Mount、ConfigStorage、LogRead、LogWrite 和 Storage.h。存储相关的组件主要有 ConfigStorageC、LogStorageC 和 BlockStorageC。存储驱动的实现在相应的芯片目录下，例如 M25Pxx 系列 Flash 存储的具体实现在/tos/chips/stm25p 目录下。

TinyOS 提供了将 Flash 空间分为固定大小分卷(Volume)的方法，提供了类似以下内容的 xml 文件，该文件需放置在程序的应用目录下，命名规则为 volumes-CHIPNAME.xml。其中 CHIPNAME 为存储芯片型号。

```
<volume_table>
<volume name="CONFIGLOG" size="65536"/>
<volume name="PACKETLOG" size="65536"/>
<volume name="SENSORLOG" size="131072"/>
<volume name="CAMERALOG" size="524288"/> </volume_table>
```

注意：每个分卷的大小必须是可擦写单元的整数倍。

2) 配置数据存储

配置文件通常具有以下特性：

(1) 大小有限，通常为数百字节；

(2) 各个节点之间的值分布不统一；

(3) 有时是事先无法获取的值，例如和硬件相关的。

对于这些数据，一般希望进行永久存储，因此可以在 RESET、电源切换或重编程时都得到保留。典型的配置文件内容有以下几类：

(1) 校正信息，例如校正公式的参数等；

(2) 身份信息，例如 MAC 地址或 TOS_NODE_ID；

(3) 位置信息，例如三维空间坐标；

(4) 感知数据相关信息，例如获取频率以及阈值等。

BlinkConfig 例子程序的主要功能是从永久储存中读取配置数据的 period 值，然后将其除以 2，再将其写回 Flash 中。这个程序的简要分析如下：

(1) 创建 volumes-CHIPNAME.xml 文件，设置好分卷参数，并放置在应用程序目录下。

```
<volume_table>
<volume name="LOGTEST" size="262144"/>
<volume name="CONFIGTEST" size="131072"/> </volume_table>
```

(2) 明确需要使用的接口：Mount 和 ConfigStorage。

```
module BlinkConfigC {
uses {
...
interface ConfigStorage as Config;
interface Mount;
...
}
}
```

(3) 明确需要使用的组件，并进行连接。

```
configuration BlinkConfigAppC {
}
implementation {
components BlinkConfigC as App;
components new ConfigStorageC(VOLUME_CONFIGTEST);
...
App.Config -> ConfigStorageC.ConfigStorage;
App.Mount -> ConfigStorageC.Mount;
...
}
```

(4) Flash 在被使用前，需要先进行挂载(在启动 Booted 中进行)，使用 mount/mountDone 异步处理。

```
event void Boot.booted() {
conf.period = DEFAULT_PERIOD;
if (call Mount.mount() != SUCCESS) {
// Handle failure
```

```
    }
    }
```

(5) 如果挂载成功，那么 mountDone 将被调用。首先检查卷是否生效，如果生效就进行 read，否则进行提交使其生效。

```
event void Mount.mountDone(error_t error) {
if (error == SUCCESS) {
if (call Config.valid() == TRUE) {
if (call Config.read(CONFIG_ADDR, &conf,sizeof(conf)) != SUCCESS) {
// Handle failure
}
}else {
// Invalid volume. Commit to make valid.
call Leds.led1On();
if (call Config.commit() == SUCCESS) {
call Leds.led0On();
}
…
}
}
```

(6) 如果读取成功，则检查版本号。如果版本一致，则覆盖内存变量，并更新 period 值，否则将内存变量设置为默认值。最后将该内存变量写入配置文件。

```
event void Config.readDone(storage_addr_t addr, void* buf, storage_len_t len, error_t err)
__attribute__((noinline)) {
if (err == SUCCESS) {
memcpy(&conf, buf, len);
if (conf.version == CONFIG_VERSION) {
conf.period = conf.period/2;
conf.period = conf.period > MAX_PERIOD ? MAX_PERIOD : conf.period;
conf.period = conf.period < MIN_PERIOD ? MAX_PERIOD : conf.period;
} else {
// Version mismatch. Restore default.
call Leds.led1On(); conf.version = CONFIG_VERSION;
conf.period = DEFAULT_PERIOD;
}
call Leds.led0On();
call Config.write(CONFIG_ADDR, &conf, sizeof(conf));
…
}
}
```

(7) 如果写入成功，则调用 commit 命令永久写入 Flash。

```
event void Config.writeDone(storage_addr_t addr, void *buf, storage_len_t len, error_t err)
{
// Verify addr and len
if (err == SUCCESS) {
if (call Config.commit() != SUCCESS) {
// Handle failure
}
} else {
//Handle failure
}
}
```

(8) 当 commit 成功后，数据将被永久写入 Flash 中。

```
event void Config.commitDone(error_t err) {
call Leds.led0Off();
call Timer0.startPeriodic(conf.period);
if (err != SUCCESS) {
// Handle failure
}
}
```

3) 日志存储

有时需要记录系统的运行状态信息等，要求记录的信息在系统崩溃时依然能够保留下来。TinyOS 为此提供了日志存储的方式，其特点有：

(1) 记录方式是以条为基础的。

(2) 系统崩溃或断电时，只丢失最近的一些记录。

(3) 循环记录，当记录到最后无空间后，将覆盖最开始的记录。

给定的 PacketParrot 例子程序展示了 LogWrite 和 LogRead 的使用方法。其主要功能是将节点接收到的包记录在 log 中，然后在一个电力循环(Power Cycle)也就是再次启动系统时将 log 中的记录无线发送出去。例子程序简要分析如下：

(1) 定义储存到日志的格式。

```
typedef nx_struct logentry_t {
nx_uint8_t len;
message_t msg;
} logentry_t;
```

(2) 在系统启动时，开始读取日志。和配置数据存储不同，不需要进行 mount 定义储存到日志的格式。

```
event void AMControl.startDone(error_t err) {
if (err == SUCCESS) {
if (call LogRead.read(&m_entry, sizeof(logentry_t)) != SUCCESS) {
```

```
// Handle error
   }
   } else {
   call AMControl.start();
   }
   }
```

(3) 如果读取成功，则检查日志记录是否损坏。如果正常，那么将该条记录通过无线传输进行发送；否则，日志为空或格式不匹配，应进行日志擦除。

```
event void LogRead.readDone(void* buf, storage_len_t len, error_t err) {
if ( ( len == sizeof(logentry_t)) && (buf == &m_entry) ) {
call Send.send(&m_entry.msg, m_entry.len);
call Leds.led1On();
} else {
if (call LogWrite.erase() != SUCCESS) {
// Handle error. } call Leds.led0On();
   }
   }
   }
```

(4) 如果接收到包，则将其写入日志。

```
event message_t* Receive.receive(message_t* msg, void* payload, uint8_t len){
call Leds.led2On();
if (!m_busy) {
m_busy = TRUE;
m_entry.len = len;
m_entry.msg = *msg;
if (call LogWrite.append(&m_entry, sizeof(logentry_t)) != SUCCESS) {
m_busy = FALSE;
   }
   }
return msg;
   }
```

(5) 如果写入成功，则 appendDone 返回 SUCCESS；否则，先判别写入失败的原因，然后进行相应的处理。

```
event void LogWrite.appendDone(void* buf, storage_len_t len, bool recordsLost, error_t err)
{
m_busy = FALSE;
call Leds.led2Off();
   }
```

4) 大对象存储

大对象存储(块存储)通常用来保存那些不能在 RAM 中存放的对象。块存储是进行一次性写入操作的, 其单位以块为单位(256 B~64 KB)。重写擦除非常耗时。一般在重编程时使用块存储保存镜像文件。

8. 资源仲裁及电源管理

下面介绍 TinyOS 中的资源类型及其电源管理方式。

1) 基本概念介绍

TinyOS 将资源抽象为三种类型: 专有(Dedicated)、虚拟(Virtualized)和共享(Shared)。下面分别介绍这三种资源的特点。

专有资源的特点如下:

(1) 只有一个用户访问该资源。

(2) 一直独占该资源。

(3) 通过提供 AsyncStdControl、StdControl 或 SplitControl 来控制设备的开/关, 这三个接口的不同点仅在于实时性的要求不同。

虚拟资源的特点如下:

(1) 在一个资源的基础上虚拟多个资源实例(Instances)。

(2) 无法完全控制资源, 因为多实例共同使用。

(3) 由于是软件化虚拟, 所以不存在客户端数目的限制, 仅仅受到存储空间或效率的限制。例如, 多个 Timer(定时器)是虚拟在一个硬件定时器之上的。

共享资源的特点如下:

(1) 分配期间完全控制资源。

(2) 不同时被多个客户端占用。

(3) 使用仲裁机制调度客户端申请。

(4) 假设资源申请者处于合作模式, 即再有需要时申请资源, 使用完毕主动释放资源。例如, Flash 存储与无线 Radio 共享 SPI 总线, 当仲裁调度到 Flash 存储或无线 Radio 获取访问权时, 它将执行一系列操作后释放该资源。

资源仲裁(Arbiter)主要应做到以下几点:

(1) 决定何时哪个申请者获取资源控制权。

(2) 自动调用 AsyncStdControl、StdControl 或 SplitControl 接口中的 on/off 开关进行电源管理。

(3) 分配期间完全控制资源。

(4) 不同时被多个客户端占用。

(5) 使用仲裁机制调度客户端申请。

2) 共享资源示例

在 TinyOS 中, 通过 Resouce 接口的 request 申请资源, 一旦获取访问权即处理 granted 事件, 使用完毕调用 release 释放资源。

SharedResourceDemo 程序展示了多客户如何获取共享资源的访问权。程序简要分析如下:

(1) 创建三个 SharedResourceC 的实例表示有三个客户端。

```
configuration SharedResourceDemoAppC{

}
implementation {
components MainC,LedsC, SharedResourceDemoC as App,
…
components
new SharedResourceC() as SharedResource0,
new SharedResourceC() as SharedResource1,
new SharedResourceC() as SharedResource2;
App.Resource0 -> SharedResource0;
App.Resource1 -> SharedResource1;
App.Resource2 -> SharedResource2; App.ResourceOperations0 -> SharedResource0;
App.ResourceOperations1 -> SharedResource1; App.ResourceOperations2 -> SharedResource2;

}
```

其中，每个 SharedResourceC 都提供了 Resource、ResourceOperations 和 ResourceRequested 接口，同时使用了 ResourceConfigure 接口。

```
generic configuration SharedResourceC() {
provides interface Resource;
provides interface ResourceRequested;
provides interface ResourceOperations;
uses interface ResourceConfigure;
}
```

(2) 在程序启动时，提交资源的申请。

```
event void Boot.booted() {
call Resource0.request();
call Resource2.request();
call Resource1.request();
}
```

(3) 每个请求都是根据共享资源的仲裁进行调度服务的。这里实现的是 RoundRobin，即轮叫调度策略。

```
configuration SharedResourceP {
provides interface Resource[uint8_t id];
provides interface ResourceRequested[uint8_t id]; provides interface
ResourceOperations[uint8_t id];
uses interface ResourceConfigure[uint8_t id];
}
implementation {
components new RoundRobinArbiterC(UQ_SHARED_RESOURCE) as Arbiter;
…
}
```

(4) 当某个客户端获得资源访问权时，其 granted 事件被调用。在这里简单地执行 ResourceOperations 接口的 operation 命令进行访问。

```
event void Resource0.granted() {
call ResourceOperations0.operation();
}
event void Resource1.granted() {
call ResourceOperations1.operation();
}
event void Resource2.granted() {
call ResourceOperations2.operation();
}
```

(5) 通过查看 operation 命令，可以看到 operation 必须被执行。因为它保证了客户端对于资源的完全控制。

```
command error_t ResourceOperations.operation() {
if(lock == FALSE) {
        lock = TRUE;
post operationDone();
return SUCCESS;
}
return FAIL;
}
```

(6) 当 operation 操作结束后，将触发 operationDone 事件，在这里分别启动一个定时器，当到达时间周期时，释放该资源，定时器时间相当于模拟处理某些操作的时间。

```
#define HOLD_PERIOD 250
event void ResourceOperations0.operationDone(error_t error) {
call Timer0.startOneShot(HOLD_PERIOD);
call Leds.led0Toggle();
}
event void ResourceOperations1.operationDone(error_t error) {
call Timer1.startOneShot(HOLD_PERIOD);
call Leds.led1Toggle();
}
event void ResourceOperations2.operationDone(error_t error) {
call Timer2.startOneShot(HOLD_PERIOD);
call Leds.led2Toggle();
}
```

(7) 定时器 fire 被触发，释放资源，然后重新申请。

```
event void Timer0.fired() {
call Resource0.release();
```

```
call Resource0.request();
}
event void Timer1.fired() {
call Resource1.release();
call Resource1.request();
}
event void Timer2.fired() {
call Resource2.release();
call Resource2.request();
}
```

9．网络协议

TinyOS 网络协议有两个基本功能：网络分发与搜集信息。

1）分发(Dissemination)

分发协议的目的在于可靠地将数据传递给网络的每一个节点，主要用于配置参数、网络查询以及重编程等功能。分发操作需具有一定的鲁棒性，在链路临时断开或丢包率较高等情况下进行分发操作。

TinyOS 为分发提供了两个接口：DisseminationValue 和 DisseminationUpdate。

```
DisseminationC
StdControl as DisseminationControl { start(); stop() }
new Disseminator(type, key)
DisseminationUpdate { change() }
DisseminationValue { changed(); get() }
```

两个接口的定义如下：

```
interface DisseminationUpdate<t> {
command void change(t* newVal);
}
```

这个接口供分发者使用，需要分发一个新的值时，调用 change 命令。

```
interface DisseminationValue<t> {
command const t* get();
event void changed();
}
```

这个接口供接收者使用，当收到分发者发布的新的值时，触发 changed 事件，然后可以调用 get 命令获取具体数值。

EasyDissemination 示例程序的主要功能如下：

(1) 基站节点 ID 为 1，每 2 s 增加 counter，然后显示在 LED 上，同时发送给全网节点。

(2) 其他 ID 值节点为普通节点，接收基站节点的分发 counter 值，显示在自己的 LED 上。

下面对示例程序进行简要分析。在定时器 fired 中，调用 change 命令进行数据分发。

(1) 当收到分发的提示时，触发 changed 事件。

```
call Update.change(&counter);

event void Value.changed() {
const uint16_t* newVal = call Value.get();
// show new counter in leds
counter = *newVal;
post ShowCounter();
}
```

(2) 将组件连接起来。

```
configuration EasyDisseminationAppC { }
implementation {
components EasyDisseminationC;
components MainC;
EasyDisseminationC.Boot -> MainC;
components ActiveMessageC; EasyDisseminationC.RadioControl -> ActiveMessageC; components
DisseminationC; EasyDisseminationC.DisseminationControl -> DisseminationC;
components new DisseminatorC(uint16_t, 0x1234) as Diss16C; EasyDisseminationC.Value ->
Diss16C; EasyDisseminationC.Update -> Diss16C;
components LedsC;
EasyDisseminationC.Leds -> LedsC;
components new TimerMilliC();
EasyDisseminationC.Timer -> TimerMilliC;
}
```

(3) 查看 tos/lib/net/Dissemination/DisseminationC.nc 可以看到 DisseminationC 提供了 DisseminationValue 和 DisseminationUpdate 接口。

```
generic configuration DisseminatorC(typedef t, uint16_t key) {
provides interface DisseminationValue<t>;
provides interface DisseminationUpdate<t>;
}
```

(4) Makefile 内容如下，包含 drip 库。

```
COMPONENT=EasyDisseminationAppC
CFLAGS += -I$(TOSDIR)/lib/net \
-I$(TOSDIR)/lib/net/drip
include $(MAKERULES)
```

烧录 3 个节点，其 ID 分别为 1、2、3，运算并查看效果。复位(RESET)节点 2 或者节点 3 后，再查看效果。

2) 收集(Collection)

收集是与分发相对应的操作，目的在于从其他节点汇聚数据到基站节点。通常的做法是建立一个或多个搜集树(Collection Trees)，这些树的根为基站节点。

当一个节点需要递交数据时，就将该数据沿着树的路径进行传输。

```
CollectionC
StdControl as RoutingControl {start();stop()}
RootControl {setRoot()}
Receive[collectionID] {receive();}
Intercept[collectionID] {forward();}
CtpInfo
new collectionSenderC(collectionID)
Send {send(); }
```

EasyCollection 是一个搜集示例程序。普通节点周期性地发送数据至基站节点。示例代码简要分析如下：

(1) 节点在程序启动时，打开 radio。

```
event void Boot.booted() {
call RadioControl.start();
}
```

(2) 当 radio 打开成功后，启动路由控制。

```
event void RadioControl.startDone(error_t err) {
if (err != SUCCESS)
call RadioControl.start();
else
call RoutingControl.start();
if (TOS_NODE_ID == 1)
call RootControl.setRoot();
else
call Timer.startPeriodic(2000);
}
```

(3) 还需要设置收集树的根节点也就是基站节点，来搜集其他节点的数据。RootControl 关于根节点的命令有：

```
interface RootControl {
command error_t setRoot();
command error_t unsetRoot();
command bool isRoot();
}
```

SetRoot 用来设置根节点。

```
if (TOS_NODE_ID == 1)
call RootControl.setRoot();
else
call Timer.startPeriodic(2000);
```

(4) 将发送与接收的接口与收集树连接起来，表示使用收集树进行数据包的发送与接收。

```
configuration EasyCollectionAppC { }
implementation {
components EasyCollectionC, MainC, LedsC, ActiveMessageC; components CollectionC as
Collector;
components new CollectionSenderC(0xee);
components new TimerMilliC();

EasyCollectionC.Boot -> MainC;
EasyCollectionC.RadioControl -> ActiveMessageC; EasyCollectionC.RoutingControl -> Collector;
EasyCollectionC.Leds -> LedsC;
EasyCollectionC.Timer -> TimerMilliC;
EasyCollectionC.Send -> CollectionSenderC; EasyCollectionC.RootControl -> Collector;
EasyCollectionC.Receive -> Collector.Receive[0xee];
}
```

(5) 收集过程的接口大部分都由 tos/lib/net/ctp/Collectionc.nc 提供(tos/lib/net/ctp/Collection-SenderC.nc)。

```
configuration CollectionC {
provides {
interface StdControl;
interface Send[uint8_t client];
interface Receive[collection_id_t id];
interface Receive as Snoop[collection_id_t];
interface Intercept[collection_id_t id];
interface Packet; interface CollectionPacket;
interface CtpPacket;
interface CtpInfo;
interface CtpCongestion;
interface RootControl;
}
```

(6) 发送接口由抽象的 CollectionSenderC 组件提供(tos/lib/net/ctp/CollectionSenderC.nc)。

```
generic configuration CollectionSenderC(collection_id_t collectid) {
provides {
interface Send;
interface Packet;
}
}
```

这里注意一点， collectid 用于区分不同的收集树。

(7) 如果需要对收集树进行修改，那么可以参考 CollectionC 的其他接口。例如，CtpInfo 可以用来获取关于搜集树的内部信息，CtpCongestion 可以用来获取某个节点是否阻塞等。

Makefile 的内容如下，需要相应的头文件：

```
COMPONENT=EasyCollectionAppC CFLAGS += -I$(TOSDIR)/lib/net \
-I$(TOSDIR)/lib/net/le \
-I$(TOSDIR)/lib/net/ctp include $(MAKERULES)
```

10. TinyOS Build 相关工具

下面介绍 TinyOS 的相关工具，主要包括 Build 系统、Makefile 以及其他相关工具。

1）Build系统

在前面的实验中，已经了解到以下编译及烧录程序等命令：

```
$make telosb
$make telosb install
$make telosb install,1
```

从中可以看到 Build 系统是根据输入参数来决定目标编译平台以及其他操作的，这些参数可以分为以下类型。

目标平台：如 telosb,mica2 等。

(1) 动作：需要进行的操作。

- help：打印关于目标平台的帮助信息。
- install,N：编译并烧录，N 为可选项，表示节点 ID。
- reinstall,N：仅烧录(如果之前未进行编译将失败)。
- clean：清除编译后产生的文件。
- sim：编译为模拟环境。

(2) 编译选项：

- debug：开启 debug 功能，关闭优化(例如内联)。
- debugopt：开启 debug 功能并使用优化。
- verbose：打印许多额外信息，如 make 调用的每个命令的执行情况。
- wiring/nowiring：开启或关闭 ncc-wiring 选项，查看 ncc-wiring 命令的 man 了解详细情况。

(3) 烧录选项：如果存在多个目标烧录节点同时连接，需要指定烧录的端口。例如，以下表示烧录连接在/dev/ttyUSB1 上的设备：

```
$ make telosb reinstall bsl,/dev/ttyUSB1
```

2）定制 Build 系统

当发现总是在执行一些相同的选项命令，例如总是烧录/dev/ttyUSB1 的设备以及总是使用 CC2420radio 的 12 信道(channel)时，就可以进行定制。在 support/make 目录中新建文件 Makelocal，其内容如下：

```
BSL ?= /dev/ttyUSB1
PFLAGS = -DCC2420_DEF_CHANNEL=12
```

再次编译以前的程序 BlinkRadio，会发现以上内容出现在编译输出信息中。Makelocal 文件使得以下两个命令等价：

```
$make telosb bsl
$make telosb bsl,/dev/ttyUSB1
```

上面 PFLAGS 的作用在于告诉 C 在预处理中 DCC2420_DEF_CHANNEL 等于 12。除了 CC2420_DEF_CHANNEL 外，还可以设置的参数有：

① DEFINED_TOS_AM_ADDRESS：组 ID(默认为 0x22)。

② CC2420_DEF_CHANNEL：CC2420 信道(默认为 26)。

③ CC2420_DEF_RFPOWER：1～31。

④ CC1K_DEF_FREQ：CC1000 频率(默认为 434.845 MHz)。

⑤ TOSH_DATA_LENGTH：数据包 payload 长度(默认为 28)。

3) 应用程序Makefile

在每一个应用程序的目录下都存在一个 Makefile 文件，其内容类似于 COMPONENT=TopLevelComponent include $(MAKERULES)，这表示顶层的组件名称为 TopLevelComponent。

如果还需设置其他选项以及生成其他文件，那么就需要添加其他命令。以下为 Makefile 的内容：

```
COMPONENT=RadioCountToLedsAppC

BUILD_EXTRA_DEPS=RadioCountMsg.pyRadioCountMsg.class

RadioCountMsg.py: RadioCountToLeds.h

mig python -target=$(PLATFORM) $(CFLAGS)-python-classname=RadioCountMsg

RadioCountToLeds.h RadioCountMsg -o $@


RadioCountMsg.class: RadioCountMsg.java

javac RadioCountMsg.java


RadioCountMsg.java: RadioCountToLeds.h

mig java -target=$(PLATFORM) $(CFLAGS)-java-classname=RadioCountMsg

RadioCountToLeds.h RadioCountMsg -o $@


include $(MAKERULES)
```

BUILD_EXTRA_DEPS 表示除了编译 TinyOS 应用程序外，还需要编译的目标，执行 make 命令后可以看到 RadioCountMsg.py 和 RadioCountMsg.class 两个文件同时也被创建了。

但是，如果执行 make clean，这两个文件是不会被自动删除的。为此，需要添加 clean 的规则如下：

```
CLEAN_EXTRA = $(BUILD_EXTRA_DEPS) RadioCountMsg.java
```

再次执行 make clean 可以发现 RadioCountMsg.py 和 RadioCountMsg.class 文件都被删除了。

4) TinyOS编译相关工具

针对多目标平台，TinyOS 提供了一套较为统一的 Build 系统来实现简易化的编译和烧录。但其实这不是必需的，开发人员也可以自己定义自己的 Build 系统。下面通过几个简单命令的调用来实现编译烧录 Blink 这个实例程序。

(1) 使用 nesC 编译器编译源文件。

$ ncc -o build/telosb/main.exe -Os -O -mdisable-hwmul -fnesc-separator=__-Wall -Wshadow -Wnesc-all-target=telosb -fnesc-cfile=build/telosb/app.c -board= -DDEFINED_TOS_AM_GROUP = 0x22 -DIDENT_APPNAME=\"BlinkAppC\" -DIDENT_USERNAME=\"gw\" -DIDENT_HOSTNAME = \"ubuntu\" -DIDENT_USERHASH=0xc2c11851L -DIDENT_TIMESTAMP=0x4ec3613bL -DIDENT_UIDHASH=0x374ad97fL BlinkAppC.nc -lm

(2) 生成 ihex 文件。

$ msp430-objcopy --output-target=ihex build/telosb/main.exe build/telosb/main.ihex

(3) 设置 TOS_NODE_ID=1。

$ tos-set-symbols --objcopy msp430-objcopy --objdump msp430-objdump --target ihex build/telosb/main.ihex build/telosb/main.ihex.out TOS_NODE_ID=1 ActiveMessageAddressC__addr=1;

(4) 将该程序烧录到/dev/ttyUSB0 设备上。

$ tos-bsl --telosb -c /dev/ttyUSB0 -r -e -I -p build/telosb/main.ihex.out

其实，也可以执行-n 选项，查看 make 到底执行了哪些命令操作。

$ make –n telosb install,1

关于 tos-set-symbols 以及 ncc 等命令的详细含义和参数选项，可使用 man 命令进行查看。

练 习 题

根据提供的实验程序，了解 NesC 程序的结构以及 LED 亮灯的控制。实验具体要求如下：

(1) 掌握编译及烧录 telosb 程序的方法；

(2) 修改程序，只使用一个 Timer，三个 LED 灯作为 3 位二进制数表示(亮灯为 1，不亮为 0)，按照 0～7R 顺序循环显示，间隔 1 s。

试写出实验步骤。

第 7 章　无线传感器网络的节点定位技术

本章要点 ✍

- 无线传感器网络的节点定位技术；
- 无线传感器网络跟踪技术；
- 无线传感器网络时间同步技术；
- 基于距离的定位；
- 与距离无关定位算法。

7.1　节点定位技术简介

7.1.1　节点定位的几个基本概念

1. 节点定位概述

定位就是确定位置。确定位置在实际应用中有两种意义，一种是确定自己在系统中的位置，另一种是确定目标在系统中的位置。在传感器网络中，节点定位技术就是无线传感器网络节点通过某种方法在基于已知节点位置信息的情况下来计算和确定未知节点或者目标节点的坐标位置的技术。在应用中，只有知道节点的位置信息才能实现对目标信息的监测，这就需要监测到该事件的多个传感器节点之间的相互协作。

在传感器网络应用中，节点一般采取随机放置的方法。由于数目很多，不可能每个节点都要定位和确定位置信息。因此，通常仅对其中 5%～10%的节点使用定位系统，一般的方法是采用 GPS 定位设备来获得自身的精确位置。目前研究的主要方向包括两个：一个是利用锚节点基于定位算法来确认其他节点的位置，这些锚节点事先借助外部设备已经确定好了自身位置；另一个是事先设置好锚节点建立坐标系，其他节点随机摆放，然后再利用定位算法来计算未知节点的坐标位置。

传统的获得节点位置的方法是使用全球定位系统(GPS)来实现。但是 GPS 全球定位系统受价格高、体积大、功耗大等因素制约，所以大规模应用十分困难。目前主要的研究工作是利用已知位置的锚节点通过定位算法来估算和确认其他未知节点的位置信息。

2. 定位算法的评价标准

无线传感器网络定位技术的性能十分重要，一般通过以下几个标准来评定定位技术的性能。

(1) 定位精度。无线传感器网络定位技术首先要考虑到定位精度。比如，在基于距离定位的算法中，可以用定位坐标与实际坐标的距离来对比；在非距离定位的算法中，常用误差值和节点通信半径的比例来表示。

(2) 代价。定位算法需要很多代价，包括时间代价(包括一个系统的安装时间、配置时间和定位所需时间)、资金代价(包括实现定位系统的基础设施和节点设备的总费用)和硬件代价(包括一个定位系统或算法所需的基础设施和网络节点的数量、硬件尺寸等)。

(3) 规模。不同的定位算法适用的应用场合范围和规模也不同。大规模的定位算法可在大范围的场合应用，比如森林或者城市内；中等规模算法可在大型商场、小区和学校内进行定位应用；小规模的定位算法只能在一栋楼内或者一个房间内实现定位应用。

(4) 定位覆盖率。在定位系统中，能够实现定位的未知节点的数目占整个未知节点数目的比例称为定位覆盖率。

(5) 锚节点密度。锚节点通常需要人工部署，这些节点常常会受到网络部署环境的制约，会严重影响无线传感器网络应用的可扩展性。所以锚节点的密度会严重影响整个传感器网络的成本。因此，锚节点密度也是评价定位系统和算法性能的重要指标之一。

(6) 网络连通度。在定位系统中，网络的连通性会直接影响到定位算法的精度。比如，距离向量路由算法对网络连通度要求就很高。节点的密度是影响网络连通度的主要原因，节点密度提高了，传感器网络的成本也随之升高了。

(7) 鲁棒性。在理想的实验室环境内，大部分定位算法误差性比较小。但是在实际应用场合，有许多干扰因素影响测量结果。比如，障碍物引起的非视距(NLOS)、大气中存在严重的多径传播、部分传感器节点电能耗尽、节点间通信阻塞等问题容易造成定位误差突发性增大，甚至造成整个定位系统的瘫痪。因此，传感器网络定位算法必须具有很强的鲁棒性，以减小各种误差的影响，提高定位精度和可靠性。

3. WSN 的定位技术应用

除用来提供监测区域内节点的位置信息外，无线传感器网络定位技术还具有下列应用：

(1) 定向信息查询。如果监测需要，可以对某一个监测区内的监测对象进行定位，需要管理节点发送任务给这个区域内的传感器节点。

(2) 协助路由。通过节点的位置信息路由算法可以进行路由的选择。

(3) 目标跟踪。对目标的行动路线进行实时监测，并且预测目标的前进轨迹。

(4) 网络管理。使用定位技术可以实现网络管理，利用这些节点传送过来的节点位置信息来构成网络的拓扑结构，可以对整个网络的覆盖情况实时观察，并且也可以对节点分布情况进行管理。

7.1.2　节点定位技术基本原理

在传感器节点定位过程中，未知节点在获得对于邻近信标节点的距离或邻近的信标节点与未知节点之间的相对角度后，通常使用三边测量法、三角测量法或极大似然估计法来计算自己的位置，最后对得到的位置值进行修正，提高定位精度，减少误差。

1. 三边测量法

三边测量法(Trilateration)如图 7.1 所示，已知 A、B、C 三个节点的坐标分别为(x_a, y_a)、(x_b, y_b)、(x_c, y_c)，它们到未知节点 D 的距离分别为 d_a、d_b、d_c，假设节点 D 的坐标为(x, y)，

那么可以获得一个非线性方程组：

$$\begin{cases} \sqrt{(x-x_a)^2+(y-y_a)^2}=d_a \\ \sqrt{(x-x_b)^2+(y-y_b)^2}=d_b \\ \sqrt{(x-x_c)^2+(y-y_c)^2}=d_c \end{cases} \quad (7\text{-}1)$$

采用线性化方法求解，可以得到 D 点的坐标为：

$$\begin{bmatrix} x \\ y \end{bmatrix}=\begin{bmatrix} 2(x_a-x_c) & 2(y_a-y_c) \\ 2(x_b-x_c) & 2(y_b-y_c) \end{bmatrix}^{-1}\begin{bmatrix} x_a^2-x_c^2+y_a^2-y_c^2+d_c^2-d_a^2 \\ x_b^2-x_c^2+y_a^2-y_c^2+d_c^2-d_b^2 \end{bmatrix} \quad (7\text{-}2)$$

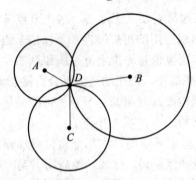

图 7.1　三边测量法

2．三角测量法

三角测量法原理如图 7.2 所示，已知 A、B、C 三个节点的坐标分别为(x_a, y_a)、(x_b, y_b)、(x_c, y_c)，节点 D 相对于节点 A、B、C 的角度分别为 $\angle ADB$、$\angle ADC$、$\angle BDC$，假设节点 D 的坐标为(x, y)。

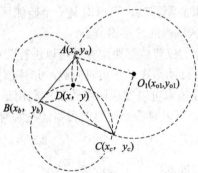

图 7.2　三角测量法

对于节点 A、C 和 $\angle ADC$，如果弧段 AC 在 $\triangle ABC$ 内，那么能够唯一确定一个圆。设圆心为 $O_1(x_{o1}, y_{o1})$，半径为 r_1，那么 $\alpha=\angle AO_1C=(2\pi-2\angle ADC)$，并存在下列公式：

$$\begin{cases} \sqrt{(x_{o1}-x_a)^2+(y_{o1}-y_a)^2}=r_1 \\ \sqrt{(x_{o1}-x_c)^2+(y_{o1}-y_c)^2}=r_1 \\ \sqrt{(x_a-x_c)^2+(y_a-y_c)^2}=2r_1^2(1-\cos\alpha) \end{cases} \quad (7\text{-}3)$$

由式(7-3)能够确定圆心 O_1 点的坐标和半径 r_1。同理对 A、B、$\angle ADB$ 和 B、C、$\angle BDC$ 分别确定相应的圆心 $O_2(x_{o2}, y_{o2})$、半径 r_2、圆心 $O_3(x_{o3}, y_{o3})$ 和半径 r_3。

最后利用三边测量法，由点 $D(x, y)$、$O_1(x_{o1}, y_{o1})$、$O_2(x_{o2}, y_{o2})$、$O_3(x_{o3}, y_{o3})$ 确定点 D 点的坐标。

3. 极大似然估计法

极大似然估计法(Maximum Likelihood Estimation)也称多边测量法，如图 7.3 所示。已知 1、2、3 等 n 个节点的坐标分别为 (x_1, y_1)、(x_2, y_2)、(x_3, y_3)、$\cdots$、(x_n, y_n)，以及它们到未知节点 D 的距离分别为 d_1、d_2、d_3、$\cdots$、d_n，假设节点 D 的坐标为 (x, y)。

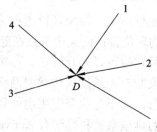

图 7.3　极大似然估计法

那么，存在下列公式：

$$\begin{cases} (x_1 - x)^2 + (y_1 - y)^2 = d_1^2 \\ (x_2 - x)^2 + (y_2 - y)^2 = d_2^2 \\ \quad\vdots \\ (x_n - x)^2 + (y_n - y)^2 = d_n^2 \end{cases} \tag{7-4}$$

从第一个方程开始分别减去最后一个方程，得

$$\begin{cases} x_1^2 - x_n^2 - 2(x_1 - x_n)x - y_1^2 - y_n^2 - 2(y_1 - y_n)y = d_1^2 - d_n^2 \\ x_{n-1}^2 - x_n^2 - 2(x_{n-1} - x_n)x - y_{n-1}^2 - y_n^2 - 2(y_{n-1} - y_n)y = d_{n-1}^2 - d_n^2 \end{cases} \tag{7-5}$$

由式(7-5)得到线性方程表达式为 $AX = B$，其中：

$$A = \begin{bmatrix} 2(x_1 - x_n) & 2(y_1 - y_n) \\ \vdots & \vdots \\ 2(x_{n-1} - x_n) & 2(y_{n-1} - y_n) \end{bmatrix}$$

$$B = \begin{bmatrix} x_1^2 - x_n^2 + y_1^2 - y_n^2 + d_n^2 - d_1^2 \\ \vdots \\ x_{n-1}^2 - x_n^2 + y_{n-1}^2 - y_n^2 + d_n^2 - d_{n-1}^2 \end{bmatrix} \tag{7-6}$$

$$X = \begin{bmatrix} x \\ y \end{bmatrix}$$

使用标准最小均方差估计方法可得到节点 D 的坐标为：$\hat{X} = (A^{\mathrm{T}}A)^{-1}A^{\mathrm{T}}b$。

7.2 无线传感器网络自身定位技术

7.2.1 无线传感器网络节点定位算法的分类

目前无线传感器网络自身定位系统和定位算法非常多，通常有以下几种分类。

1. 物理定位与符号定位

定位系统可提供两种类型的定位结果，即物理位置和符号位置。例如，某个节点位于 (47°39′17″N，122°18′23″W)就是物理位置；而某个节点在建筑物的 123 号房间就是符号位置。一定条件下，物理定位和符号定位可以相互转换。与物理定位相比，符号定位更适于某些特定的应用场合。例如，在安装有无线烟火传感器网络的智能建筑物中，管理者更关心某个房间或区域是否有火警信号，而不是火警发生地的经纬度。大多数定位系统和算法都提供物理定位服务，符号定位的典型系统和算法有 Active Badge、微软的 Easy Living、MIT 的 Cricket 等，其中 Cricket 定位系统可根据配置实现两种不同形式的定位。

2. 绝对定位与相对定位

绝对定位与物理定位类似，定位结果是一个标准的坐标位置，如经纬度。而相对定位通常是以网络中部分节点为参考，建立整个网络的相对坐标系统。绝对定位可为网络提供唯一的命名空间，受节点移动性的影响较小，有更广泛的应用领域。但研究发现，在相对定位的基础上也能够实现部分路由协议，尤其是基于地理位置的路由(Geo-routing)，而且相对定位不需要锚节点。大多数定位系统和算法都可以实现绝对定位服务，典型的相对定位算法和系统有 SPA(Self-Positioning Algorithm)、LPS(Local Positioning System)、SpotON，而 MDS-MAP 定位算法可以根据网络配置的不同分别实现两种定位。

3. 紧密耦合与松散耦合

所谓紧密耦合定位系统，是指锚节点不仅被仔细地部署在固定的位置，并且通过有线介质连接到中心控制器；而松散型定位系统的节点采用无中心控制器的分布式无线协调方式。典型的紧密耦合定位系统包括 AT&T 的 Active Bat 系统和 Active Badge、HiBall Tracker 等。它们的特点是适用于室内环境，具有较高的精确性和实时性，时间同步和锚节点间的协调问题容易解决。但这种部署策略限制了系统的可扩展性，代价较大，无法应用于布线工作不可行的室外环境。

近年来提出的许多定位系统和算法，如 Cricket、AHLos 等都属于松散耦合型解决方案。它们以牺牲紧密耦合系统的精确性为代价而获得了部署的灵活性，依赖节点间的协调和信息交换实现定位。在松散耦合系统中，因为网络以 Ad Hoc 方式部署，节点间没有直接的协调，所以节点会竞争信道并相互干扰。针对这个问题，剑桥的 Mike Hazas 等人提出使用宽带扩频技术(如 DSSS、DS/CDMA)以解决多路访问和带内噪声干扰问题。

这种分类方法与基于基础设施和无需基础设施 (Infrastructure-based versus Infrastructure-free)的分类方法相似，所不同的是，后者是以整个系统除了传感器节点以外是否还需要其他设施为标准的。

4．集中式计算与分布式计算

集中式计算是指把所需信息传送到某个中心节点(如一台服务器)，并在那里进行节点定位计算的方式；分布式计算是指依赖节点间的信息交换和协调，由节点自行计算的定位方式。

集中式计算的优点在于从全局角度统筹规划，计算量和存储量几乎没有限制，可以获得相对精确的位置估算。它的缺点包括与中心节点位置较近的节点会因为通信开销大而过早地消耗完电能，导致整个网络与中心节点信息交流的中断，无法实时定位等。集中式定位算法包括凸规划(Convex Optimization)、MDS-MAP 等。N-hop Multilateration Primitive 定位算法可以根据应用需求采用两种不同的计算模式。

5．基于测距技术的定位和无需测距技术的定位

Range-based 定位通过测量节点间点到点的距离或角度信息，使用三边测量(Trilateration)、三角测量(Triangulation)或最大似然估计(Multilateration)定位法计算节点位置；Range-free 定位则无需距离和角度信息，仅根据网络连通性等信息即可实现。

6．粗粒度与细粒度

依据定位所需信息的粒度可将定位算法和系统分为两类：细粒度定位技术和粗粒度定位技术。根据信号强度或时间等来度量与锚节点距离的称为细粒度定位技术；根据与锚节点的接近度(Proximity)来度量的称为粗粒度定位技术。其中细粒度又可细分为基于距离和基于方向性测量两类。另外，应用在 RadioCamera 定位系统中的信号模式匹配专利技术(Signal Pattern Matching)也属于细粒度定位。粗粒度定位的原理是利用某种物理现象来感应是否有目标接近一个已知的位置，如 Active Badge、凸规划、Xeror 的 ParcTAB 系统、佐治亚理工学院的 Smart Floor 等。

7．三角测量、场景分析和接近度定位

定位技术也可分为三角测量、场景分析和接近度三类，其中三角测量和接近度定位与粗、细粒度定位相似。而场景分析定位是根据场景特点来推断目标位置，通常被观测的场景都有易于获得、表示和对比的特点，如信号强度和图像。场景分析的优点在于无需定位目标参与，有利于节能并具有一定的保密性；它的缺点在于需要事先预制所需的场景数据集，而且当场景发生变化时，必须重建该数据集。RADAR(基于信号强度分析)和 MIT 的 Smart Rooms (基于视频图像)就是典型的场景分析定位系统。

7.2.2　无线传感器网络自身定位系统和算法

下面简单介绍无线传感器网络定位系统和几种典型算法。

1．Cricket 定位系统

Cricket 是松散耦合定位系统，这种定位系统弥补了紧密耦合定位系统的不足。它由散布在建筑物内位置固定的锚节点和需要定位的人或物体携带的未知节点(称为 Listener)组成。锚节点随机地同时发射射频信号和超声波信号，射频信号中包含该锚节点的位置和 ID 值。未知节点使用 TDOA(Time Difference of Arrival，到达时间差)技术测量其与锚节点的距离，当它能够获得 3 个以上锚节点距离时，使用三边测量法可获得物理定位，精度为 4×4 平方英尺，否则就以房间为单位提供符号定位。

2. SPA(Self-positioning Algorithm)相对定位算法

相对定位算法是针对无基础设施的移动无线网络的一种定位算法。它选择网络中密度最大处的一组节点作为建立网络全局坐标系统的参考点(称为 Location Reference Group)，并在其中选择连通度最大的一个节点作为坐标系统的原点。这种算法是先根据节点间的测距结果在各个节点建立局部坐标系统，通过节点间的信息交换与协调，以参考点为基准通过坐标变换(旋转与平移)建立全局坐标系统。

3. 凸规划定位算法

凸规划定位算法是将节点间点到点的通信连接视为节点位置的几何约束，把整个网络模型化为一个凸集，从而将节点定位问题转化为凸约束优化问题，然后使用半定规划和线性规划方法得到一个全局优化的解决方案，确定节点位置。

4. DV-hop 定位算法

DV-hop 定位算法是由 D.Niculescu 和 B.Nath 等人提出的。DV-hop 定位算法的原理与经典的距离矢量路由算法比较相似。基本思想是将未知节点到信标节点之间的距离用网络平均每跳距离和两者之间跳数乘积表示，使用多边测量法计算获得节点位置信息，其过程大致分为三个阶段。

(1) 计算未知节点与每个信标节点的最小跳数。

信标节点向邻居节点广播自身位置信息的分组，其中包括跳数字段，初始化为 0。

接收节点记录具有到每个信标节点的最小跳数，忽略来自同一个信标节点的较大跳数的分组。然后将跳数值加 1，并转发给邻居节点，通过这个方法，网络中的所有节点能够记录下到每个信标节点的最小跳数。

(2) 计算未知节点与信标节点的实际跳段距离。

每个信标节点根据第一阶段中记录的其他信标节点的位置信息和相距跳数，利用以下公式估算平均每跳的实际距离：

$$\text{HopSize}_i = \frac{\sum\limits_{i \neq j} \sqrt{(x_i - x_j)^2 + (y_i - y_j)^2}}{\sum\limits_{i \neq j} h_j} \tag{7-7}$$

其中，(x_i, y_i)、(x_j, y_j) 是信标节点 i、j 的坐标，h_j 是信标节点 i 与 $j(j \neq i)$ 之间的跳段数。

然后，信标节点将计算的每跳平均距离用带有生存期字段的分组广播至网络中，未知节点仅记录接收到的第一个每跳平均距离，并转发给邻居节点。这个策略确保了绝大多数节点从最近的信标节点接收每跳平均距离值。未知节点接收每跳平均距离后，根据记录的跳数，计算到每个信标节点的跳段距离。

(3) 利用多边测量法计算自身的位置。

例如在图 7.4 中，通过前面两个阶段，能够计算出信标节点 L_1 与 L_2、L_3 之间的实际距离和跳数。那么信标节点 L_2 计算的每跳平均距离为 $(40 + 75)/(2 + 5)$，假设 A 从 L_2 获得每跳平均距离，则节点 A 与三个信标节点

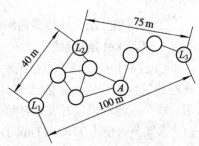

图 7.4 DV-hop 定位算法示意

之间的距离为 $L_1 = 3 \times 16.42$，$L_2 = 2 \times 16.42$，$L_3 = 3 \times 16.42$，最后使用多边测量法。对于网络中所有节点性能参数都相同的各向同性网络，DV-hop 算法在网络平均连通度为 10，信标节点比例为 1096 时平均定位精度大约为 33%。其缺点是仅在各向同性的密集网络中，校正值才能合理地估算平均每跳距离。

DV-hop 算法与基于测距算法具有相似之处，就是都需要获得未知节点到锚节点的距离，但是 DV-hop 获得距离的方法是通过网络中拓扑结构信息的计算而不是通过无线电波信号的测量。

在基于测距的方法中，未知节点只能获得到自己射频覆盖范围内的锚节点的距离，而 DV-hop 算法可以获得到未知节点无线射程以外的锚节点的距离，这样就可以获得更多的有用数据，提高定位精度。

5. DV-distance 定位算法

DV-distance 算法与 DV-hop 类似，所不同的是相邻节点使用 RSSI(Received Signal Strength Indicator)测量节点间点到点的距离，然后利用类似于距离矢量路由的方法传播与锚节点的累计距离。当未知节点获得与 3 个或更多锚节点的距离后使用三边测量定位。DV-distance 算法也仅适用于各向同性的密集网络。实验显示，该算法的定位精度为 20%(网络平均连通度为 9，锚节点比例为 10%，测距误差小于 10%)，但随着测距误差的增大，定位误差也急剧增大。

6. Euclidean 定位算法

Euclidean(欧几里德)定位算法给出了计算与锚节点相隔两跳的未知节点位置的方法。如图 7.5 所示，假设节点拥有 RSSI 测距能力，已知未知节点 B、C 在锚节点 L 的无线射程内，BC 距离已知或通过 RSSI 测量获得，节点 A 与 B、C 相邻。对于四边形 ABCL，所有边长和一条对角线 BC 已知，根据三角形的性质可以计算出 AL 的长度(节点 A 与 L 的距离)。使用这种方法，当未知节点获得与 3 个或更多锚节点之间的距离后定位自身。

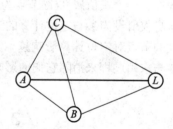

图 7.5 Euclidean 算法示意

7. DV-coordinate 定位算法

在 DV-coordinate 算法中，每个节点首先利用 Euclidean 算法计算两跳以内的邻近节点的距离，建立局部坐标系(以自身位置作为原点)。随后，相邻节点交换信息，假如一个节点从邻居那里接收到锚节点的信息并将其转化为自身坐标系中的坐标后，可使用两种方法定位自身：一种方法是在自身坐标系中计算出距离，并使用这些距离进行三边测量定位；另一种方法是将自身坐标系转换为全局坐标系。这两种方法具有相同的性能。

Euclidean 和 DV-coordinate 定位算法虽然不受网络各向异性的影响，但会受到测距精度、节点密度和锚节点密度的影响。实验显示，Euclidean 和 DV-coordinate 算法定位误差分别约为 20% 和 80%(网络平均连通度为 9，锚节点比例为 20%，测距误差小于 10%)。

8. DV-bearing 和 DV-radial 定位算法

DV-bearing 和 DV-radial 算法提出了以逐跳方式(Hop by Hop)跨越两跳甚至 3 跳来计算

与锚节点的相对角度，最后使用三角测量定位的方法。两者的区别在于，DV-radial 算法中每个锚节点或节点都安装有指南针(Compass)，从而可以获得绝对角度信息(例如与正北方向的夹角)，并达到减少通信量和提高定位精度的目的。

9. Cooperative Ranging 和 Two-Phase Positioning 定位算法

Cooperative Ranging 和 Two-Phase Positioning 这两种定位算法是属于循环求精定位算法。它们都分为起始和循环求精两个阶段。起始阶段着重于获得节点位置的粗略估算。而在循环求精阶段，每一次循环开始时每个节点向其邻居节点广播它的位置估算，并根据从邻居节点接收的位置信息和节点间的测距结果，重新执行三边测量，计算自身位置，直至位置更新的变化可接受时循环停止。

Cooperative Ranging 算法的起始阶段又称为 TERRAIN(Triangulation via Extended Range and Redundant Association of Intermediate Nodes)。首先在所有锚节点上，根据节点间测距结果使用 ABC (Assumption Based Coordinates)算法建立局部坐标系统，然后将结果(以这个锚节点为原点的局部网络拓扑)传播到整个网络。未知节点根据它所获得的网络拓扑确定其与锚节点的距离，当获得 4 个与锚节点的距离后，使用三边测量定位自身。然后进入循环求精阶段。

与 Cooperative Ranging 算法不同，为了克服锚节点稀疏问题，Two-Phase Positioning 算法在起始阶段使用 Hop-TERRAIN 算法获得节点位置的粗略估算。在循环求精阶段，使用加权最小二乘法进行三边测量以计算新位置。它有两个特点：其一是给节点的位置估算增加了一个权值属性(锚节点为 1，未定位节点为 0.1；未知节点每执行一次定位计算后，将自身权值设为参与定位计算的节点的均值)，利用加权最小二乘法进行定位计算，使误差越大的节点对定位计算影响越小。其二是对因连通度低导致定位误差大的节点，通过不让其参与求精过程来消除它们的影响。

7.3　无线传感器网络跟踪技术

针对不同的应用，目前已经开发了多种无线传感器网络目标跟踪系统，比较有影响的目标跟踪系统与算法也很多，下面简要介绍面向目标跟踪的无线传感器网络。

1. 目标跟踪的基本内容

目标跟踪系统是为了保持对目标当前状态的估计而对所接收到的量测信息进行处理的软、硬件系统。首先使用传感器获取相关的原始数据，然后根据先验信息(数据库、数学模型等)对原始数据进行处理，从而得到一些决策支持信息。图 7.6 是目标跟踪系统框图。

图 7.6　目标跟踪系统框图

机动目标跟踪的实质是一个受被跟踪目标运动约束的优化过程,所涉及的问题是控制、信号处理、通信等技术发展的前沿问题,最新的研究动向包括采用人工智能来提高跟踪性能和基于多传感器的数据融合。机动目标跟踪的基本流程为递推过程,其基本原理框图如图 7.7 所示,传感器接收到的观测数据首先被考虑用于更新已建立的目标轨迹,然后数据关联用于测量/轨迹配对是否合理或正确,并根据跟踪维持方法,即图中的机动识别和滤波预测,估计出各目标轨迹的真实状态,最后在新的测量到达之前,由目标预测状态可以确定下一时刻的跟踪门中心和大小,并重新开始跟踪过程的递推循环。

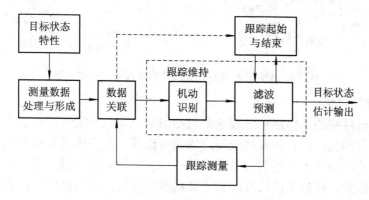

图 7.7　机动目标跟踪基本原理框图

随着跟踪技术的不断发展,目标跟踪系统各环节之间的界限日益模糊,但跟踪的基本原理大同小异。其基本内容包括:

(1) 滤波与预测。滤波和预测的目的是估计当前和未来时刻目标的运动状态,包括目标的位置、速度和加速度等。基本的滤波方法有维纳滤波、最小二乘滤波、a-P 滤波、a-P 斗滤波和卡尔曼滤波等。

(2) 机动目标模型。机动目标模型是指描述目标运动状态变化规律的数学模型。估计理论特别是卡尔曼滤波理论要求建立数学模型来描述与估计问题有关的物理现象。经典的模型包括加速度时间相关模型、相关高斯噪声模型、变维滤波器、交互多模算法、机动目标“当前”统计模型等。

(3) 数据关联。数据关联是目标跟踪的核心部分。数据关联过程是将候选轨迹(跟踪规则的输出)与已知目标轨迹相比较,并最后确定正确的观察/轨迹配对的过程。正确地判定测量信息的来源是有效维持目标跟踪的关键。数据关联的研究包括最佳批处理算法、“最近邻”滤波、概率数据关联滤波方法、联合概率数据关联滤波方法、“全邻”最优滤波器、多假设跟踪方法等,并有更多的新的相关学科研究成果应用于数据关联,比如遗传算法、神经网络、模糊集论等。

2. 面向跟踪的无线传感器网络

传感器网络的目标跟踪实质是协作跟踪的过程。通过节点间相互协作对目标进行跟踪,就能在资源受限的条件下得到比单个节点独立跟踪更加精确的结果。传感器网络跟踪技术的关键问题在于如何共享数据信息、协作处理数据和管理参与跟踪的节点组,比如哪些节点参与跟踪、何时唤醒参与跟踪的节点、跟踪信息的传播方式范围、如何传送跟踪数据给控制节点以及节点需要多长时间进行通信等。这些都需要综合具体任务要求、网络环境等加以确定。图 7.8 是面向目标跟踪的无线传感器网络结构体系图。

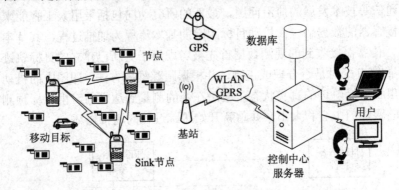

图 7.8　面向目标跟踪的无线传感器网络结构体系图

3. 协作跟踪过程

基于传感器网络的目标跟踪过程通常包括侦测、定位和通告三个主要阶段，在不同的阶段采用不同的技术。在侦测阶段，可以选择红外、超声或者振动技术侦测目标的出现；在定位阶段，通过多个传感器节点互相协作，采用多边测量、双元检测等算法，确定目标的当前位置，根据节点位置的历史数据来估计目标的运动轨迹；通告阶段是节点交换信息的阶段，主要是广播目标的预估轨迹，通知和启动轨迹附近的节点加入目标跟踪过程。

7.4　无线传感器网络时间同步技术

7.4.1　时间同步模型

时间同步是无线传感器网络支撑技术的重要组成部分。研究无线传感器网络中的时间同步首先要分析其应用需求，在无线传感器网络中，由于传感器节点分布密度高，而且自身资源有限，因此传统网络中高精度、不计成本和能耗的时间同步技术就不再适用于无线传感器网络。

1. 时间同步模型

随着时间同步概念的提出，时间同步模型根据应用需求经历了以下三种模型的演变。

(1) 模糊模型：指时间同步仅需知道事件发生的先后次序，无需了解事件发生的具体时间。它是将时间同步简化为先来后到的问题，给人直观的印象，无需将细节具体化。

(2) 相对模型：指在维持节点间的相对时间。在该模型中，节点间彼此独立，不同步，每个节点都有自己的本地时钟，且它知道与其他节点的时间偏移量。根据需要，每个节点可与其他节点保持相对同步。

(3) 精准模型：特点在于其唯一性，它要求全网所有节点都与基准参考点保持同步，维持全网唯一的时间标准。

7.4.2　时间同步算法与性能对比分析

1．时间同步算法

随着应用需求的不断提高，时间同步趋于第三种模型，而时间同步算法也逐步成熟，已完成了级间的跳跃。

1）RBS

RBS(Reference Broadcast Synchronization)是由J.Elson等人于2002年提出的基于参考广播接收者与接收者之间的局部时间同步。其具体描述为：第三方节点定时发送参考广播给相邻节点，相邻节点接收广播并记录到达时间，以此时间作为参考与本地时钟比较。相邻节点交换广播到达时间利用最小方差线性拟合的方法，估算两者的初始相位差和频率差，以此调整本地时钟，达到接收节点间的同步。为提高同步精度，可以增加参考广播的个数，也可以多次广播。

RBS消除了发送节点的时延不确定性，误差仅来源于传输和接收时延，同步精度较高；但由于多次广播参考消息，能耗较大，随着网络规模及节点数目的增多，开销也会越来越大，因此RBS不适用于能量有限的无线传感器网络。

2）TPSN

TPSN(Timing-sync Protocol for Sensor Networks)是由Saurabh Ganeriwal等人于2003年提出的基于成对双向消息传送的发送者与接收者之间的全网时间同步。其具体过程为：同步过程分为分层和同步两个阶段。分层阶段是一个网络拓扑的建立过程。首先确定根节点及等级，根节点是全网的时钟参考节点，等级为0级，根节点广播包含有自身等级信息的数据包，相邻节点收到该数据包后，确定自身等级为1级，然后1级节点继续广播带有自身等级信息的数据包，以此类推，i级节点广播带有自身等级信息的数据包，其相邻节点收到后确定自身等级为$i+1$，直到网络中所有节点都有自身的等级。一旦节点被定级，它将拒收分级数据包。同步阶段从根节点开始，与其下一级节点进行成对同步，然后i级节点与$i-1$级节点同步，直到每个节点都与根节点同步。成对同步的过程如图7.9所示。

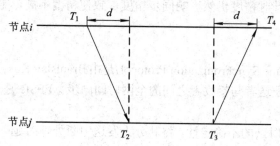

图 7.9　成对同步的过程

节点i在本地时刻T_1时向节点j发送同步请求，该请求中包含节点i的等级和T_1，节点j在本地时刻T_2时收到请求并在T_3时回发同步应答，该应答包含T_2和T_3，节点i于本地时刻T_4收到应答信息，根据时间关系可列出方程：

$$T_2 = T_1 + d + \Delta \tag{7-8}$$

$$T_4 = T_3 + d - \Delta \tag{7-9}$$

其中，d 为消息传输迟延，Δ 为时钟偏差。经过计算得

$$d = \frac{(T_2 - T_1) + (T_4 - T_3)}{2} \qquad (7\text{-}10)$$

$$\Delta = \frac{(T_2 - T_1) - (T_4 - T_3)}{2} \qquad (7\text{-}11)$$

节点 i 计算出时钟偏差 Δ，从而调整自己的时钟，达到同步。

TPSN 采用层次分级形成拓扑树结构，从根节点开始完成了所有叶子节点与根节点的同步，在 MAC 层打时间戳，降低了发送端的不确定性，减小了传送时延、传播时延和接收时延。该算法中任意节点的同步误差与其到根节点的跳数有关，跳数越多，误差越大，而与网络节点总数无关，所以该算法具有较好的可扩展性；但由于全网参考时间由根节点确定，一旦根节点失效，就要重新选取根节点进行同步，其鲁棒性不强，再同步还需要大量计算和能量开销，会增加整个网络负荷。

3) DMTS

DMTS(Delay Measurement Time Synchronization)是由 Ping S 于 2003 年提出的基于基准节点广播的发送者与接收者之间的全网时间同步。其具体描述为：选择一个基准节点，广播包含时间的同步消息，接收节点根据时间信息估算消息传输时延，调整自身本地时间为同步消息所带时间加传输时延。消息传输时延 t_d 等于发射时延 t_s 加接收处理时间 t_v；发射时延为发射前导码和起始符所需的时间，等于发射位数 n 乘以发射一位所需的时间 t，接收处理时间等于接收处理完成时间 t_2 减消息到达时间 t_1。因此，可得出以下公式：

$$t_d = t_s + t_v = n \times t + (t_2 - t_1) \qquad (7\text{-}12)$$

将 DMTS 应用到多跳网络中还采用与 TPSN 相同的分层方法进行同步，只是将每一层看做一个单跳网络，基准节点依次定在 0 级、1 级、2 级、……、n 级，逐步实现全网同步。为避免广播消息回传，每个节点只接收上一层等级比自己低的节点广播。

DMTS 以牺牲同步精度换取低能耗，结合使用在 MAC 层打时间戳和时延估计技术，消除了发送时延和接入时延，计算简单，开销小；但 DMTS 没有估算时钟频偏，时钟保持同步时间较短，时钟计时精度仍然影响同步精度，致使精度不高，难以用于定位等高精度的应用中。

4) FTSP

FTSP(Flooding Time Synchronization Protocol)是由 Branislav Kusy 于 2004 年提出的基于单向广播消息传递的发送者与接收者之间的全网时间同步。FFSP 是对 DMTS 的改进，具体不同在于：

(1) FTSP 降低了时延的不确定性，将其分为发送中断处理时延、编码时延、传播时延、解码时延、字节对齐时延和接收中断处理时延。

(2) 类似于 RBS，FTSP 可通过发送多个信令包，接收节点通过最小方差线性拟合计算出发送者与接收者之间的初始相位差和频率差。

(3) FTSP 根据一定时间范围内节点时钟晶振频率稳定的原则，得出各节点间时钟偏移量与时间呈线性关系，利用线性回归的方法通过节点周期性发送同步广播使得接收节点得到多个数据对构造回归直线，而且在误差允许的时间间隔内，节点可通过计算得出某一时间节点间的时钟偏移量，减少了同步广播的次数，节省了能量。

(4) FTSP 提出了一套较完整的针对节点失效、新节点加入等引起的拓扑结构变化时根节点的选举策略，从而提高了系统的容错性和健壮性。

FTSP 通过在 MAC 层打时间戳和利用线性回归的方法估计位偏移量，降低了时延的不确定性，提高了同步精度，适用于军事等需要高同步精度的场合。

5) LTS

LTS(Lightweight Time Synchronization)是由 VanGreunen Jana 和 Rabaey Jan 于 2003 年提出的基于成对机制的发送者与接收者之间的轻量级全网时间同步。

LTS 算法在成对同步的基础上进行了改进，具体包括两种同步方式。第一种是集中式，首先构建一个低深度的生成树，以根节点作为参考节点，为节省系统有限能量，按边进行成对同步，根节点与其下一层的叶子节点成对同步，叶子节点再与其下一层的孩子节点成对同步，直到所有节点完成同步。因为同步时间和同步精度误差与生成树的深度有关，所以深度越小，同步时间越短，同步精度误差越小。第二种是分布式，当节点 i 需要同步时，发送同步请求给最近的参考节点。此方式中没有利用生成树，按已有的路由机制寻找参考点。在节点 i 与参考节点路径上的所有节点都被动地与参考节点同步时，已同步节点不需要再发出同步请求，减少了同步请求的数量。为避免相邻节点发出的同步请求重复，节点 i 在发送同步请求时询问相邻节点是否也需同步，将同步请求聚合，减少了同步请求的数目和不必要的重复。

LTS 根据不同的应用需求在可行的同步精度下降低了成本，简化了计算复杂度，节省了系统能量。

2. 时间同步算法性能对比分析

1) 时间同步算法的性能评价指标

根据无线传感器网络自身资源有限、节点成本低、功耗低、自组织网络等特点，应从以下几点考虑无线传感器网络的时间同步算法。

(1) 能耗。由于无线传感器网络自身节点能量有限，其时间同步算法应保证在精度有效的前提下实现低能耗。

(2) 可扩展性。在无线传感器网络中，节点数目增减灵活，时间同步算法应满足节点数目增减和密度变化，具有较强的可扩展性。

(3) 鲁棒性。由于环境、能量等其他因素容易导致无线传感器网络节点无法正常工作，甚至会退出网络，所以时间同步算法应具有较强的鲁棒性，保证通信畅通。

(4) 同步寿命。同步寿命是指节点间达到同步后一直保持同步的时间。同步寿命越短，节点就需要在较短的时间内再同步，消耗的能量就越高。时间同步需要同步寿命较长的算法。

(5) 同步消耗时间。同步消耗时间是指节点从开始同步到完成同步所需的同步。同步消耗时间越长，所需的通信量、计算量和网络开销就越大，能耗也越高。

(6) 同步间隔。同步间隔是指节点同步寿命结束到下一次同步开始所间隔的时间。同步间隔越长，同步开销就越小，能耗越低。

(7) 同步精度。不同的应用要求不同数量级的同步精度，有的时间同步只需知道事件发生的先后顺序，而有些则需精确到微秒级。

(8) 同步范围。同步范围分为全网同步和局部同步。全网同步难度大、费用高；局部同步较易实现。要权衡整个系统的功能应用及能耗开支等因素才能选择合适的同步范围。

(9) 硬件限制。考虑传感器节点的体积、大小和成本，时间同步算法会受到传感器节点硬件的限制，只有依赖硬件条件，才能设计出满足应用需求的时间同步算法。

2) 时间同步算法性能对比分析

为了对以上时间同步算法作进一步的分析比较，使用了 Berkerly 大学研制的 Mica2 无线传感器节点进行对比实验，根据这些指标对上述时间同步算法进行比较分析。具体性能比较如表 7.1 所示。

表 7.1　时间同步算法性能对比分析表

算法 性能指标	RBS	TPSN	DMTS	FTSP	LTS	Tiny- sync/Mini-sync
能耗	较高	高	较低	较低	一般	一般
可扩展性	有限	好	一般	较好	好	较好
鲁棒性	一般	弱	一般	强	较弱	一般
同步间隔	较大	较小	小	较大	中等	较大
同步精度	较高	高	中等	较高	较低	较低
同步范围	局部	全网	全网	全网	全网	全网

7.5　无线传感器网络测距技术

7.5.1　基于距离的定位技术

使用三边定位和多边定位的方法需要测量距离，有了距离后才能确定节点位置。测量距离的技术已经很成熟了。测距方法主要包括信号相位差(PDOA)、接收信号强度(RSSI)、信号传播时间/时间差/往返时间(TOA/TDOA/RTOF)、近场电磁测距(NFER)等。

1. 信号相位差(PDOA)测距

信号相位差(Phase Difference Of Arrival, PDOA)测距法是根据节点所处位置不同而造成的信号传播引起相位差异来计算信号往返所需要的时间，然后再计算节点之间的距离。节点间的距离和相位差之间的关系如下：

$$d = c \frac{\varphi}{2\pi f_c} = \frac{c\varphi}{f_c 2\pi} = \lambda \frac{\varphi}{2\pi} \tag{7-13}$$

式中，λ 表示信号传播的波长；f_c 表示信号的传播频率；φ 表示发送信号和反射信号之间的相位差。可以从上面公式得出 d 的范围是 $[0, \lambda]$。节点之间的距离会存在差异，如果节点两者之间的距离有 λ 倍的距离差，那么测量获得的相位也是相同的。此时可用公式表示如下：

$$d = \lambda \frac{\varphi}{2\pi} + n\lambda = \lambda \left(\frac{\varphi}{2\pi} + n \right) \tag{7-14}$$

式中，n 是不小于 0 的整数。利用相位差测距，首先要估算节点间的距离，然后才能确定 n

的值，最后利用上述公式来计算出距离。相位差测距在小范围内的监测区域误差不大，但是在大面积的场所测试的结果误差会很大。

2. 接收信号强度(RSSI)测距

接收信号强度(Receive Signal Strength Indicator, RSSI)法是利用了无线信号会在传播过程中衰减从而来计算节点间的距离的。信号强度和距离之间有直接的关系，利用这个关系建立两者之间的数学模型，使用这个数学模型可以求出发射机和接收机之间的距离。根据推导得出这个数学模型如下：

$$PL(d) = PL(d_0) - 10n \lg \frac{d}{d_0} - X_\sigma \tag{7-15}$$

式中：d 为节点之间的距离；n 为信号衰减指数，常取值 2~4；d_0 为参考的距离；$PL(d)$ 为距离发送节点 d 处的信号强度；X_σ 是均值为 0，方差为 σ 的高斯随机噪声变量；$PL(d_0)$ 一般可以从经验得出也可以从硬件说明定义中得到。

由于定位系统所处的监测区域十分复杂，信道会受到外界因素的干扰，所以根据上述公式测量的距离会存在误差。对于测得的一组数据，可以采用最小二乘估计法来减小其误差。

3. 信号传播时间/时间差/往返时间(TOA/TDOA/RTOF)

这一类方法使用信号传播时间来确定节点间的距离。如图 7.10 所示，可以使用单程的信号传播时间(TOA)方式，也可以使用信号往返的时间(RTOF)，或者利用不同类型的信号(如超声波和电池波)来计算在同一对节点之间的传播时间差(TDOA)，从而来计算节点的距离。

到达时间(Time Of Arrival, TOA)法使用发射机到接收机之间的往返时间来计算收发机之间的距离。如图 7.10 所示，选择传播速度 v 比较慢的信号，比如超声波来测量到达时间。这种方法要求发射机和接收机都是严格时间同步的。公式表示如下：

$$d = (T_1 - T_0) \times v \tag{7-16}$$

往返传播时间(Roundtrip-Time-Of-Flight, RTOF)如图 7.11 所示。如果发射机和接收机属于不同的时钟域，可以用计算往返时间和扣除处理延时的方法估计发射机和接收机之间的距离，即

$$d = \frac{[(T_3 - T_0) - (T_2 - T_1)] \times v}{2} \tag{7-17}$$

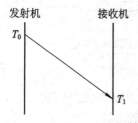

图 7.10　到达时间 TOA 测量

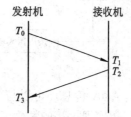

图 7.11　往返传播时间 RTOF

由于 $T_3 - T_0$ 和 $T_2 - T_1$ 分别属于发射机和接收机的时钟域，发射机和接收机分别测量时间差，因此发射机和接收机不需要时间同步。异频雷达收发机就是使用两个不同频率的信道进行往返距离的计算来测量距离。在无线传感器网络中使用超声波可以实现比较精确的 TOA 测距系统。

与 RSSI 一样，测量值的误差对距离估计有很大的影响。基于信号传播时间的测距精度由时间差的测量精度决定，时间差的精度由参考时钟决定。因此，高精度的距离测量需要高精度的参考时钟，有的需要高精度的时钟同步。对于低成本、低带宽、无参考时钟的无线传感器网络来说，获得高精度时钟本身就是一个挑战。

到达时间差(Time Difference Of Arrival, TDOA)法与 TOA 方法类似，该方法使用两种不同的传播速度的信号，如一个超声波信号和一个射频信号，两个信号向同一个方向发送即可，如图 7.12 所示，收发机之间的距离为 d，T_c 时刻发射机发送射频信号，随后，在 T_1 时刻发送超声波信号。接收机分别在 T_3、T_1 时刻接收到射频和超声波信号。采用 TDOA 法计算节点距离的公式是：

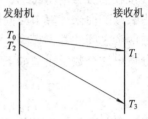

图 7.12　到达时间差 TDOA 测量

$$d = [(T_3 - T_1)] - (T_2 - T_0)] \times \frac{v_{RF} - v_{US}}{v_{RF} \times v_{US}} \tag{7-18}$$

式中，v_{RF} 是射频信号传播速度，v_{US} 是超声波信号传播速度。由于发射机在传送射频和传送超声波的时候有处理时间差，需要通过精确地测量 $T_2 - T_0$ 来补偿这个时间差，获得精确的距离。

4. 基于 AOA 的定位

在基于到达角度 AOA 的定位机制中，接收节点通过天线阵列或多个超声波接收机感知发射节点信号的到达方向，计算接收节点和发射节点之间的相对方位或角度，再通过三角测量法计算出节点的位置。AOA 定位如图 7.13 所示，接收节点通过麦克风阵列感知发射节点信号的到达方向。AOA 测定方位角和定位的实现过程可分为三个阶段：① 相邻节点之间方位角的测定；② 相对信标节点的方位角测量；③ 利用方位信息计算节点的位置。

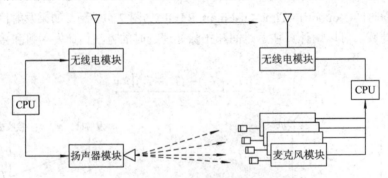

图 7.13　AOA 定位图

另外，AOA 信息还可以与 TOA、TDOA 信息一起使用成为混合定位法。采用混合定位法或者可以实现更高的精度，减小误差，或者可以降低对某一种测量参数数量的需求。AOA 定位法的硬件系统设备复杂，并且需要两节点之间存在视距(LOS)传输，因此不适合用于无线传感器网络的定位。

7.5.2　与距离无关的定位算法

分布式不基于测距的算法常用的有质心算法、基于距离矢量计算跳数的算法(DV-hop)、无定形的(Amorphous)算法和以三角形内的点近似定位(APIT)算法。DV-hop 算法在 7.2.2 节已介绍，下面主要介绍其他三种算法。

1. 质心定位算法

质心定位算法(质心算法)是南加州大学 Nirupama Bulusu 等学者提出的一种仅基于网络连通性的室外定位算法。该算法的中心思想是：未知节点以所有在其通信范围内的锚节点的几何质心作为自己的估计位置。具体过程为：锚节点每隔一段时间向邻居节点广播一个信标信号，信号中包含有锚节点自身的 ID 和位置信息。当未知节点在一段侦听时间内接收到来自锚节点的信标信号数量超过某一个预设的门限后，该节点认为与此锚节点连通，并将自身位置确定为所有与之连通的锚节点所组成的多边形的质心。

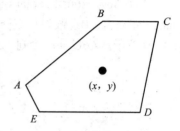

图 7.14　质心定位算法图示

如图 7.14 所示，多边形 $ABCDE$ 的顶点坐标分别为 $A(x_1, y_1)$、$B(x_2, y_2)$、$C(x_3, y_3)$、$D(x_4, y_4)$、$E(x_5, y_5)$，其质心坐标 $(x, y) = ((x_1 + x_2 + x_3 + x_4 + x_5)/5, \ (y_1 + y_2 + y_3 + y_4 + y_5)/5)$ 即为未知节点的位置。

质心定位算法的最大优点是非常简单，计算量小，完全基于网络的连通性，但是需要较多的锚节点。

2. Amorphous 算法

Amorphous 算法是 MIT 的 R. Nagpal 等人提出的。该算法采用与 DV-hop 类似的方法获得距离信标节点的跳数，称为梯度值。节点 f 收集邻居节点的梯度值，计算关于某个信标节点的局部梯度平均值 S_i：

$$S_i = \frac{\sum\limits_{j=\text{nbrs}(i)}(h_j + h_i)}{\text{nbrs}(i) + 1} - 0.5 \tag{7-19}$$

其中，nbrs(i) 表示未知节点 i 的邻居节点集合，h_i 表示节点 i 与信标节点之间的跳数，h_j 表示邻居节点 j 与这个信标节点之间的跳数。

与 DV-hop 不同的是，Amorpheus 算法假设网络平均连通度 n_{local} 已知，即网络中节点的平均邻居节点数已知，使用 Kleinrock and Slivers Formula 在网络部署前离线计算平均每跳距离 HopSize：

$$\text{HopSize} = r\left(1 + e^{-n_{\text{local}}} - \int_{-1}^{1} e^{-\frac{n_{\text{local}}}{x}(\arccos(t) - t\sqrt{1 - t^2})}\, dt\right) \tag{7-20}$$

其中：r 表示节点的通信半径；n_{local} 表示网络平均连通度，即网络节点的平均邻居节点数。当获得 3 个或更多信标节点的梯度值后，未知节点 i 使用 HopSizexs 计算与每个信标节点的距离，并使用多边测量法估算自身位置。

实验结果显示，当网络的平均连通度在 15 以上时，节点的无线射程存在 10%的偏差，平均定位误差小于 20%。但该算法也存在缺点：① 没有考虑不良节点(本质上无法定位的节点)的影响，导致平均定位精度下降；② 定位效果受节点密度的制约；③ 需预知网络的平均连通度。

Amorphous 定位算法与 DV-hop 算法类似。首先，采用与 DV-hop 算法类似的方法获得距锚节点的跳数，称为梯度值。未知节点收集邻居节点的梯度值，计算关于某个锚节点的局部梯度平均值。与 DV-hop 算法不同的是，Amorphous 算法假定预先知道网络的密度，然后离线计算网络的平均每跳距离，最后当获得 3 个或更多锚节点的梯度值后，未知节点计算与每个锚节点的距离，并使用三边测量法和最大似然估计法估算自身位置。

3. APIT 算法

APIT(Approximate Point-on-triangulation Test)算法的理论基础是 PIT(Perfect point-on-triangulation Test)：假如存在一个方向，沿着这个方向 M 点会同时远离或接近 A、B、C，那么 M 位于△ABC 外；否则，M 位于△ABC 内，如图 7.15 所示。

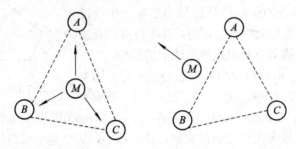

图 7.15　PIT 原理示意图

为了在静态网络中执行 PIT 测试，定义了 APIT 测试：假如节点 M 的邻居节点没有同时远离/靠近三个信标节点 A、B、C，那么 M 就在△ABC 内；否则 M 在△ABC 外。它利用 WSN 较高的节点密度来模拟节点移动和在给定方向上，一个节点距信标节点越远，接收信号强度越弱的无线传播特性来判断与信标节点的远近。通过邻居节点间的信息交换，仿效 PIT 测试的节点移动。如图 7.16(a)所示，节点 M 通过与邻居节点 1 交换信息，得知自身如果运动至节点 1，将远离信标节点 B 和 C，但会接近信标节点 A，与邻居节点 2、3、4 的通信和判断过程类似，最终确定自身位于△ABC 中；而在图 7.16(b)中，节点 M 可知假如自身运动至邻居节点 2 处，将同时远离信标节点 A、B、C，故判断自身不在△ABC 中。在 APIT 算法中，一个目标节点任选三个相邻信标节点，测试自己是否位于它们所组成的三角形中。使用不同信标节点组合重复测试直到穷尽所有组合或达到所需定位精度。最后计算包含目标节点的所有三角形的交集质心，并以这一点作为目标节点位置。

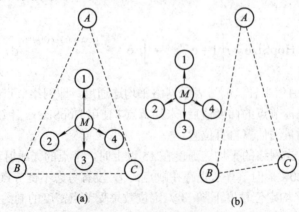

图 7.16　APIT 原理示意图

实验显示，APIT 测试错误概率相对较小(最坏情况下为 14%)；平均定位误差小于节点无线电射程的 14%。但因细分定位区域和未知节点必须与信标节点相邻的需求，该算法要求较高的信标节点密度。

练 习 题

一、填空题

1．在传感器网络中，节点定位技术就是无线传感器网络节点通过某种方法在基于已知节点位置信息的情况下来计算和确定未知节点或者目标节点的_____的技术。

2．定位系统可提供两种类型的定位结果，即_____和_____。

3．所谓紧密耦合定位系统，是指锚节点不仅被仔细地部署在固定的位置，并且通过有线介质连接到_____。

4．松散型定位系统的节点采用无中心控制器的_____。

5．定位技术也可分为_____、_____和_____三类。

6．Range-based 定位通过测量节点间点到点的距离或角度信息，使用_____、_____或_____定位法计算节点位置；Range-free 定位则无需距离和角度信息，仅根据网络连通性等信息即可实现。

7．按照跟踪对象数量的不同，传感器网络的目标跟踪可以分为_____和_____。

8．按照目标形状的不同，传感器网络的目标跟踪可以分为_____和_____。

9．按照传感器节点运动方式的不同，传感器网络的目标跟踪可以分为_____和_____。

10．依据定位所需信息的粒度可将定位算法和系统分为两类，其中根据信号强度或时间等来度量与锚节点距离的称为_____，根据与锚节点的接近度(Proximity)来度量的称为_____。

二、简答题

1．通常用哪几个标准来评定定位技术的性能？

2．目前无线传感器网络自身定位系统和定位算法非常多，通常有哪几种分类？

3．何为目标跟踪系统，试画出目标跟踪系统框图。

4．在无线传感器网络节点定位算法的分类中，何为集中式计算与分布式计算？

第8章 无线传感器网络拓扑控制与覆盖技术

本章要点 ✍

- 无线传感器网络拓扑控制技术；
- 无线传感器网络覆盖算法设计思路、性能评价标准；
- 无线传感器网络覆盖算法分类和覆盖感知模型；
- 典型的无线传感器网络覆盖算法与协议。

8.1 无线传感器网络拓扑控制技术

8.1.1 拓扑控制技术概述

拓扑控制技术是无线传感器网络中的基本问题。动态变化的拓扑结构是无线传感器网络最大的特点之一，因此拓扑控制策略在无线传感器网络中有着重要的意义，它为路由协议、MAC协议、数据融合、时间同步和目标定位等奠定了基础。目前，在网络协议分层中没有明确的层次对应拓扑控制机制，但大多数的拓扑控制算法部署于介质访问控制层(MAC)和路由层(Routing)之间，它为路由层提供足够的路由更新信息；反之，路由表的变化也反作用于拓扑控制机制，MAC层可以给拓扑控制算法提供邻居发现等消息。

无线传感器网络的拓扑控制问题是，在网络相关资源普遍受限的情况下，对于固定或具有移动特征的无线传感器网络通过控制传感器节点与无线通信链路组成网络的拓扑属性来减少网络能量消耗与无线干扰，并有效改善整体网络的连通性、吞吐量与传播延时等性能指标。给定一个传感器网络，无线传感器网络拓扑控制也可以一般性地总结为：在全网协作式地进行各个传感器节点功率控制(传输半径调节)，从而达到网络能量消耗与无线干扰减少的目的。

8.1.2 拓扑控制的设计目标

无线传感器网络是与应用密切相关的，不同的应用对应有不同的拓扑控制设计目标要求。在拓扑控制中一般需要考虑的设计目标如下：

(1) 能量消耗。如何合理利用传感器节点的能量问题一直都是无线传感器网络研究的热点之一，因此，能量优化也必然成为无线多跳网络拓扑控制研究的一个重要目标。

(2) 覆盖度。覆盖可以看成是对传感器网络服务质量的度量。在覆盖问题中，最重要的因素是网络对物理世界的感知能力。生成的拓扑必须保证足够大的覆盖度，即覆盖面积足够大的监视区域。衡量全网覆盖情况有一个量化指标——平均每个节点的覆盖。

(3) 连通性。为了实现传感器节点间的相互通信，生成的拓扑必须保证连通性，即从任何一个节点都可以发送消息到另外一个节点。连通性是任何无线传感器网络拓扑控制算法都必须保证的一个重要性质。

(4) 算法的分布式程度。在无线传感器网络中，一般情况下是不设置认证中心的，传感器节点只能依据自身从网络中收集的信息做出决策。另外，任何一种涉及节点间同步的通信协议都有建立通信的开销。显然，若节点能够了解全局拓扑和传感器网络中所有节点的能量，就能做出最优的决策；若不计同步消息的开销，得到的就是最优的性能。但是，若所有节点都要了解全局信息，则同步消息产生的开销要多于数据消息，这将导致网络系统开销大大增加，从而使得网络的生存期缩短。

(5) 网络延迟。当网络负载较高时，低发射功率会带来较小的端到端延迟；而在低负载情况下，低发射功率会带来较大的端到端延迟。

(6) 干扰和竞争。减少通信干扰、减少 MAC 层的竞争和延长网络的生存期基本上是一致的。功率控制可以调节发射范围，层簇式网络可以调节工作节点的数量。这些都能改变一跳邻居节点的个数，即与它竞争信道的节点数。

(7) 对称性。由于非对称链路在目前的 MAC 协议中没有得到很好的支持，而且非对称链路通信的开销很大，对于传感器网络能量小的特点而言是一个瓶颈，因此一般都要求生成的拓扑中链路是对称的。

8.1.3 拓扑控制的研究方法

目前对拓扑控制的研究可以分为两大类。一类是计算几何方法，以某些几何结构为基础构建网络的拓扑，满足某些性质。另一类是概率分析方法，在节点按照某种概率密度分布，计算使拓扑以大概率满足某些性质时节点所需的最小传输功率和最少邻居个数。

1. 计算几何方法

采用计算几何方法研究拓扑控制，是以某些几何结构为基础构建网络的拓扑，以满足某些性质。该方法常使用的几何结构有如下几种：

(1) 最小生成树(MST)网络拓扑：是以节点间的欧式距离为度量的最小生成树。节点的传输半径设为与该节点相邻的最长边的长度。以 MST 为拓扑的网络能保证网络的连通性。由于在分布式环境下构造 MST 开销巨大，一种折中的方法是节点采用局部 MST 方法设置传输范围。

(2) GG 图(Gabriel Graph)：当传输功率正比于传输距离的平方时，GG 图是最节能的拓扑。MST 是 GG 图的子图，GG 图也满足连通性。

(3) RNG 图(Relative Neighbor Graph)：其稀疏程度在 MST 与 GG 图之间，连通性介于 MST 与 GG 图之间，但优于 MST，冲突干扰优于 GG 图，是两者的折中。RNG 图易于用分布式算法构造。

(4) DT 图(Delaunay Triangulation)：UDG(Unit Disk Graph，即所有节点都以最大功率工作时所生成的拓扑)与 DT 图的交集称为 UDel 图(Unit Delaunay Triangulation)。UDel 图是稀疏的平面图，适合于地理路由协议、节能、简化路由计算，以及降低干扰，因此十分适合作为无线底层拓扑。

(5) Yao Graph：研究人员提出了许多 Yao Graph 的变种，如在 GG 图上使用 Yao Graph，在 Yao Graph 上使用 GG 图等，以减少 Yao Graph 中的边数并同时保持 Spanner 性质。

(6) θ-Graph：与 Yao Graph 非常相似，不同之处在于，Yao Graph 在每个扇区中选择最近的节点建立链路，而 θ-Graph 选择在扇区中轴投影最短的节点建立链路。

2．概率分析方法

概率方法的重点是临界传输范围(CTR)问题，即节点都是同构的，传输范围相同，使网络连通的最小传输范围是多少。由于无线传感器网络中廉价的无线通信部件不可能动态调整传输范围，在无线传感器网络中，只能把所有节点的传输范围设为相同的值。为了减少功耗、增加网络容量，需把传输范围设为保持网络连通的最小值。最适合解决 CTR 问题的概率理论是几何随机图理论。因为临界传输范围就是 MST 中的最长边，从最长 MST 边的概率分布中可以推导出 CTR 的概率解。但几何随机图理论只适用于密集的 Ad Hoc 网络。

8.1.4 功率控制技术

目前，拓扑控制主要是功率控制和睡眠调度。所谓功率控制，就是为传感器节点选择合适的发射功率；所谓睡眠调度，就是控制传感器节点在工作状态和睡眠状态之间的转换。

功率控制对无线自组织网络的性能影响主要表现在以下五个方面：

1) 功率控制对网络能量有效性的影响

功率控制对网络能量有效性的影响包括降低节点发射功耗和减少网络整体能量消耗。在节点分组传递过程中，功率控制可以通过信道估计或反馈控制信息，在保证信道连通的条件下策略性地降低发射功率的富余量，从而减少发射端节点的能量消耗。随着发送端节点发射功率的降低，其所能影响到的邻居节点数量也随之减少，节省了网络中与此次通信不相关节点的接收能量消耗，达到了减少网络整体能量消耗的目的。

2) 功率控制对网络连通性和拓扑结构的影响

网络的连通性和拓扑结构均与发射功率的大小有关。节点的发射功率过低，会使部分节点无法建立通信连接，造成网络的割裂；而发送功率过大，虽然保证了网络的连通，但会导致网络的竞争强度增大，从而使得网络不仅在节点发射功率上消耗过多的能量，还会因为高竞争强度导致的数据丢包或重传造成网络整体能耗增加及性能降低。网络中的节点可通过功率控制和骨干网络节点选择，剔除节点之间不必要的通信链路，形成一个数据转发的优化网络结构，或者在满足网络连通度的前提下，选择节点最优的单跳可达邻居数目。通过功率控制技术来调控网络的拓扑特性，主要就是通过寻求最优的传送功率及相应的控制策略，在保证网络通信连通的同时优化拓扑结构，从而达到满足网络应用相关性能的要求。

3) 功率控制对网络平均竞争强度的影响

节点发射功率大小影响着网络的平均竞争强度。功率控制则可通过降低网络中节点的发射功率减小网络中的冲突域，降低网络的平均竞争强度。

4) 功率控制对网络容量的影响

功率控制对网络容量的影响一方面表现在可以有效减少数据传输节点所能影响的邻居

节点的数量，允许网络内进行更多的并发数据传输；另一方面，节点通信的传输范围越大，网络中的冲突就越多，节点通信也就越容易发生数据丢包或重传现象，通过功率控制技术可以有效减小网络中的冲突域，从而降低通信冲突的概率。功率控制在以上两方面均起到了提升网络容量的作用。

5) 功率控制对网络实时性的影响

无线自组织网络采用多跳路由的方式对消息进行传递，分组的每一跳均会经历处理延时、传播延时和队列延时这三个阶段。处理延时 T_{proc} 包括接收机接收分组、解码以及重传分组所需要的时间，传播延时 T_{prop} 是分组在介质中传播所消耗的时间，队列延时 T_{queu} 则是分组由于在队列中排队等待所造成的延时。

在网络中较低的发射功率需要较多的路由跳数才能到达目的节点；而较高的发射功率则可以有效减少源节点与目的节点之间分组传递所需的跳数。分组的处理延时正比于路由的跳数，队列延时反比于网络的竞争强度，而传播延时受网络状态的影响较小。由此可见，高发射功率会导致较长的队列延时，而低发射功率则会增加分组的处理延时。基于上述分析，功率控制可根据网络状态，策略性地改变节点的发射距离，从而使网络具有较好的实时性能。

功率控制技术可应用于多种通信网络(如蜂窝移动通信网络、WLAN、MANET(Mobile Ad Hoc Network)、传感器网络等)中，但由于系统的应用目的不同，功率控制所起的作用也不尽相同。

8.1.5 典型的功率控制协议与算法

1. 功率控制的分类

功率控制算法可以按照以下方法进行分类：

(1) 开环功率控制、闭环功率控制和开环闭环混合功率控制。开环功率控制是指网络中的节点以反比于接收到的平均功率水平的参数量调整发射功率值；闭环功率控制是指发送节点根据接收节点的反馈控制信息动态地改变发射功率；开环闭环混合功率控制则是将两种控制机制结合应用于网络中。

(2) 集中功率控制和分布式功率控制。在集中功率控制机制中，存在一个管理中心集中调整网络中节点的发射功率水平；而在分布式功率控制中则不存在具有集中控制能力的管理中心，每个节点根据局部信息调整自身的发射功率值。

(3) 基于 RSSI 指标、基于 SIR(Signal to Interference Ratio)指标和基于 BER(Bit Error Rate)指标。功率控制可分别以接收信号强度 RSSI、信扰比 SIR 或误码率 BER 为指标，控制调整网络中节点的发射功率值。

(4) 定步长功率控制和自适应步长功率控制。定步长功率控制是指节点策略性地以确定的调整步长量控制发射功率值；而自适应步长功率控制则是指节点根据信道变化的估计量自适应地调整节点的发射功率。

(5) 连续功率控制和离散功率控制。功率控制过程可以是连续量，也可以是离散量，因此可分为连续功率控制和离散功率控制。

∽ 190 ∾　　　　　　　　无线传感器网络技术及应用

(6) 单信道功率控制和多信道功率控制。单信道功率控制是指网络使用单一共享信道，多信道功率控制则是指采用多个信道完成网络控制和消息传递。

(7) 统一功率控制和独立功率控制。统一功率控制是指网络中节点的发射功率可调整，但所有节点均采用同一发射功率值；独立功率控制是指每一个节点均可独立调整自身的发射功率值，网络中节点之间的发射功率水平不尽相同。

(8) 网络级功率控制、邻居节点级功率控制和独立节点级功率控制。此分类方法是对上述方法的进一步细化，它基于分组级分析方法，从网络自身角度出发对功率控制算法进行分类。网络级功率控制是指网络所有节点均使用统一的功率控制值发送分组；邻居节点级功率控制是指每个发送节点均使用可覆盖所有邻居节点的功率值发送分组，节点之间的发射功率值并不相同；独立节点级功率控制则是指发送节点可以针对每个单一的目的节点自适应地调整发射功率水平。

2．无线传感器网络系统设计原则

无线传感器网络是一种能量受限型网络，一旦节点的电源耗尽会直接影响整个网络功能的实现。这一特点是由其应用环境所决定的：网络节点的使用往往是一次性的，或者由于条件限制，传感节点的电池不可能经常更换，需要能被使用若干年。所以无线传感器网络协议设计的主要目标就是提高系统的能量效率，延长网络的使用寿命。基于这个目标，各层协议设计的原则为：

(1) 对于网络层而言，提高能量效率可以从几个方面着手：加快网络冗余数据的收敛，以多跳方式转发数据包，选择能量有效路由。

(2) 媒体访问控制(MAC)层的能量效率设计的主要因素包括：减少数据包的竞争冲突，减小控制数据包开销，减少空闲监听时间和避免节点间的串音。

(3) 物理层的能量效率设计是通过对具体物理层技术的改造来实现的，这些技术包括：高能效的调制技术、编码技术、速率自适应技术、协作多输入多输出(MIMO)技术等。

3．功率控制对系统的影响

在不同的通信系统中，由于系统的应用目的不相同，功率控制技术所起的作用也不尽相同。在码分多址(CDMA)蜂窝移动通信系统和某些 Ad Hoc 网络(如无线局域网)中，功率控制技术能够克服远近效应问题，消除干扰，提高信道的空间复用度，最终目的是提高系统的容量；而无线传感器网络的功率控制技术是在不牺牲系统性能的前提下，尽可能地降低节点的发射功率，从而降低节点的能耗，提高网络的生存时间和系统的能量效率。

功率控制是一个跨层的技术，它不仅能够提高网络层、MAC 层和物理层的性能，同时还能提高各层的能量效率。

1) 功率控制对网络层的影响

无线传感器网络可以采用多跳和单跳两种路由选择方式。由于在接收端接收灵敏度一定的情况下，发送端无线射频的发射能量与传输距离的 α 次方($\alpha \geqslant 2$)成正比，所以多跳路由消耗的能量比单跳路由少。因此，为了提高系统的能量效率，无线传感器网络多采用多跳路由方式，尽管多跳方式可能带来更大的处理延迟。如图 8.1 所示，节点 N1 如果要向节点 N3 发送数据，那么它可以有两种选择：用较大的发射功率(30 mW)直接以单跳的方式向 N3 发送数据；或者以较小的功率(10 mW)将数据发送给节点 N2，然后 N2 同样以较小的功率把该信息发送给 N3，这就是所谓的多跳方式。由于 10 mW 加 10 mW 等于 20 mW，小于 30 mW，可见多跳方式要比单跳方式节约发送端的发射功率。

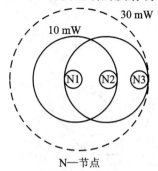

图 8.1　功率控制对路由的影响

　　功率控制对网络层的另一个影响是决定网络拓扑结构。如果以提高系统的能量效率为目的，就是要维持全网络的最小连通性，也就是在节点分布特定的情况下，如何以最小的发射功率确保整个网络的连通性(单向或双向连通)。从图 8.2 中可以看出，发射功率太小(见图 8.2(a))会导致网络不能连通，若干个节点会形成彼此无法到达的"孤岛"，从而使得网络性能受到严重影响；图 8.2(c)发射功率很大，可以保证网络的连通性，但造成了能量的浪费，而且降低了频谱的空间复用度，加剧了 MAC 层的竞争冲突；图 8.2(b)显示了系统能量效率和网络连通性的折中方案，以较小的发射功率确保整个网络的连通，即保障最小连通性。

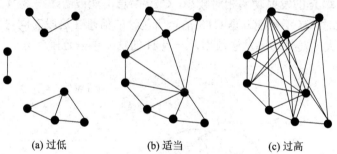

(a) 过低　　　　　　(b) 适当　　　　　　(c) 过高

图 8.2　功率控制对网络拓扑结构的影响

2) 功率控制对MAC层的影响

　　减少数据包的竞争冲突是提高 MAC 层能量效率的主要手段之一。因为当两个节点传送的数据包发生冲突时，两个数据包被损坏，此时节点消耗在发送和接收数据上的能量被浪费掉了，而功率控制可以降低 MAC 的冲突率，提高 MAC 层的能效。对于网络层而言，功率控制是以较小的发射功率保证网络的连通性，对于 MAC 层而言则是在保证节点有一定数量邻居节点的前提下，尽量减小冲突域，从而使冲突的概率尽可能小。

　　所谓冲突域，是由共享同一物理介质并且因为竞争介质的使用权而可能导致冲突的若干节点组成的。如图 8.3 所示，当节点 N1 和 N2、N3 和 N4 之间在通信时，如果 N1 的发送功率很大(如 30 mW)，此时可能因为 N4 和 N3 在相互通信而导致在 N4 处发生冲突，这样 N1 和 N4 就构成了冲突域。假如 4 个节点都以较小的功率(如 10 mW)通信，则它们之间就不会构成冲突域，同时还节省了能量。如果 N1 要和 N4 通信，可将发射功率调大。

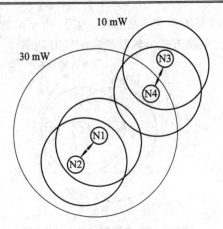

图 8.3　功率控制对冲突域的影响

　　功率控制对 MAC 层的另一个影响是确保每条链路的双向连通性，即链路两端的两个节点能够互相通信。由于现有的大多数 MAC 层协议都基于链路具有双向连通性的假设，因此确保双向连通性对协议的实现具有非常重要的意义。然而在实际情况下，由于无线信道的时变性、节点的移动性和节点发射功率的不对称性，不能完全保证链路的双向连通性，所以能自适应于环境变化的功率控制技术就显得非常重要。某些 MAC 层协议采用了和无线局域网标准一样的请求发送/准备接收(RTS/CTS)握手机制来解决隐藏终端带来的冲突问题，这种协议也是基于双向连通性假设的。然而功率控制对隐藏终端是有影响的(如图 8.4 所示)，由于接收端 R 的发射功率相对较小，CTS 消息不能被隐藏终端 H 接收，当发送端 T 向 R 发送数据包时，H 不可能根据 CTS 消息所包含的信息在这段时间内停止数据的发送，而是有可能以较大的发射功率发送数据，一旦 H 的功率覆盖范围包含了接收端 R，就会在 R 处产生冲突。

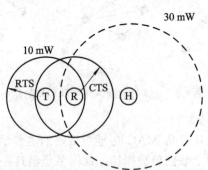

CTS—准备接收；H—隐藏终端；R—接收端；RTS—请求发送；T—发送端

图 8.4　功率控制对隐藏终端的影响

3) 功率控制对物理层的影响

　　和 CDMA 蜂窝移动通信系统一样，无线传感器网络中也会存在所谓的"远近效应"问题(这是由于子信道间的不完全正交引起的，尤其是在基于 CDMA 的系统中)。以前很多协议的设计都忽略了这个问题，因为它们都建立在这样一个假设的基础上：节点的发射功率只存在于以该节点为圆心的某个圆内，由于信号的衰减，圆外的功率是可以忽略的，所以该节点只会干扰位于圆内的其他节点，而不会干扰位于圆外的节点。这种假设在网络规模较小，活动链路数较少的情况下能够成立，但是一旦网络中活动链路的数量很大，这种假设就难以体现网络中干扰的实际情况。所以和 CDMA 蜂窝移动通信系统一样，无线传感器网络也必须引入功率控制技术来降低干扰，同时提高系统的能量效率。

以图 8.5 为例，假设网络中有 3 条活动链路，发送节点以相同的功率发送信号，它们彼此之间会产生干扰。对接收端 N1 而言，干扰来自 N5 和 N4，由于 N1 离 N5 比较近而离 N4 比较远，所以可以假设干扰只来自 N5 而忽略 N4。虽然对于某一特定接收端而言这些距离较远的活动链路造成的干扰很小，但是如果活动链路数较多，较小的干扰叠加起来仍然会显著降低接收端的信干比。

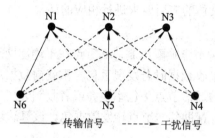

图 8.5　干扰对传输信号的影响

8.1.6　拓扑控制中的休眠调度技术

在传感器网络的拓扑控制算法中，除了传统的功率控制和层次型拓扑控制两个方面之外也提供了启发式的节点唤醒和休眠机制。该机制能够使节点在没有事件发生时设置通信模块为睡眠状态，而在有事件发生时自动醒来并唤醒邻居节点，形成数据转发的拓扑结构。这种机制的引入，使得无线通信模块大部分时间都处于关闭状态，只有传感器模块处于工作状态。由于无线通信模块消耗的能量远大于传感器模块，所以这进一步节省了能量开销。这种机制的重点在于解决节点在睡眠状态和活动状态之间的切换问题，不能独立成为一种拓扑结构控制机制，需要与其他拓扑控制算法结合使用。目前基于启发机制的算法有稀疏拓扑、能源管理(Sparse Topology and Energy Management，STEM)算法、自适应自配置的传感器网络拓扑(Adaptive Self-Configuring Sensor Networks Topologies，ASCSNT)算法、覆盖度配置协议(Coverage Configuration Protocol，CCP)算法和 SPAN 算法。下面对这几种算法作简单的介绍。

1. STEM

STEM 算法是较早提出的节点唤醒算法，其包含两种不同的机制：STEM-B (STEM-Beacon)和 STEM-T (STEM-Tone)。在 STEM-B 算法中每个睡眠节点可以周期性地醒来侦听信道。如果某个节点想要建立通信，它会作为主动节点先发送一连串 Beacon 包。目标节点在收到 Beacon 包后，发送应答信号，并自动进入数据接收状态。主动节点在收到应答信号后，进入数据发送阶段。为了避免唤醒信号和数据通信的冲突，使用侦听信道和数据传输信道两个分离信道。如果没有数据通信，节点大部分时间只保持在侦听信道上的周期性侦听，从而在很大程度上节省了能量消耗。

STEM-T 算法比 STEM-B 算法简单。其节点周期性地进入侦听阶段，探测是否有邻居节点要发送数据。当一个节点想与某个邻居节点进行通信时，它首先发送一连串的唤醒包，发送唤醒包的时间长度必须大于侦听的时间间隔，以确保邻居节点能够接收到唤醒包，然后该节点直接发送数据包。所有邻居节点都能够接收到唤醒包并进入接收状态，如果在一定时间内没有收到发送给自己的数据包，就自动进入睡眠状态。可见 STEM-T 算法与 STEM-B 算法相比省略了请求应答过程，但增加了节点唤醒次数。

STEM 算法使节点在整个生命周期中的多数时间内处于睡眠状态，适用于类似环境监测或者突发事件监测等应用。这类应用均由事件触发，不要求节点时刻保持在活动状态。值得注意的是，在 STEM 算法中，节点的睡眠周期、部署密度及网络的传输延迟之间有着密切的关系，所以要针对具体的应用要求进行相应的调整。

2. ASCENT

ASCENT 算法是另一种节点唤醒机制，其重点在于均衡网络中骨干节点的数量，并保证数据通路的畅通。节点接收数据时若发现丢包严重就向数据源方向的邻居节点发出求助消息；当节点探测到周围的通信节点丢包率很高或者收到邻居节点发出的帮助请求时，它醒来后主动成为活动节点，帮助邻居节点转发数据包。该算法运行包括触发、建立和稳定三个主要阶段。

节点可处于四种状态：① 休眠状态，节点关闭通信模块；② 侦听状态，只对信息进行侦听，不进行数据包的转发；③ 测试状态，这是一个暂态，参与数据包的转发，并且进行一定的运算，判断自己是否需要变为活动状态；④ 活动状态，节点负责数据包的转发，能量消耗最大。从本质上说，ASCENT 是一个从汇聚节点向数据源节点回溯建立路由的过程。通过 SCENT 算法，节点能够根据网络情况动态地改变自身状态，从而动态地改变网络拓扑结构，并且节点只根据本地信息进行计算，不依赖于无线通信模型、节点的地理分布和路由协议。但是 ASCENT 算法需要完善的地方还很多，如应该针对更大规模的节点分布进行改进，并加入负载平衡技术。另外，对于多个数据源节点的应用场景也需加以改进。

3. CCP

用 CCP 可达到网络睡眠节点数最大化的休眠调度效果。CCP 中节点有三个基本状态：工作状态、侦听状态和睡眠状态。此外，为了避免由于每个节点根据局部信息独立进行调度而引起的冲突，CCP 引入了加入和退出两个过渡状态。初始时，网络中节点都处于工作状态。当处于工作状态的节点收到一个 HELLO 消息时，它就检查自己是否符合睡眠的条件，如果符合条件，就进入退出状态并启动退出计时器。在退出状态，如果计时器溢出，就广播一个 WITHDRAW 消息，进入睡眠状态，并启动睡眠计时器；如果在计时器溢出之前收到来自邻居节点的 WITHDRAW 或 HELLO 消息，就撤销计时器并返回活动状态。在睡眠状态，如果计时器溢出，就进入侦听状态，并启动侦听计时器。在侦听状态，如果计时器溢出，就返回睡眠状态，同时启动睡眠计时器；如果在计时器溢出之前收到 HELLO、WITHDRAW 或 JOIN 消息，就检查自己是否应该工作，如果是，就进入加入状态，同时启动加入计时器。在加入状态，如果计时器溢出，就进入工作状态并广播 JOIN 消息；在计时器溢出之前，如果收到 JOIN 消息并判断出没有工作的必要，则该节点就进入睡眠状态。同时，CCP 能够根据不同的应用和环境将网络配置到指定的覆盖度与连通度。

4. SPAN

SPAN 算法的基本思想是在不破坏网络原有连通性的前提下，根据节点的剩余能量、邻居节点的个数、节点的效用等多种因素，自适应地决定是成为骨干节点还是进入睡眠状态。睡眠节点周期性地唤醒，以判断自己是否应该成为骨干节点；骨干节点周期性地判断自己是否应该退出。SPAN 算法对传感器节点没有特殊的要求，这是它的优点。但是，随着节点密度的增加，SPAN 的节能效果表现减弱。这主要是因为 SPAN 采用了 IEEE 802.11 的节能特性，即睡眠节点必须周期性地唤醒并侦听，这种方式的代价是相当大的。

8.2　无线传感器网络覆盖技术

8.2.1　无线传感器网络覆盖算法基础

覆盖问题是无线传感器网络配置首先面临的基本问题，因为传感器节点可能任意分布在配置区域，它反映了一个无线传感器网络某区域被监测和跟踪的状况。随着无线传感器网络应用的普及，更多的研究工作深入到其网络配置的基本理论方面，其中覆盖问题就是无线传感器网络设计和规划需要面临的一个基本问题之一。随着深入研究的角度不同，覆盖问题也表述成不同的理论模型，甚至在计算几何里面就能找到与覆盖相关的解决方案。

1. 无线传感器网络覆盖理论基础

在典型的无线传感器网络应用当中，放置或配置一些传感器节点来监视一个区域或点集。一些应用中可以选择传感器配置场地，如定点部署和配置，这种方式称为确定性配置。而另外一些应用(如敌方区域或非常恶劣等人员不能到达的环境)，只能通过随机部署(如空投撒播方式)足够多的传感器节点到监视区域，希望空投后未遭破坏的传感器足以监视目标区域，这种方式称为非确定性的配置或随机配置。如果可以选取部署场地，就可采用确定性的传感器配置方法，否则，该配置就是随机配置。在上面两种配置情况下，都希望部署的传感器集合能够彼此通信，直接或间接通过多跳方式通信。因此，除了要覆盖感应的区域或点集外，通常需要配置的传感器集合能够形成一个互联的网络。对于已经放置好的传感器，很容易就能检测配置的传感器集合是否覆盖了目标区域或点集，而且也能判断该集合是否相互连通。就覆盖特性而言，需要知道各个传感器节点的感应范围(假设传感器能够感应距离 r 之内发生的事件，其中 r 为传感器的感应半径)。就连接特性而言，需要知道传感器的通信半径，记为 c。Zhang H 和 Hou J C 给出了包含连接的覆盖的充分必要条件，满足定理 1。

定理 1　当传感器的密度(即单位区域的传感器数目)有限时，$c \geqslant 2r$ 是覆盖包含连接性的充分必要条件。

X.Wang 等人也证明了在 k 阶覆盖(每个点至少被 k 个传感器覆盖)和 k 阶连接性(配置传感器的通信图是一阶连接的)情况下的一个类似的结论，满足定理 2。

定理 2　当 $c \geqslant 2r$ 时，一个凸区域的 k 阶覆盖必定包含了 k 阶连接性。

注意到 $k>1$ 的 k 阶覆盖提供了一定的容错度，能够监视所有的点，只要不多于 $k-1$ 个传感器故障或失效。

当然，除了上面介绍的典型的无线传感器网络配置问题外，也可能出现其他形式的无线传感器配置问题。例如，不必要求传感器节点间彼此通信。相反，每个传感器可直接和一个位于所有传感器通信半径范围内的基站通信。还有一种情况就是传感器是移动和自我配置的无线传感器。移动传感器集合可以部署到一个未知的和有潜在危险的环境中。根据初始的配置，这种传感器可以重新确定位置以便实现未知环境的最大覆盖。它们再将采集到的信息发给感应环境外面的一个基站。

2. 无线传感器网络覆盖的计算

Andrew Howard 等针对移动无线传感器网络提出了一种增量自我配置的贪婪算法(Greedy and Incremental Self-deployment Algorithm)。移动无线传感器网络是一个分布式的节点集合，每个节点都有感应、计算、通信和局部移动等功能。而配置区域通常都是恶劣或未知的环境区域。增量自我配置的贪婪算法的基本思想就是每次配置一个节点到未知区域，每个加入的节点都充分利用先前配置的节点收集到的信息来确定其最佳目标位置。算法设计的目的就是使网络的覆盖最大化，而同时又确保节点彼此保持视距通信，即本地化。本地化可以通过 Mesh 结构的方式实现，节点可以在完全未知的环境下通过使用其他节点作为路标来实现本地化，从而确定节点之间的相互位置和保证可靠通信。该算法的核心就是贪婪和增量。贪婪一词来自于该算法尝试为每个节点都寻找能使网络覆盖最大化的位置。事实上，寻找节点的最优位置是一个相当困难的问题，因此不得不采用大量的初始化操作来指导选择的过程，如边界初始化和覆盖初始化等。增量一词主要是因为每次配置只增加一个节点到配置区域。该算法的复杂度为 $O(n_2)$，其中 n 为配置的传感器节点数目。

A.Howard 等提出了基于电势场技术的未知环境移动传感器网络的部署配置方法。这种移动传感器网络通过简易的初始配置就可实现网络的自我配置。网络内的节点可以随意扩展，使得网络覆盖最大化。该配置算法的基本思想就是将传感器节点当做假想的物粒子，且受到势力场的势力。势力压迫节点彼此之间和障碍物之间发生作用力。通过节点的初始简易配置快速地在整个网络中扩散，从而最大化网络的覆盖。节点之间除了相互的排斥力外，还受到一个黏性摩擦力。该力用来确保网络最终达到一个静态平衡状态，也就是说所有节点最后都能够完全停止下来。然而，黏性摩擦力不能阻止网络对环境变化的反应。如果节点发生移动，网络就会为变化后的环境自动重新配置，直到再次达到一个静态平衡状态。这样，节点仅仅当需要的时候才改变位置，从而可以节省大量的宝贵能量资源。该算法的核心就是利用了电势场技术，但依赖于一个重要的假设：每个节点的安装传感器都能够确定它的邻居节点及障碍物的距离和方位(可利用扫描激光距离探测仪或全息相机配置适当的传感器)。利用该信息，节点就可知道作用的电势力的大小，并将其转换为控制矢量信息发给传感器的发动机。该算法不需要其他信息，最大的优点就是不需要考虑环境的建模、节点的局部定位和节点彼此之间的通信。因此，该算法具有较高的鲁棒性和扩展性。

Chifu Huang 和 Yuchee Tseng 提出了一种基于传感器数目的多项式时间算法，将覆盖问题抽象表述为一个决策问题，并验证了一个传感器配置是否提供了 k 阶覆盖。该算法的目标就是确定无线传感器网络服务区域中的每个点是否至少被 k 个传感器节点监视覆盖。传感器的感应范围可以是单位圆，也可是非单位圆。这种算法可方便地用到传感器网络的分布式协议当中，每个节点只需收集本地信息做出自己的决策。另外，该算法不需确定每个位置的覆盖，而是尽量看每个传感器感应范围的周界是如何被覆盖的，这样最大的优点就是得到了多项式时间的算法，降低了算法的计算复杂度，即 $O(nd \log d)$，其中 n 为传感器节点数目，d 为和一个传感器感应范围交叉的最大传感器数目。只要传感器的周界被充分覆盖，则整个区域就能够被充分覆盖。因此这种算法适合于下面几种无线传感器网络应用，包括定位应用、要求较强的环境监测功能的应用场合及要求严格的容错功能的传感器网络应用。

　　Gupta 提出了通过选择连接的传感器节点路径来得到最大化的网络覆盖效果的算法。该算法同时属于连接性覆盖中的连接路径覆盖及确定性区域/点覆盖类型。当基站或汇聚中心向无线传感器网络发送一个感应区域查询消息时，连接传感器覆盖的目标是选择最小的连接传感器节点集合并充分覆盖无线传感器网络区域。Gupta 分别给出了集中与分布式两种贪婪算法。假设已选择的传感器节点集为 M，剩余与 M 有相交传感区域的传感器节点称为候选节点。集中式算法初始节点随机选择构成 M 集合之后，在所有从初始节点集合出发到候选节点的路径中选择一条可以覆盖更多未覆盖子区域的路径，并将该路径经过的节点加入 M。该算法一直执行到网络查询区域可以完全被更新后的 M 覆盖为止。

　　除了上面介绍的无线传感器网络配置和覆盖控制算法以外，对于覆盖问题的计算，还有来自于一些实际的应用，如野外动植物或环境监测。

8.2.2　无线传感器网络覆盖算法分类

　　WSN 从诞生之初就与应用密切相关，WSN 覆盖控制更是如此。如今的 WSN 覆盖控制问题不仅包括单纯的覆盖含义，更是与节能通信、路径规划、可靠通信和目标定位等具体应用紧密相连。为了对 WSN 覆盖控制问题有更加全面的认识，下面分别从配置方式和相关应用属性两个角度对 WSN 覆盖控制问题进行分类。

1．按配置方式分类

　　按照无线传感器网络节点的不同配置方式(即节点是否需要知道自身位置信息)，可以将 WSN 的覆盖问题分为确定性覆盖和随机覆盖两大类。下面分别对这两类覆盖控制类型加以总结。

1) 确定性覆盖

　　如果 WSN 的状态相对固定或 WSN 环境已知，就可以根据预先配置的节点位置确定网络拓扑情况或增加关键区域的传感器节点密度，这种情况被称为确定性覆盖问题。此时的覆盖控制问题就成为一种特殊的网络或路径规划问题。典型的确定性覆盖有确定性区域/点覆盖、基于网格(Grid)的目标覆盖和确定性网络路径/目标覆盖三种类型。

　　确定性区域/点覆盖是指已知节点位置的 WSN 要完成目标区域或目标点的覆盖。与确定性区域/点覆盖相关的两个著名的计算几何问题为艺术馆走廊监控问题(Art Gallery Problem)以及圆周覆盖问题(Circle Covering Problem)。

　　基于网格的目标覆盖是指当地理环境情况预先确定时，使用二维(也可以为三维)的网格进行网络的建模，并选择在合适的格点配置传感器节点来完成区域/目标的覆盖。

确定性网络路径/目标覆盖同样也是考虑 WSN 传感器节点位置已知情况，但这类问题特别考虑了如何对穿越网络的目标或其经过的路径上各点进行感应与追踪。

　　2) 随机覆盖

　　在许多实际自然环境中，由于网络情况不能预先确定且多数确定性覆盖模型会给网络带来对称性与周期性特征，从而掩盖了某些网络拓扑的实际特性。再加上 WSN 自身拓扑变化复杂，导致采用确定性覆盖在实际应用中具有很大的局限性，不能适用于战场等危险或其他环境恶劣的场所。因此，需要进一步对节点随机分布在传感区域而预先没有得到自身位置的情况进行讨论，这正是 WSN 随机覆盖所要解决的问题。目前，WSN 的随机覆盖已成为 WSN 覆盖控制的一个热点问题，可大致将这类问题分为随机节点覆盖和动态网络覆盖两类。

　　随机节点覆盖考虑在 WSN 中传感器节点随机分布且预先不知道节点位置的条件下，网络完成对监测区域的覆盖任务。

　　与一般 WSN 一旦部署则网络中的传感器节点的位置就固定不变有所不同，动态网络覆盖则是考虑一些特殊环境中部分传感器节点具备一定运动能力的情况。该类网络可以动态完成相关覆盖任务。

　　2．按相关应用属性分类

　　作为一种源于应用而又服务于应用的现实、可行的网络技术，无线传感器网络在军事和民用上都具有非常广阔的应用前景，WSN 覆盖控制也是如此。如今，WSN 覆盖控制问题不仅包括单纯的覆盖含义，更与节能通信、路径规划、可靠通信和目标定位等具体应用紧密相连，并依旧属于覆盖控制的范畴。因此，还可以从 WSN 相关应用属性这一新的视角对 WSN 覆盖控制问题进行重新分类和研究。

　　1) 节能覆盖

　　由于 WSN 中传感器节点自身体积较小、电池能量资源有限，如何保证大规模网络环境下传感器节点能量的有效使用就成为需要关注的一项重要研究内容，它直接影响到整个网络生存时间能否充分延长。采用轮换"活跃"和"休眠"节点的节能覆盖方案，可以有效地提高网络生存时间。而轮换活跃/休眠节点的节能覆盖方案的关键就是要在保证一定网络覆盖要求的条件下，最大化轮换节点集合数目。

　　2) 栅栏覆盖

　　WSN 中有一类与覆盖控制密切相关的特殊问题——栅栏覆盖，它考察了目标穿越 WSN 时被检测或没有被检测的情况，反映了给定 WSN 所能提供的传感、监视能力。这类覆盖控制问题的目标是找出连接出发位置(记为 S)和离开位置(记为 D)的一条或多条路径，使得这样的路径能够在不同模型定义下提供对目标的不同传感/监视质量。根据目标穿越 WSN 时所采用模型的不同，栅栏覆盖又可以具体分为"最坏与最佳情况覆盖"和"暴露穿越覆盖"两种类型。

　　"最坏与最佳情况覆盖"问题中，对于穿越网络的目标而言，最坏情况是指考察所有穿越路径中不被网络传感器节点检测的概率最小情况；对应的最佳情况是指考察所有穿越路径中被网络传感器节点发现的概率最大情况。

3) 连通性覆盖

连通性覆盖问题也是 WSN 覆盖控制相关应用属性中的一个重要组成部分,它同时考虑了 WSN 的覆盖能力和网络连通性这两个相互联系的属性。连通覆盖问题所要解决的是如何同时满足网络一定的传感覆盖和通信连通性需求,这对于一些要求可靠通信的应用至关重要。根据具体的连通性要求,连通性覆盖又可具体分为两类:活跃节点集连通覆盖和连通路径覆盖。活跃节点集连通覆盖是针对采用活跃节点集轮换机制的情况,考虑如何保证指定传感区域的覆盖和网络的连通性;连通路径覆盖则是考虑通过选择可能的连通传感器节点路径来得到最大化的网络覆盖效果。

4) 目标定位覆盖

在某些特殊环境下,WSN 覆盖配置"伴随而来"的是 WSN 的目标定位问题,可称此时的 WSN 覆盖为目标定位覆盖。例如,在前面提到的网格条件下,网络的目标定位问题即为及时查询出目标所在网格被周围哪些传感器格点所覆盖。

由以上 WSN 覆盖控制分类不难看出:配置方式和相关应用属性两种分类方法既有各自特殊的分类角度,又同时会有具体研究内容上的重叠。基于本部分内容,图 8.6 对 WSN 覆盖控制问题各种协议和算法的分类进行了总结。

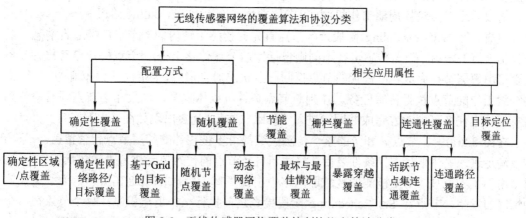

图 8.6　无线传感器网络覆盖控制协议和算法分类

8.2.3　典型的无线传感器网络覆盖算法与协议

基于上一节对 WSN 覆盖控制问题各种协议和算法进行的分类和总结,本节将详细介绍一些典型的覆盖控制协议算法的研究成果,并深入分析各种协议算法的优缺点。

1. 基于网格的覆盖定位传感器配置算法

基于网格的覆盖定位传感器配置算法是基于网格的目标覆盖类型(确定性覆盖)中的一种,同时也属于目标定位覆盖的内容。Lin Ruizhong 等人将此优化覆盖定位问题转化为最小化距离错误问题,并加以改进,提出了一种在有限代价条件下最小化最大错误距离的组合优化配置方法。

考虑网络传感器节点以及目标点都采用网格形式配置,传感器节点采用0/1 覆盖模型,并使用能量矢量来表示格点的覆盖。如图 8.7 所示,网络中的各格点都可至少被一个传感器节点所覆盖(即该点能量矢量中至少一位为 1),此时区域达到了完全覆盖。例如,格点位置 8 的能量矢量为(0, 0, 1, 1, 0, 0)。在网络资源受限而无法达到格点完全识别时，就需要考虑如何提高定位精度的问题。而错误距离是衡量位置精度的一个最直接的标准，错误距离越小，则覆盖识别结果越优化。

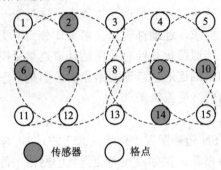

图 8.7　区域完全覆盖示意图

2. 轮换活跃/休眠节点的自调度覆盖协议

采用轮换"活跃"和"休眠"节点自调度(Node Self-scheduling)的覆盖控制协议可以有效延长网络生存时间，该协议同时属于确定性区域/点覆盖和节能覆盖类型。

协议采用节点轮换周期工作机制，每个周期由一个 Self-scheduling 阶段和一个 Working 阶段组成。在 Self-scheduling 阶段，各节点首先向传感半径内邻居节点广播通告消息，其中包括节点 ID 和位置(若传感半径不同则包括发送节点传感半径)。节点检查自身传感任务是否可由邻居节点完成，可替代的节点返回一条状态通告消息，之后进入"休眠状态"，需要继续工作的节点执行传感任务。在判断节点是否可以休眠时，如果相邻节点同时检查到自身的传感任务可由对方完成并同时进入"休眠状态"，就会出现如图 8.8 所示的"盲点"。

在图 8.8(a)中，节点 e 和 f 的整个传感区域都可以被相邻的邻居节点代替覆盖。e 和 f 节点满足进入"休眠状态"条件之后，将关闭自身节点的传感单元进入"休眠状态"，但这时就出现了不能被 WSN 检测的区域即网络中出现"盲点"，如图 8.8(b)所示。为了避免这种情况的发生，节点在 Self-scheduling 阶段检查之前执行一个退避机制：每个节点在一个随机产生的 T_d 时间之后再开始检查工作。此外，退避时间还可以根据周围节点密度而计算，这样就可以有效地控制网络"活跃"节点的密度。为了进一步避免"盲点"的出现，每个节点在进入"休眠状态"之前还将等待 T_w 时间来监听邻居节点的状态更新。

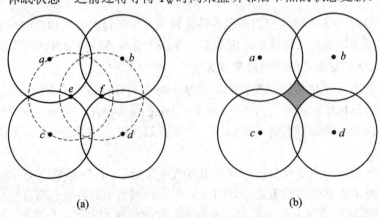

(a)　　　　　　　　　　　　　(b)

图 8.8　网络中出现的"盲点"

3．最坏与最佳情况覆盖

最坏与最佳情况覆盖算法同时属于确定性网络路径/目标覆盖和栅栏覆盖类型。算法考虑如何对穿越网络的目标或其所在路径上各点进行感应与追踪，体现了一种网络的覆盖性质。

Meguerdichian 等定义了"最大突破路径"(Maximal Breach Path)和"最大支撑路径"(Maximal Support Path)，分别使得路径上的点到周围最近传感器的最小距离最大化以及最大距离最小化。显然，这两种路径分别代表了 WSN 最坏(不被检测概率最小)和最佳(被发现的概率最大)的覆盖情况。本书中分别采用计算几何中的Voronoi 图与 Delaunay 三角形来完成最大突破路径和最大支撑路径的构造和查找。其中，Voronoi 图是由所有Delaunay 三角形边上的垂直平分线形成的；而 Delaunay三角形的各顶点为网络的传感器节点，并满足子三角形外接圆中不含其他节点，如图 8.9 所示。

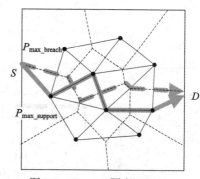

图 8.9　Voronoi 图和 Delaunay
三角形示意图

由于 Voronoi 图中的线段具有到最近的传感器节点距离最大的性质，因此最大突破路径一定是由 Voronoi 图中的线段组成的。最大突破路径查找过程如下：

(1) 基于各节点的位置产生网络 Voronoi 图。

(2) 给每一条边赋予一个权重来代表到最近传感器节点的距离。

(3) 在最小和最大的权重之间执行二进制查找算法：每一步操作之前给出一个参考权重标准，然后进行宽度优先查找(Breadth-first-search)，检查是否存在一条从 S 到 D 的路径，满足路径上线段的权重都比参考权重标准要大。如果路径存在，则增加参考权重标准来缩小路径可选择的线段数目，否则就降低参考权重标准。

(4) 最后得到一条从 S 到 D 的路径，也就是最大突破路径，图 8.9 中用 P_{max_breach} 表示。类似地，由于 Delaunay 三角形是由所有到最近传感器节点距离最短的线段组成的，因此最大支撑路径必然由 Delaunay 三角形的线段构成。给每一条边赋予一个权重来代表路径上所有到周围最近传感器节点的最大距离，查找算法同上。图 8.9 中用 $P_{max\_support}$ 表示算法执行后得到的一条最大支撑路径。

4．暴露穿越覆盖

暴露穿越覆盖同时属于随机节点覆盖和栅栏覆盖的类型。而"目标暴露"(Target Exposure)覆盖模型同时考虑时间因素和节点对于目标的"感应强度"因素，更为符合实际环境中运动目标由于穿越网络时间增加而"感应强度"累加值增大的情况。暴露覆盖模型更为符合目标由于穿越 WSN 区域的时间增加而被检测概率增大的实际情况；采用了分布式的算法执行方式，不需要预先知道整个网络的节点配置情况；可根据需要可以选择不同的感应强度模型和网格划分，从而得到精度不同的暴露路径。

5．圆周覆盖

Chifu Huang 将随机节点覆盖类型的圆周覆盖归纳为决策问题：目标区域中配置一组传感器节点，看看该区域能否满足 k 覆盖，即目标区域中每个点都至少被 k 个节点覆盖。我们考虑每个传感节点覆盖区域的圆周重叠情况，进而根据邻居节点信息来确定一个给定传感器的圆周是否被完全覆盖，如图 8.10 所示。

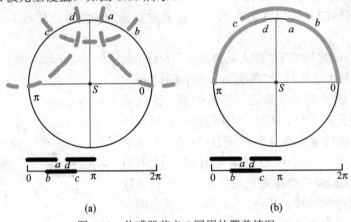

图 8.10　传感器节点 S 圆周的覆盖情况

　　该算法可以用分布式方式实现：传感器 S 首先确定圆周被邻居节点覆盖的情况，如图 8.10(a)所示，3 段圆周[0，a]、[b，c]、[d，π]分别被 S 的 3 个邻居节点所覆盖。再将结果按照升序顺序记录在[0，2π]区间，如图 8.10(b)所示，这样就可以得到节点 S 的圆周覆盖情况：[0，b]段为 1，[b，a]段为 2，[a，d]段为 1，[d，c]段为 2，[c，π]段为 1。参考文献[24]中给出证明："传感器节点圆周被充分覆盖等价于整个区域被充分覆盖。"每个传感器节点收集本地信息来进行本节点圆周覆盖判断，并且该算法还可以进一步扩展到不规则的传感区域中使用。

　　在二维圆周覆盖问题基础上，Huang 进一步将三维圆球覆盖影射为二维圆周覆盖的类似方法，在不增加计算复杂性的前提下使用分布式方式解决了三维圆球体覆盖的问题。

6. 连通传感器覆盖(Connected Sensor Cover)

　　Gupta 设计的算法通过选择连通的传感器节点路径来得到最大化的网络覆盖效果，该算法同时属于连通性覆盖中的连通路径覆盖以及确定性区域/点覆盖类型。当指令中心向 WSN 发送一个感应区域查询消息时，连通传感器覆盖的目标是选择最小的连通传感器节点集合并充分覆盖 WSN 区域。假设已选择的传感器节点集为 M，剩余与 M 有相交传感区域的传感器节点称为候选节点。集中式算法初始节点随机选择构成 M 之后，在所有从初始节点集合出发到候选节点的路径中选择一条可以覆盖更多未覆盖子区域的路径。将该路径经过的节点加入 M，算法继续执行直到网络查询区域可以完全被更新后的 M 所覆盖。

练 习 题

一、填空题

　　1. 目前对拓扑控制的研究可以分为两大类。一类是计算几何方法，以某些几何结构为基础_____。另一类是概率分析方法，在节点按照某种概率密度分布，计算使拓扑以大概率满足某些性质时节点所需的_____。

2．最小生成树(MST)网络拓扑是以＿＿＿＿＿＿＿＿＿＿＿＿＿＿＿＿＿＿＿。

3．所谓功率控制，就是为传感器节点选择合适的＿＿＿＿＿＿＿＿；所谓睡眠调度，就是控制传感器节点在＿＿＿＿＿＿＿＿和＿＿＿＿＿＿＿＿之间转换。

4．定步长功率控制是＿＿＿＿＿＿＿＿＿＿＿＿＿＿＿＿＿＿＿＿＿＿＿＿＿，而自适应步长功率控制则是指节点根据信道变化的估计量自适应地调整节点的发射功率。

5．按照无线传感器网络节点的不同配置方式(即节点是否需要知道自身位置信息)，可以将 WSN 的覆盖问题分为＿＿＿＿＿＿＿＿＿和＿＿＿＿＿＿＿＿两大类。

二、简答题

1．无线传感器网络中，网络的拓扑结构控制与优化有什么意义？

2．无线传感器网络是与应用密切相关的，在拓扑控制中一般需要考虑的设计目标有哪些？

3．功率控制对无线自组织网络的性能有很大影响，主要表现在哪五个方面？

4．功率控制的分类常有哪几种方法？

5．无线传感器网络协议设计的主要目标就是提高系统的能量效率，延长网络的使用寿命，那么，基于这个目标，各层协议设计的原则有哪些？

第9章　无线传感器网络的安全技术

本章要点 ✎

- 传感器网络的安全目标与安全问题分析;
- 无线传感器网络协议栈各层的安全威胁及对策术;
- 攻击者加入网络与不加入网络的攻击行为;
- DoS 攻击与能源攻击;
- 无线传感器网络的安全路由。

9.1　无线传感器网络安全问题概述

9.1.1　传感网安全分析

无线传感器网络(WSN)是一种自组织网络,通过大量低成本、资源受限的传感器节点设备协同工作实现某一特定任务。

WSN 为在复杂的环境中部署大规模的网络,进行实时数据采集与处理带来了希望。但同时 WSN 通常部署在无人维护、不可控制的环境中,除了具有一般无线网络所面临的信息泄露、信息篡改、重放攻击、拒绝服务等多种威胁外,WSN 还面临传感器节点容易被攻击者物理操纵,并获取存储在传感器节点中的所有信息,从而控制部分网络的威胁。用户不可能接受并部署一个没有解决好安全和隐私问题的传感网,因此在进行 WSN 协议和软件设计时,必须充分考虑 WSN 可能面临的安全问题,并把安全机制集成到系统设计中。

1. WSN 的特点

WSN 是一种大规模的分布式网络,常部署于无人维护、条件恶劣的环境当中,且大多数情况下传感器节点都是一次性使用,从而决定了传感器节点是价格低廉、资源极度受限的无线通信设备,它的特点主要体现在以下几个方面:

(1) 能量有限:能量是限制传感器节点能力、寿命的最主要的约束性条件,现有的传感器节点都是通过标准的 AAA 或 AA 电池进行供电的,并且不能重新充电。

(2) 计算能力有限:传感器节点 CPU 一般只具有 8 bit、4～8 MHz 的处理能力。

(3) 存储能力有限:传感器节点一般包括三种形式的存储器,即 RAM、程序存储器和工作存储器。RAM 用于存放工作时的临时数据,一般不超过 2 KB;程序存储器用于存储操作系统、应用程序以及安全函数等,工作存储器用于存放获取的传感信息,这两种存储器一般也只有几十千字节。

(4) 通信范围有限：为了节约信号传输时的能量消耗，传感器节点的 RF 模块的传输能量一般为 10～100 mW，传输的范围也局限于 100 m～1 km。

(5) 防篡改性：传感器节点是一种价格低廉、结构松散、开放的网络设备，攻击者一旦获取传感器节点就很容易获得和修改存储在传感器节点中的密钥信息以及程序代码等。

另外，大多数传感器网络在进行部署前，其网络拓扑是无法预知的，同时部署后，整个网络拓扑、传感器节点在网络中的角色也是经常变化的，因而不像有线网、大部分无线网络那样对网络设备进行完全配置，对传感器节点进行预配置的范围是有限的，很多网络参数、密钥等都是传感器节点在部署后进行协商形成的。

2. WSN 的安全特点

根据 WSN 的特点分析可知，WSN 与安全相关的主要特点如下：

(1) 资源受限，通信环境恶劣。WSN 单个节点能量有限，存储空间和计算能力差，直接导致了许多成熟、有效的安全协议和算法无法顺利应用。另外，节点之间采用无线通信方式，信道不稳定，信号不仅容易被窃听，而且容易被干扰或篡改。

(2) 部署区域的安全无法保证，节点易失效。传感器节点一般部署在无人值守的恶劣环境或敌对环境中，其工作空间本身就存在不安全因素，节点很容易受到破坏或被俘，一般无法对节点进行维护，节点很容易失效。

(3) 网络无基础框架。在 WSN 中，各节点以自组织的方式形成网络，以单跳或多跳的方式进行通信，由节点相互配合实现路由功能，没有专门的传输设备，传统的端到端的安全机制无法直接应用。

(4) 部署前地理位置具有不确定性。在 WSN 中，节点通常随机部署在目标区域，任何节点之间是否存在直接连接在部署前是未知的。

9.1.2　传感网的安全性目标

1. WSN 主要安全目标及实现基础

虽然 WSN 的主要安全目标(包括机密性、完整性、可用性等)和一般网络没有多大区别，但考虑到 WSN 是典型的分布式系统，并以消息传递来完成任务的特点，可以将其安全问题归结为消息安全和节点安全。所谓消息安全，是指在节点之间传输的各种报文的安全性。节点安全是指针对传感器节点被俘获并改造而变为恶意节点时，网络能够迅速地发现异常节点，并能有效地防止其产生更大的危害。与传统网络相比，由于 WSN 根深蒂固的微型化和廉价化大规模应用的思想，导致借助硬件实现安全的策略一直没有得到重视。考虑到传感器节点的资源限制，几乎所有的安全研究都必然存在算法计算强度和安全强度之间的权衡问题。简单地提供能够保证消息安全的加密算法是不够的。事实上，当节点被攻破，密钥等重要信息被窃取时，攻击者很容易控制被俘节点或复制恶意节点以危害消息安全。因此，节点安全高于消息安全，确保传感器节点安全尤为重要。

维护传感器节点安全的首要问题是建立节点信任机制。在传统网络中，健壮的端到端信任机制常需借助可信第三方，通过公钥密码体制实现网络实体的认证，如 PKI 系统。然而，研究者们发现，由于无线信道的脆弱性，即便对于静止的传感器节点，其间的通信信道并不稳定，导致网络拓扑容易变化。因此，对于任何基于可信第三方的安全协议，传感器节点和可信第三方之间的通信开销很大，并且不稳定的信道和通信延迟足以危及安全协议的能力和效率。另外，鉴于传感器节点计算能力的约束，公钥密码体制也不适合用于WSN。

根据近代密码学的观点，密码系统的安全应该只取决于密钥的安全，而不取决于对算法的保密。因此，密钥管理是安全管理中最重要、最基础的环节。历史经验表明，从密钥管理途径进行攻击要比单纯破译密码算法代价小得多。高度重视密钥管理，引入密钥管理机制进行有效控制，对增加网络的安全性和抗攻击性是非常重要的。

一般而言，基于密钥预分配方式，WSN 通过共享密钥建立节点信任关系。因此，基于密钥预分配方式的共享密钥管理问题是 WSN 节点安全和消息安全功能的实现基础。目前，WSN 密钥预分配管理主要分为两类，一是确定型密钥预分配，另一类是随机型密钥预分配。确定型密钥预分配借助组合论、多项式、矩阵等数学方法，其共同的缺点是当被攻破节点数超过某一门限时，整个网络被攻破的概率急剧升高。随机型密钥预分配则可避免这样的缺点，即当被攻破节点数超过某一门限时，整个网络被攻破的概率缓慢增大，而代价是增加了共享密钥的发现难度。同时，由于随机型密钥预分配是基于随机图连通理论，所以在某些特殊场合，如节点分布稀疏或者密度不均匀，随机型密钥预分配不能保证网络的连通性。

2. WSN 的安全需求

WSN 的安全需求主要有以下几个方面：

(1) 机密性。机密性要求对 WSN 节点间传输的信息进行加密，让任何人在截获节点间的物理通信信号后不能直接获得其所携带的消息内容。

(2) 完整性。WSN 的无线通信环境为恶意节点实施破坏提供了方便，完整性要求节点收到的数据在传输过程中未被插入、删除或篡改，即保证接收到的消息与发送的消息是一致的。

(3) 健壮性。WSN 一般被部署在恶劣环境、无人区域或敌方阵地中，外部环境条件具有不确定性，另外，随着旧节点的失效或新节点的加入，网络的拓扑结构不断发生变化。因此，WSN 必须具有很强的适应性，使得单个节点或者少量节点的变化不会威胁整个网络的安全。

(4) 真实性。WSN 的真实性主要体现在两个方面：点到点的消息认证和广播认证。点到点的消息认证使得某一节点在收到另一节点发送来的消息时，能够确认这个消息确实是从该节点发送过来的，而不是别人冒充的；广播认证主要解决单个节点向一组节点发送统一通告时的认证安全问题。

(5) 新鲜性。在 WSN 中由于网络多路径传输延时的不确定性和恶意节点的重放攻击使得接收方可能收到延后的相同数据包。新鲜性要求接收方收到的数据包都是最新的、非重放的，即体现消息的时效性。

(6) 可用性。可用性要求 WSN 能够按预先设定的工作方式向合法的用户提供信息访问服务，然而，攻击者可以通过信号干扰、伪造或者复制等方式使 WSN 处于部分或全部瘫痪状态，从而破坏系统的可用性。

(7) 访问控制。WSN 不能通过设置防火墙进行访问过滤，由于硬件受限，也不能采用非对称加密体制的数字签名和公钥证书机制。WSN 必须建立一套符合自身特点，综合考虑性能、效率和安全性的访问控制机制。

9.1.3　传感网安全策略

根据以上无线传感器网络安全的分析可知，无线传感器网络易于遭受传感器节点的物理操纵、传感信息的窃听、拒绝服务攻击、私有信息的泄露等多种威胁和攻击。下面将根据 WSN 的特点，对 WSN 所面临的潜在安全威胁进行分类描述与对策探讨。

1. 传感器节点的物理操纵

未来的传感器网络一般有成百上千个传感器节点，很难对每个节点进行监控和保护，因而每个节点都是一个潜在的攻击点，都能被攻击者进行物理和逻辑攻击。另外，传感器通常部署在无人维护的环境当中，这更加方便了攻击者捕获传感器节点。当捕获了传感器节点后，攻击者就可以通过编程接口(JTAG 接口)修改或获取传感器节点中的信息或代码。根据文献分析，攻击者可利用简单的工具(计算机、UISP 自由软件)在不到一分钟的时间内就可以把 EEPROM、Flash 和 SRAM 中的所有信息传输到计算机中，通过汇编软件，可很方便地把获取的信息转换成汇编文件格式，从而分析出传感器节点所存储的程序代码、路由协议及密钥等机密信息，同时还可以修改程序代码，并加载到传感器节点中。

很显然，目前通用的传感器节点具有很大的安全漏洞，攻击者通过此漏洞，可方便地获取传感器节点中的机密信息、修改传感器节点中的程序代码，如使得传感器节点具有多个身份 ID，从而以多个身份在传感器网络中进行通信。另外，攻击还可以通过获取存储在传感器节点中的密钥、代码等信息进行，从而伪造或伪装成合法节点加入到传感网络中。一旦控制了传感器网络中的一部分节点后，攻击者就可以发动很多种攻击，如监听传感器网络中传输的信息，向传感器网络中发布假的路由信息或传送假的传感信息、进行拒绝服务攻击等。

安全策略：由于传感器节点容易被物理操纵是传感器网络不可回避的安全问题，必须通过其他的技术方案来提高传感器网络的安全性能。例如，在通信前进行节点与节点的身份认证；设计新的密钥协商方案，使得即使有一小部分节点被操纵后，攻击者也不能或很难从获取的节点信息推导出其他节点的密钥信息等。另外，还可以通过对传感器节点软件的合法性进行认证等措施来提高节点本身的安全性能。

2. 信息窃听

根据无线传播和网络部署特点，攻击者很容易通过节点间的传输而获得敏感或者私有的信息，如在通过无线传感器网络监控室内温度和灯光的场景中，部署在室外的无线接收器可以获取室内传感器发送过来的温度和灯光信息；同样，攻击者通过监听室内和室外节点间信息的传输，也可以获知室内信息，从而揭露出房屋主人的生活习性。

安全策略：对传输信息加密可以解决窃听问题，但需要一个灵活、强健的密钥交换和管理方案，密钥管理方案必须容易部署而且适合传感器节点资源有限的特点。另外，密钥管理方案还必须保证当部分节点被操纵后(这样，攻击者就可以获取存储在这个节点中的生成会话密钥的信息)，不会破坏整个网络的安全性。由于传感器节点的内存资源有限，使得在传感器网络中实现大多数节点间端到端安全不切实际。然而在传感器网络中可以实现跳一跳之间的信息的加密，这样传感器节点只要与邻居节点共享密钥就可以了。在这种情况下，即使攻击者捕获了一个通信节点，也只是影响相邻节点间的安全。但当攻击者通过操纵节点发送虚假路由消息时，就会影响整个网络的路由拓扑。解决这种问题的办法是具有鲁棒性的路由协议，另外一种方法是多路径路由，通过多个路径传输部分信息，并在目的地进行重组。

3. 私有性问题

传感器网络是用于收集信息作为主要目的的，攻击者可以通过窃听、加入伪造的非法节点等方式获取这些敏感信息，如果攻击者知道怎样从多路信息中获取有限信息的相关算法，那么攻击者就可以通过大量获取的信息导出有效信息。一般传感器中的私有性问题并不是通过传感器网络去获取不大可能收集到的信息，而是攻击者通过远程监听 WSN，从而获得大量的信息，并根据特定算法分析出其中的私有性问题，因此攻击者并不需要物理接触传感器节点，是一种低风险、匿名的获得私有信息方式。远程监听还可以使单个攻击者同时获取多个节点传输的信息。

安全策略：保证网络中的传感信息只有可信实体才可以访问是保证私有性问题的最好方法，这可通过数据加密和访问控制来实现；另外一种方法是限制网络所发送信息的粒度，因为信息越详细，越有可能泄露私有性。例如，一个簇节点可以通过对从相邻节点接收到的大量信息进行汇集处理，并只传送处理结果，从而达到数据匿名化。

4. 拒绝服务攻击(DoS)

DoS 攻击主要用于破坏网络的可用性，减少、降低执行网络或系统执行某一期望功能能力的任何事件，如试图中断、颠覆或毁坏传感网络，另外还包括硬件失败、软件 Bug、资源耗尽、环境条件等。这里主要考虑协议和设计层面的漏洞。很难确定一个错误或一系列错误是否是由 DoS 攻击造成的，在大规模的网络中也是如此。因为此时传感网络本身就具有比较高的单个节点失效率。

DoS 攻击可以发生在物理层，如信道阻塞，这可能包括在网络中恶意干扰网络中协议的传送或者物理损害传感器节点。攻击者还可以发起快速消耗传感器节点能量的攻击，例如向目标节点连续发送大量无用信息，目标节点就会消耗能量处理这些信息，并把这些信息传送给其他节点。如果攻击者捕获了传感器节点，那么它还可以伪造或伪装成合法节点发起这些 DoS 攻击。例如，它可以产生循环路由，从而耗尽这个循环中节点的能量。防御DoS 攻击的方法没有一个固定的方法，它随着攻击者攻击方法的不同而不同。一些跳频和扩频技术可以用来减轻网络堵塞问题。恰当的认证可以防止在网络中插入无用信息，然而，这些协议必须十分有效，否则它也会被用来当做 DoS 攻击的手段。例如，使用基于非对称密码机制的数字签名可以用来进行信息认证，但是创建和验证签名是一个计算速度慢、能量消耗大的计算，攻击者可以在网络中引入大量的这种信息，就会有效地实施 DoS 攻击。

9.1.4　跨层的安全框架

由于 WSN 部署在无人值守的外部环境中，需要保证数据安全和节点容错来防止敌方或者恶意者对系统的利用和破坏，并且要能够对节点进行认证，保证从网络中收到正确的信息，以提高网络的可靠性。因此，设计好无线传感器网络的安全框架十分重要。在 WSN中，各协议层有不同的安全方法，物理层主要通过考虑安全编码来增加机密性；链路层和网络层的机密性考虑的是数据帧和路由信息的加密技术；而应用层则着重于密钥的管理和交换，为下层的加解密提供安全支持。传统的安全设计主要采用分层的方法，不能较好地解决 WSN 中的安全问题。因为各层研究的侧重点各不相同，不同层的安全和网络性能不同，用跨层设计可以平衡这两个因素，可以在安全需求及网络性能上有一个良好的折中。

　　在单层设计中，以链路层为例，由于无线传感器网络的开放网络环境，使得数据包在传输过程中可能产生冲突，即碰撞。针对碰撞攻击，一方面要通过纠错编码技术对发生碰撞的数据进行纠错，另一方面要对信道的使用采取一定的策略，加入信道监听和重传机制。

　　在 WSN 中，网络连接性主要依靠各节点之间的协作。如果其中一个节点故意停止中继分组，网络将不能正常通信。这种节点称为自私节点。为了避免这种情况发生，需要两种解决方法：一种是执行通信协议，鼓励节点承担中继任务；另一种是在通信协议中检测自私节点，警告并处罚它们，并让它们返回协作模式。所有的解决方案都需要使用跨层的方法，因为自私行为可以在各层出现，特别是 MAC 层和路由层。仅考虑一层的行为并不能有效避免自私行为，所以需要在多层进行跨层的考虑。例如，在 MAC 层和网络层进行跨层考虑时，一部分安全机制放在节点的网络层，通过其后续节点监视其中继分组。另一部分安全机制放在 MAC 层，负责添加跳与跳之间的信息，如 ACK 信息，并进行中继。这种跳间信息被高层的安全机制应用，以发现自私节点。当自私节点被检测时，通常由 MAC 层的安全构件采取措施，这种方法可以快速检测自私节点，比网络层要快。

9.2　无线传感器网络协议栈的安全

　　随着传感器网络的深入研究，研究人员提出了传感器网络协议栈，如图 9.1 所示。该协议栈包括物理层、数据链路层、网络层、传输层和应用层，与互联网协议栈的五层协议相对应。另外，协议栈还包括能量管理平台、移动管理平台和任务管理平台。这些管理平台使得传感器节点能够按照能源高效的方式协同工作，在节点移动的传感器网络中转发数据，并支持多任务和资源共享。各层协议和平台的功能如下：

　　(1) 物理层提供简单但健壮的信号调制和无线收发技术；

　　(2) 数据链路层负责数据成帧、帧检测、媒体访问和差错控制；

　　(3) 网络层主要负责路由生成与路由选择；

　　(4) 传输层负责数据流的传输控制，是保证通信服务质量的重要部分；

　　(5) 应用层包括一系列基于监测任务的应用层软件；

　　(6) 能量管理平台管理传感器节点如何使用能量，在各个协议层上都需要考虑能量问题；

　　(7) 移动管理平台检测并记录传感器节点的移动，维护到汇聚节点的路由信息，使得传感器节点能够动态跟踪其邻居节点的位置；

　　(8) 任务管理平台在一个给定的区域内平衡和调度各项监测任务。

　　图 9.1(b)所示的协议栈细化并改进了原始模型。定位和时间同步子层在协议栈中的位置比较特殊。它们既要依赖于数据传输通道进行协作定位和时间同步协商，同时又要为网络协议各层提供信息支持，如基于时分复用的 MAC 协议、基于地理位置的路由协议等很

多传感器网络协议都需要定位和同步信息。所以在图 9.1(b)中用倒 L 形描述这两个功能子层。图 9.1(b)右边的诸多机制一部分融入到图 9.1(a)所示的各层协议中，用以优化和管理协议流程；另一部分独立在协议外层，通过各种收集和配置接口对相应机制进行配置和监控。如能量管理，在图 9.1(a)中的每个协议层次中都要增加能量控制代码，并提供给操作系统进行能量分配决策；QoS 管理在各协议层设计队列管理、优先级机制或者带宽预留等机制，并对特定应用的数据给予特别处理；拓扑控制利用物理层、链路层或路由层完成拓扑生成，反过来又为它们提供基础信息支持，优化 MAC 协议和路由协议的协议过程，提高协议效率，减少网络能量消耗；网络管理则要求协议各层嵌入各种信息接口，并定时收集协议运行状态和流量信息，协调控制网络中各个协议组件的运行。

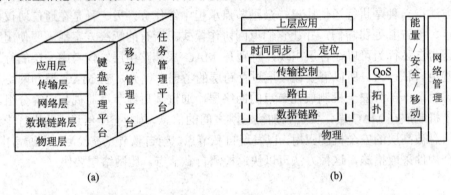

(a)   (b)

图 9.1 传感器网络协议栈

9.2.1 物理层的攻击与安全策略

1. 拥塞攻击

攻击节点通过在传感器网络工作频段上不断发送无用信号，可以使攻击节点内的传感器节点都不能正常工作。拥塞攻击对单频点无线通信网络非常有效，抵御单频点的拥塞攻击，可使用宽频和跳频方法；对于全频段持续拥塞攻击，转换通信模式是唯一能够使用的方法，光通信和红外线通信都是有效的备选方法。鉴于全频拥塞攻击实施困难，攻击者一般不采用的事实，传感器网络还可以采用不断降低自身工作的占空比来抵御使用能量有限持续的拥塞攻击；采用高优先级的数据包通知基站遭受局部拥塞攻击，由基站映射出受攻击地点的外部轮廓，并将拥塞区域通知整个网络，在进行数据通信时，节点将拥塞区视为路由洞，绕过拥塞区将数据传到目的节点。

2. 物理篡改

敌方可以捕获节点，获取加密密钥等敏感信息，从而可以不受限制地访问上层的信息。针对无法避免的物理破坏，可以采用的防御措施有：

(1) 增加物理损害感知机制。节点在感知到被破坏后，可以销毁敏感数据、脱离网络、修改安全处理程序等，从而保护网络其他部分免受安全威胁。

(2) 对敏感信息进行加密存储。通信加密密钥、认证密钥和各种安全启动密钥需要严密的保护，在实现的时候，敏感信息尽量放在易失存储器上，若不能，则首先进行加密处理。

9.2.2　链路层的攻击与安全策略

1. 碰撞攻击

无线环境中，如果两个设备同时进行发送，则它们的输出信号会因为相互叠加而不能被分离出来。任何数据包只要有一个字节的数据在传输过程中发生了冲突，则整个数据包都会被丢弃。这种冲突在链路层协议中称为碰撞。针对碰撞攻击，可以采用纠错编码、信道监听和重传机制来防御。

2. 耗尽攻击

耗尽攻击指利用协议漏洞，通过持续通信的方式使节点能量资源耗尽。如利用链路层的错包重传机制，使节点不断重发上一数据包，耗尽节点资源。应对耗尽攻击的一种方法是限制网络发送速度，节点自动抛弃那些多余的数据请求，但是这样会降低网络效率。另外一种方法就是在协议实现的时候，制定一些执行策略，对过度频繁的请求不予理睬，或者对同一个数据包的重传次数进行限制，以避免恶意节点无休止干扰导致的能源耗尽。

3. 非公平竞争

如果网络数据包在通信机制上存在优先级控制，恶意节点或者被俘节点可能被用来不断在网络上发送高优先级的数据包占据信道导致其他节点在通信过程中处于劣势。这是一种弱 DoS 攻击方式，需要敌方完全了解传感器网络的 MAC 层协议机制，并利用 MAC 的协议来进行干扰性攻击，一种缓解的方案是采用短包策略，即在 MAC 层中不允许使用过长的数据包，以缩短每包占用信道的时间；另外可以不采用优先级策略，而采用竞争或时分复用方式实现数据传输。

9.2.3　网络层的攻击与安全策略

网络层实现路由协议。无线传感器网络中的路由协议有很多，主要可以分为三类，分别是以数据为中心的路由协议、层次式路由协议以及基于位置的路由协议。在以数据为中心的路由协议中，通常由 Sink 节点发出查询，然后满足条件的传感器节点将数据发回 Sink 节点。层次式路由协议和单层的路由协议相比，具有更好的可扩展性，更易于进行数据融合，从而减少电源的消耗。基于位置的路由协议需要知道传感器节点的位置信息，这些信息可用于计算节点之间的距离，估计能量的消耗，以及构建更加高效的路由协议。

在无线传感器网络中，大量的传感器节点密集地分布在一个区域里，消息可能需要经过若干节点才能到达目的地。而且，由于传感器网络的动态性，因而没有固定的基础结构，所以，每个节点都需要具有路由的功能。由于每个节点都是潜在的路由节点，故无线传感器网络更易于受到攻击。其攻击主要有以下几种：

(1) 虚假的路由信息：通过欺骗，更改和重发路由信息，攻击者可以创建路由环，吸引或者拒绝网络信息流通量，延长或者缩短路由路径，形成虚假的错误消息，分割网络，增加端到端的时延等。

(2) 选择性的转发(Selective Forwarding)：节点收到数据包后，有选择地转发或者根本不转发收到的数据包，导致数据包不能到达目的地。

(3) Sinkhole 攻击：攻击者通过声称自己电源充足、可靠且高效等手段，吸引周围的节点选择它作为其路由路径中的点，然后和其他攻击(如选择攻击、更改数据包的内容等)结合起来，达到攻击的目的。由于传感器网络固有的通信模式，即所有的数据包都发到同一个目的地，因此特别容易受到这种攻击的影响。

(4) Sybil 攻击：在这种攻击中，单个节点以多个身份出现在网络中的其他节点面前，使其更易于成为路由路径中的节点，然后和其他攻击方法结合使用，达到攻击的目的。

(5) HELLO flood 攻击：很多路由协议需要传感器节点定时的发送 HELLO 包，以声明自己是它们的邻居节点。但是一个较强的恶意节点以足够大的功率广播 HELLO 包时，收到 HELLO 包的节点会认为这个恶意的节点是它们的邻居。

(6) Wormhole 攻击：这种攻击通常需要两个恶意节点相互串通，合谋进行攻击。一般情况下，一个恶意节点位于基站附近，另一个恶意节点离开基站较远，较远的那个节点声称自己和基站附近的节点可以建立低时延、高带宽的链路，从而吸引周围节点将其数据包发到它这里。在这种情况下，远离基站的那个恶意节点其实也是一个 Sinkhole。Wormhole 攻击可以和其他攻击，如选择转发、Sybil 攻击等结合使用。

网络层路由协议为整个无线传感器网络提供了关键的路由服务，针对路由的攻击可能导致整个网络的瘫痪。安全的路由算法直接影响了无线传感器网络的安全性和可用性，因此是整个无线传感器网络安全研究的重点。目前，已经提出了许多安全路由协议。这些方案一般采用链路层加密和认证、多路径路由、身份认证、双向连接认证和认证广播等机制来有效地抵御外部伪造的路由信息、Sybil 攻击和 HELLO flood 攻击。通常这些方法可以直接应用到现有的路由协议，从而提高路由协议的安全性。Sinkhole 攻击和 Wormholes 攻击却很难找到有效的抵御方法。不过，基于地理位置的这类路由协议通过定期广播探测帧来检测黑洞区域，可以有效地发现和抵御 Sinkhole 和 Wormholes 攻击。

9.2.4　传输层和应用层的安全策略

1. 传输层安全

传输层用于建立无线传感器网络与 Internet 或者其他外部网络的端到端的连接。由于无线传感器网络节点的限制，节点无法保存维持端到端连接的大量信息，而且节点发送应答消息会消耗大量能量，因此，目前无线传感器网络的大多数应用中都没有对于传输层的需求。

2. 应用层安全

应用层提供无线传感器网络的各种实际应用，因此也面临各种安全问题。在应用层，密钥管理和安全组播为整个无线传感器网络的安全机制提供了安全基础设施。

无线传感器网络的应用十分广泛，就安全来说，应用层的研究主要集中在如何为整个无线传感器网络安全提供支持的基础设施的研究，即密钥管理和安全组播的研究。

9.3　无线传感器网络密钥管理

无线传感器网络的信息通信都依赖于安全的保障，而密钥的安全性在 WSN 的通信安全中占据重要的地位。需要根据应用对安全性的要求来决定到底采用什么样的密钥管理机制。目前 WSN 密钥管理机制主要有预置主密钥机制、预置所有密钥对机制、公钥密码机制、基于密钥分发中心的机制、随机密钥预分配机制等。除此以外，还有一些新型的密钥管理机制，例如轻量型的密钥分配机制。

本章将深入分析和讨论无线传感器网络密钥管理方面的一些基础内容，并主要对目前一些经典的密钥管理方案进行原理阐述和性能分析。

9.3.1　密钥管理的安全需求

WSN 不同于传统计算机网络，它具有传统计算机网络所不具备的特性。因此，除了要具备传统网络密钥管理的一些基本需求，如保密性、完整性、真实性或可验证性等，也提出了一些特别的要求：

(1) 协议和算法的轻型化：由于硬件存储能力和能量消耗的限制，要求 WSN 的密钥管理协议所需要的通信量、计算量和存储量比较小。

(2) 可用性或可达性：为了节约资源和延长寿命，传感器节点要避免不必要的密钥管理和操作；此外，密钥管理协议不能阻碍传感器网络有效执行监测任务；最后，密钥管理协议要减小因节点被俘获造成的对于剩余网络的影响。

(3) 可扩展性：随着 WSN 规模的扩大，保证密钥管理带来的通信、计算以及存储负担增加不明显，理想的状态应该是与网络规模无关的。

(4) 自组织性：WSN 部署前，关于网络的部署情况无法预先得知，因此密钥管理协议必须能够选择适当的机制来满足这样的特性。

9.3.2　密钥管理方案的分类

近年来，WSN 密钥管理的研究已经取得许多进展。不同的方案机制，其侧重点也各有不同。依据这些方案机制的特点可以进行适当的分类。

1. 对称密钥管理与非对称密钥管理

根据所使用的密码体制，WSN 密钥管理可分为对称密钥管理和非对称密钥管理。在对称密钥管理方面，通信双方使用相同的密钥对数据进行加密、解密，对称密钥管理具有密钥长度较短，计算、通信和存储开销相对较小等特点，比较适用于 WSN，目前是 WSN 密钥管理的主流研究方向。在非对称密钥管理方面，节点拥有不同的加密和解密密钥，同时非对称密钥管理对节点的计算、存储和通信等要求比较高，曾一度被认为不能应用于 WSN，但最近的研究表明，非对称加密算法经过优化后可以适用于 WSN。

2. 分布式密钥管理和层次式密钥管理

根据网络的结构，WSN 密钥管理可分为分布式密钥管理和层次式密钥管理。在分布式密钥管理中，节点具有相同的通信能力和计算能力，节点间密钥的生成、分配、更新等过程通过使用预分配的密钥来协作完成。而在层次式密钥管理中，节点被划分为若干簇，每个簇拥有一个能力较强的簇头。普通节点的密钥分配、协商、更新等都是通过簇头来完成的。分布式密钥管理的特点是密钥协商通过相邻节点的相互协作来实现，具有较好的分布特性。层次式密钥管理的特点是对普通节点的计算、存储能力要求低，但簇头的受损将导致严重的安全威胁。

3. 静态密钥管理与动态密钥管理

根据节点在部署之后密钥是否更新，WSN 密钥管理可分为静态密钥管理和动态密钥管理。对于静态密钥管理，节点在部署前预分配一定数量的密钥，部署后通过协商生成通信密钥，通信密钥在整个网络运行期内不考虑密钥更新和撤回；而在动态密钥管理中，密钥的分配、协商、撤回操作周期性进行。

静态密钥管理的特点是通信密钥无需频繁更新，不会导致更多的计算和通信开销，但若存在被捕获节点，则对网络具有安全威胁。动态密钥管理的特点是可以使节点通信密钥处于动态更新状态，攻击者很难通过俘获节点来获取实时的密钥信息，但密钥的动态操作将导致较大的通信和计算开销。

4. 随机型密钥管理与确定型密钥管理

根据节点的密钥分配方法区分，WSN 密钥管理可分为随机型密钥管理与确定型密钥管理。在随机密钥管理中，节点的密钥环通过随机方式获取，比如从一个大密钥池里随机选取一部分密钥。而在确定型密钥管理中，密钥环是以确定的方式获取的，比如利用已知地理信息或使用对称 BIBD(Balanced Incomplete Block Design)等。从连通概率的角度来看，随机密钥管理的密钥连通概率介于 0 和 1 之间，而确定型密钥管理的连通概率总为 1。随机性密钥管理的优点是密钥分配简便，节点的部署方式不受限制；其缺点是密钥的分配具有盲目性，节点可能存储一些无用密钥而浪费存储空间。确定型密钥管理的优点是密钥分配具有较强的针对性，节点的存储空间利用率高，任意两个节点可以直接建立通信密钥；其缺点是使用特殊部署方式会降低灵活性，密钥协商的计算和通信开销较大。

9.3.3 密钥管理的评估指标

在传统网络中往往通过分析密码管理方案所能提供的安全性来评估一个密钥管理方案的优劣，但是在无线传感器网络中，需要结合无线传感器网络自身的特点和限制进行分析，下面给出了一些具体的评估指标。

1. 安全性

因为密钥管理方案本身就是为了实现安全的目标而设计的，因此其安全性是首要考虑的因素，包括保密性、完整性、可用性等。

2. 抗攻击能力

由于传感器节点的脆弱性，使其容易受到恶意的物理攻击，导致秘密信息泄漏。抗攻击能力就是指当一个网络中的部分节点被攻击之后，对其他正常节点之间通信的影响有多大。一个理想的密钥管理方案应该是在部分节点被攻击之后，对其他正常节点之间的安全通信不产生任何影响。

3. 网络的扩展性

在多数实际应用中，网络中部署大量的传感器节点，共同来完成要求的任务，所以密钥管理方案必须支持很大的网络规模。这是一个很重要的评估指标，直接关系到一个密钥管理方案的可用性。

4. 负载

对于节点电源能量来说，密钥管理方案必须具有很小的耗电量。另外，节点之间通信消耗的电能远大于计算操作所消耗的电能，因此要求密钥管理方案中的通信负载尽量小。

对于节点的计算能力来说，传统网络中广泛采用的复杂的加密算法、签名算法都不能很好地应用于无线传感器网络中，需要设计计算更简单的密钥管理方案。同样，传感器节点的物理特性还决定了其内存容量的限制，一个节点可以储存的信息有限。而在许多预先分配的方案中，需要传感器节点预先保存一定的信息。一个符合实际应用的密钥管理方案需要使每个节点预先分配的信息尽可能少。

5. 网络的动态变化

网络的动态变化包括两种情况：节点的动态加入和离开。由于遭受攻击、电源耗尽等原因而不能工作的节点，方案必须要保证网络的后向安全性，即保证节点离开后不能继续获得网络中的重要数据。同时，有节点的离开就要求有新节点的加入，方案必须支持网络的扩充，而且能够保证网络的前向安全，即新节点不能得到其加入前网络内传输的秘密信息。

6. 认证

认证是无线传感器网络安全要求的一个重要因素，通过节点之间的认证，可以抵御多种攻击，例如复制节点、假冒节点等攻击方式。所以，是否能够实现节点间的认证也是无线传感器网络密钥管理方案的一个重要评估指标。

9.3.4 密钥管理方案典型案例分析

1. 基于 KDC 的密钥分配机制

传感器网络安全协议(Securitv Protocols in Sensor Network, SPINS)是一种 WSN 安全通信协议，由安全网络机密协议(Security Network Encryption Protocol, SNEP)和广播认证协议(Broadcast Authentication Protocol, BAP)组成。前者提供点到点通信的机密性(Confidentiality)、完整性(Integrity)、新鲜性(Freshness)等安全服务，后者则提供对广播消息的数据认证服务。在这里仅关注其密钥协商机制。

SPINS 的密钥协商机制基于 KDC(基于密钥分发中心)，不适合于规模较大的传感器网络。而且由于 KDC 的使用，降低了 WSN 的可扩展性。其基本思想叙述如下。

假设节点 A 想与节点 B 建立密钥 SK_{AB}，那么要以基站 S 为中介，A 和 B 分别与 S 存在共享密钥 K_{AS} 和 K_{BS}。A 和 B 之间协商密钥的过程为：

(1) A 向 B 发送请求：

$A \rightarrow B$：N_A，ID_A(其中 N_A 是 A 产生的随机数，ID_A 是 A 的标识符)

(2) B 收到请求包后向 S 发送数据包：

$B \rightarrow S$：N_A，N_B，ID_A，ID_B，$MAC(K_{BS}, N_A|N_B|ID_A|ID_B)$

(3) S 验证收到的数据包，验证通过后，S 生成 SK_{AB}，并分别向 A 和 B 发送数据包：

$S \rightarrow A$：$\{SK_{AB}\}_{KAS}, MAC\{K_{AS}, N_A|ID_B|\{SK_{AB}\}_{KAS}\}$

$S \rightarrow B$：$\{SK_{AB}\}_{KBS}, MAC\{KB_S, N_B|ID_A|\{SK_{AB}\}_{KBS}\}$

2. 基本随机密钥预分布方案

在密钥对预分布方案中有两种简单但比较极端的方案，这两种朴素的密钥预分配方案都使得邻居节点间的安全连通概率 $p = 1$，即其密钥共享图成为完全图，任意两个节点都可以直接协商共享密钥。

(1) Single Master Key 方案：该方案对 WSN 中所有节点预分发同一个主密钥，网络中任意一对节点都使用该主密钥进行通信。虽然该方案容易实现，但其安全性能较低，一旦主密钥泄漏，则整个网络的安全都将受到威胁。

(2) $N-1$ 方案：该方案在任意一对节点间使用不同的密钥通信。对于一个节点数量为 N 的网络，每个节点要预分发和存储 $N-1$ 个不同的密钥，故名为 $N-1$ 方案，如此整个网络需要预分发 $N(N-1)/2$ 个密钥。出于任意一对节点的通信密钥都互异，理论上该方案使 WSN 网络安全性能达到最佳，但是对资源有限的传感器节点来说，预分发如此多的密钥是不太现实的。

基于上面两种方案的不可实现性，Eschenauer 和 Gligor 提出了一种基于概率论和随机图论的密钥预分配方案，即 Eschenauer-Gligor 方案。该方案分为以下三个阶段来分析：

(1) 密钥预分发过程在节点部署前进行。WSN 系统预先随机构造一个密钥池，密钥池中含有 S 个不同的密钥(S 很大)，每个密钥有一个唯一标志符 ID。每个节点都随机从密钥池中抽取 k 个密钥保存到存储器中，抽取的密钥仍然放回密钥池，这个过程称为密钥预分发阶段。这样每个节点就形成 k 个密钥和标志符的密钥链。根据 Erdos 的随机图论，任意两节点共享密钥的概率为：

$$p = 1 - \frac{((S-k)!)^2}{(S-2k)!\,S!} \tag{9-1}$$

(2) 共享密钥发现阶段发生在节点部署完成以后。相邻的两个节点互相交换密钥标志符，判断它们之间是否存在公共密钥。如果两邻居节点至少有一个公共密钥，则简单地选择其中一个作为共享密钥。此时，在密钥共享图中这两个邻居节点之间就存在一条安全边，此过程也称为共享密钥直接协商阶段。

(3) 如果两个节点间没有任何公共密钥，可通过与这两个节点都有公共密钥的第三方邻居节点作为中介进行共享密钥协商，此过程称为共享密钥间接协商阶段。通过这种方式确保了整个 WSN 网络正常通信，从图论上来说，形成了任意两点间存在链路概率为 p 的连通图。

由于 $k \ll S$，所以任意两个邻居节点间只能以某个概率存在公共密钥，也就是两个邻居节点间只能以某个概率存在安全边，该概率即为安全连通概率 p。对 Eschenauer-Gligor 方案，其关键目标是设计合适的 S 和 k，使 p 达到一个期望值，使得 WSN 的密钥共享图为连通图，从而确保整个 WSN 的安全通信。

3. composite 随机密钥预分布方案

Eschenauer-Gligof 方案只需要两邻居节点共享一个公共密钥，减小了节点的开销，但是节点抵御外部攻击的能力大大下降。为了在提高网络连通性的同时增加节点抗攻击能力，Berkeley 的 Chan、Perrig 和 Song 对 Eschenauer-Gligor 方案进行扩展，将其推广到一般形式，提出了 q.composite 随机密钥预分布方案，即 Chan-Perring-Song 方案。

Chan-Perrig-Song 方案要求两节点间至少要有 q 个公共密钥才能直接协商建立共享密钥。他们使用所有相同公共密钥的某个哈希(Hash)值作为共享密钥，设两个邻节点有 t 个公

共密钥($t>q$)，则共享密钥 K_{share}=Hash($K_1\|K_2\|\cdots\|K_t$)，其中 Hash 为某个公开的哈希函数。同样，Chan-Perrig-Song 方案的网络连通性概率也是基于概率论和随机图论计算的：

$$p(i) = \frac{\begin{bmatrix} S \\ i \end{bmatrix}\begin{bmatrix} S-i \\ 2(k-i) \end{bmatrix}\begin{bmatrix} 2(k-i) \\ k-i \end{bmatrix}}{\begin{bmatrix} S \\ k \end{bmatrix}^2} \tag{9-2}$$

其中，$p(i)$ 为从 S 个密钥中抽取 k 个预分发给节点时，两个邻居节点有 i 个公共密钥的概率。根据全概率公式，任意两相邻节点能够直接建立共享密钥的概率为：

$$p = 1 - (p(0) + p(1) + \cdots + p(q-1)) \tag{9-3}$$

Chan-Perrig-Song 方案的密钥协商开销和 Eschenaue-Gligor 方案基本相同。唯一的差别在于，Chan-Perrig-Song 方案需要多进行一次哈希计算得到共享密钥，而 Eschenaue-Gligor 方案则直接使用某个相同的公共密钥作为共享密钥。哈希计算的能耗对 WSN 来说很小，而且广播密钥标识符只进行一次，此部分开销也不大。总之，Chan-Perrig-Song 方案和 Eschenaue-Gligor 方案的密钥协商开销都比较小，对 WSN 是现实可行的。

对于节点的抗攻击能力，因为 WSN 中所有节点都从同一个密钥池中抽取密钥，所以未被捕获的节点间可能使用叛变节点泄露的密钥在通信，这对 WSN 安全是重大威胁。使用量化指标"x 个节点被捕获时，一对未被捕获的节点间共享密钥泄露的概率"来评估方案的抗攻击能力，该值也等价于"x 个节点被捕获时，剩余 WSN 网络不安全部分的比例"。

Eschenaue-Gligor 方案中，每个节点携带任意一个预分发密钥的概率为 k/S，x 个节点被捕获时，任意一对未被捕获的节点间共享密钥泄露的概率为：

$$p_{compramized} = 1 - \left(1 - \frac{k}{S}\right)^x \tag{9-4}$$

Chan-Perrig-Song 方案中，抗攻击能力计算和 Eschenaue-Gligor 方案类似，但不同在于要考虑 $k - q + 1$ 种可能性。由全概率公式可知，x 个节点被捕获时，任意一对未被捕获的节点间共享密钥泄露的概率为：

$$p_{compramized} = \sum_{i=q}^{k} \left[1 - \left(1 - \frac{k}{S}\right)^x\right]^i \frac{p(i)}{p} \tag{9-5}$$

其中，$p(f)$ 和 p 的定义与公式(9-2)和公式(9-3)中相同。

通过仿真分析，Chan-Perrig-Song 方案比 Eschenaue-Gligor 方案具有更好的连通性。另一方面，随着共享密钥数量 q 的增大，敌手攻击未捕获节点间共享密钥的难度更大，这对外部攻击起到了一定的抑制作用。但是这种安全性能的提高只在一定范围内有效，若超出此范围，安全性能反而下降得很快。实验结果表明，$q = 2$ 可以使节点安全性能达到最佳。

虽然 Chan-Perrig-Song 方案相比 Eschenaue-Gligor 方案，安全性能有了一定的提高，但是这两种方案根本上来说都是牺牲安全性能来提高网络连通性的，对节点被捕获的安全耐受性并不理想，方案的抗攻击能力也有待进一步提高。

4. 基于多项式的密钥预分布方案

基于多项式的密钥预分布方案是一种存在安全阈值的密钥预分布方案，比基于随机概率的密钥预分布方案具备更好的抗攻击能力。最初由 Blundo 等人提出了一种基于有限域 GF(q) 上对称多项式的密钥预分布方案，后来美国北卡莱罗纳大学的 Liu 和 Ning 对 Blundo 方案做了进一步改进和优化，形成了 Liu-Ning 方案。

Liu-Ning 方案随机地在有限域 GF(q) 上构造 t 阶对称二元多项式：

$$f(x, y) = \sum_{i, j=0}^{t} a_{ij} x^i y^j (\mathrm{mod}(q)) \tag{9-6}$$

其中，q 为足够大的素数。节点部署前，系统为每个节点预分发多项式。对于节点 i，预分发 $f(i, j)$；对于节点 j，预分发 $f(j, y)$。节点部署后需通过多项式计算共享密钥，计算方法为：节点 i 对 j 计算 $f(i, j)$，节点 j 对 i 计算 $f(i, f)$，由多项式的对称性有 $f(i, j) = f(j, i)$，即为节点 i 与 j 的共享密钥。t 阶多项式 $f(x, y)$ 具有安全阈值 t，只要被捕获的节点数量不大于 t，整个网络的安全通信就不受影响。

Liu-Ning 方案中提出了两种基于以上思想的密钥预分布方法：一种是基于随机子集合 (Random Subset) 的预分布方案，一种是基于网格 (Grid Based) 的预分发方案。

1) 基于随机子集合的预分布方案

该方案与 Eschenaue-Gligor 方案类似，区别在于前者不是直接分发密钥给节点，而是分发在 GF(q) 上随机生成的对称二元多项式给节点。节点部署前，系统在 GF(q) 上随机生成含 S 个对称二元多项式的多项式池，每个节点从中随机抽取 k 个多项式存储，被抽取的多项式仍然放回池中。如果节点的密钥容量为 m，每个节点预分发 k 个多项式，因为每个多项式的密钥量为 $t + 1$，则 $m = k(t + 1)$。

节点部署好后，两个邻居节点如果至少有一个相同的多项式，则可直接建立共享密钥。如果两个邻居节点没有任何相同的多项式，则可以通过与二者都存在相同多项式的第三方邻居节点进行间接协商以建立共享密钥，其过程和 Eschenaue-Gligor 方案基本类似。

2) 基于网格的密钥预分布方案

该方案首先构造如图 9.2 所示的网格。网格的每行(列)对应于一个事先随机生成的 GF(q) 上的对称二元多项式，部署的节点随机分布于网格上。各节点根据坐标位置，预分发对应的两个多项式(行列两个方向对应的多项式)，同时节点也存储自己的网络坐标，每个节点都有自己的编号(由网格坐标计算得到)。

节点部署后，一个节点可以和自己的邻节点通过广播交换自己的坐标来确定能否直接建立共享密钥。如果不能直接建立共享密钥，则寻找与二者都有公共多项式的第三个节点作为中介进行间接密钥建立。如图 9.2 中，节

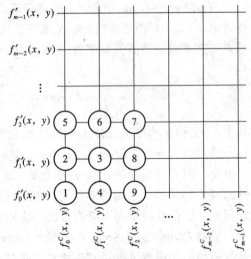

图 9.2　网格中节点的分配

点 1 和 3 没有公共多项式，则可以通过节点 2 或 4 作为中介间接协商共享密钥。

5. 基于密钥矩阵的密钥预分布方案

Blom 提出的密钥预分布方案可以使网络中任意一对节点能够共享一个私有密钥，只要被捕获的节点数量不超过 λ 这个安全阈值，整个网络就是安全的。Blom 矩阵的构成方法为：在节点部署前，网络基站首先在有限域 GF(q) 上构造一个 $(\lambda+1) \times n$ 的矩阵 G 作为公共信息（所有传感器节点和敌手都能知道），其中 n 代表网络节点数量，s 为有限域 GF(q) 上的一个初始元素，该有限域 GF(q) 上的非零元素都可表示为 s 的整数幂，且 G 为行满秩的非奇异矩阵，如式(9-7)所示，即矩阵 G 的任意 $\lambda+1$ 列都必须线性无关。

$$G = \begin{bmatrix} 1 & 1 & 1 & \cdots & 1 \\ s & s^2 & s^3 & \cdots & s^n \\ s^2 & (s^2)^2 & (s^3)^2 & \cdots & (s^n)^2 \\ \vdots & \vdots & \vdots & & \vdots \\ s^\lambda & (s^2)^\lambda & (s^3)^\lambda & \cdots & (s^n)^\lambda \end{bmatrix} \tag{9-7}$$

然后基站在 GF(q) 上随机构造一个 $(\lambda+1) \times (\lambda+1)$ 的对称矩阵 D 作为秘密信息，再计算矩阵 $A = (D \cdot G)^{\mathrm{T}}$，显然矩阵 A 的大小为 $(\lambda+1) \times n$，并且也是非奇异矩阵。定义密钥矩阵 $K = A \cdot G$（即 BIom 矩阵），不难证明 K 为对称矩阵：

$$K = A \cdot G = (D \cdot G)^{\mathrm{T}} \cdot G = G^{\mathrm{T}} \cdot D^{\mathrm{T}} \cdot G = G^{\mathrm{T}} \cdot D \cdot G = (A \cdot G)^{\mathrm{T}} = K^{\mathrm{T}} \tag{9-8}$$

Blom 方案的密钥分发与计算方法为：对于节点 S_i 存储矩阵 G 的第 i 列作为公共信息，存储 A 的第 i 行作为秘密信息，节点 S_j 依照同样的方法分发矩阵 G 的第 j 列，矩阵 A 的第 j 行。节点 $K_{ji}S_i$ 可根据自己预存储的信息计算 K_{ij}，节点 S_j 可计算 K_{ji}。由于 K 为对称矩阵，所以 $K_{ij} = K_{ji}$ 即为节点 S_i 和 S_j 之间的共享密钥。

矩阵 A 是非奇异矩阵，它的秩为 $\lambda+1$，敌手必须获得超过 $\lambda+1$ 个线性无关的向量，才能获得矩阵 A 的信息，否则无法获得密钥矩阵里面的共享密钥信息。因此，密钥矩阵的引进在一定程度上提高了节点的安全耐受性。

Blom 方案并不是专门为无线传感器网络设计的，基于 WSN 自身的特殊性，Wengliang Du 和 Jing Deng 等人提出了一种多层密钥空间的密钥预分布方案，即 Du-Deng 方案。该方案使用 Blom 矩阵作为基本密钥生成模型，相比 Blom 方案在节点抗捕获能力方面有显著提高。仿真结果显示，Du-Deng 方案使用密钥空间理论使得敌手需要捕获更多数量的节点才能对传感器网络安全性能造成一定影响，因此抗攻击性能要优于 Blom 方案。

6. 组密钥分配管理方案

前面提到的方案均假定所有节点在整个网络中是均匀分布的，但在实际情况中，节点的部署可以在网络中的某一局部进行，部署者有相对精确的节点位置信息。为了达到优化密钥分布的目的，可以采用节点分组分布的策略，将同一组节点部署到临近区域。

分组部署节点的基本思想是将节点分成若干组，每组节点只部署到一个特定的区域。Du Wenliang 和 Liu Donggang 等人提出了 WSN 的基于节点组的密钥分布方案。该方案把整个节点分布区域分为多个网格，每个网格对应一个节点部署组，每个部署组的节点只部署到该组对应的网格区域内。为简单起见，方案中假定整个部署区域为 3×3 的正方形区域，

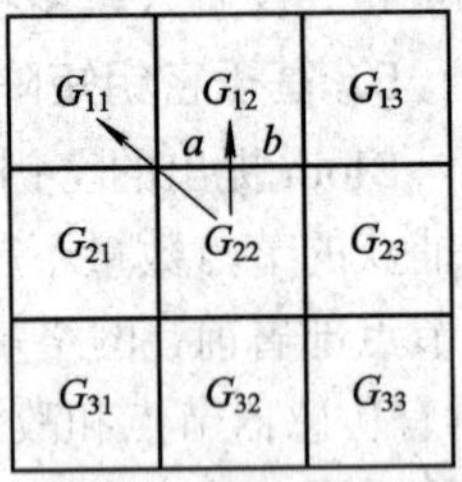

每个网格内的节点都服从二项分布。图 9.3 中显示了分组部署节点的基本思想。

该方案假定网络系统预先随机生成一个大型主密钥池 S，通过一个算法由 S 为每个节点部署组生成一个子密钥池，每个节点部署组对应一个子密钥池，形如 $SG_{1,1}$，$SG_{1,2}$，$SG_{1,3}$，…，每个子密钥池含有 $|SG|$ 个密钥。各组的节点只从该组对应的子密钥池中随机抽取多项式进行预分发，而不从主密钥池 S 中抽取。两节点间至少要存在一个公共密钥，才能建立直接共享密钥。为了保证密钥共享图为连通图，相邻组的子密钥池也需要存在公共部分。Du Wenliang 等人设定相邻节点组的子密钥池公共部分的重复因子如下：

G_{11}	G_{12} $a\;b$	G_{13}
G_{21}	G_{22}	G_{23}
G_{31}	G_{32}	G_{33}

图 9.3　分组部署节点

(1) 一个组与其垂直和水平方向的四个相邻组(假定存在)的重复因子为 a，即它们的子密钥池有 $a|SG|$ 个公共密钥($0 \leqslant a \leqslant 0.25$)。

(2) 一个组与其对角四个相邻组(假定存在)的重复因子为 b，即它们的子密钥池有 $b|SG|$ 个公共密钥($0 \leqslant b \leqslant 0.25$)，且满足 $a+6=0.25$。

如图 9.3 所示，G_{22} 与 G_{12}、G_{21}、G_{23}、G_{32} 的重复因子为 a，与 G_{11}、G_{13}、G_{31}、G_{33} 的重复因子为 b。以上重复因子的取值方法比较简单，在扩展方案的时候可以根据具体的部署策略重新设定重复因子。

另一方面，各组的子密钥池是由预先随机生成的主密钥池通过分组网格大小和组间重复因子来设计的。假定网格数量为几万，该生成算法遵循以下步骤：

(1) 对于 $SG_{1,1}$，从主密钥池 S 中选择绝对值同 $|SG|$ 个密钥，然后从 S 中删除这些密钥。

(2) 对于 $SG_{1,j}(j=2, 3, …, n)$，从 $SG_{1,j-1}$ 中选择 $a|SG|$ 个密钥，从 S 中选择 ω 个密钥($\omega=(1-a)|SG|$)，然后从 S 中删除这 ω 个密钥。

(3) 对于 $SG_{i,j}(i=2, 3, …, m; j=1, 2, …, n)$，从 $SG_{i-1,j}$ 和 $SG_{i,j-1}$(如果存在)中分别选择口 $a|SG|$ 个密钥，从 $SG_{i-1,j-1}$ 和 $SG_{i-1,j+1}$(如果存在)中分别选择 $b|SG|$ 个密钥，从 S 中选择剩余的 ω 个密钥，然后从 S 中删除这 ω 个密钥。根据节点组在网络中位置的不同，ω 的取值可能为：

$$\omega = \begin{cases} (1-(a+b)) \cdot |SG| & (j=1) \\ (1-2(a+b)) \cdot |SG| & (2 \leqslant j \leqslant n-1) \\ (1-(2a+b)) \cdot |SG| & (j=n) \end{cases} \quad (9\text{-}9)$$

需要指出的是，在相邻组选择密钥时，必须保证不同相邻组的公共密钥互异，即保证没有一个密钥被两个以上的相邻组所共享，或者说一个密钥至多只能被两个相邻组共享。由此产生的子密钥池和主密钥池的大小存在如下关系：

$$|SG| = \frac{|S|}{mn - (2mn - m - n)a - 2(mn - m - n + 1)b} \quad (9\text{-}10)$$

与 Eschenaue-Gligor 方案类似，该方案也分为三个阶段。所不同的是，该方案应用分组部署知识可达到以下效果：

(1) 在保证网络连通率不降低的同时，减少了节点的主要负荷(密钥数量)，这对资源有限的传感器节点尤为主要。

(2) 极大地改进了网络抵制敌手对节点的捕获。

(3) 分组部署策略的应用，把主密钥分为多个子密钥池，由于各组密钥池公共部分有限，所以局部子密钥池泄漏对整体密钥池的影响是有限的。

总之，以上是近年来国内外针对 WSN 节点密钥分布管理的一些主流算法研究。有些算法侧重于网络连接的高连通率，有些算法以提高网络抗攻击能力和节点抗捕获能力为目标，有些算法具有较好的健壮性和扩展性，有些算法在保证密钥连通性的同时节省了节点的资源消耗。表 9.1 所示为传感器网络密钥分布方案比较。

表 9.1　传感器网络密钥分布方案比较

方案	机制	连通性	抗攻击能力	开销	可扩展性
Eschenauer-Gligor	随机概率	高	差	小	差
Chan-Perrig-Song	随机概率型	高	中等	大	中等
Liu-Ning	多项式	很低	好	中等	好
Blom	密钥矩阵	中等	好	大	好
Du-Deng	密钥空间	低	很好	大	好
Du-Liu	组部署	很高	好	小	很好

通过表 9.1，可以从整体上对现今 WSN 密钥分布的各种方案有一个比较清晰的认识，有助于更加全面地了解已有的各种 WSN 密钥分布管理算法，并进一步发现和解决相关问题。从上面的比较中不难看出，现有的 WSN 密钥分布方案性能总体表现比较均衡的不多，大多数方案只是在某一方面表现出较好的特性，而整体性能通常差强人意。

9.4　拒绝服务(DoS)攻击原理及防御技术

9.4.1　DoS 攻击原理

拒绝服务攻击即攻击者想办法让目标机器停止提供服务，是黑客常用的攻击手段之一。其实对网络带宽进行的消耗性攻击只是拒绝服务攻击的一小部分，只要能够对目标造成麻烦，使某些服务被暂停甚至主机死机，都属于拒绝服务攻击。拒绝服务攻击问题也一直得不到合理的解决，究其原因是因为这是由于网络协议本身的安全缺陷造成的，从而拒绝服务攻击也成为了攻击者的终极手法。攻击者进行拒绝服务攻击，实际上让服务器实现两种效果：一是迫使服务器的缓冲区占满，不接收新的请求；二是使用 IP 欺骗，迫使服务器把合法用户的连接复位，影响合法用户的连接。

下面简单介绍常见的几种拒绝服务攻击原理。

1. SYN Flood

SYN Flood 是当前最流行的 DoS 与 DDoS(Distributed Denial of Service，分布式拒绝服务攻击)的方式之一，这是一种利用TCP 协议缺陷，发送大量伪造的 TCP 连接请求，使被攻击方资源耗尽(CPU 满负荷或内存不足)的攻击方式。

SYN Flood 攻击的过程在 TCP 协议中被称为三次握手(Three-way Handshake)，而 SYN Flood 拒绝服务攻击就是通过三次握手实现的。

(1) 攻击者向被攻击服务器发送一个包含 SYN 标志的 TCP报文，SYN(Synchronize)即同步报文。同步报文会指明客户端使用的端口以及 TCP 连接的初始序号。这时就同被攻击服务器建立了第一次握手。

(2) 受害服务器在收到攻击者的 SYN 报文后，将返回一个 SYN+ACK 的报文，表示攻击者的请求被接受，同时 TCP 序号被加一，ACK(Acknowledgment)即确认，这样就同被攻击服务器建立了第二次握手。

(3) 攻击者也返回一个确认报文ACK 给受害服务器，同样 TCP序列号被加一，到此一个 TCP 连接完成，三次握手完成。

分布式拒绝服务攻击网络结构图如图 9.4 所示。

具体原理是：TCP 连接的三次握手中，假设一个用户向服务器发送了 SYN 报文后突然死机或掉线，那么服务器在发出 SYN+ACK 应答报文后是无法收到客户端的 ACK 报文的(第三次握手无法完成)，这种情况下服务器端一般会重试(再次发送 SYN+ACK 给客户端)并等待一段时间后丢弃这个未完成的连接。这段时间的长度称为 SYN Timeout，一般来说这个时间是分钟的数量级(大约为 30 秒～2 分钟)；一个用户出现异常导致服务器的一个线程等待 1 分钟并不是什么很大的问题，但如果有一个恶意的攻击者大量模拟这种情况(伪造 IP 地址)，则服务器端将为

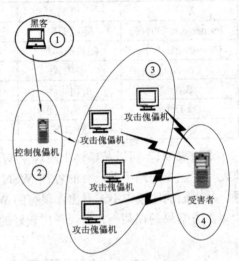

图 9.4　分布式拒绝服务攻击网络结构图

了维护一个非常大的半连接列表而消耗非常多的资源。即使是简单的保存并遍历也会消耗非常多的CPU时间和内存，何况还要不断对这个列表中的 IP 进行 SYN+ACK 的重试。实际上如果服务器的TCP/IP栈不够强大，最后的结果往往是堆栈溢出崩溃——即使服务器端的系统足够强大，服务器端也将忙于处理攻击者伪造的 TCP 连接请求而无暇理睬客户的正常请求(毕竟客户端的正常请求比率非常小)，此时从正常客户的角度来看，服务器失去响应，这种情况就称作服务器端受到了 SYN Flood 攻击(SYN洪水攻击)。

2. IP 欺骗 DOS 攻击

IP 欺骗 DOS 攻击(DDOS 攻击)利用 RST 位来实现，如图 9.5 所示。

假设现在有一个合法用户(61.61.61.61)已经同服务器建立了正常的连接，攻击者构造攻击的 TCP 数据，伪装自己的 IP 为 61.61.61.61，并向服务器发送一个带有 RST 位的 TCP数据段。服务器接收到这样的数据后，认为从 61.61.61.61 发送的连接有错误，就会清空缓冲区中建立好的连接。

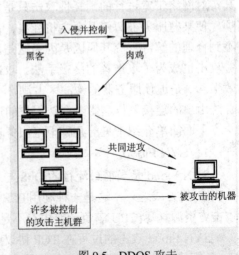

图 9.5　DDOS 攻击

这时，如果合法用户 61.61.61.61 再发送合法数据，服务器就已经没有这样的连接了，该用户就必须重新开始建立连接。攻击时，攻击者会伪造大量的IP 地址，向目标发送 RST 数据，使服务器不对合法用户服务，从而实现了对受害服务器的拒绝服务攻击。DDOS 攻击给运营商带来的损害如图 9.6 所示。

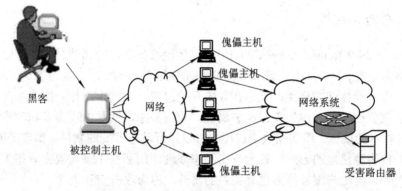

图 9.6 DDOS 攻击过程

3. UDP 洪水攻击

攻击者利用简单的TCP/IP服务，如 Chargen 和 Echo 来传送毫无用处的占满带宽的数据。通过伪造与某一主机的 Chargen 服务之间的一次的 UDP 连接，回复地址指向开着 Echo 服务的一台主机，这样就会在两台主机之间存在很多无用数据流，这些无用数据流就会导致带宽的服务攻击。

4. Ping 洪流攻击

在早期阶段，路由器对包的最大尺寸都有限制。许多操作系统对 TCP/IP 栈的实现在 ICMP 包上都是规定 64KB，并且在对包的标题头进行读取之后，要根据该标题头里包含的信息来为有效载荷生成缓冲区。当产生畸形的，声称自己的尺寸超过 ICMP 上限的包也就是加载的尺寸超过 64 KB 上限时，就会出现内存分配错误，导致 TCP/IP 堆栈崩溃，致使接收方死机。

5. 泪滴(Teardrop)攻击

泪滴攻击是利用在 TCP/IP 堆栈中实现信任 IP 碎片中的包的标题头所包含的信息来实现自己的攻击。IP 分段含有指明该分段所包含的是原包的哪一段的信息，某些 TCP/IP(包括 Service Pack 4 以前的 NT)在收到含有重叠偏移的伪造分段时将崩溃。

6. Land 攻击

在 Land 攻击中，一个特别打造的 SYN 包中的原地址和目标地址都被设置成某一个服务器地址，这时将导致接收服务器向它自己的地址发送 SYN-ACK 消息，结果这个地址又发回 ACK 消息并创建一个空连接，一个这样的连接都将保留直到超时才取消。对 Land 攻击反应不同，许多 UNIX 实现将崩溃，而 Windows NT 会变得极其缓慢(大约持续 5 分钟)。

7. Smurf 攻击

一个简单的Smurf 攻击的原理是：通过使用将回复地址设置成受害网络的广播地址的 ICMP 应答请求(Ping)数据包来淹没受害主机的方式进行，最终导致该网络的所有主机都对此 ICMP 应答请求作出答复，导致网络阻塞。它比 Ping of Death 洪水的流量高出 1 或 2 个数量级。更加复杂的 Smurf 攻击将源地址改为第三方的受害者，最终导致第三方崩溃。

8．Fraggle 攻击

Fraggle 攻击实际上是对 Smurf 攻击作了简单的修改，使用的是 UDP 应答消息而非 ICMP。

9.4.2　DoS 攻击属性

J.Mirkovic 和 P. Reiher [Mirkovic04]提出了拒绝服务攻击的属性分类法，即将攻击属性分为攻击静态属性、攻击动态属性和攻击交互属性三类，根据 DoS 攻击的这些属性的不同，就可以对攻击进行详细的分类。凡是在攻击开始前就已经确定，在一次连续的攻击中通常不会再发生改变的属性，称为攻击静态属性。攻击静态属性是由攻击者和攻击本身所确定的，是攻击基本的属性。那些在攻击过程中可以进行动态改变的属性，如攻击的目标选取、时间选择、使用源地址的方式，称为攻击动态属性。而那些不仅与攻击者相关而且与具体受害者的配置、检测与服务能力也有关系的属性，称为攻击交互属性。

1．攻击静态属性(Static)

攻击静态属性主要包括攻击控制方式、攻击通信方式、攻击原理、攻击协议层和攻击协议等。

1) **攻击控制方式(ControlMode)**

攻击控制方式直接关系到攻击源的隐蔽程度。根据攻击者控制攻击机的方式可以分为三种：直接控制方式(Direct)、间接控制方式(Indirect)和自动控制方式(Auto)。

直接控制方式是对目标的确定、攻击的发起和中止都是由用户直接在攻击主机上进行手工操作的。这种攻击追踪起来相对容易，如果能对攻击包进行准确的追踪，通常就能找到攻击者所在的位置。

在间接控制方式的攻击中，DDOS 的攻击策略侧重于通过很多"僵尸主机"(被攻击者入侵过或可间接利用的主机)向受害主机发送大量看似合法的网络包，从而造成网络阻塞或服务器资源耗尽而导致拒绝服务，分布式拒绝服务攻击一旦被实施，攻击网络包就会犹如洪水般涌向受害主机，从而把合法用户的网络包淹没，导致合法用户无法正常访问服务器的网络资源。

自动控制方式的攻击是在释放的蠕虫或攻击程序中预先设定了攻击模式，使其在特定时刻对指定目标发起攻击。这种方式的攻击，从攻击机往往难以对攻击者进行追踪，但是这种控制方式的攻击对技术要求也很高。

2) **攻击通信方式(CommMode)**

在间接控制的攻击中，控制者和攻击机之间可以使用多种通信方式，它们之间使用的通信方式也是影响追踪难度的重要因素之一。攻击通信方式可以分为三种：双向通信方式(bi)、单向通信方式(mono)和间接通信方式(indirection)。

双向通信方式是指根据攻击端接收到的控制数据包中包含了控制者的真实 IP 地址，例如当控制器使用 TCP 与攻击机连接时，该通信方式就是双向通信。这种通信方式可以很容易地从攻击机查找到其上一级的控制器。

单向通信方式是指攻击者向攻击机发送指令时的数据包并不包含发送者的真实地址信息，例如用伪造 IP 地址的 UDP 包向攻击机发送指令。此类攻击很难从攻击机查找到控制器，只有通过包标记等 IP 追踪手段，才有可能查找到给攻击机发送指令的机器的真实地址。但是，这种通信方式在控制上存在若干局限性，例如控制者难以得到攻击机的信息反馈和状态。

间接通信方式是一种通过第三者进行交换的双向通信方式，这种通信方式具有隐蔽性强、难以追踪、难以监控和过滤等特点，对攻击机的审计和追踪往往只能追溯到某个被用于通信中介的公用服务器上就再难以继续进行。这种通信方式目前已发现的主要是通过 IRC(Internet Relay Chat)进行通信，从 2000 年 8 月出现的名为 Trinity 的 DDoS 攻击工具开始，已经有多种 DDoS 攻击工具及蠕虫采取了这种通信方式。

3) 攻击原理(Principle)

DoS 攻击原理主要分为两种：语义攻击(Semantic)和暴力攻击(Brute)。

语义攻击是指利用目标系统实现时的缺陷和漏洞，对目标主机进行的拒绝服务攻击。这种攻击往往不需要攻击者具有很高的攻击带宽，有时只需要发送 1 个数据包就可以达到攻击目的，对这种攻击的防范只需要修补系统中存在的缺陷即可。暴力攻击是指不需要目标系统存在漏洞或缺陷，而是仅仅靠发送超过目标系统服务能力的服务请求数量来达到攻击的目的，也就是通常所说的风暴攻击。所以防御这类攻击必须借助于受害者上游路由器等的帮助，对攻击数据进行过滤或分流。某些攻击方式兼具语义和暴力两种攻击的特征，比如 SYN 风暴攻击，虽然利用了 TCP 协议本身的缺陷，但仍然需要攻击者发送大量的攻击请求，用户要防御这种攻击，不仅需要对系统本身进行增强，而且也需要增大资源的服务能力。还有一些攻击方式是利用系统设计缺陷，产生比攻击者带宽更高的通信数据来进行暴力攻击的，如 DNS 请求攻击和 Smurf 攻击。这些攻击方式在对协议和系统进行改进后可以消除或减轻危害，所以可把它们归于语义攻击的范畴。

4) 攻击协议层(ProLayer)

攻击所在的 TCP/IP 协议层可以分为四类：数据链路层、网络层、传输层和应用层。

数据链路层的拒绝服务攻击[Convery][Fischbach01][Fischbach02]受协议本身限制，只能发生在局域网内部，这种类型的攻击比较少见。网络层的攻击主要是针对目标系统处理 IP 包时所出现的漏洞进行的，如 IP 碎片攻击[Anderson01]。针对传输层的攻击在实际中出现较多，SYN 风暴、ACK 风暴等都是这类攻击。面向应用层的攻击也较多，剧毒包攻击中很多利用应用程序漏洞的(例如缓冲区溢出的攻击)都属于此类型。

5) 攻击协议(ProName)

攻击协议是指攻击所涉及的最高层的具体协议，如 SMTP、ICMP、UDP、HTTP 等。攻击所涉及的协议层越高，则受害者对攻击包进行分析所需消耗的计算资源就越多。

2. 攻击动态属性(Dynamic)

攻击动态属性主要包括攻击源地址类型、攻击包数据生成模式和攻击目标类型。

1) 攻击源地址类型(SourceIP)

攻击者在攻击包中使用的源地址类型可以分为三种：真实地址(True)、伪造合法地址(Forge Legal)和伪造非法地址(Forge Illegal)。

攻击时攻击者可以使用合法的 IP 地址，也可以使用伪造的 IP 地址。伪造的 IP 地址可以使攻击者更容易逃避追踪，同时增大受害者对攻击包进行鉴别、过滤的难度，但某些类型的攻击必须使用真实的 IP 地址，例如连接耗尽攻击。使用真实 IP 地址的攻击方式由于易被追踪和防御等原因，近些年来使用比例逐渐下降。使用伪造 IP 地址的攻击又分为两种情况：一种是使用网络中已存在的 IP 地址，这种伪造方式也是反射攻击所必需的源地址类型；另外一种是使用网络中尚未分配或保留的 IP 地址(如 192.168.0.0/16、172.16.0.0/12 等内部网络保留地址)。

2) 攻击包数据生成模式(DataMode)

攻击包中包含的数据信息模式主要有五种：不需要生成数据(None)、统一生成模式(Unique)、随机生成模式(Random)、字典模式(Dictionary)和生成函数模式(Function)。

在攻击者实施风暴式拒绝服务攻击时，攻击者需要发送大量的数据包到目标主机，这些数据包所包含的数据信息载荷可以有多种生成模式，不同的生成模式对受害者在攻击包的检测和过滤能力方面有很大的影响。某些攻击包不需要包含载荷或者只需包含适当的固定的载荷，例如 SYN 风暴攻击和 ACK 风暴攻击，这两种攻击发送的数据包中的载荷都是空的，所以这种攻击是无法通过载荷进行分析的。但是对于另外一些类型的攻击包，就需要携带相应的载荷。

攻击包载荷的生成方式可以分为四种：第一种是发送带有相同载荷的包，这样的包由于带有明显的特征，很容易被检测出来；第二种是发送带有随机生成的载荷的包，这种随机生成的载荷虽然难以用模式识别的方式来检测，但在某些应用中可能生成大量没有实际意义的包，这些没有意义的包也很容易被过滤掉，但是攻击者仍然可以精心设计载荷的随机生成方式，使得受害者只有解析到应用层协议才能识别出攻击数据包，从而增加了过滤的难度；第三种方式是攻击者从若干有意义载荷的集合中按照某种规则每次取出一个填充到攻击包中，这种方式当集合的规模较小时，也比较容易被检测出来，第四种方式是按照某种规则每次生成不同的载荷，这种方式依生成函数的不同，其检测的难度也是不同的。

3) 攻击目标类型(Target)

攻击目标类型可以分为六类：应用程序(Application)、系统(System)、网络关键资源(Critical)、网络(Network)、网络基础设施(Infrastructure)和因特网(Internet)。

针对特定应用程序的攻击是较为常见的攻击方式，其中以剧毒包攻击较多，它包括针对特定程序的、利用应用程序漏洞进行的拒绝服务攻击，以及针对一类应用的、使用连接耗尽方式进行的拒绝服务攻击。针对系统的攻击也很常见，如 SYN 风暴、UDP 风暴以及可以导致系统崩溃、重启的剧毒包攻击都可以导致整个系统难以提供服务。针对网络关键资源的攻击包括对特定 DNS、路由器的攻击。而面向网络的攻击指的是将整个局域网的所有主机作为目标进行的攻击。针对网络基础设施的攻击需要攻击者拥有相当的资源和技术，攻击目标是根域名服务器、主干网核心路由器、大型证书服务器等网络基础设施，这种攻击发生的次数虽然不多，但一旦攻击成功，造成的损失是难以估量的。针对因特网的攻击是指通过蠕虫、病毒发起的，在整个 Internet 上蔓延并导致大量主机、网络拒绝服务的攻击，这种攻击的损失尤为严重。

3. 攻击交互属性(Mutual)

攻击交互属性不仅与攻击者的攻击方式、能力有关，也与受害者的能力有关，主要包括攻击的可检测程度和攻击影响。

1) 可检测程度(Detective)

根据能否对攻击数据包进行检测和过滤，受害者对攻击数据的检测能力从低到高分为三个等级：可过滤(Filterable)、有特征但无法过滤(Unfilterable)和无法识别(Noncharacterizable)。

第一种情况是，对于受害者来说，攻击包具有较为明显的可识别特征，而且通过过滤具有这些特征的数据包，可以有效地防御攻击，保证服务的持续进行。第二种情况是，对于受害者来说，攻击包虽然具有较为明显的可识别特征，但是如果过滤具有这些特征的数据包，虽然可以阻断攻击包，但同时也会影响到服务的持续进行，从而无法从根本上防止拒绝服务。第三种情况是，对于受害者来说，攻击包与其他正常的数据包之间没有明显的特征可以区分，也就是说，所有的包，在受害者看来都是正常的。

2) 攻击影响(Impact)

根据攻击对目标造成的破坏程度，攻击影响自低向高可以分为无效(None)、服务降低(Degrade)、可自恢复的服务破坏(Self-recoverable)、可人工恢复的服务破坏(Manu-recoverable)以及不可恢复的服务破坏(Non-recoverable)。

如果目标系统在拒绝服务攻击发生时，仍然可以提供正常服务，则该攻击是无效的攻击。如果攻击能力不足以导致目标完全拒绝服务，但造成了目标的服务能力降低，则这种效果称为服务降低。而当攻击能力达到一定程度时，攻击就可以使目标完全丧失服务能力，称之为服务破坏。服务破坏又可以分为可恢复的服务破坏和不可恢复的服务破坏，目前网络拒绝服务攻击所造成的服务破坏通常都是可恢复的。一般来说，风暴型的 DDoS 攻击所导致的服务破坏都是可以自恢复的，当攻击数据流消失时，目标就可以恢复正常工作状态。而某些利用系统漏洞的攻击可以导致目标主机崩溃、重启，这时就需要对系统进行人工恢复；还有一些攻击利用目标系统的漏洞对目标的文件系统进行破坏，导致系统的关键数据丢失，往往会导致不可恢复的服务破坏，即使系统重新提供服务，仍然无法恢复到破坏之前的服务状态。

9.4.3　预防 DoS 攻击的策略

1. 防火墙防御

防火墙是防御 DoS 攻击最有效的办法，目前很多厂商的防火墙中都注入了专门针对 DoS 攻击的功能。现在防火墙中防御 DoS 攻击的主流技术主要有连接监控(TCP Interception)和同步网关(SYN Gateway)两种。

连接监控方式的工作流如图 9.7 所示，防火墙首先将任何客户机向服务器的连接请求(包括攻击)按照正常连接转发给服务器，继而再通过判断源 IP 是否收到客户机的 ACK 消息来判断是否是正常连接，如果是攻击请求，那么立即向服务器发送 RST 消息断开连接。

同步网关的工作顺序刚好与连接监控方式相反。如图 9.8 所示，防火墙首先判断来自客户机的连接是否是正常连接。如果是，则转发连接给服务器；如果不是，那么立即断开连接。从性能上比较，同步网关方式的防火墙的工作性能相对好些，因此，购买防火墙时可以根据其运作原理来进行选择。

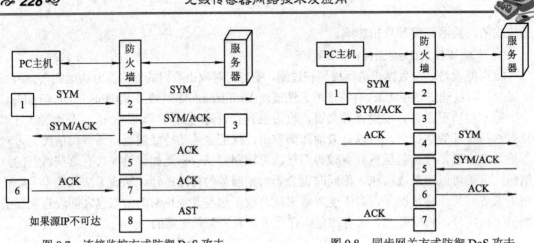

图 9.7　连接监控方式防御 DoS 攻击　　　图 9.8　同步网关方式防御 DoS 攻击

2. 路由器防御

路由器可作为整个互联网的组网设备，但大部分厂家的路由器都没有直接针对 DoS 的防御功能。CiSCO 路由器在 IOS 中添加了前面讲述的连接监控功能，性能一般。但是，可以通过使用路由器的访问控制和 DoS 设置功能来达到防御 DoS 的目的。

(1) 启用反向转发机制 RPF(Reverse Path Forwarding)。在使用 CEF 的路由器上，RPF 规定路由器收到任何一个数据包。首先检查返回该数据包的源 IP 的路由是不是从接收到该数据包的接口(Interface)出去的，如果是则转发数据包，如果不是则丢弃该数据包，这样可以有效地限制源 IP 是不可达 IP 地址的数据包的转发。

(2) 使用功能限制流速率 CAR(Control Access Rate)。如果管理员发现网络中存在 DoS 攻击，并通过 Sniffer 或其他手段得知发起 DoS 攻击的数据流的类型，然后可以给该数据流设置一个上限带宽，这样超过了该上限的攻击流量就被丢弃，可以保证网络带宽不被占满。

(3) 过滤流量。网络管理员可以在路由器上使用访问控制列表过滤掉私有源 IP 中规定的私有 IP 的数据流量；另外，还可以设置只允许本公司内部 IP 发起的数据流通过路由器，尽量确保数据流的准确性。

3. 系统防御

每个操作系统都有一些参数用来设置 TCP/IP 的运行性能，修改这些参数用来防御 DoS 也有一定效果，但是这只是辅助措施。由于现在操作系统众多，每个操作系统之间的差异很大，因此对于管理员来说设置一些内核参数是比较困难的。

拒绝服务攻击是由于 TCP/IP 协议的漏洞引起的，使用以上防御方法只是亡羊补牢。不过，现在 IPv6 的规范已经基本完善，不久将很有可能投入实际应用，从而替代现有的 IPv4。IPv6 规范可以弥补 IPv4 的缺陷，因此真正使用了 IPv6 以后，就再也不用担心遭受 DoS 攻击了。

9.5　无线传感器网络的安全路由

9.5.1　无线传感器网络几种典型路由协议的安全性分析

当前无线传感器网络路由的研究主要集中在如何节能、如何快速查找最佳路径等方面。

这些研究主要考虑网络中的节点为可信任节点情况，而不考虑网络节点遭到恶意攻击的情况。在实际应用中，特别是在军事上，网络中恶意节点的存在会破坏网络中的机密性及网络的正常运行，路由协议是最容易遭到攻击的部分。下面分别对几种典型路由协议的安全性进行分析。

1. 定向扩散路由的安全性

在定向扩散路由 DD 中(Directed Diffusion)，一旦源节点开始产生与查询要求匹配的数据结果，攻击者此时就可以对数据流进行攻击。这些攻击包括：采用虚假的路由信息，阻止数据流传输到 Sink 节点；攻击者声称自己是 Sink 节点，形成 Sinkhole 攻击；处于路由路径中的攻击者可以进行选择重发，修改数据报内容等攻击；攻击者还可以发起 Wormhole 攻击以及 Sybil 攻击等。虽然维持多条路径的方法极大地增强了该协议的健壮性，但由于缺乏必要的安全保护，该协议仍然十分脆弱。

2. 层次路由 LEACH 的安全性

在层次路由中，由于 LEACH 采用的是单跳路径选择模式，即假定所有节点都能与基站进行直接通信，因此对虚假路由、槽洞、虫洞、女巫攻击都有防御能力。但由于节点根据信号的强弱来加入相应的簇，因此，恶意攻击者可以轻易地采用 HELLO Flood 攻击以大功率向全网进行广播，使得大量的节点都想加入该簇，然后恶意节点可以采用其他攻击方法，例如选择性转发、修改数据包等来达到攻击的目的。根据簇头的产生机制，节点可以采用 Sybn 攻击，来增加自己被选择为簇头的机会。

3. 位置路由 GEAR 的安全性

对于 GEAR 路由协议，节点可以使用虚假位置信息和 Sybil 攻击，并总是声称自己的能量处于最大状态，来提高自己成为路由路径中节点的概率，然后与选择性转发等攻击相结合，达到攻击的目的，因此，GEAR 不能抵御虚假路由、女巫、选择性转发攻击。对于选择性转发攻击，恶意节点收到数据包后可以恶意丢弃，目前提出的路由协议都不能抵抗这种攻击，GEAR 路由也不例外，如何有效抵御攻击者发起的内部攻击，也是目前研究的难点所在。GEAR 路由能够抵御槽洞和虫洞攻击。对于槽洞攻击，地理路由都有较强的抵抗能力，因为在地理路由中，流量自然地流向基站的物理位置，并且路由选择与位置信息相关，攻击者需要声明自己的位置，因此攻击者很难在其他地方创建槽洞；而对于虫洞攻击，GEAR 路由也能够抵御，两个节点是不是邻居可以通过它们的位置信息来确认，当攻击者试图通过虚假链路来吸引流量时，"邻居"节点将会注意到两者之间距离远远超出正常通信范围，从而发现该虚假链路。至于 HELLO Flood 攻击，这种攻击对 GEAR 不起作用，因为 GEAR 中的每个节点都知道自己的位置信息，节点根据位置信息可以判断邻居关系。

综合以上分析结果，对无线传感器网络几种典型的路由协议不能抵御的攻击种类总结如表 9.2 所示。

表 9.2　无线传感器网络几种典型路由协议遭受的攻击类型

协议/攻击类型	Bogus Routing Information	Selective Forwarding	Sinkholes	Sybil	Wormholes	HELLO Floods
定向扩散路由 DD	√	√	√	√	√	√
LEACH/TEEN		√				√
GPSR/GEAR	√	√		√		

针对以上攻击，可以采用一系列反攻击措施，包括链路层加密和认证、多路径路由、身份确认、双向连接确认和广播认证。但需要注意，这些措施只有在路由协议设计完成以前加入协议中对攻击的抵御才有作用。

9.5.2 无线传感器网络安全路由协议

目前针对传感器网络的安全路由研究成果不多，主要有入侵容忍路由 INTRSN、INSENS、TRANS、SLEACH、安全区域路由 SLRSN、SRD 等，这些安全路由协议大多采用链路层加密和认证、多路径路由、身份认证、双向连接认证和认证广播等安全机制来有效抵御攻击。

1. INSENS 入侵容忍路由协议

INSENS(Intrusion-Toleration Routing in Wireless Sensor Networks)是为无线传感器网络安全路由提出的一个新方案，是在动态源路由 DSR 中加入安全机制形成的，目的是阻止入侵者阻塞传感器(Sensor)采集的正确数据的发送。它的一个重要特点是允许恶意节点(包括误操作节点)威胁它周围的少量节点，但威胁被限制在一定范围内，单个妥协节点只能破坏网络的局部区域，而不能使整个网络崩溃，解决的办法不依赖于检测入侵，而是利用冗余机制，通过建立冗余的多径路由以获得安全路由。INSENS 协议是使其最小化 Sensor 节点的计算、通信、存储和带宽需求，并将这些交由基站承担。

2. TRANS 协议

TRANS(Trust Muting for Location-Aware Sensor Networks)协议是一个建立在地理路由(如 GPSR)之上的安全机制，为无线传感器网络中隔离恶意节点和建立信任路由提出了一个以位置为中心的体系结构。TRANS 的主要思想是使用信任概念来选择安全路径和避免不安全位置，假定目标节点使用松散的时间同步机制 μTESLA 来认证所有的请求。每个节点为其邻居位置预置信任值，一个可信任的邻居是指能够解密请求且有足够信任值的节点，这些信任值由基站或其他中间节点负责记录。基站仅将信息发给它可信任的邻居，这些邻居节点转发数据包给其最靠近目标节点的可信任的邻居，这样信息包就沿着信任节点到达目的地。每一个节点基于信任参数计算其邻居位置的信任值，一旦某信任值低于指定的信任阈值，在转发信息包时就避过该位置。协议的大部分操作在基站完成以减轻 Sensor 节点的负担。

3. SLEACH 协议

SLEACH(Secure Low-Energy Adaptive Clustering Hierarchy)协议是对 SPINS 的安全机制、协议框架作简单修改后应用到 LEACH 路由协议中，主要从加密的角度保证 LEACH 协议的安全性，假设网络中的每个节点与基站有一个唯一的共享密钥。其安全机制与 SPINS 大致相同。

INSENS、TRANS、SLEACH 均假定每个 Sensor 节点都与基站有一个唯一的共享密钥，并且这种安全密钥已经存在。这种方式过分依赖基站，因此要求基站的物理安全必须有所保证。此外，密钥的管理和散发问题还有待解决。

练 习 题

1. RFID 技术存在哪些安全问题？
2. 计算机信息安全涉及哪几方面的安全？
3. 信息安全有哪些主要特征？
4. 信息安全包括哪些基本属性？
5. 简述物联网安全的特点。
6. 简述物联网的安全层次模型及体系结构。
7. 简述传感器网络的特点。
8. 简述无线传感器网的安全性目标。

第 10 章 无线传感器网络中间件技术

本章要点 ✍

- 无线传感器中间件体系结构及功能;
- DisWare 中间件平台软件 MeshIDE;
- 基于 Agent 的无线传感器网络中间件;
- 无线多媒体传感器网络中间件技术。

10.1 无线传感器中间件体系结构及功能

随着中间件、网格、P2P 等技术的出现，分布式计算取得了很大的发展。中间件作为处于操作系统与应用程序之间的系统软件，通过对底层组件异构性的屏蔽，提供一个统一的运行平台和友好的开发环境，并随着技术的进一步发展，具有了动态重配置、可扩展、上下文敏感等特征。无论是从节点的物理分布，还是从节点间协同处理及系统资源共享上来看，无线传感器网络都是一个分布式系统，同样适用分布式系统的处理方法，分布式计算中间件也是自然选择。

10.1.1 通用的中间件的定义

1. 无线传感器网络中间件的定义

中间件是介于操作系统(包括底层通信协议)和各种分布式应用程序之间的一个软件层。其主要作用是建立分布式软件模块之间互操作的机制，屏蔽底层分布式环境的复杂性和异构性，为处于上层的应用软件提供运行与开发环境。

无线传感器网络的中间件软件设计必须遵循以下原则:

(1) 由于节点能量、计算、存储能力及通信带宽有限，因此无线传感器网络中间件必须是轻量级的，且能够在性能和资源消耗间取得平衡。

(2) 传感网环境较为复杂，中间件软件应提供较好的容错机制、自适应和自维护机制。

(3) 中间件软件的下层支撑是各种不同类型的硬件节点和操作系统(TinyOS、MantisOS、SOS)，因此，其本身须能够屏蔽网络底层的异构性。

(4) 中间件软件的上层是各种应用，因此，需要为各类上层应用提供统一的、可扩展的接口，以便于应用的开发。

2. 无线传感器网络中间件面临的问题

设计和实现一个成功的中间件并非易事，必须面临许多问题:

(1) 由于节点的能量、计算、存储能力和通信带宽资源有限，因此中间件必须是轻量级的。另外，中间件也应该提供优化整个系统性能的资源分配机制，在性能和资源消耗之间取得平衡。

(2) WSN 通常节点数目庞大，加上所处环境的限制，人工部署、维护也相对困难，所以中间件应该提供容错、自适应和自维护机制，执行无干涉操作。

(3) 在 WSN 中，可从应用程序相关和网络相关两种角度看待 QoS(Quality of Service, 服务质量)。前者把 QoS 视为应用程序相关的一些参数，如覆盖、活动节点数、评估的精确性等，后者考虑底层通信网络怎样有效使用网络资源处理 QoS 约束的传感数据。所以中间件的设计也要提供合适的 QoS 机制，在性能、延时和能量使用之间达到平衡。

(4) 数据收集和处理是 WSN 的核心功能，然而大部分应用中都包含了冗余信息，为缩小通信开销和能量消耗，一般对数据进行聚合和融合后传给用户，支持此数据处理的中间件往往需要网络节点注入应用程序相关知识。

(5) 必须能够灵活支持网络在任何时候、任何地方扩展，并且要维护一个可以接受的性能级别。同时具备自适应由设备故障、障碍物等因素引起的动态网络环境，支持传感网络的健壮操作。

(6) 为方便应用开发，中间件应为开发者针对各种各样的异构计算设备提供一个统一的系统视图，提供编程抽象或者系统服务，单个节点设备仅保留最小功能。

(7) 有些传感器节点部署于相对恶劣的环境，使得类似拒绝服务的恶意攻击和入侵变得更加容易。此外，无线通信介质很容易受窃听包的注入损害网络功能。为保护信息的完整、可信，避免各种攻击的成功，中间件应根据 WSN 的特点提供新的安全机制。

10.1.2　无线传感器网络中间件体系

1. 中间件软件的层次

一个完整的无线传感器网络中间件软件应当包含一个运行时环境以支持和协调多个应用。同时，还将提供一系列标准化系统服务，如数据管理、数据融合、应用目标自适应控制等，以延长无线传感器网络的生命周期。无线传感器网络中间件软件在其整个系统结构中的位置如图 10.1 所示。从图中可以看出，中间件软件位于底层硬件平台、操作系统与上层应用系统之间，它为下层提供不同类型的适配接口，并提供面向上层应用的开发接口。

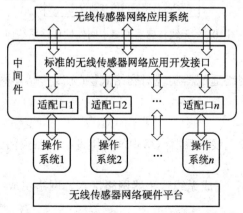

图 10.1　中间件软件在无线传感器网络系统结构中的位置

2. 无线传感器网络中间件的关键技术

无线传感器网络中间件的关键技术至少包含以下几个方面：

(1) 资源调度技术：为用户提供透明统一的资源管理接口，为应用开发提供动态资源分配和优化。

(2) 安全保护技术：在保证无线传感器网络资源充分利用的基础上，为节点及网络提供安全保障。

(3) 异构系统通信技术：在具有不同介质、不同电气特性、不同协议的无线传感器网络业务间，屏蔽底层操作系统的复杂性，实现无缝通信与交互。

(4) 分布式管理技术：在高层交互实现无线传感器网络分布式信息处理和控制，构建面向网络的能量管理、拓扑管理、数据管理等。

3. 无线传感器网络中间件体系

典型的无线传感器网络中间件软件体系结构见图 10.2，它主要分为四个层次：网络适配层、基础软件层、应用开发层和应用业务适配层。其中，网络适配层与基础软件层组成无线传感器网络节点嵌入式软件的体系结构；应用开发层和基础软件层组成无线传感器网络应用支撑结构，支持应用业务的开发与实现。

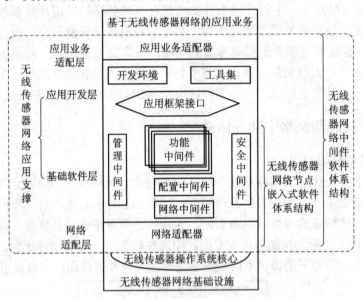

图 10.2 无线传感器网络中间件软件体系结构

1) 网络适配层

在网络适配层中，网络适配器实现对网络底层(无线传感器网络基础设施和操作系统)的封装。

2) 基础软件层

基础软件层包含各种无线传感器网络中间件组件，具备灵活性、模块性和可移植性。该层具体包括以下组件：

(1) 网络中间件组件：完成无线传感器网络接入、网络生成、网络自愈合、网络连通性服务等。

(2) 配置中间件组件：完成无线传感器网络的各种配置工作，如路由配置、拓扑结构调整等。

(3) 功能中间件组件：完成无线传感器网络各种应用业务的共性功能，提供功能框架接口。

(4) 管理中间件组件：为网络应用业务实现各种管理功能，如资源管理、能量管理、生命期管理等。

(5) 安全中间件组件：为应用业务实现各种安全功能，例如安全管理、安全监控、安全审计等。

3) 应用开发层

(1) 应用框架接口：提供无线传感器网络的各种功能描述和定义，具体的实现由基础软件层提供。

(2) 开发环境：是无线传感器网络应用的图形化开发平台，建立在应用框架接口基础上，为应用业务提供更高层次的应用编程接口和设计模式。

(3) 工具集：提供各种特制的开发工具，辅助无线传感器网络各种应用业务的开发与实现。

4) 应用业务适配层

应用业务适配层对各种应用业务进行封装，解决基础软件层的变化和接口的不一致性问题。

10.1.3　无线传感器网络中间件设计方法

1. 无线传感器网络中间件设计方法分类

WSN 中间件支持应用程序的设计、部署、维护及执行。为了更好地实现这些目标，需要在任务与网络的有效交互、任务分解、各节点间协同、数据处理、异构抽象等方面提供各种机制。目前围绕这些目标，提出了不同的设计方法。在有的文献中提出 WSN 分布式处理分为单节点控制和网络级分布式控制两个层面，根据这一观点并结合 WSN 中间件的底层编程范式，可把现有 WSN 中间件方法分为虚拟机(Virtual Machine)、基于数据库(Database)、基于元组空间(Tuple Space)和事件驱动(Event Driven)以及自适应(Adaptive)中间件五类。基于数据库和自适应中间件通常使用耦合的通信范式(通常为异步通信方式)，基于元组空间和事件驱动中间件通常基于比较灵活的去耦通信范式(通常为异步通信方式)，如图 10.3 所示。

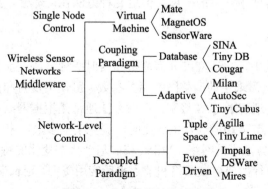

图 10.3　中间件设计方法分类

2．中间件设计方法分析

根据上述分类方法，下面对每类中间件设计方法进行介绍、分析，并根据可扩展性、可靠性、自适应性等对几种典型设计方法进行比较。

1) 基于虚拟机的中间件

采用虚拟机的方法具有灵活性高、程序员开发方便等优点。通常通过屏蔽底层硬件资源和系统软件间的异构性来提供灵活方便的编程接口。典型例子如 Mate、MagnetOS、SensorWare 等。

Mate、SensorWare 和 MagnetOS 分别使用字节代码包、Tcl 脚本和 Java 对象，均可支持代码的移动，进行任务的迁移。Mate 能够对 WSN 的变化提供更好的自适应和交互性，同时可以使用字节代码包进行网络协议或算法的更新，使网络能够动态、灵活和方便地重新配置，但对于复杂应用，指令解释开销较大。MagnetOS 使用 Java 虚拟机，可解决 WSN 的异构性问题，自动地分割和分配应用程序代码到网内各个节点，减少了通信开销，系统的 Java 实现也使开发变得更加简单，但使用 Java 虚拟机技术时系统开销非常大，对于资源有限的 WSN 不大实用。SensorWare 使用轻量级、移动控制脚本语言，方便应用开发，通过脚本在节点间的复制和迁移能够方便地实现分布式算法在网内的部署，并且实现代码非常小(不足 180 KB)，适用于多个传感节点平台。

此类中间件方法支持的开发语言非常重要，语言越复杂，对开发人员要求越高。另一方面，如果支持像脚本语言这样的语言，对编程人员来说开发相当容易，但对实质功能表述相对较弱，所以要在简单性和功能的表述性之间做个平衡。

2) 基于数据库的中间件

此方法把整个网络看做一个分布式数据库，用户使用类似 SQL 的查询命令获取所需的数据。查询通过网络分发到各个节点，节点判定感知数据是否满足查询条件，决定数据的发送与否。典型例子如 Cougar、TinyDB 和 SINA 等。

Cougar、TinyDB 和 SINA 均提供了一个分布式数据库查询接口，用户可以使用熟悉的数据库查询风格，方便使用，并在能量节约上均提供了相应的机制；TinyDB 建立和维护一个扩展树，查询广播到叶子节点，叶子节点根据查询条件决定是否转发到父节点，在父节点进行处理和融合，减小了通信开销，节约能量；Cougar 通过把查询分发到各节点来最小化数据搜集和计算带来的能量开销；SINA 使用基于属性的命名机制和位置感知机制，传输协议利用位置信息限制了地理位置邻近的相似信息的重复发送，节约了能量。此外，SINA 支持分层的簇结构，方便了网络的扩展。但这几种方法在可靠性、移动性等方面支持相对较弱。

3) 自适应中间件

在自适应编程范式中，自适应可分为前摄和反射两种方法。前摄方法可由应用具体指定 QoS 需求，根据这些需求主动调整网络相关参数。可使用反射和前摄相结合的方法来更好地调控网络，获取更理想的 QoS 级别。反射方法通常是根据网络环境的变化而被动地作出反应，如网络拓扑、节点功能等发生变化时，调整某些参数，来满足一定的 QoS 需求。

Milan 使用前摄的方法影响网络。Milan 获取基于状态变化的特殊图形表示 QoS 需求，基于这些信息 Milan 进行如何控制网络和节点平衡应用资源，延长应用程序生存期的决策。

有的文献提出了一个自治框架,此框架可以根据设备的历史信息作出决策,而不是决策执行后才作出相应的反应。根据应用程序指定的策略和设备的能力,动态地下载融合、定位、容错等策略到合适设备。TinyCubus 开发了通用重配置系统架构,提供一组标准的、自适应的管理组件,根据系统参数和应用程序需求进行最佳选择,是前摄和反射的结合。此类方法大多采用跨层优化机制,采用前摄或者反射方法适应网络环境的动态变化,满足相应的 QoS 需求,具有良好的自适应性,但异构性、通用性和移动性支持仍需进一步研究。

4) 基于元组空间中间件

WSN 大部分采用无线通信技术,由于带宽有限、易受干扰,所以请求应答的同步通信模式具有很大的局限性,引入具有去耦合机会主义风格的通信范式——元组空间,更具灵活性。所谓元组空间就是一个共享存储模型,数据被表示为称为元组的基本数据结构,通过对元组的读、写和移动实现进程的协同。元组空间通信范式在时空上都是去耦的,不需要节点的位置或标志信息,非常适合具有移动特性的 WSN,并具有很好的扩展性,但它的实现对系统资源要求也相对较高。

TinyLime 是基于 Lime 的数据共享中间件,结合 WSN 需求修改和扩展了 Lime 中间件,增加了对移动性的支持。

5) 基于事件驱动的中间件

节点一旦检测到事件的发生就立即向相应程序发送通知。应用程序也可指定一个复合事件,只有发生的事件匹配了此复合事件模式才通知应用程序。这种基于事件通知的通信模式通常采用 publish/subscribe 机制,可提供异步的、多对多的通信模型,非常适合大规模的 WSN。

3. 中间件方法比较

表 10.1 所示为几种典型的中间件的性能比较。

表 10.1　几种典型的中间件性能比较

中间件/标准	能耗	QoS 支持	可扩展性	可靠性	自适应性	兼容性
TinyDB	支持	不支持	不支持	不支持	部分支持	部分支持
Cougar	部分支持	不支持	不支持	不支持	不支持	不支持
Mate	不支持	不支持	支持	支持	不支持	部分支持
Milan	部分支持	支持	支持	支持	支持	不支持
Agilla	支持	不支持	支持	不支持	支持	不支持

从表 10.1 中可见,现有中间件产品都或多或少存在一些缺陷和不足,并且在 QoS 支持和兼容性等方面支持均很有限。基于这些考虑,就很有必要设计一种更为合理和具有一定通用性的中间件框架。

10.2　基于 Agent 的无线传感器网络中间件 DisWare

移动 Agent 的运行环境即移动 Agent 平台能实现对 Agent 代码空间的分配和管理,并能扮演虚拟机的角色运行多种功能的移动 Agent 指令,在运行时对 Agent 执行资源进行管理。移动 Agent 平台支持在单个节点上运行多个相互协作的 Agent，并且 Agent 和 Agent 之间可以通过访问平台提供的公用内存资源的方式进行相互交流，还能够在运行中间件的节点间相互迁移。

10.2.1 DisWare 体系结构

DisWare 兼容 Agilla，支持异构无线传感器网络操作系统，由无线传感器网络应用支撑层、无线传感器网络基础设施、基于无线传感器网络应用业务层的一部分共性功能，以及管理、信息安全等部分组成。目前大多无线传感器网络的应用系统直接构建于网络节点硬件及其嵌入式操作系统，整个基础软件体系结构包括节点嵌入式操作系统和蕴含于具体应用系统的各基本功能软件，这些都是无线传感器最底层的东西，越是底层就越复杂，在应用开发时会面临许多问题，如操作系统的多样性，繁杂的网络功能设计、管理，复杂多变的网络环境、数据分散处理带来的不一致性问题和安全问题等，而无线传感器网络的应用系统面临着许多共性问题，进行提炼、抽象后将可以形成可复用的组件，这些组件以及特定模型和接口就构成了 DisWare 整个体系结构模型，如图 10.4 所示。

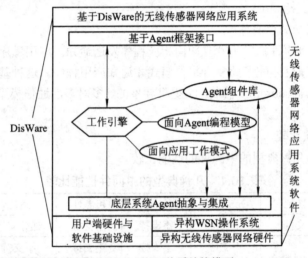

图 10.4 DisWare 体系结构模型

在该体系结构模型中，DisWare 具有可扩展的结构，通过底层系统 Agent 抽象与集成、基于 Agent 的框架接口，Agent 可以在多异构操作系统和硬件平台基础上灵活地在 Agent 实现的组件库中选择已有的组件开发和运行无线传感器网络应用系统，并在工作引擎的判断和分析下，对环境信息和系统决策进行筛选与判断，而且每个 Agent 可密切地与外界环境及其他 Agent 进行信息交互，使自己的建模模块和规划模块及时调整，使之更加适应环境的变化。在基于中间件的无线传感器网络系统中，面向 Agent 的编程模型使 Agent 之间以及 Agent 和环境之间的交互来决定整个系统的运作，Agent 可根据需求在统一的框架下选取合适的功能模块接到 Agent 内核上，构成需要的 Agent。在 DisWare 体系结构中，工作引擎是基于 Agent 的无线传感器网络中间件的核心，在底层系统 Agent 抽象与集成的基础上，通过基于 Agent 的框架接口为无线传感器网络应用的开发、维护、部署等提供支持；Agent 实现的无线传感器网络中间件组件库由可选择的组件组成，包括各种描述行为的算法组件、功能组件、各类其他可重复利用的服务应用模块以及独立于应用的虚拟机组件。使用 Agent 构建 DisWare 能够提供更高的鲁棒性和可靠性，基于 Agent 的抽象和方法也将为无线传感器网络提供易用的、有表现力的编程接口，其主要优点如下：

(1) DisWare 将不是被动对象的组合，Agent 间以及 Agent 和环境间的交互决定了整个系统的运作。

(2) Agent 的控制流比对象更具有地域性。在 DisWare 中，Agent 具有明确的分工，控制流只能影响相应的 Agent。Agent 可以利用建模模块、规划模块进行判断和分析，对环境信息进行筛选和判断，减少了控制流的影响。

(3) DisWare 中每个 Agent 可以密切地与外界环境和其他 Agent 进行信息交互，使自己的建模模块和规划模块及时调整，使之更加适应环境的变化。

(4) DisWare 具有可扩展的结构，Agent 结构中有很多功能模块接口，通过这些接口，Agent 可以灵活地应用已有的面向对象程序和代码，具有很好的兼容性。

(5) Agent 内核和功能组件能够分离，可根据需求在统一的框架下选取合适的功能组件接到 Agent 内核上，构成需要的 Agent。

DisWare 以基于 Agent 的计算和以 Agent 为主体的高层交互解决无线传感器网络异构性，以面向 Agent 的编程模型实现易用的、有表现力的编程接口，通过基于 Agent 的框架接口和符合应用需求的、自治模块化的 Agent 组件来满足架构于具有不同介质、不同电气特性、不同协议的基础网络和业务应用之间的无线传感器网络应用系统构建需求。

10.2.2　DisWare 中间件

如图 10.5 所示，基于 Agent 的无线传感器网络中间件 DisWare 系统实现方案是在 TinyOS 与 MantisOS 等基础上，分别实现 DisWare 工作引擎和 Agent 错误处理组件、Agent 指令管理组件、Agent 管理组件、Agent 指令底层实现组件、Agent 环境管理组件、Agent 邻居信息管理组件、Agent 元组空间管理组件、Agent 网络通信组件等，具体实现过程是不一样的，但其设计目的都是为了屏蔽原有操作系统，并在原有操作系统之上进行扩展，构建基于 Agent 的框架接口，提供相同的指令集。应用程序层开发者不需要在 TinyOS 平台下使用 nesC 语言进行编程，也不需要在 MantisOS 平台下采用 C 语言进行编程，可以使用统一的 Agent 指令编写无线传感器网络应用程序，也可以使用面向 Agent 的编程模型来编写基于 Agent 的无线传感器网络应用程序代码，再通过 Agent 代码编译系统转换为 Agent 程序指令代码。

在 DisWare 系统中，Agent 包含状态、代码和堆栈等共有的特性，状态控制着 Agent 的整个生命周期；代码部分与状态紧密相连，状态影响代码部分的运行，代码也可以修改 Agent 的状态；堆栈用于模拟虚拟存储器，负责存放代码执行时所产生的临时数据。Agent 所在节点具有一些基本的参数信息，如位置属性、邻居信息等，同时支持多个 Agent 的运行，并维护一个邻居信息列表。Agent 可以在节点之间进行迁移，迁移时 Agent 的状态和代码以及部分 Agent 资源都随着 Agent 移动到目的节点。但是节点的基本属性(如位置及邻居信息列表等)不会随着 Agent 迁移而迁移。另外，Agent 与 Agent 之间可以实现交流和协作，主要是通过申请共享的元组空间来完成的，对 TinyOS 和 MantisOS，该元组空间大小均是事先预分配的。

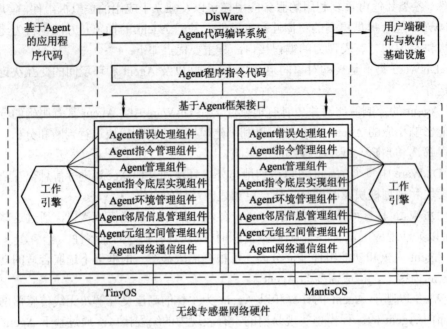

图 10.5   基于 Agent 的无线传感器网络中间件 DisWare 系统实现方案

在基于 Agent 的无线传感器网络中间件 DisWare 系统实现方案中，DisWare 面向 Agent 的编程模型及其 JAL 编程框架的有关实现体现在 Agent 代码编译系统上。该系统与 JAL 编译器功能相似，但它并不是将 JAL 源代码编译为 Java 源程序，而是将基于 Agent 的应用程序代码源文件编译为 Agent 程序指令代码。在具体实现中，DisWare 基于 Agent 的应用程序代码源文件与 JAL 源程序编写方法相同，所包括的文件有 X.event、X.plan、X.bel、X.cap、X.agent(X 为文件名)等，其中 X.event 为事件类源文件，X.plan 为规划类源文件，X.bel 为信念类源文件，X.cap 为能力类源文件，X.agent 为 Agent 类源文件。经过 Agent 代码编译系统编译后生成的程序指令代码文件与 Agilla 的 Agent 程序格式相同，因为 DisWare 基于 Agent 的框架接口采用了 Agilla 基本指令集，所产生的文件为 X.ma。

10.3   DisWare 中间件平台软件 MeshIDE

无线传感器网络集成开发平台 MeshIDE 是面向 DisWare 中间件所开发的辅助中间件平台软件，它利用 Eclipse 插件开发的优越性，在 Eclipse 环境下采用 Java 语言编制并通过插件方式来运行，具有很高的独立性及可移植性。同时，MeshIDE 具有多扩展点，使得扩展用户需求工作变得简单易行。本节将详细介绍中间件平台软件 MeshIDE。

10.3.1   无线传感器网络集成开发平台 MeshIDE 概述

无线传感器网络集成开发平台 MeshIDE 包括两大部分：第一部分是面向 nesC 的无线传感器网络集成开发平台 MeshIDE for TinyOS，它是面对无线传感器网络软件开法语言

nesC 的开发平台，解决了使用 nesC 语言进行无线传感器网络编程的问题；第二部分是面向 DisWare 中间件的无线传感器网络集成开发平台 MeshIDE for DisWare，主要为中间件代理编程提供平台，解决了支持的中间件控制语言编程的问题。

由于该插件是用 Java 编制的，所以平台的可移植性比较好，能够在多种平台下运行。同时，Eclipse 本身定义了工作环境的许多扩展点，用户可以扩展和平台并行的功能，以增大平台对无线传感器网络中间件的支持能力。

在面向 nesC 的无线传感器集成开发平台 MeshIDE for TinyOS 中，用户可以方便地新建应用项目，具有平台定制的编辑器，提供特定于应用程序的语义，更方便地实现用户编程。该平台为用户提供节点代码的导入、编写、开发、运行和编译等功能。MeshIDE for TinyOS 平台除了提供了良好的用户开发界面之外，还实现了可视化烧写，无需用户打开 Cygwin，只需选定相应选项即可完成通过串口烧写代码入节点的功能。

面向中间件的无线传感器集成开发平台 MeshIDE for DisWare 给用户提供了一个真正的无线传感器网络代理平台，支持 DisWare 中间件，提供一组 DisWare 功能开发透视图，主要包括开发 DisWare 功能层次视图、功能程序编辑环境、管理控制视图及提供各种扩展应用接口等。在平台中，可以很好地运行基于 DisWare 中间件的应用程序，可以直接调用该平台，该平台集控制向导、代码编辑、控制视图于一体，提供了良好的图形界面和辅助编辑器，方便了用户基于无线传感器网络中间件的编程，具有普通平台的扩展特性，同时又兼有无线传感器网络中间件代理编程功能，是新型的无线传感器网络中间件代理平台。下面主要简单介绍 MeshIDE for TinyOS 集成开发平台

10.3.2　无线传感器网络集成开发平台 MeshIDE for TinyOS

无线传感器网络集成开发平台 MeshIDE for TinyOS 使用项目方式管理 nesC 应用开发，并提供了定制的 nesC 文本编辑器。

1．优点

无线传感器网络集成开发平台 MeshIDE for TinyOS 主要具有以下三个优点：

(1) 可缩短无线传感器网络软件开发流程。一般的无线传感器网络软件开发没有定制的 nesC 编辑器，采用 Cygwin 的命令行方式进行代码编译发布，开发效率低。MeshIDE for TinyOS 使用项目开发模式，具有定制的 nesC 编辑器，可以方便地实现用户编程。MeshIDE for TinyOS 能够实现代码在平台中直接进行编译发布，简化了用户测试代码的过程。

(2) 具有可视化代码编译和发布功能。一般的无线传感器网络软件开发用命令行在模拟 Unix 的 Cygwin 环境下进行编译和发布，而 MeshIDE for TinyOS 能直接在平台上执行代码编译发布过程。

(3) 具有良好的用户界面和可用性。无线传感器网络集成开发平台 MeshIDE for TinyOS 是构建于 Eclipse 平台上的，具有良好的用户界面和可用性，对于熟悉 Eclipse 的应用程序开发人员更加容易上手。

2．平台设计目标和功能

传感器网络按其功能抽象成五个层次，包括基础层(传感器集合)、网络层(通信网络)、中间件层、数据处理和管理层以及应用开发层。其中，无线传感器网络的中间件 DisWare

作为应用程序员和无线传感器网络硬件之间的桥梁,而面向 nesC 的集成开发平台 MeshIDE forTinyOS 需要为应用程序员提供一个友好的集成开发平台,产生节点代码的统一编译格式,并完成代码编辑、编译和发布处理功能。

MeshIDE for TinyOS 在 Eclipse 平台环境上,利用插件开发的方法实现了一个项目生成向导。该平台是一个具有代码编辑功能的、多视图的集成开发平台,能形成一个友好的交互式的用户平台界面,并能向用户提供一些有效的信息。另外,需要将 MeshIDE 插件程序与 TinyOSCygwin 环境结合起来,实现在 Eclipse 平台下进行代码编译的功能,即 Make 的过程能提供将编译好的代码发送到传感器节点上的功能。

3. 项目生成和属性

1) 项目生成

MeshIDE for Ting OS 平台提供了一个项目(Project)生成向导,能够生成一个 MeshIDE 项目,并能同时生成相关文档与文件;同时,该平台还提供了一个应用(Application)的生成向导,能够生成一组 nesC 的样本(Sample)文件。生成 Project 向导时,除了可以定义项目名称等属性外,还对应该项目生成一个目标(Target),显示在 Make Option for TinyOS 视图当中。此外,还需制作一个项目的首选项,提供修改 nesC 文件修改染色的选项和自定义 doc 模板的功能。

2) 代码的编辑与管理

代码的编辑与管理主要由编辑器来完成,最基本的功能有代码的编辑、打开与保存。为了增强代码的可读性,可为编辑器增加代码分区、括号配对、不同区域、不同性质单词(Token)配色标记等功能,实现了一个词法分析的功能。

3) 代码的编译与发布

为完成代码的编译和发布,需建立 TinyOS Environment 模块,这个模块可以对 TinyOSCygwin 进行操作。直接通过视图中的按钮来选择编译或发布的功能,不必通过打开 Cygwin 来将代码烧写到传感器节点中,实现可视化烧写。除平台中的 Make 视图看到项目对应的 Target 之外,还需提供可以修改生成哪类节点、对应哪类节点、对应发布的端口号等选项,这些选项和 TinyOSCygwin 节点发布功能中的选项是完全对应的,在菜单栏中也提供了一个弹出的 Cygwin 窗口按钮,可以直接启动 Cygwin,给熟悉 Cygwin 的高级用户提供代码发布和一些其他高级操作。

4. MeshIDE for TinyOS 模块设计

无线传感器集成开发平台 MeshIDE for TinyOS 插件主程序部分实现了在 Eclipse 平台下用插件能够开发 nesC 项目的用户平台,它主要由下面几个重要模块组成。

1) 项目生成向导模块

项目生成向导模块的功能是引导用户输入 MeshIDE for TinyOS 新的基本信息,并选择开发所需要使用的节点环境。可以选择创建新项目或打开一个已存在的项目。

2) 编辑器模块

编辑器模块的功能是在透视图中提供一个文本编辑区域,允许用户在工作台中编辑 nesC 代码。同时,它也可作为一般文本编辑器以普通文本的方式打开,如.project 或 makefile 之类的 ASCII 码文件。

3) 透视图模块

透视图在工作台窗口内部提供附加组织层。当用户在任务之间移动时，它们可以在透视图之间进行切换。透视图定义视图集合、视图布局和用户首次打开透视图时使用的可视操作集。为了方便用户使用 MeshIDE for TinyOS 进行项目开发，需提供一个 MeshIDE for TinyOS 任务的透视图，其中包括编辑器和 Make Option 视图等。

4) 编译模块

编译模块是进行代码编译操作启动的模块，它监听用户单击 Make 动作，并获取 Make 的参数，通过 IEnvironment 接口与 TinyOSEnvironment 进行信息交互。它主要包括 Make Option 视图中的 Make、Install、Reinstall 等按钮和 Make 的各种参数选项下拉菜单。

5) 配置模块

配置模块包括配置编译环境的属性页和项目首选项两部分。首选项扩展点允许插件 Eclipse 首选项机制添加新的首选项作用域和指定要运行的类，以便在运行时初始化默认首选项值。

5. TinyOSEnvironment 编译环境模块设计

TinyOSEnvironment 模块的主要功能是与 MeshIDE for TinyOS 和 TinyOSCygwin 的环境进行交互，提供代码编译和发布的功能。在编译或发布代码时，将使用一个执行模块，通过使用操作系统进程来操作 TinyOSCygwin。这个执行模块同时通过执行 TinyOSCygwin 来获取相应的平台和 Make 操作的 Extra 选项信息。TinyOSEnvironment 模块主要包括环境模块和执行模块。

1) 环境模块

环境模块是 MeshIDE for TinyOS 与 TinyOSEnvironment 的接口，实现了 meshIDE.ep 包中的三个接口。通过这个模块，可以实现 MeshIDE for TinyOS 和 TinyOSEnvironment 环境的信息交互。无论在编译代码、发布代码或者在获得节点编译参数的过程中，都需要环境模块和 MeshIDE for TinyOS 中的接口进行数据传递，这些功能都是由该模块实现的。

2) 执行模块

执行模块的主要功能是执行节点编译和发布的具体操作，即主要用于执行 Make 操作。该模块控制了 Make 操作中的主要过程，提供异常处理和编译信息返回。该模块由编译引擎启动，用操作系统进程 TinyOSCygwin 控制，发送编译所需的命令行至 TinyOSCygwin 环境中进行编译和发布。

6. MeshIDE for TinyOS 平台运行

MeshIDE for TinyOS 集成开发环境作为 Eclipse 的插件在执行开发任务时必须启动 Eclipse 平台。MeshIDE for TinyOS 集成在 Eclipse 当中具有良好的用户界面，对于熟悉 Eclipse 的开发人员更加容易熟悉其使用。在使用 MeshIDE for TinyOS 时，需要打开 MeshIDE 透视图。

1) 创建 MeshIDE 工程

单击"文件"→"新建"→"项目"，选择 MeshIDE Wizard→New MeshIDE Project Wizard。新建 MeshIDE 项目后，项目中自动生成 .project 和 makefile 文件，注意不会生成 .nc 文件。用户可自己创建 nesC 文件，也可从文件系统中导入一个 nesC 应用。导入 nesC 文件到工程中的过程为：单击"文件"→"导入"→"文件系统"，选择路径\DisWareNesC_vl.O\DisWare，将 DisWare_NesC 中的文件导入到该项目中。

2) 查看项目属性和首选项

在所建项目上右击，在弹出的菜单中选择"属性"选项，在属性框中选择 MeshIDE -Environment，选择项目所使用的环境。单击"文件"→"窗口"→"首选项"，选择 MeshIDEEditor Preference 可以调整 MeshIDE 的首选项，其中包括基本选项、背景着色方案、文本着色方案和 doc 文本模板四个页面。

10.4 无线多媒体传感器网络中间件技术

10.4.1 无线多媒体传感器网络概述

广义上说，无线多媒体传感器网络涵盖了传统数值传感器网络(Traditional Scalar Sensornetworks)、图像传感器网络(Image Sensor Networks)、音视频传感器网络(Audio and Videosensor Networks)、可视传感器网络(Visual Sensor Networks)，以及以上单类型传感器网络的混合。

无线多媒体传感器网络(Wireless Multimedia Sensor Networks，WMSN)能将信息量丰富的图像、音频、视频等多媒体引入到传感器网络中对其进行监测、计算、存储，能与具有通信能力的多媒体传感器节点(装备有摄像头、麦克风和其他传感器)通过自组织方式形成的分布式感知网络，具备协作感知、采集、处理和传输网络覆盖区域内音频、视频、静态图像、数值数据等多媒体信息的能力。

10.4.2 无线多媒体传感器网络中间件的特点

无线多媒体传感器网络中间件是介于无线多媒体传感器网络操作系统(包括底层通信协议)和各种分布式应用程序之间的一个软件层。其主要作用是建立多媒体节点分布式软件模块之间互操作的机制，屏蔽节点底层分布式环境的复杂性和异构性，为处于上层的多媒体节点应用软件提供运行与开发环境。WMSN 中间件应具备以下特点：

(1) 由于节点的能量、计算、存储能力和通信带宽资源有限，因此多媒体传感器网络中间件必须是轻量级的。另外，考虑到节点与网络的实际资源调度情况，中间件也应该提供优化整个系统性能的资源分配机制，并在性能和资源消耗之间取得平衡。

(2) 由于加入了多媒体传感信息元素，使网络的总体规模和节点个体的功能也都相应得到了增强，在很大程度上增加了网络的部署、配置、维护的开销。因此，面向无线多媒体传感器网络的中间件技术将为上层应用提供更为强大的容错、自适应和自维护能力。

(3) 由于需要获取连续、实时的多媒体数据流及多元信息的需要，相比一般的无线传感器网络而言，无线多媒体传感器网络对 QoS 有着更高的需求，因此，迫切要求中间件软件能够提供高效、可靠的 QoS 保障机制，以适应网络的具体需求。

(4) 无线多媒体传感器网络的数据收集和处理能力需要更加完善和强大。多媒体传感器网络的中间件软件需要在原有的无线传感器网络基础上，进一步实现节点与网络冗余信息的压缩，完善多类型传感数据的融合与聚合机制，以达到减少网络通信代价与降低能耗的目的。

(5) 由于引入多媒体传感器后的网络不确定性因素将进一步提高，因此面向无线多媒体传感器网络的中间件还需要进一步加强网络的自适应能力，支持网络的动态扩展，并提供容错性支撑，以保证多媒体传感器网络的健壮性和鲁棒性。

(6) 考虑到网络节点的多样性，为方便多媒体传感器网络的应用开发，中间件软件还应为开发者针对各种各样的异构计算设备提供一个统一的系统视图，并提供多媒体节点编程抽象或者系统服务，单个节点设备仅保留最小功能。

因此，只有构建于强大而灵活的中间件之上的无线多媒体传感器网络，才有最大可能屏蔽网络底层细节，使其在多类型数据传感、短距离无线通信、自组织成网及多元数据协同处理等方面充分发挥技术优势。

10.4.3　基于 Agent 的无线多媒体传感器网络中间件体系结构

多样异构的多媒体信息、大数据量的图像和音视频、复杂多样的数据格式、高速流媒体传输需求、无线多媒体传感器网络节点，以及网络资源和能力严重受限都大大增加了无线多媒体传感器网络应用系统开发的复杂度和难度。因此，必须开发灵活的、开放的，具有根据应用需求和网络状态进行自配置、自愈合和自适应能力的无线多媒体传感器网络中间件。

基于 Agent 的无线多媒体传感器网络反射中间件体系结构的参考模型如图 10.6 所示。在该模型中，基于 Agent 的无线多媒体传感器网络中间件具有反射型工作机制和可扩展的结构，通过底层系统 Agent 抽象与集成、面向应用的服务组件业务适配和面向 Agent 的应用编程接口库，Agent 可以在无线多媒体传感器网络底层硬件和软件基平台上，灵活地在

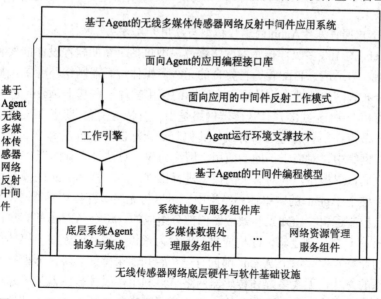

图 10.6　基于 Agent 的无线多媒体传感器网络反射中间件体系结构参考模型

中间件提供的系统抽象与服务组件库中选择合适的组件开发无线多媒体传感器网络应用系统，并在工作引擎的反射工作模式的支持下，对网络环境、应用需求进行判断和分析，完成无线多媒体传感器网络中间件面对动态环境和多样应用需求的自配置和自适应优化。基于 Agent 的无线多媒体传感器网络中间件系统抽象与服务组件库由可选择的组件组成，包括描述中间件和系统行为的算法组件、功能组件、多媒体数据处理服务组件、网络资源管理服务组件及各类其他可重用的服务应用模块等。

面向应用的 WMSN 中间件反射工作模式与虚拟机组件抽象主要体现在以下三个方面：

1) 面向应用的WMSN中间件反射工作模式与虚拟机组件抽象

面向应用的无线多媒体传感器网络中间件不仅需要保证节点和网络的透明性，负责传感器节点和网络系统的资源管理、多媒体数据的处理、动态环境的分析以及支持普遍适用的分布式应用，还需要有一定的开放性，保证无线多媒体传感器网络中间件自身功能对网络环境改变和多样的无线多媒体传感器网络应用需求具有自适应能力，解决无线多媒体传感器网络大规模分布式环境中的可伸缩性、异构性和动态性问题。面向应用的无线多媒体传感器网络中间件反射工作模式与虚拟机组件抽象将维护和操作中间件虚拟机内部结构的抽象和显式表示，并根据网络状态和环境以及多样的应用需求对中间件自身进行操作和推理，完成中间件反射形式的自适应优化。面向应用的无线多媒体传感器网络中间件反射工作模式与虚拟机组件抽象将会基于 Agent 的结构特点和本体论的理论构建中间件虚拟机组件的元数据模型，使中间件能够被形式化描述与理解，从而为中间件根据网络环境和状态以及应用需求进行形式化推理和反射自适应优化提供先决条件。

2) WMSN中间件Agent运行环境支撑技术

无线多媒体传感器网络中间件 Agent 运行环境支撑技术提供支撑 Agent 运行和基于 Agen 的中间件反射推理自适应优化的轻量级平台，主要包括 Agent 的运行引擎、Agent 管理、Agent 上下文管理、Agent 发送和接收、Agent 通信与交互、基于 Agent 和上下文感知的反射推理技术。

3) WMSN中间件基于Agent的编程模型与应用开发方法

基于 Agent 的无线多媒体传感器网络编程模型包括全新的软件设计框架和方法，将在开放、可扩展、自适应、自配置、自整合的无线多媒体传感器网络环境中，整合新的业务模型，根据分布式网络特性，设计更符合实际的应用软件。在基于 Agent 的无线多媒体传感器网络编程模型中，无线多媒体传感器网络是由具有特定信念、期望、意图和能力的 Agent 组成的，每一节点在部署后通过自身或与其他节点交互决策在特定情形下的行为。在无线多媒体传感器网络中，对应于不同的应用、网络协议、算法及个体的能力，一些 Agent 能够清晰地建立其世界模型，并对有关的模型进行推理；另一些 Agent 的模型可能与硬件相联系且分布于整个 Agent 的网络体系结构中。可以将无线多媒体传感器网络的组成 Agent 视为由状态、控制逻辑、感知器和效应器四部分组成的。每个 Agent 都有自己的状态；每个 Agent 都拥有一个控制逻辑，即构成自己的行为意识，现有的无线多媒体传感器网络节点都是自治的计算实体；每个 Agent 都拥有一个感知器来感知环境，即根据环境的状态来改变自己状态的方法，无线多媒体传感器网络节点利用多媒体传感器来感知环境信息，或者通过无线通信模块接收控制消息和其他节点的环境信息；每个 Agent 都拥有一个效应器作用于环境，即用来改变环境状态的方法。

10.5　支持多应用任务的 WSN 中间件的设计

随着 WSN 应用技术的不断发展，系统的复杂性也不断增加，呈现出一个 WSN 上承载多种应用任务的趋势，简单的 WSN 应用已不能满足综合应用部署的需求。因此，需要设计并实现一种可支持多应用任务同时运行的中间件平台，动态承载各种应用任务。

10.5.1　多应用任务的 WSN 中间件系统架构设计

1. 多应用任务的 WSN 中间件系统模型

WSN 系统通常包括硬件、操作系统和应用程序。硬件包括感知模块、MCU 模块和通信模块。操作系统和应用程序是软件，而中间件是运行在操作系统和应用程序之间的一种系统软件。多应用任务的 WSN 中间件系统模型如图 10.7 所示。

WSN 中间件是由许多组件构成的，它们为应用程序提供相应的服务功能。可以是一个组件提供一个服务，也可以是多个组件合起来提供一个服务，或者一个组件提供多个服务。最后通过统一的应用程序开发接口(API)提供给用户。

图 10.7　多应用任务的 WSN 中间件系统模型

2. 系统架构设计

在整个 WSN 系统中，WSN 节点主要是为基站或网关实现数据的感知和采集功能，并且在整个 WSN 系统运行中，可以为用户消息提供相应的支持。因此，可以在 WSN 节点上建立相应的功能组件，协调完成中间件平台的功能，为应用任务的执行提供服务。根据 WSN 中间件平台的这些特点，将中间件分成两个子系统：控制管理子系统和应用运行子系统。整体系统、各子系统以及子系统内部各组件的架构关系如图 10.8 所示。

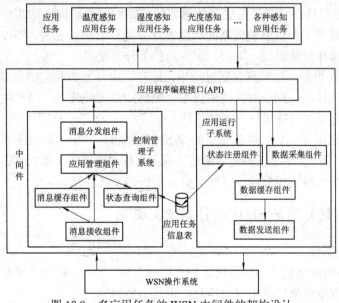

图 10.8　多应用任务的 WSN 中间件的架构设计

多应用任务的 WSN 中间件各组件的功能如下：

(1) 消息接收组件：接收来自基站或网关的用户消息，这些消息包括两类：对节点进行控制的节点级消息，对应用任务进行控制的应用任务级消息。对这些消息进行优先级的划分，分别是高优先级和普通级。将高优先级的消息直接发送给应用管理组件，而将普通级的消息送入缓存排队，等待逐个处理。

(2) 消息缓存组件：缓存普通级的消息，节点只有一个 MCU，同一时间仅能处理一个消息，将陆续到达的消息进行缓存，以保障消息的可靠处理，按照先来先服务的原则，等待应用管理组件分发消息给应用任务，或进行节点控制。

(3) 应用管理组件：负责对接收到的消息进行处理与分发。收到高优先级的消息时，中断当前的处理工作，立即响应高优先级消息，其消息的分发方式是对应用任务产生中断处理请求。通过对状态查询组件进行操作，可获得整个节点的应用任务信息，从而对节点和应用任务进行管理操作。

(4) 消息分发组件：通过标准的应用程序编程接口，将消息转交给应用任务。在应用任务的开发过程中，必须事先引入接收中间件消息的接口。参数格式在中间件开发手册中都已预先定义，使得消息可以准确接收。

(5) 应用程序编程接口(API)：中间件平台必须为应用任务提供统一、易用和标准的开发接口，以使应用任务开发更为便利，提高开发效率。

(6) 状态查询组件：为应用管理组件提供当前节点上应用任务的状态信息，通过查询应用任务信息表，获得应用任务的状态。每一个应用任务的启动、关闭和运行都会在应用任务信息表中保留状态信息。

(7) 应用任务信息表：维护节点上应用任务的启动、关闭和运行的相关状态信息，记录应用任务启动时的注册信息、关闭时的取消信息和运行时的采样频率等信息。

(8) 状态注册组件：为应用任务提供标准的开发 API。在应用任务启动、关闭和运行时，都可以通过相应的 API 在应用任务信息表中修改和维护自身的信息。

(9) 数据采集组件：负责屏蔽底层传感器的感知数据的读操作。传感器的类型、产品和型号较多，在这里主要以感知数据的类型进行分类封装，如温度、湿度、光度等，将这些感知数据的读操作封装成统一接口，供应用任务开发使用。

(10) 数据缓存组件：在数据发送过程中，缓存应用任务感知完成后等待发送的数据。节点只有一个通信模块，同一时间仅能处理一个感知数据的传送，将产生的感知数据进行缓存，以保障数据通过网络进行可靠的传输。

(11) 数据发送组件：负责屏蔽底层的 WSN 传输协议，将不同网络路由协议的数据发送接口进行封装。WSN 存在许多路由通信协议，且使用方式和数据发送接口等均不同。这些都在这里进行统一封装和管理，以便于数据根据需要进行发送。

10.5.2　多应用任务的 WSN 中间件系统实现

1．系统整体实现

WSN 中间件的内部组件与应用任务协作完成工作。首先，接收并缓存基站或网关发来的消息，应用管理组件从缓存中取出消息，根据消息内容进行节点级和应用任务级的分类处理。如果是节点消息，则根据消息的需求进行节点的动态配置、应用任务调整和控制管理等操作；如果是应用任务级，则分发给相应的应用任务自行操作。然后，各应用任务组件根据消息的要求，实现相应的采集功能，并通过发送组件将感知到的数据发送给基站或网关。WSN 中间件的工作流程如图 10.9 所示。

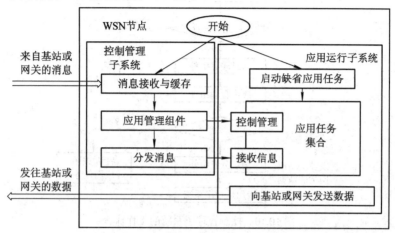

图 10.9　多应用任务的 WSN 中间件的工作流程

节点开机时，首先初始化和启动一些缺省的应用任务集，如温度感知应用任务等。当没有基站或网关发来消息时，根据缺省的配置采集相关的数据，然后发送到网关，或者将节点设置成休眠等待状态，不进行任务工作。当收到来自基站或网关消息时，按照消息进行相关功能调整，打开、关闭或重编程应用任务，根据要求进行不同的操作。

2．各子系统实现

1) 控制管理子系统

控制管理子系统的主要功能是接收和响应来自基站或网关的消息。WSN 系统需要支持不同用户的多种需要，节点根据不同需求调整功能。

控制管理子系统的设计思想是：由消息接收组件接收来自基站或网关的消息，并根据处理时效，将其分为高优先级和普通级消息。普通级消息存入消息缓存，而高优先级需立即处理。缓存的消息由应用管理组件根据先到先服务原则分发给相应任务处理；而对高优先级消息，则立刻根据消息需求进行相应操作。如在接收的消息中，有一种消息是融合消息，具有高优先级，需要及时处理，因此不进入消息缓冲组件，直接分发给应用任务组件。

系统启动后，首先初始化消息接收组件和消息缓存组件，然后等待来自基站或网关的消息。在控制管理子系统中，根据消息处理对象，又将消息分为两类：节点级和应用任务级消息。节点级的消息主要根据节点运行情况决定哪些应用任务打开和关闭，应用任务级的消息主要根据用户需求进行自定义。图 10.10 显示了整个控制管理子系统的工作流程。

首先判断消息的时效级别，将普通级消息存储在消息缓冲中，将高优先级消息直接发送到应用管理组件，再决定是节点控制处理，还是分发给相应的应用任务处理。应用管理组件从消息缓冲中取出普通级消息，如果是节点级的消息，如打开和关闭某一个或某几个应用任务，则调用相应功能实现打开与关闭的操作；如果是某个应用任务级的消息，则将其分发给相应的应用任务，待处理后将产生的感知数据发往基站或网关。

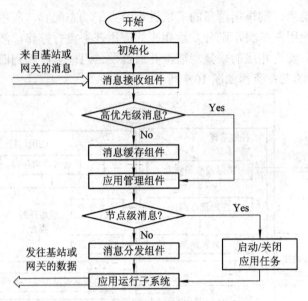

图 10.10 控制管理子系统的工作流程

2) 应用运行子系统

应用运行子系统的主要功能是承载执行数据感知功能的应用任务。由于 WSN 应用的多样化，并且只有一个通信单元，无法同时发送到来的多份感知数据，因此必须进行缓存再发送。应用任务是并发运行的，对通信单元产生资源竞争，所以消息缓存以队列的方式工作，将产生的数据进行排队，然后数据发送组件按照先来先服务原则，通过通信单元发送出去。

应用任务有许多种，如温度、湿度、光度等感知应用任务，它们可以组合使用，也可以将几个感知应用任务融合成一个应用任务。发送组件屏蔽掉底层的硬件平台及使用的网络协议，应用任务的开发可以不管底层硬件使用的是哪种硬件节点，也不管使用的网络协议。图 10.11 显示了应用运行子系统的工作流程。

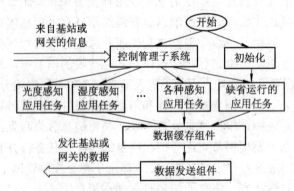

图 10.11 应用运行子系统的工作流程

系统启动后，首先初始化缺省的采集应用任务，如温度感知应用任务等，应用任务采集感知数据，然后通过路由协议发送到基站或网关。控制管理子系统可以根据来自基站或网关的用户消息调整某些应用任务，打开、关闭和重编程某些应用任务。所有的应用任务将感知到的数据存入缓存，然后再发送到远程基站或网关。

练 习 题

1. 什么是中间件？

2. 无线传感器网络的中间件软件设计必须遵循哪些基本原则？

3. 中间件软件的层次由哪几部分组成？

4. 无线传感器网络中间件有哪些主要关键技术？

5. 简述无线传感器网络中间件软件体系结构。

6. 在有的文献中提出 WSN 分布式处理分为单节点控制和网络级分布式控制两个层面，根据这一观点结合 WSN 中间件的底层编程范式，无线传感网中间件设计方法有哪几类？

7. 简述无线多媒体传感器网络中间件。

8. 无线多媒体传感器网络中间件应具备哪些基本特点？

9. 基于应用分类的分层可定制中间件框架设计中，常见的 WSN 应用的分类有哪几类？将中间件进行逻辑上的分层有哪几层？

10. 多应用任务的 WSN 中间件主要包括哪些基本组件？

第11章　无线传感器网络数据融合与管理技术

本章要点 ✍

- 数据融合技术与算法、传感器网络数据传输及融合技术；
- 多传感器数据融合算法、传感器网络数据融合路由算法；
- 无线传感器网络的数据管理技术、数据管理系统、数据模型及存储查询。

11.1　无线传感器网络的数据融合概述

11.1.1　无线传感器网络中的数据融合

数据融合概念是针对多传感器系统而提出的。在多传感器系统中，由于信息表现形式的多样性、数据量的巨大性、数据关系的复杂性，以及要求数据处理的实时性、准确性和可靠性，都已大大超出了人脑的信息综合处理能力，在这种情况下，多传感器数据融合技术应运而生。多传感器数据融合(Multi-Sensor Data Fusion，MSDF)简称数据融合，也称为多传感器信息融合(Multi-Sensor Information Fusion，MSIF)。它由美国国防部在20世纪70年代最先提出，之后英、法、日、俄等国也做了大量的研究。近40年来数据融合技术得到了巨大的发展，同时伴随着电子技术、信号检测与处理技术、计算机技术、网络通信技术以及控制技术的飞速发展，数据融合已被应用在多个领域，在现代科学技术中的地位也日渐提升。

数据融合的简洁定义为：数据融合是利用计算机技术对时序获得的若干感知数据，在一定准则下加以分析、综合，以完成所需决策和评估任务而进行的数据处理过程。

数据融合技术有三层含义：① 数据的全空间，即数据包括确定的和模糊的、全空间的和子空间的、同步的和异步的、数字的和非数字的，它是复杂的、多维多源的，覆盖全频段；② 数据的融合不同于组合，组合指的是外部特性，融合指的是内部特性，它是系统动态过程中的一种数据综合加工处理；③ 数据的互补过程，包括数据表达方式的互补、结构上的互补、功能上的互补和不同层次的互补，互补是数据融合的核心，只有互补数据的融合才可以使系统发生质的飞跃。数据融合示意图如图11.1所示。

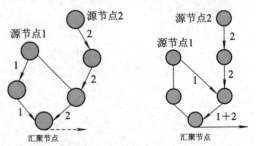

图11.1　数据融合示意图

数据融合的实质是针对多维数据进行关联或综合分析，进而选取适当的融合模式和处理算法，用以提高数据的质量，为知识提取奠定基础。

11.1.2 无线传感器网络中数据融合的层次结构

通过对多感知节点信息的协调优化，数据融合技术可以有效地减少整个网络中不必要的通信开销，提高数据的准确度和收集效率。因此，传送已融合的数据要比未经处理的数据节省能量，可延长网络的生存周期。

1．传感器网络节点的部署

在传感器网络数据融合结构中，比较重要的问题是如何部署感知节点。目前，传感器网络感知节点的部署方式一般有三种类型，最常用的拓扑结构是并行拓扑。在这种部署方式中，各种类型的感知节点同时工作。另一种类型是串行拓扑，在这种结构中，感知节点检测数据信息具有暂时性。实际上，SAR(Synthetic Aperture Radar)图像就属于此结构。还有一种类型是混合拓扑，即树状拓扑。

2．数据融合的层次划分

数据融合大部分是根据具体问题及其特定对象来建立自己的融合层次的。例如，有些应用将数据融合划分为检测层、位置层、属性层、态势评估和威胁评估；有的根据输入/输出数据的特征提出了基于输入/输出特征的融合层次化描述。数据融合层次的划分目前还没有统一标准。

根据多传感器数据融合模型定义和传感器网络的自身特点，通常按照节点处理层次、融合前后的数据量变化、信息抽象的层次来划分传感器网络数据融合的层次结构。数据融合的一般模型如图 11.2 所示。

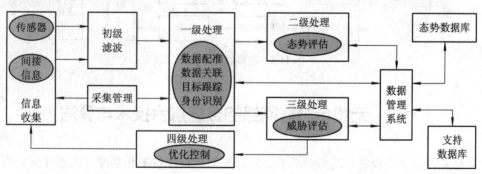

图 11.2　数据融合的一般模型

11.1.3 基于信息抽象层次的数据融合模型

基于信息抽象层次的数据融合方法分为三类：基于像素(Pixel)级的融合、基于特征(Feature)级的融合和基于决策(Decision)级的融合。融合的水平依次从低到高。

1．像素级融合

像素级融合的流程为：经传感器获取数据→数据融合→特征提取→融合属性说明。像素级融合模型如图 11.3 所示。

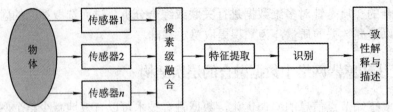

图 11.3   像素级融合模型

2．特征级融合

特征级融合的流程为：经传感器获取数据→特征提取→特征级融合→融合属性说明。特征级融合模型如图 11.4 所示。

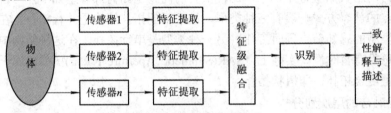

图 11.4   特征级融合模型

3．决策级融合

决策级融合的流程：经传感器获取数据→特征提取→属性说明→属性融合→融合属性说明。决策级融合模型如图 11.5 所示。

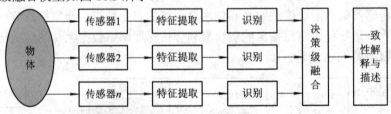

图 11.5   决策级融合模型

11.2 无线传感器网络的数据融合技术与算法

数据融合技术涉及复杂的融合算法、实时图像数据库技术和高速、大吞吐量数据处理等支撑技术。数据融合算法是融合处理的基本内容，它是将多维输入数据在不同融合层次上运用不同的数学方法，对数据进行聚类处理的方法。就多传感器数据融合而言，虽然还未形成完整的理论体系和有效的融合算法，但有不少应用领域根据各自的具体应用背景，已经提出了许多成熟并且有效的融合算法。针对传感器网络的具体应用，也有许多具有实用价值的数据融合技术与算法。

11.2.1 传感器网络数据传输及融合技术

如今无线传感器网络已经成为一种极具潜力的测量工具。它是一个由微型、廉价、能量受限的传感器节点所组成，通过无线方式进行通信的多跳网络，其目的是对所覆盖区域内的信息进行采集、处理和传递。然而，传感器节点体积小，依靠电池供电，且更换电池不便，如何高效使用能量，提高节点生命周期，是传感器网络面临的首要问题。

1. 传统的无线传感器网络数据传输

1) 直接传输模型

直接传输模型是指传感器节点将采集到的数据以较大的功率经过一跳直接传输到 Sink (汇聚)节点上，进行集中式处理，如图 11.6 所示。这种方法的缺点在于：① 距离 Sink 节点较远的传感器节点需要很大的发送功率才可以达到与 Sink 节点通信的目的，而传感器节点的通信距离有限，因此距离 Sink 较远的节点往往无法与 Sink 节点进行可靠的通信，这是不能被接受的；② 在较大通信距离上的节点需耗费很大的能量才能完成与 Sink 节点的通信，容易造成有关节点的能量很快耗尽，这样的传感器网络在实际中难以得到应用。

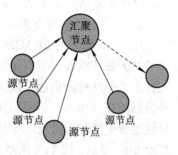

图 11.6 直接传输模型

2) 多跳传输模型

多跳传输模型类似于 AD Hoc 网络模型，如图 11.7 所示。每个节点自身不对数据进行任何处理，而是调整发送功率，以较小功率经过多跳将测量数据传输到 Sink 节点中再进行集中处理。多跳传输模型很好地改善了直接传输的缺陷，使得能量得到了较有效的利用，这是传感器网络得到广泛使用的前提。

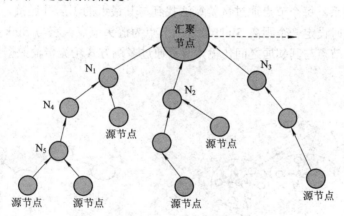

图 11.7 多跳传输模型

该方法的缺点在于：当网络规模较大时，位于两条或多条路径交叉处的节点以及距离 Sink 节点一跳的节点(称之为瓶颈节点，如图 11.7 的中 $N_1 \sim N_4$)除了自身的传输之外，还要在多跳传递中充当中介。在这种情况下，这些节点的能量将会很快耗尽。对于以节能为前提的传感器网络而言，这显然不是一种有效的方式。

2. 无线传感器网络数据融合技术

在大规模的无线传感器网络中，由于每个传感器的监测范围以及可靠性都是有限的，在放置传感器节点时，有时要使传感器节点的监测范围互相交叠，以增强整个网络所采集信息的鲁棒性和准确性。那么，在无线传感器网络中的感测数据就会具有一定的空间相关性，即距离相近的节点所传输的数据具有一定的冗余度。在传统的数据传输模式下，每个节点都将传输全部的感测信息，这其中就包含了大量的冗余信息，即有相当一部分的能量用于不必要的数据传输。而传感器网络中传输数据的能耗远大于处理数据的能耗。因此，在大规模无线传感器网络中，使各个节点多跳传输感测数据到 Sink 节点前，先对数据进行融合处理是非常有必要的，数据融合技术应运而生。

1）集中式数据融合算法

（1）分簇模型的 LEACH 算法。为了改善热点问题，Wendi Rabiner Heinzelman 等人提出了在无线传感器网络中使用分簇的概念，其将网络分为不同层次的 LEACH 算法：通过某种方式周期性随机选举簇头，簇头在无线信道中广播信息，其余节点检测信号并选择信号最强的簇头加入，从而形成不同的簇。簇头之间的连接构成上层骨干网，所有簇间通信都通过骨干网进行转发。簇内成员将数据传输给簇头节点，簇头节点再向上一级簇头传输，直至 Sink 节点。图 11.8 所示为两层分簇结构。这种方式降低了节点发送功率，减少了不必要的链路和节点间的干扰，可达到保持网络内部能量消耗的均衡，延长网络寿命的目的。该算法的缺点在于：分簇的实现以及簇头的选择都需要相当大的开销，且簇内成员过多地依赖簇头进行数据传输与处理，使得簇头的能量消耗很快。为避免簇头能量耗尽，需频繁地选择簇头。同时，簇头与簇内成员为点对多点的一跳通信，可扩展性差，不适用于大规模网络。

（2）PEGASIS算法。Stephanie Lindsey 等人在 LEACH 的基础上，提出了 PEGASIS 算法。此算法假定网络中的每个节点都是同构的且静止不动，节点通过通信来获得与其他节点之间的位置关系。每个节点通过贪婪算法找到与其最近的邻居并连接，从而使整个网络形成一个链，同时设定一个距离 Sink 最近的节点为链头节点，它与 Sink 进行一跳通信。数据总是在某个节点与其邻居之间传输，节点通过多跳方式轮流传输数据到 Sink 处，如图 11.9 所示。

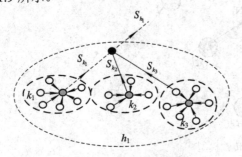

图 11.8　LEACH 算法

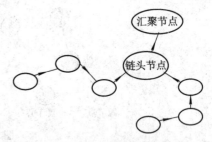

图 11.9　PEGASIS算法

PEGASIS 算法的缺点也很明显：首先，每个节点必须知道网络中其他各节点的位置信息；其次，链头节点为瓶颈节点，它的存在至关重要，若它的能量耗尽则有关路由将会失效；再次，较长的链会造成较大的传输时延。

2）分布式数据融合算法

可以将一个规则传感器网络拓扑图等效于一幅图像，获得一种将小波变换应用到无线传感器网络中的分布式数据融合技术。

（1）规则网络情况。Servetto 首先研究了小波变换的分布式实现，并将其用于解决无线传感器网络中的广播问题。美国南加州大学的 A. Ciancio 进一步研究了无线传感器网络中的分布式数据融合算法，引入 Lifting 变换，提出了一种基于 Lifting 的规则网络中分布式小波变换数据融合算法 DWT_RE，并将其应用于规则网络中。DWT_RE 算法如图 11.10 所示，网络中节点规则分布，每个节点只与其相邻的左右两个邻居进行通信，对数据进行去相关计算。

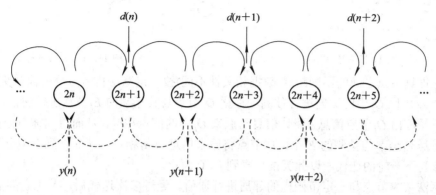

图 11.10　DWT_RE 算法

DWT_RE 算法的实现分为两步：第一步，奇数节点接收到来自它们偶数邻居节点的感测数据，并经过计算得出细节小波系数；第二步，奇数节点把这些系数送至它们的偶数邻居节点以及 Sink 节点中，偶数邻居节点利用这些信息计算出近似小波系数，也将这些系数送至 Sink 节点中。

小波变换在规则分布网络中的应用是数据融合算法的重要突破，但是实际应用中节点分布是不规则的，因此需要找到一种算法解决不规则网络的数据融合问题。

(2) 不规则网络情况。莱斯大学的 R. Wagner 在其博士论文中首次提出了一种不规则网络环境下的分布式小波变换方案，即 Distributed Wavelet Transform_IRR(DWT_IRR)，并将其扩展到三维情况。莱斯大学的 COMPASS 项目组已经对此算法进行了检验，下面对其进行介绍。DWT_IRR 算法是建立在 Lifting 算法的基础上的，它的具体思想如图 11.11～图 11.13 所示，整个算法分成三步：分裂、预测和更新。

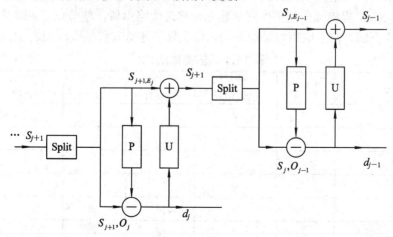

图 11.11　总体思想图

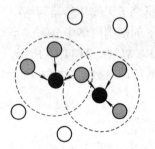

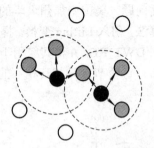

图 11.12　预测过程　　　　　　　　　　　　图 11.13　更新过程

首先根据节点之间的不同距离(数据相关性不同)按一定算法将节点分为偶数集合 E_j 和奇数集合 O_j。以 O_j 中的数据进行预测，根据 O_j 节点与其相邻的 E_j 节点进行通信后，用 E_j 节点信息预测出 O_j 节点信息，将该信息与原来 O_j 中的信息相减，从而得到细节分量 d_j。然后，O_j 发送 d_j 至参与预测的 E_j 中，E_j 节点将原来信息与 d_j 相加，从而得到近似分量 s_j，该分量将参与下一轮的迭代。以此类推，直到 $j = 0$ 为止。

该算法依靠节点与一定范围内的邻居进行通信。经过多次迭代后，节点之间的距离进一步扩大，小波也由精细尺度变换到了粗糙尺度，近似信息被集中在少数节点中，细节信息被集中在多数节点中，从而实现了网络数据的稀疏变换。通过对小波系数进行筛选，将所需信息进行 Lifting 逆变换，可以应用于有损压缩处理。它的优点是：充分利用感测数据的相关性，进行有效的压缩变换；分布式计算，无中心节点，可避免热点问题；将原来网络中瓶颈节点以及簇头节点的能量平均到整个网络中，充分起到了节能作用，延长了整个网络的寿命。

该算法存在设计上的一些缺陷：首先，节点必须知道全网位置信息；其次，虽然最终与 Sink 节点的通信数据量减少了，但是有很多额外开销用在了邻居节点之间的局部信号处理上，即很多能量消耗在了局部通信上。对于越密集、相关性越强的网络，该算法的效果越好。

在此基础上，南加州大学的 Godwin Shen 考虑到 DWT_IRR 算法中没有讨论的关于计算反向链路所需的开销，从而对该算法进行了优化。由于反向链路加重了不必要的通信开销，Godwin Shen 提出预先为整个网络建立一棵最优路由树，使节点记录通信路由，从而消除反向链路开销。基于应用领域的不同，以上算法各有其优缺点，如表 11.1 所示。

表 11.1　各类算法比较

算　法	分布式	无需预知位置信息	可扩展性良好	传输时延较短	消除反向链接	是否节能
直跳传输	√	√			√	
多跳传输		√			√	
LEACH		√			√	√
PEGASIS		√			√	√
DWT_RE	√	√	√			√
DWT_IRR	√		√	√		√
优化的 DWT_IRR	√		√	√	√	√

11.2.2　多传感器数据融合算法

多传感器数据融合技术是近几年来发展起来的一门实践性较强的应用技术，是多学科交叉的新技术，涉及信号处理、概率统计、信息论、模式识别、人工智能、模糊数学等理论。多传感器融合技术已成为军事、工业和高技术开发等多方面关心的问题。这一技术广泛应用于 C3I(Command，Control，Communication and Intelligence)系统、复杂工业过程控制、机器人、自动目标识别、交通管制、惯性导航、海洋监视和管理、农业、遥感、医疗诊断、图像处理、模式识别等领域。

1.　多传感器数据融合原理

1) 多传感器数据融合的概念

数据融合又称作信息融合或多传感器数据融合。多传感器数据融合比较确切的定义可概括为：充分利用不同时间与空间的多传感器数据资源，采用计算机技术对按时间序列获得的多传感器观测数据，在一定准则下进行分析、综合、支配和使用，获得对被测对象的一致性解释与描述，进而实现相应的决策和估计，使系统获得比它的各组成部分更充分的信息。

2) 多传感器数据融合原理

多传感器数据融合技术的基本原理就像人脑综合处理信息一样，充分利用多个传感器资源，通过对多传感器及其观测信息的合理支配和使用，把多传感器在空间或时间上冗余或互补信息依据某种准则来进行组合，以获得被测对象的一致性解释或描述。具体地说，多传感器数据融合原理如下：

(1) N 个不同类型的传感器(有源或无源的)收集观测目标的数据；

(2) 对传感器的输出数据(离散的或连续的时间函数数据、输出矢量、成像数据或一个直接的属性说明)进行特征提取的变换，提取代表观测数据的特征矢量 Y_i；

(3) 对特征矢量 Y_i 进行模式识别处理(如聚类算法、自适应神经网络或其他能将特征矢量 Y_i 变换成目标属性判决的统计模式识别法等)完成各传感器关于目标的说明；

(4) 将各传感器关于目标的说明数据按同一目标进行分组，即关联；

(5) 利用融合算法将每一目标各传感器数据进行合成得到该目标的一致性解释与描述。

2.　多传感器数据融合方法

利用多个传感器所获取的关于对象和环境全面、完整的信息，主要体现在融合算法上。对于多传感器系统来说，信息具有多样性和复杂性，因此，对信息融合方法的基本要求是具有鲁棒性和并行处理能力。此外，还要考虑运算速度和精度、与前续预处理系统和后续信息识别系统的接口性能、与不同技术和方法的协调能力、对信息样本的要求等。一般情况下，如果基于非线性的数学方法具有容错性、自适应性、联想记忆和并行处理能力，则都可以用来作为融合方法。

多传感器数据融合虽然未形成完整的理论体系和有效的融合算法，但在不少应用领域根据各自的具体应用背景，已经提出了许多成熟并且有效的融合方法。多传感器数据融合的常用方法基本上可概括为随机和人工智能两大类，随机类方法有加权平均法、卡尔曼滤波法、多贝叶斯估计法、Dempster-Shafer(D-S)证据推理、产生式规则等；而人工智能类则有模糊逻辑理论、神经网络、粗集理论、专家系统等。可以预见，神经网络和人工智能等新概念、新技术在多传感器数据融合中将起到越来越重要的作用。

1) 随机类方法

(1) 加权平均法。信号级融合方法最简单、最直观的方法是加权平均法，该方法将一组传感器提供的冗余信息进行加权平均，结果作为融合值。该方法是一种直接对数据源进行操作的方法。

(2) 卡尔曼滤波法。卡尔曼滤波主要用于融合低层次实时动态多传感器冗余数据。该方法用测量模型的统计特性递推，决定统计意义下的最优融合和数据估计。如果系统具有线性动力学模型，且系统与传感器的误差符合高斯白噪声模型，则卡尔曼滤波将为融合数据提供唯一统计意义下的最优估计。卡尔曼滤波的递推特性使系统处理不需要大量的数据存储和计算。

(3) 多贝叶斯估计法。贝叶斯估计为数据融合提供了一种手段，是融合静环境中多传感器高层信息的常用方法。它使传感器信息依据概率原则进行组合，测量不确定性以条件概率表示，当传感器组的观测坐标一致时，可以直接对传感器的数据进行融合，但大多数情况下，传感器测量数据要以间接方式采用贝叶斯估计进行数据融合。

多贝叶斯估计将每一个传感器作为一个贝叶斯估计，将各个单独物体的关联概率分布合成一个联合的后验的概率分布函数，通过使用联合分布函数的似然函数为最小，提供多传感器信息的最终融合值，融合信息与环境的一个先验模型提供整个环境的一个特征描述。

(4) D-S 证据推理方法。D-S 证据推理是贝叶斯推理的扩充，其三个基本要点是：基本概率赋值函数、信任函数和似然函数。D-S 方法的推理结构是自上而下的，分三级。第一级为目标合成，其作用是把来自独立传感器的观测结果合成一个总的输出结果；第二级为推断，其作用是获得传感器的观测结果并进行推断，将传感器观测结果扩展成目标报告。这种推理的基础是：一定的传感器报告以某种可信度在逻辑上会产生可信的某些目标报告；第三级为更新，各种传感器一般都存在随机误差，所以在时间上充分独立地来自同一传感器的一组连续报告比任何单一报告可靠。因此，在推理和多传感器合成之前，要先组合(更新)传感器的观测数据。

(5) 产生式规则。产生式规则采用符号表示目标特征和相应传感器信息之间的联系，与每一个规则相联系的置信因子表示它的不确定性程度。当在同一个逻辑推理过程中，两个或多个规则形成一个联合规则时，可以产生融合。应用产生式规则进行融合的主要问题是每个规则的置信因子的定义与系统中其他规则的置信因子相关，如果系统中引入新的传感器，则需要加入相应的附加规则。

2) 人工智能类方法

(1) 模糊逻辑推理。模糊逻辑是多值逻辑，通过指定一个 0～1 的实数表示真实度，相当于隐含算子的前提，允许将多个传感器信息融合过程中的不确定性直接表示在推理过程中。如果采用某种系统化的方法对融合过程中的不确定性进行推理建模，则可以产生一致性模糊推理。与概率统计方法相比，模糊逻辑推理存在许多优点：在一定程度上克服了概率论所面临的问题；对信息的表示和处理更加接近人类的思维方式；一般比较适合于在高层次上的应用(如决策)。但是，模糊逻辑推理本身还不够成熟和系统化。此外，由于模糊逻辑推理对信息的描述存在很大的主观因素，所以信息的表示和处理缺乏客观性。

模糊集合理论对于数据融合的实际价值在于它外延到模糊逻辑，模糊逻辑是一种多值逻辑，隶属度可视为一个数据真值的不精确表示。在模糊逻辑推理过程中，存在的不确定性可以直接用模糊逻辑表示，然后，使用多值逻辑推理，根据模糊集合理论的各种演算对各种命题进行合并，进而实现数据融合。

(2) 人工神经网络法。神经网络具有很强的容错性以及自学习、自组织及自适应能力，能够模拟复杂的非线性映射。神经网络的这些特性和强大的非线性处理能力，恰好满足了多传感器数据融合技术处理的要求。在多传感器系统中，各信息源所提供的环境信息都具有一定程度的不确定性，对这些不确定信息的融合过程实际上是一个不确定性推理过程。神经网络根据当前系统所接受的样本相似性确定分类标准，这种确定方法主要表现在网络的权值分布上，同时，可以采用经网络特定的学习算法来获取知识，得到不确定性推理机制。利用神经网络的信号处理能力和自动推理功能，即实现了多传感器数据融合。

常用的数据融合方法及特性如表 11.2 所示。

表 11.2　常用的数据融合方法比较

融合方法	运行环境	信息类型	信息表示	不确定性	融合技术	适用范围
加权平均	动态	冗余	原始读数值		加权平均	低层数据融合
卡尔曼滤波	动态	冗余	概率分布	高斯噪声	系统模型滤波	低层数据融合
贝叶斯估计	静态	冗余	概率分布	高斯噪声	贝叶斯估计	高层数据融合
统计决策理论	静态	冗余	概率分布	高斯噪声	极值决策	高层数据融合
证据推理	静态	冗余/互补	命题		逻辑推理	高层数据融合
模糊推理	静态	冗余/互补	命题	隶属度	逻辑推理	高层数据融合
神经元网络	动/静态	冗余/互补	神经元输入	学习误差	神经元网络	低/高层
产生式规则	动/静态	冗余/互补	命题	置信因子	逻辑推理	高层数据融合

11.2.3　传感器网络数据融合路由算法

1. 无线传感器网络中的路由协议概述

1) 无线传感器网络的特点

无线传感器网络因为与正常通信网络和 Ad Hoc 网络有较大不同，所以对网络协议提出了许多新的挑战。

(1) 由于无线传感器网络中节点众多，无法为每一个节点建立一个能在网络中唯一区别的身份，所以典型的基于 IP 的协议无法应用于无线传感器网络。

(2) 与典型通信网络的区别是：无线传感器网络需从多个源节点向一个汇节点传送数据。

(3) 在传输过程中，很多节点发送的数据具有相似部分，所以需要过滤掉这些冗余信息从而保证能量和带宽的有效利用。

(4) 传感器节点的传输能力、能量、处理能力和内存都非常有限，而同时网络又具有节点数量众多、动态性强、感知数据量大等特点，所以需要很好地对网络资源进行管理。

根据这些区别，产生了很多新的无线传感器网络路由算法，这些算法都是针对网络的应用与构成进行研究的。几乎所有的路由协议都以数据为中心进行工作。

2) 以数据为中心的路由

传统的路由协议通常以地址作为节点标志和路由的依据，而在无线传感器网络中，大量节点随机部署，所关注的是监测区域的感知数据，而不是具体哪个节点获取的信息，不依赖于全网唯一的标识。当有事件发生时，在特定感知范围内的节点就会检测到并开始收集数据，这些数据将被发送到汇聚节点做进一步处理，以上描述称为事件驱动的应用，在这种应用当中，传感器用来检测特定的事件。当特定事件发生时，收集原始数据，并在发送之前对其进一步处理。首先把本地的原始数据融合在一起，然后把融合后的数据发送给汇聚节点。在反向组播树里，每个非叶子节点都具有数据融合的功能。这个过程称为以数据为中心的路由。

3) 数据融合

在以数据为中心的路由里，数据融合技术利用抑制冗余、最小、最大和平均计算等操作，将来自不同源点的相似数据结合起来，通过数据的简化实现传输数量的减少，从而节约能源、延长传感器网络的生存时间。在数据融合中，节点不仅能使数据简化，还可以针对特定的应用环境，将多个传感器节点所产生的数据按照数据的特点综合成有意义的信息，从而提高感知信息的准确性及增强系统的鲁棒性。

2. 几种基于数据融合的路由算法

下面对近几年比较新型的、基于数据融合的路由算法 MLR、GRAN、MFST 和 GROUP 等进行详细分析。

1) MLR算法

MLR(Maximum Lifetime Routing)是基于地理位置的路由协议。每个节点将自己的邻居节点分为上游邻居节点(离 Sink 节点较远的邻居节点)和下游邻居节点(离 Sink 节点较近的邻居节点)。节点的下跳路由只能是其下游邻居节点。

在此模型中，节点 i 对上游邻居节点 j 传送的信息进行两种处理：如果是上游产生的源信息则用本地信息对其进行融合处理，如果是已经融合处理过的信息则选择直接发送到下一跳，即每个节点产生的信息只经过其下游邻居节点的一次融合处理。

MLR 中将数据融合与最优化路由算法结合到一起，减少了数据通信量，一定程度上改善了传感器网络的有效性。其不足之处是：在传感器网络中，每个节点均具有数据融合功能，但数据融合仅存在于邻居节点的一跳路由中，而且不能对数据进行重复融合，当传感器网络中的数据量增大时，其融合效率不高。

2) GRAN算法

GRAN(Geographical Routing with Aggregation Nodes)算法也将数据融合应用到地理位置的路由协议中，而且假设每个节点都具有数据融合功能，不同之处在于数据融合方法的实现。MLR 中的数据融合在下一跳中进行，而 GRAN 算法另外运行一个选取融合节点的算法 DDAP(Distributed Data Aggregation Protocol)，随机选取融合节点。GRAN 算法通过在路由协议中另外运行选取数据融合节点的算法，兼顾了数据量的减少和能耗的均匀分布，较好地达到了延长传感器网络生存时间的目的，但其 DDAP 算法的运行，一定程度上影响了路由算法的收敛速度，不适合实时性要求较高的传感器网络。

3) MFST算法

MFST(Minimum Fusion Steiner Tree)路由算法将数据融合与树状路由结合起来，数据融合仅在父节点处进行，且可以对数据重复融合。子节点可能在不同时间向父节点发送数据，如父节点在时刻 1 收到子节点 A 发送的数据，用本地数据对其进行数据融合处理，在时刻 2 收到子节点 B 发送的数据，对其进行再次融合。MFST 算法有效地减少了数据通信量。

4) GROUP算法

GROUP(Gird-clustering Routing Protocol)是一种网格状的虚拟分层路由协议。其实现过程为：由汇聚节点(假设居于网络中间)发起，周期性地动态选举产生呈网格状分布的簇，并逐步在网络中扩散，直到覆盖到整个网络。在此路由协议基础上设计了一种基于神经网络的数据融合算法 NNBA(Neural-Network Based Aggregation)。该数据融合模型是以火灾实时监控网为实例进行设计的。由于是在分簇网络中，数据融合模型被设计成三层神经网络模型，其中输入层和第一隐层位于簇成员节点，输出层和第二隐层位于簇头节点。

根据这样一种三层感知器神经网络模型，NNBA 数据融合算法首先在每个传感器节点对所有采集到的数据按照第一隐层神经元函数进行初步处理，然后将处理结果发送给其所在簇的簇头节点；簇头节点再根据第二隐层神经元函数和输出层神经元函数进行进一步的处理；最后，由簇头节点将处理结果发送给汇聚节点。

5) 四种基于数据融合的路由算法比较与分析

四种路由算法的性能比较如表 11.3 所示。

表 11.3　四种路由协议的性能比较

算　法	路由分类	数据融合点	是否可重复融合	算法收敛点	能耗均匀性	应　用　范　围
MLR	平面型	每个节点	否	较快	中	数据相似度和密度较高的中小型网络
GRAN	平面型	随机选取	是	中	中	分布密度不高的大中型网络
MFST	层次型	父节点处	是	中	好	分布较稳定的中型网络
GROUP	层次型	每个节点及簇头节点	是	较慢	较好	大型网络、森林防火监测

在数据融合的模型中，平面型路由协议中的数据融合方法可以概括为两种：一种是在传感器节点对其产生的原数据进行压缩；另一种是在路由中通过中间节点进行压缩，或者这两种方法的结合。此类路由协议由于路径中传感器节点距离较远，空间相似性不是很明显，所以数据融合的效果一般情况下没有层次型路由效果好，而且层次型路由可以更好地依据实际数据情况对融合算法模型进行调整。

11.3　无线传感器网络数据管理技术

11.3.1　传感器网络中的数据管理概述

1. 以数据为中心的无线传感器网络数据库

传感器网络中，各个分布的节点通过监测周围环境不断产生大量的感知数据。而传感器节点一般比较简单，无法像传统的分布式数据库那样管理数据。如何存储、传输和访问这些数据，成为制约传感网应用的关键。

对于用户来说，传感器网络的核心是感知数据，而不是网络硬件。用户感兴趣的是传感器产生的数据，而不是传感器本身。用户经常会提出如下的查询："网络覆盖区域中哪些地区出现毒气"、"某个区域的温度是多少"，而不是"如何建立从 A 节点到 B 节点的连接"、"第 27 号传感器的温度是多少"。

综上所述，传感器网络是一种以数据为中心的网络，不同于以传输数据为目的的通信网络。对数据的管理和操作，成为传感器网络的核心技术。

2．数据管理的概念

以数据为中心的传感器网络，其基本思想是把传感器视为感知数据流或感知数据源，把传感器网络视为感知数据空间或感知数据库，把数据管理和处理作为网络的应用目标。

数据管理主要包括对感知数据的获取、存储、查询、挖掘和操作，目的就是把传感器网络上数据的逻辑视图和网络的物理实现分离开来，使用户和应用程序只需关心查询的逻辑结构，而无需关心传感器网络的实现细节。

对数据的管理贯穿于传感器网络设计的各个层面，从传感器节点设计到网络层路由协议实现以及应用层数据处理，必须把数据管理技术和传感器网络技术结合起来，才能实现一个高效率的传感网，它不同于传统网络采用分而治之的策略。

3．传感器网络数据管理系统结构

目前，针对传感器网络的数据管理系统结构主要有集中式结构、半分布式结构、分布式结构和层次式结构四种类型。

(1) 集中式结构。在集中式结构中，节点首先将感知数据按事先指定的方式传送到中心节点，统一由中心节点处理。这种方法简单，但中心节点会成为系统性能的瓶颈，而且容错性较差。

(2) 半分布式结构。半分布式结构利用节点自身具有的计算和存储能力，对原始数据进行一定的处理，然后再传送到中心节点。

(3) 分布式结构。在分布式结构中，每个节点独立处理数据查询命令。显然，分布式结构是建立在所有感知节点都具有较强的通信、存储与计算能力基础之上的。

(4) 层次式结构。无线传感器网络中间件和平台软件体系结构主要分为四个层次：网络适配层、基础软件层、应用开发层和应用业务适配层。其中，网络适配层和基础软件层组成无线传感器网络节点嵌入式软件(部署在无线传感器网络节点中)的体系结构，应用开发层和应用业务适配层组成无线传感器网络应用支撑结构(支持应用业务的开发与实现)。在网络适配层中，网络适配器是对无线传感器网络底层(无线传感器网络基础设施、无线传感器操作系统)的封装。基础软件层包含无线传感器网络各种中间件。这些中间件构成无线传感器网络平台软件的公共基础，并提供了高度的灵活性、模块性和可移植性。

11.3.2 无线传感器网络数据管理的关键技术

1．基于感知数据模型的数据获取技术

在传感器网络中对数据进行建模，主要用于解决以下四个问题：

(1) 感知数据具有不确定性。节点产生的测量值由于存在误差并不能真实反映物理世界，而是分布在真值附近的某个范围内，这种分布可用连续概率分布函数来描述。

(2) 利用感知数据的空间相关性进行数据融合，减少冗余数据的发送，从而延长网络生命周期。同时，当节点损坏或数据丢失时，可以利用周围邻居节点的数据相关性特点，在一定概率范围内正确发送查询结果。

(3) 节点能量受限，必须提高能量利用效率。根据建立的数据模型，可以调节传感器节点工作模式，降低节点采样频率和通信量，达到延长网络生命周期的目的。

(4) 方便查询和数据分布管理。

2. 数据模型及存储查询

数据管理主要包括对感知数据的获取、存储、查询、挖掘和操作，目的就是把传感器网络上数据的逻辑视图和网络的物理实现分离开来，使用户和应用程序只需关心查询的逻辑结构，而无需关心传感器网络的实现细节。

在传感器网络中进行数据管理，有以下几方面问题：

(1) 感知数据如何真实反映物理世界；

(2) 节点产生的大量感知数据如何存放；

(3) 查询请求如何通过路由到达目标节点；

(4) 查询结果存在大量冗余数据，如何进行数据融合；

(5) 如何表示查询，并进行优化。

因此，传感器网络中的数据管理研究内容主要包括数据获取技术、存储技术、查询处理技术、分析挖掘技术以及数据管理系统的研究。

数据获取技术主要涉及传感器网络和感知数据模型、元数据管理技术、传感器数据处理策略、面向应用的感知数据管理技术。

数据存储技术主要涉及数据存储策略、存取方法和索引技术

数据查询技术主要包括查询语言、数据融合方法、查询优化技术和数据查询分布式处理技术。

数据分析挖掘技术主要包括 OLAP 分析处理技术、统计分析技术、相关规则等传统类型知识挖掘、与感知数据相关的新知识模型及其挖掘技术、数据分布式挖掘技术。

数据管理系统主要包括数据管理系统的体系结构和数据管理系统的实现技术。

1) 数据存储与索引技术

数据存储策略按数据存储的分布情况可分为以下三类：

(1) 集中式存储。节点产生的感知数据都发送到基站节点，在基站处进行集中存储和处理。这种策略获得的数据比较详细完整，可以进行复杂的查询和处理，但是节点通信开销大，只适合于节点数目比较小的应用场合。加州大学伯克利分校在大鸭岛上建立的海鸟监测试验平台就采用的是这种策略。

(2) 分布式存储和索引。感知数据按数据名分布存储在传感器网络中，通过提取数据索引进行高效查询，相应的存储机制有 DIMENSIONS、DIFS、DIM 等。

① DIMENSIONS 采用小波编码技术处理大规模数据集上的近似查询，有效地以分布式方式计算和存储感知数据的小波系数，但是存在单一树根的通信瓶颈问题。

② DIFS 使用感知数据的键属性，采用散列函数和空间分解技术构造多根层次结构树，同时数据沿结构树向上传播，防止了不必要的树遍历。DIFS 是一维分布式索引。

③ DIM(Distributed Index for Multidimensional data)是多维查询处理的分布式索引结构，使用地理散列函数实现数据存储的局域性，把属性值相近的感知数据存储在邻近节点上，可减少计算开销，提高查询效率。

(3) 本地化存储。数据完全保存在本地节点，数据存储的通信开销最小，但查询效率很低，一般采用泛洪式查询，当查询频繁时，网络的通信开销极大，并且存在热点问题。

2) 数据查询处理

传感器网络中的数据查询主要分为快照查询和连续查询。快照查询是对传感器网络某一时间点状况的查询，连续查询则主要关注某段时间间隔内网络数据的变化情况。查询处理与路由策略、感知数据模型和数据存储策略紧密相关，不可分割。当前的研究方向主要集中在以下几个方面：

(1) 查询语言研究。这方面的研究目前比较少，主要是基于 SQL 语言的扩展和改进。TinyDB 系统的查询语言是基于 SQL 的，康乃尔大学的 Cougar 系统提供了一种类似于 SQL 的查询语言，但是其信息交换采用 XML 格式。

(2) 连续查询技术。传感器网络中，用户的查询对象是大量的无限实时数据流，连续查询被分解为一系列子查询提交到局部节点进行执行。子查询也是连续查询，需要扫描、过滤、综合数据流，产生部分查询结果流，经过全局综合处理后返回给用户。局部查询是连续查询技术的关键，由于节点数据和环境情况动态变化，局部查询必须具有自适应性。

(3) 近似查询技术。感知数据本身存在不确定性，用户对查询结果的要求也是在一定精度范围内的。采用基于概率的近似查询技术，充分利用已有信息和模型信息，在满足用户查询精度要求下减少不必要的数据采集和数据传输，将会提高查询效率，减少数据传输开销。

(4) 多查询优化技术。在传感器网络中一段时间间隔内可能进行着多个连续查询，多查询优化就是对各个查询结果进行判别，减少重叠部分的传输次数以减少数据传输量。

3. 无线传感器网络数据存储结构

1) 网外集中式存储方案

网外集中式存储方案是将所有数据完全传送到基站端存储，其网内处理简单，将查询工作的重心放到了网外。感知数据从数据普通节点通过无线多跳传送到网关节点，再通过网关传送到网外的基站节点，由基站保存到感知数据库中。由于基站能源充足、存储和计算能力强，因此可在基站上对这些已存数据实现复杂的查询处理，并可利用传统的本地数据库查询技术。

网外集中式数据存储结构的特点是：感知数据的处理和查询访问相对独立，可以在指定的传感器节点上定制长期的感知任务，让数据周期性地传回基站处理，复杂的数据管理决策则完全在基站端执行。其优点是网内处理简单，适合于查询内容稳定不变且需要原始感知数据的应用系统(某些应用需要全部的历史数据才能进行详细分析)，对于实时查询来说，如果查询数据量不大，则查询时效性较好。

考虑到传感器网络节点的大规模分布，大量冗余信息传输可能造成大量的能耗损失，而且容易引起通信瓶颈，造成传输延迟。因此，这种存储结构很少得到应用。

2) 网内分层存储方案

层簇式无线传感器网络可以采用分层存储方案。这种网络中有两类传感器节点，一类是大量的普通节点，另一类是少量的有充足资源的簇头节点(可采用动态轮换算法将本簇能量最充足的节点作为簇头，一段时间替换一次)，用于管理簇内的节点和数据。簇头之间可以对等通信，基站节点是簇头节点的根节点，其他簇头都作为它的子节点处理。

网内分层存储方案的基本思想是：将原始的感知数据存放在普通节点上，在簇头节点上处理簇内的节点的数据融合和数据摘要，在根节点上(网关节点)形成一个对网内数据的整体视图。执行查询时，利用根节点的全局数据摘要决定查询在哪些簇上执行，簇头节点接收到根节点传来的查询任务后根据簇内数据视图决定融合哪些节点上的数据。这种存储、查询方案称为推拉结合式(Push-and-Pull)存取方案，即将普通节点上的数据"推"到簇头节点上进行处理，而当查询执行时将簇头节点上的数据"拉"到网关上执行进一步处理。美国康奈尔大学计算机系的 Cougar 查询系统首先采用了这种存储及查询方案。

网内分层存储方案的优点是：查询时效性好，数据存储的可靠性好(因为采取多方位存储，即使普通节点失效其数据仍可能在簇头节点上保存着)。网内分层存储方案的缺点是：必须采用特殊的固定簇头节点或采用有效的簇头轮换算法来保证簇头稳定运行，靠近簇头处也存在一定程度的通信集中现象，只能用于层簇式网络，有一定的应用局限性。

3) 网内本地存储方案

采用网内本地存储方案时，数据源节点将其获取的感知数据就地存储。基站发出查询后向网内广播查询请求，所有节点均接收到请求，满足查询条件的普通节点沿融合路由树将数据送回到根节点，即与基站相连的网关节点。美国加州大学伯克利分校的 TinyDB 数据库系统采用了这种本地存储方案。网内本地存储方案的存储几乎不耗费资源和时间，但执行查询时需要将查询请求洪泛到所有节点；将查询结果数据沿路由树向基站传送的过程中由于经过网内处理，使数据量在传送过程中不断压缩，所需的数据传输成本大大下降，但是回送过程中复杂的网内查询优化处理使得这种系统的查询实效性稍差。

网内本地存储方案的主要优点是：数据存储充分利用了网内节点的分布式存储资源；采用数据融合和数据压缩技术减少了数据通信量；数据没有集中化存储，确保网内不会出现严重的通信集中现象。网内本地存储方案的主要缺点是：需要将查询请求洪泛到整个网内的各个角落，网内融合处理复杂度较高，增加了时延。

4) 以数据为中心的网内存储方案

以数据为中心的网内存储方案采用以数据为中心的思想，将网络中的数据(或感知事件)按内容命名，并路由到与名称相关的位置(如根据以名称为参数的哈希函数计算出来的位置)。采用方案时需要和以数据为中心的路由协议相配合(常见的以数据为中心的 WSN 路由机制有定向扩散、GPSR、GEAR 等)。存储数据的节点除负担数据存储任务外，还要完成数据压缩和融合处理操作。

4. 数据压缩技术

数据压缩是传感器网络数据处理的一项关键技术。近几年，传感器网络中的数据压缩技术得到了广泛研究应用，其中有代表性的研究成果包括基于时间序列数据压缩方法、基于数据相关性压缩方法、分布式小波压缩方法、基于管道数据压缩方法等。

1) 基于时间序列数据压缩方法

无线传感器网络中，传感器节点周期性产生的连续数据可以表示为时间序列。传感器节点产生的时间序列并不是完全随机的，数据间存在着冗余，因此可以将这样的时间序列进行压缩。

Eamonn Keogh 等提出了分段常量近似(Piecewise Constant Approximation，PCA)的压缩时间序列技术。PCA 技术的主要思想是将时间序列表示为多个分段，每个分段由数值常量和结束时间两个元组组成，其值分别为该分段对应的子序列中所有数据的均值和最后一个数据的采样时间。

基于 PCA 技术，Losif Lazaridis 等提出了 PMC_mean 压缩方法。PMC_mean 是一种压缩时间序列的在线方法，该方法的思想是将时间序列中每个分段内所有数据均值作为该分段的常量。每采集到一个周期数据，就计算当前压缩的时间序列内所有数据的均值，若该均值与当前时间序列的最大值或最小值的差值超过阈值 s，即停止采样，将满足条件的时间序列压缩为一个分段。

2) 基于数据相关性压缩方法

Jim Chou 等提出了传感器网络的分布式压缩数据传输模型，主要思想是在所有的传感器节点中，选择一个节点发送完整的数据到汇聚节点，其他节点只发送压缩后的信息。汇聚节点收到数据后，通过压缩数据和未压缩数据之间的相关性进行解压缩，从而恢复原始数据。实现该方法的关键问题在于需要一个低复杂度、支持多压缩率的压缩算法和一种简单、高效的相关性跟踪算法。进一步地，Jim Clio 等提出了一个简单的预测模型，用于跟踪和确定节点数据之间的相关性。

3) 分布式小波压缩方法

小波变换是一种能同时表征信号时域和频域行为的数学工具，具有多分辨分析的特性，在不同的尺度或者压缩比下仍然能保持信号的统计特性，对压缩阵发性数据流非常有效。将传感器网络中采集到的原始数据变换到小波域来进行处理，以实现对原始数据的压缩是传感器网络中一种有效的数据处理方法。

基于区间小波变换的数据压缩算法利用小波理论中的快速 Mallat 分解算法对采样的传感数据进行小波分解，在量化阶段对小波变换后得到的高频系数和低频系数进行阈值处理，根据量化级将小波系数映射到某个整数区间。由于分解后的传感信号能量集中在低频系数上，小波系数按一定的规律出现，因此进而应用游程编码(即对数据流中连续出现多次相同数值的数据以个数和数值的形式来表示)，以取得进一步的压缩效果。

Ciancio 等基于小波变换中的提升因数分解方法，提出了无线传感器网络中的分布式小波数据压缩算法。该算法将小波系数重定义为通往中心节点的数据流，通过计算部分小波系数，利用网络中的自然数据流来聚集数据。

传感器网络中的单向提升小波变换是当数据沿着传感器网络路由向簇头节点传送时，路由节点使用该数据和邻居节点的广播数据计算小波变换。此外，考虑到对非规则分布的传感器网络数据处理问题，在传感器网络的小波数据处理中应用非规则小波数据处理，构造新的小波变换基函数。以上这些压缩方法是改进型小波变换的数据压缩算法。实践证明，这些算法均能取得较好的数据压缩效果。

5．数据融合技术

数据融合是针对一个系统中使用多种传感器(多个或多类)这一特定问题而展开的一种信息处理的新研究方向，因此数据融合又可称为信息融合或多传感器融合。多传感器系统是数据融合的硬件基础，多源信息是数据融合的加工对象，协调优化和综合处理是数据融合的核心。数据融合技术是无线传感器网络数据管理的关键技术之一，详细内容参见 11.1 节和 11.2 节。

11.4　基于策略和代理的无线传感器网络数据管理架构

基于策略的数据管理(PBDM)是指在网络中搜集数据时能够根据用户制定的策略，优化信息的搜集和传输，以减少整个网络中的数据流量。

移动代理(MA)技术有自主性、可移动性、智能性等特点，适合于分布式系统的实现。把 MA 技术用到无线传感器网络的数据管理中，可以最大限度地减少网络中的数据冗余，从而降低网络负荷，延长整个网络的生命周期。

在无线传感器网络的数据管理中应用策略和代理技术，可实现优势互补。可在每个节点上设置一个策略库和一个策略代理，策略库用于存放用户的决策信息，策略代理用于执行策略库中相应的策略规则；MA 的应用可以使管理员的决策信息方便迅速地传到相应的节点。两者结合后可以对无线传感器网络中的数据进行有效管理。

1．基于策略和代理的数据管理结构模型

无线传感器网络数据管理系统的结构模型如图 11.14 所示。

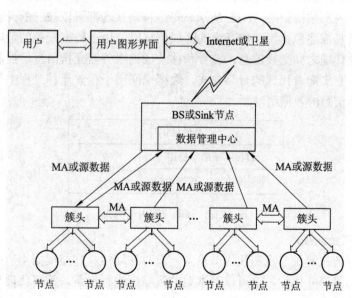

图 11.14　无线传感器网络中的数据管理结构模型

用户图形界面是连接用户和无线传感器网络的接口，用户可以通过此界面发送策略信息并接收返回的信息。

无线传感器网络数据管理中心模块驻留在 Sink 节点上，它需要编译相应的决策信息，生成移动代理，将其发送到离 Sink 节点最近的簇头节点上，然后根据一定的路由协议使用户的策略信息迅速通过移动代理传到其他的簇头节点上，此时每个簇头节点上的策略仓库开始更新。移动代理通过自我复制移动到簇内所有的节点上。簇内节点根据相应的策略信息搜集数据，然后把搜集好的数据传给簇头节点。簇头节点可以用以下两种方法把数据传回到 Sink 节点：

  (1) 源数据直接从簇头节点传到 Sink 节点。在这种情况下，假设簇头节点上采集的源数据的大小为 N_S，在网络中传输所消耗的能量为 W_S。

  (2) 源数据在簇头节点根据策略处理后再由移动代理(MA)来传输这些数据。假定 MA 的大小是近似相等的，定为 N_A，传输时所需要的能量为 W_A，经过处理后的数据的大小为 N_R，传输时所需要的能量为 W_R。由于节点在运算时所消耗的能量很小，所以处理数据所消耗的能量可以忽略不计。在这种情况下传输数据所需要的能量为 $W_{Agent} = W_A + W_R$。

  簇头在传送数据之前先根据以上情况计算传输的代价，若 $W_{Agent} > W_S$，就直接把源数据传到 Sink 节点，否则就由簇头节点生成相应的 MA，把数据传给 Sink 节点。

2．移动代理和策略代理简介

  在本数据管理模型中用了两种代理：一种是移动代理(MA)，一种是策略代理(PA)。移动代理用于节点间信息的传输，策略代理存在于每个节点上，用于执行策略信息。下面分别对这两种代理作简要介绍。

  1) 移动代理的结构及功能描述

  利用移动代理把用户制定的策略信息传送给簇头节点，也可用于簇头间进行协作或协商时传送交换信息，从而增加了数据管理的灵活性。

  移动代理的内部结构如图 11.15 所示。每个移动代理都可以被它的身份识别符唯一标志。目标区域信息描述包括用户要查询的区域信息以及用于数据搜集的策略信息。通信模块用于各个移动代理之间交换信息，或者和移动代理服务器交换信息。控制模块是移动代理的中心模块，它支配着代理的行为方式。数据空间用于存放迁移过程中得到的局部融合结果或用户策略信息的数据缓冲区。

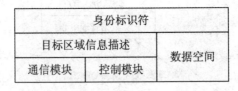

图 11.15 移动代理内部结构

  2) 策略代理功能描述

  策略代理驻留在簇头节点和簇内节点上，没有移动性。它能根据用户的要求在本地策略库搜索相关的策略并执行，也可以对本地的策略库进行更新。策略代理相当于节点上策略的执行点。

  3) 策略技术在数据管理各个模块中的具体应用

  图 11.16 所示为策略技术在数据管理中的应用。

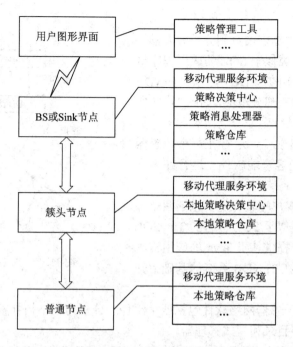

图 11.16　策略技术在数据管理中的应用

用户图形界面中的策略管理工具包括策略编辑器、策略编译器和策略存取器三个部分。其中，策略编辑器用于用户编辑策略信息；策略编译器用来把用户输入的策略编译成可执行的形式，然后存入策略仓库；策略存取器用于存取编译后的策略。策略决策中心根据用户或节点的请求从策略仓库中取出策略，并决定采取何种策略。策略消息处理器用于接收簇头的策略请求信息，经过处理后由策略决策中心进行策略决策，最后由移动代理传送到请求的簇头节点。策略仓库用于存储可执行的策略信息。其中本地策略仓库相当于一个本地缓存，用于存储少量的策略信息，当节点需要某种策略时先从本策略库进行查找，如果存在就直接执行，否则就向上一级节点发出策略请求信息。移动代理服务环境用于移动代理的生成、接收、销毁等操作。

对无线传感器网络中收集到的数据进行有效管理不但能减少网络中的数据流量，而且也可以使用户能方便及时地采集数据。把策略技术和代理技术用到无线传感器网络的数据管理中，不仅可把计算移动到数据源上执行，并且通过策略技术的运用，可在一定程度上减少移动代理代码的长度，从而进一步减少网络中的数据流量。

11.5　现有传感器网络数据管理系统简介

传感器网络数据管理系统是一个提取、存储、管理传感器网络数据的系统，核心是传感器网络数据查询的优化与处理。目前具有代表性的传感器网络数据管理模型主要包括 TinyDB、Cougar 和 Dimension 系统。

1. TinyDB 系统

TinyDB 系统是由加州伯克利分校开发的，它为用户提供了一个类似于 SQL 的应用程序接口。TinyDB 系统主要由 TinyDB 客户端、TinyDB 服务器和传感器网络三部分组成，如图 11.17 所示。TinyDB 系统的软件主要分为两大部分：第一部分是传感器网络软件，运行在每个传感器节点上；第二部分是客户端软件，运行在客户端和 TinyDB 服务器上。

TinyDB 系统的客户端软件主要包括两个部分：第一部分实现类似于 SQL 语言的 TinySQL 查询语言；第二部分提供基于 Java 的应用程序组成，能够支持用户在 TinyDB 系统的基础上开发应用程序。

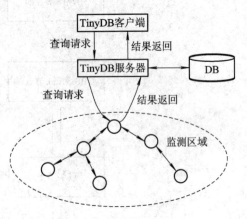

图 11.17　TinyDB 系统的结构

TinyDB 系统的传感器网络软件包括四个组件，分别为网络拓扑管理器、存储管理器、查询管理器以及节点目录和模式管理器。

(1) 网络拓扑管理器：管理所有节点之间的拓扑结构和路由信息。

(2) 存储管理器：使用了一种小型的、基于句柄的动态内存管理方式。它负责分配存储单元和压缩存储数据。

(3) 查询管理器：负责处理查询请求。它使用节点目录中的信息获得节点的测量数据的属性，负责接收邻居节点的测量数据，过滤并且聚集数据，然后将部分处理结果传送给父节点。

(4) 节点目录和模式管理器：负责管理传感器节点目录和数据模式。节点目录记录每个节点的属性，例如测量数据的类型(声、光、电压等)和节点 ID 等。传感器网络中的异构节点具有不同的节点目录。模式管理器负责管理 TinyDB 的数据模式，而 TinyDB 系统采用虚拟的关系表作为传感器网络的数据模式。

2. Cougar 系统

Cougar 系统是由康奈尔大学开发的。它将传感器网络的节点划分为簇，每个簇包含多个节点，其中一个作为簇头。Cougar 系统使用定向扩散路由算法在传感器网络中传输数据，信息交换的格式为 XML。

Cougar 系统由三个部分组成：第一部分是图形用户界面 GUI，运行在用户计算机上；第二部分是查询代理 QueryProxy，运行在每个传感器节点上；第三部分是客户前端 FrontEnd，运行在选定的传感器节点上。图 11.18 显示了 Cougar 系统的结构。

客户前端负责与用户计算机和簇头通信，它是 GUI 和查询代理之间的界面，相当于传感器网络和用户计算机之间的网关。客户前端和 GUI 之间使用 TCP/IP 协议通信，将从 GUI 获取的查询请求发给簇头上运行的查询代理，并从簇头接收查询结果，且对查询结果进行相关处理(如过滤或聚集数据)，然后将处理结果发给 GUI。客户前端也可以把查询结果传输到远程 MySQL 数据库中。

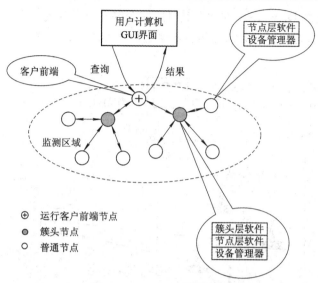

图 11.18　Cougar 系统结构

图形用户界面 GUI 是基于 Java 开发的，它允许用户通过可视化方式或输入 SQL 语言发出查询请求，也允许用户以可视化方式观察查询结果。GUI 中的 Map 组件可以使用户浏览传感器网络的拓扑结构。

查询代理由设备管理器、节点层软件和簇头层软件三部分组成。簇头层软件只在簇头中运行，设备管理器负责执行感知测量任务，节点层软件负责执行查询任务。当收到查询请求时，节点层软件从设备管理器获得需要的测量数据，然后对这些数据进行处理，最后将结果传送到簇头。在簇头中运行的簇头层软件负责接收来自簇内成员的数据，然后进行相关的处理(例如过滤或聚集数据)，最后把结果传送到发出查询的客户前端。

3. Dimensions 系统

Dimension 系统是由加州大学洛杉矶分校开发的。它的设计目标是提供灵活的时域和空域结合的查询。这种查询的灵活性表现在，用户可以对传感器网络中的数据进行时域和空域的多分辨率查询。用户可以指定在时域和空域内的查询精度，Dimensions 系统可以按照指定精度进行查询。这种查询提供了一种针对细节的数据挖掘功能。

为了实现以上设计目标，Dimensions 系统主要采用了层次索引和基于小波变换的关键技术。这种关键技术能够使传感器网络合理地使用能量、计算和存储资源。

11.6　无线传感器网络数据管理系统 DisWareDM

11.6.1　DisWareDM 无线传感器网络数据管理概述

无线传感器网络是由一组自主的无线节点或终端相互合作而形成的分布式自组织网络。DisWare 中间件通过支持多 Agent 的互通信机制以及 Agent 的迁移机制实现任务的有效分布式处理，能够很好地适应这种由分布操作系统控制的集群系统。

DisWareDM 是在 DisWare 中间件及其开发平台基础上设计的一个无线传感器网络数据管理系统，它可以为用户提供灵活的传感器网络数据实时查询功能。其工作原理如图 11.19 所示。

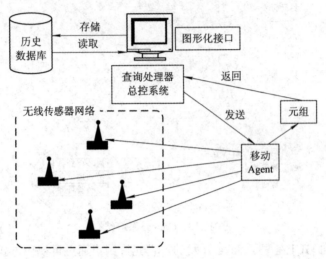

图 11.19　DisWareDM 的工作原理

DisWareDM 系统根据用户的查询请求确定查询任务，并使用移动 Agent 来构造节点端的查询处理过程(称查询 Agent)，然后将移动 Agent 发送到网络中的目标位置上，利用 Agent 的迁移和 Agent 间的协作在查询相关的节点位置完成系统指定的查询处理任务，Agent 将处理后的查询结果送回基站，然后由基站的查询服务系统显示查询结果，并可将感知元数据保存到数据库服务器上，为将来的历史查询或分析提供数据查询和分析服务。

由于 DisWareDM 针对不同的用户查询请求动态地生成 Agent，并将其发送到需要查询处理任务的节点上，实现程序的动态发布功能，所以在节点上不必存储大量的分布式查询处理程序代码。同时，由于网内查询处理程序是动态发布实现的，所以当查询处理系统根据应用需要进行系统更新和功能拓展时，不必要回收所有节点重新发布网内查询处理程序，而只需要改变基站计算机上的数据管理服务系统程序，修改其构造查询 Agent 程序机构的子模块即可，新系统的查询处理程序会在移动 Agent 发送到节点上时实现其功能。

11.6.2　DisWareDM 整体功能和系统结构设计

1. DisWare 中间件主要实现的功能

DisWare 中间件主要实现的功能如下：

(1) 标准编程接口。针对不同的操作系统和硬件平台，中间件型号使用统一的标准编程接口，从而屏蔽了无线传感器网络底层系统设计的复杂性，使程序开发人员面对一个简单而统一的开发环境，减少了程序设计的复杂性。

(2) 可扩展能力。DisWare 中间件采用层次化的结构设计，使得其容易扩展新的功能，并支持在同一功能区内提供多重服务，因此能较好地适应无线传感器网络软/硬件技术不断发展变化。

(3) 应用移植性支持。在利用无线传感器网络中间件时，所有与特定处理机相关的代码仅仅存在该软件中，因此将这个系统移植到新的处理机需要做的变化将尽可能地少。

(4) 分布式处理支持。无线传感器网络是由一组自主的无线节点或终端相互合作而形成的分布式自组织网络。DisWare 中间件通过支持多 Agent 的互通信机制以及 Agent 的迁移机制实现任务的有效分布式处理，能够很好地适应这种由分布操作系统控制的集群系统。

DisWareDM 是在 DisWare 中间件及其开发平台基础上设计的一个无线传感器网络数据管理系统，它可以为用户提供灵活的传感器网络数据实时查询功能。

DisWareDM 系统根据用户的查询请求确定查询任务，并使用移动 Agent 来构造节点端的查询处理过程(称查询 Agent)，然后将移动 Agent 发送到网络中的目标位置上，利用 Agent 的迁移和 Agent 间的协作在查询相关的节点位置完成系统指定的查询处理任务。Agent 将处理后的查询结果送回基站，然后由基站的查询服务系统显示查询结果，并且可将感知元数据保存到数据库服务器上，为将来的历史查询或分析提供数据查询和分析服务。

由于 DisWareDM 针对不同的用户查询请求动态地生成 Agent，并将其发送到需要执行查询处理任务的节点上，这样就实现了程序的动态发布功能，所以在节点上不必存储大量的分布式查询处理程序代码。同时，由于网内查询处理程序是动态发布实现的，所以当查询处理系统根据应用需要进行系统更新和功能拓展时，不必要回收所有节点重新发布网内查询处理程序，而只需要改变基站计算机上的数据管理服务系统程序，修改其构造查询 Agent 程序机构的子模块即可，新系统的查询处理程序会在移动 Agent 发送到节点上时实现其功能。

2. 体系架构分析

DisWareDM 采用动态发布移动 Agent 来实现网内查询处理功能，从理论上来说，可以灵活采用集中式结构、完全分布式结构和层次式结构等各种查询处理体系结构。

若采用集中式的查询处理结构，DisWareDM 可以构造最简单的查询 Agent，其主要功能是：从本地节点上周期性地采集查询所需的感知数据，并将所有数据发送到基站，在基站上进行复杂的数据分析和处理。这种结构不能发挥移动 Agent 灵活的分布式协作处理能力，而且理论和实践已经证明：当查询数据量很多时，采用集中式系统结构的网内数据传输量大，能量消耗迅速且容易造成负载不均衡问题。因此，只有当网络规模较小，查询涉及面不大时，才适合采用这种结构。

若采用完全分布式的查询处理结构，则 DisWareDM 可以构造相对复杂的查询 Agent，其主要功能是：周期性地采集感知数据，并在本地存储下来，定时(比数据采集周期时间长)进行查询计算处理(如执行选择和融合处理)，然后通过相关节点上的移动 Agent 之间的协作共同完成进一步的查询计算处理，最后将结果送回基站，基站仅负责与用户的交互。这种系统结构虽然能充分利用网内资源和移动 Agent 的分布式处理能力，但是需要采用复杂的分布式处理算法，计算量大而且对节点的存储资源要求高。由于目前节点的处理能力和存储资源比较有限，因此不适宜采用完全分布式结构。

DisWareDM 查询系统最适用于层次式的大规模传感器网络，该网络包含两个层次：传感器网络层和簇头层。簇头节点可以是具有稳定能量源的资源充足的特定节点，也可以是普通传感器节点采用特定的簇头选择算法在簇内动态更替选择而产生的，由于更替选择的周期较慢，因此在一定时间内可以看做是固定不变的。

服务端查询处理系统(QueryServer)是在基站上实现的 DisWareDM 的主控处理部分，负责处理多个客户端通过外部网络发送来的查询请求。QueryServer 分析并存储多个用户的查询请求，合并相同的请求内容，根据不同的查询请求制订查询任务，并构造两种类型的 Mobile Agent(MA)指令：一种是"局部处理 MA"，负责在簇头节点执行局部数据融合计算；另一种是"数据收集 MA"，负责在普通传感器节点上执行查询相关的感知数据提取任务。然后 QueryServer 根据查询的目标范围将两种 Mobile Agent 发送到特定的簇头，其中"数据收集 MA"在簇内广播复制到所有查询相关的节点上，在普通传感器节点上执行数据收集任务，并将所有数据传送到簇头处；"局部处理 MA"则在簇头停留下来执行本簇范围内的数据局部处理任务，然后将局部处理结果发送到基站进行全局融合处理。

用户查询界面是用户通过外部网络(如 Internet)与服务器端查询处理系统交互的接口，其处理部分主要是在服务器端完成的，因此用户查询界面属于系统的外部输出部分。

3. 整体功能

基于 DisWare 及其开发平台 MeshIDE DisWare 的数据管理系统 DisWareDM 的整体设计目标是：根据无线传感器网络即数据库的抽象管理，使用定义式数据库查询语言来查询网络信息，把传感器网络上的逻辑视图和网络的物理实现分离开来，使得传感器网络的用户只需关心所要提出的查询的逻辑结构，而无需关心传感器网络的细节，并利用移动 Agent 和中间件技术改善现有传感器网络数据管理系统可移植性差、网络负载不均衡、查询效率不高、应用适应性差、开发周期长和部署不灵活等问题，实现查询处理的高效率和节能性，降低无线传感器网络数据查询处理应用系统的开发成本和部署成本。

在该系统中，查询处理任务根据查询时间段的不同分为历史查询和即时查询两种，并且以即时查询为主，以历史查询为辅。对于即时查询，网内查询处理任务以 Agent 的形式在网络管理基站上产生，并被发送到查询指定的网络节点上运行，然后利用元组远程操作将查询结果从网络节点上传回网络管理基站，在网络管理基站执行最后的处理，并将查询到的感知数据存储到历史数据库中；对于历史查询，由于查询对象是存储在历史数据库中的数据，因此主要是通过对基站本地的历史数据库服务器进行数据库查询处理来实现的，不涉及传感器网络内部。系统设计的关键在于即时查询处理系统的设计。

基于 DisWareDM 的即时查询处理过程为：用户在用户端图形化查询界面上选择查询参数(包括查询的目的地址范围、数据抽样周期、感知属性等)，基站的查询服务系统根据查询的参数生成类似 SQL 的查询请求语句，或者由用户直接输入类 SQL 查询请求脚本。查询分析系统对查询语句进行分析分解，制订查询计划，并根据查询计划编写"查询 Agent"的代码，以及设置 Agent 的目的地址。然后将该 Agent 发送到无线传感器网络的网关节点，该 Agent 会自行迁移到目的节点上，执行查询操作，查询结果以元组的形式返回到基站，基站接收到返回的查询结果元组数据后提取结果并将其显示出来。

DisWare 系统的目标是展现基于移动 Agent 中间件平台的数据管理系统的技术特点。由于时间有限和系统部署设备有限，所以系统架构采用较为简单的集中式查询处理结构，对于系统的网内查询处理也采用直接传送原始数据，不做网内融合处理的方式。然而从前面的理论分析可以看出，使用 DisWare 是可以采用更复杂的系统结构和更复杂的网内处理技术的。

练 习 题

1. 简述数据融合的定义及特点。
2. 简述数据融合的分类及方法。
3. 简述数据融合的一般模型结构。
4. 基于信息抽象层次的数据融合方法有哪几种？
5. 常用的多传感器数据融合方法有哪几种？
6. 简述传感网数据管理系统结构。
7. 何为基于策略的数据管理(PBDM)？
8. 移动代理(MA)技术有哪些主要特点？
9. 数据存储策略按数据存储的分布情况可分为哪几类？
10. TinyDB 系统的传感器网络软件包括四个组件，分别为网络拓扑管理器、存储管理器、查询管理器以及节点目录和模式管理器。试分别对这四个组件进行简要说明。

第 12 章 无线传感器网络应用系统 典型案例详解

本章要点 ✍

- 基于无线传感器网络的远程医疗监护系统设计；
- 基于无线传感器网络的光强环境监测系统设计。

12.1 基于无线传感器网络的远程医疗监护系统设计

本系统由监护基站设备和 ZigBee 传感器节点构成一个微型监护网络，传感器节点上使用中央控制器对所需要监测的生命指标传感器进行控制来采集数据，通过 ZigBee 无线通信方式将数据发送至监护基站设备，并由该基站装置将数据传输至所连接的 PC 或者其他网络设备上，通过 Internet 可以将数据传输至远程医疗监护中心，由专业医疗人员对数据进行统计观察，提供必要的咨询服务，实现远程医疗。在救护车中的急救人员还可通过 GPRS 实现将急救病人情况的实时传送，以利于医院抢救室及时地做好准备工作。医疗传感器节点可以根据不同的需要而设置，因此该系统具有极大的灵活性和扩展性。同时，将该系统接入 Internet，可以形成更大的社区医疗监护网络、医院网络乃至整个城市和全国的医疗监护网络。

12.1.1 无线传感器网络的远程医疗监护系统概述

1. 系统结构

远程监护可以定义为通过通信网络将远端的生理信息和医学信号传送到监护中心进行分析并给出诊断意见的一种技术手段。无线传感器网络与远程监护示意图如图 12.1 所示。远程监护系统一般包括三个部分：监护中心、远端监护设备和联系两者的通信网络。图 12.2 所示为一个简化的远程监护系统结构图。

1) 远端监护设备

根据监护对象和监护目的不同，远端监护设备有多种类型，按用途可分为三类。第一类为生理参数检测和遥测监护系统，这类设备的使用范围最为广泛，能帮助医生掌握监护对象的病情并提供及时的医疗指导。检测的生理信息主要包括心电图、脑电图、心率、血压、脉搏、呼吸、血气、血氧饱和度、体温、血糖等。第二类为日常活动监测设备，如监护对象的坐卧行走等活动状态和监护对象的日常生活设施使用情况，主要应用于儿童、老年人和残疾人。第三类是用于病人护理的检测设备,如瘫痪病人尿监测设备,可以降低护理人员的劳动强度。

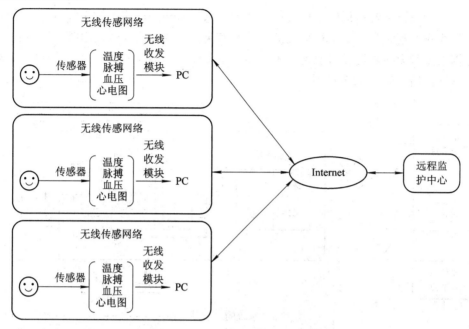

图 12.1 无线传感网络与远程监护示意图

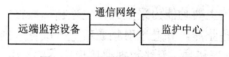

图 12.2 远程监护系统结构图

2) 监护中心

监护中心可以位于急救中心、社区医院、中心医院或其他医护人员集中的场所,其功能为接收远端监护设备传送的医学信息,为远地患者提供多种医疗服务。

3) 通信网络

连接远端监护设备和监护中心的通信方式主要包括程控电话(PSTN)、交互电视、综合服务数字网(ISDN)、非对称数字用户线环路(ASDL)、光纤网(ATM)、微波通信、卫星通信、无线蜂窝通信(移动电话 GSM)等。

2. 医疗监测原理

本系统用一种快速测量脉搏的方法,采用光电转换,在几秒内测量每分钟的脉搏数。脉搏传感器可以采用透过型和反射型两种,系统中选择的是透过型红外传感器。因为反射型的光电传感器对手指与传感器的相对位置和压力有较严格的要求,这对于老年人来说并不十分方便。透过型脉搏传感器由小灯泡、光敏二极管和圆筒组成。在一个圆筒上挖两个小孔(两个孔与圆筒截面的圆心在一条直线上),一侧放小灯泡,另一侧放光敏二极管。当手指放入圆筒时,由于心脏压送血液的不同,手指上通过的血液流量也不同,血流量不同,其透光率也不同,光敏二极管对不同的透光率会有敏感的反映,通过的电流会随血液流量而变化,把电流的变化再转化为电压的变化,然后进行测量。

12.1.2　无线传感器网络的远程医疗监护系统硬件设计

本系统的设计和实现采用了模块化设计的思想。从功能模块上该系统可分为数据采集模块、无线收发模块和通用串行总线接口传输模块。系统的硬件结构由两部分组成：一部分是数据采集和无线数据发射电路；另一部分是无线数据接收和通用串行总线接口电路。系统的总硬件结构如图 12.3 所示。

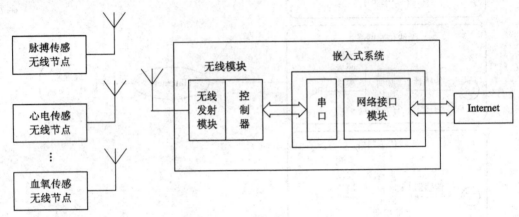

图 12.3　系统的总硬件结构

1．无线监护传感器节点的设计

无线传感器网络节点的主要功能为采集人体生理指标数据，或者对某些医疗设备的状况或治疗过程情况进行动态监测，并通过射频通信的方式将数据传输至监护基站设备。其节点主要包括五部分：处理器模块、无线数据通信模块 A/D 转换、传感器及相关调理电路、电源模块。其节点结构如图 12.4 所示。

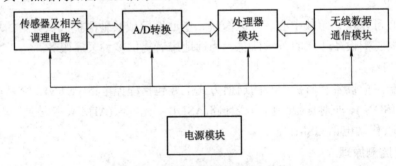

图 12.4　无线监护传感器节点结构

2．MSP430 系列单片机及其外围电路

处理器模块硬件系统包括处理器模块(16 位单片机 MSP430F149、存储器及外围芯片)、A/D 转换模块、串行端口和存储器模块。下面详细介绍各个组成部分。

1) MSP430系列单片机

MSP430F1XX 单片机采用 16 位 RISC 结构，其丰富的寻址方式、简洁的内核指令、较高的处理速度(8 MHz 晶体驱动，指令周期为 125 ns)、大量的寄存器以及片内数据存储器使之具有强大的处理能力。该系列单片机最显著的特点就是超低功耗，可在 1.8～3.6 V 电压、

1 MHz 的时钟条件下运行，耗电电流在 0.1～400 μA，RAM 保持的节电模式为 0.1 μA，待机模式仅为 0.7 μA。另外，其工作环境温度范围为 −40～+85℃，可以适应各种恶劣的环境。综合考虑处理器的性价比，在传感器节点设计中可选用 MSP430F133，内嵌 8 KB 的 Flash 和 256 B 的 RAM。

微控制器实现的功能如下：

① 利用无线射频收发模块实现数据的无线传输；

② 实现传感器的数据采集、加速度、温度、声音和感光强度探测；

③ 数据处理、剔除冗余数据以减小网络传输的负载和实现无线传输数据的封装与验证；

④ 应答远控中心查询，完成数据的转发与存储；

⑤ 区域内节点的路由维护功能；

⑥ 节点电源管理，合理地设置待机状态以节省能量，延长节点使用寿命。

2) 外围电路

复位电路如图 12.5 所示，采用二极管、电阻和电容构成低电平复位电路。

JATG 及 BSL 接口电路如图 12.6 所示，通过符合 IEEE 1149.1 的 JTAG 边界扫描技术，采用 TMS、TCK、TDI、TDO 分别模式选择、时钟、数据输入和数据输出线，可用于芯片测试仿真和在线编程，从而大大加快了工程进度。Pin12、Pin14 分别连接单片机的 P2.2 和 P1.1 脚构成 BSL 电路，可以烧断熔丝保护程序，提高系统安全性。单片机采用低速晶振 32768 Hz 和高速晶振 8 MHz。

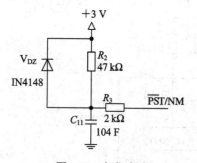

图 12.5　复位电路

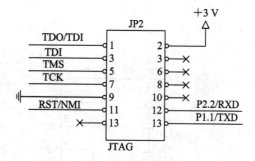

图 12.6　JTAG 及 BSL 接口电路

3) 实时时钟SD2003A

SD2003A 是一种具有内置晶振、支持 IIC 总线接口的高精度实时时钟芯片。该系列芯片可保证时钟精度为 $\pm 4 \times 10^{-6}$(在 25 ± 1℃ 下)，即年误差小于 2 分钟；该系列芯片可满足对实时时钟芯片的各种需要及低廉的价格，比较适合本平台的使用。

该芯片功耗低，小于 1.0 μA；工作电压为 1.7～5.5 V；具有年、月、日、星期、时、分、秒的 BCD 码输入/输出；可以设定两路闹钟；内置电源检测电路、高精度晶振。管脚说明见表 12.1。具体硬件连接图如图 12.7 所示，采用纽扣电池 CR2032 供电，SDA、SCL、INT1 通过上拉电阻与单片机相连。

4) 硬件节点物理索引号(ID)电路

DS2401 芯片是一个包含 48 位随机数的芯片，达拉斯公司承诺其生产的任何两片 DS2401 中包含的 48 位随机码都是不相同的。在无线传感器网络中它既可以作为硬件节点的唯一标识号，又可以作为无线通信的 MAC 层地址。

表 12.1　SD2003A 引脚功能

引脚	名称	功　　能	特　征
1	INT1	报警中断,输出脚,根据中断寄存器与状态寄存器来设置其工作模式,当定时时间到时输出低电平或时钟信号。它可通过重写状态寄存器来禁止	N 沟道开路输出(与 VDD 端之间无保护二极管)
2, 3	NC	没有与芯片内部连接	悬空或接地
4	GND	负电源(GND)	
5	INT2	报警中断 2 输出脚,根据中断寄存器与状态寄存器来设置其工作模式,当定时时间到时输出低电平或时钟信号。它可通过重写状态寄存器来禁止	N 沟道开路输出(与 VDD 端之间无保护二极管)
6	SCL	串行时钟输入脚,由于在 SCL 上升 1,下降沿处理信号,要特别注意 SCL 信号的上升/下降升降时间,应严格遵守说明书	CMOS 输入(与 VDD 间无保护二极管)
7	SDA	串行数据输入/输出脚,此引脚通常用一电阻上拉至 VDD,并与其他漏极开路或集电器开路输出的器件通过线与方式连接	N 沟道开路输出(与 VDD 间无保护二极管)CMOS 输入
8	VDD	正电源	

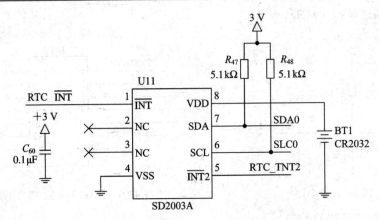

图 12.7　实时时钟芯片 SD2003A 硬件连接图

DS2401 芯片除了地引脚,只有一根功能引脚,芯片的供电、输入和输出都是用同一引脚完成的。DS2401 电路图如图 12.8 所示。

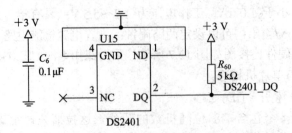

图 12.8　DS2401 电路图

3．脉搏测量电路的设计

透过型脉搏传感器的结构很简单，由红外发光二极管、光敏二极管和圆筒组成，如图 12.9 所示。本系统选用对血流敏感的红外发光二极管做光源，相应的光敏二极管也应选用中心频率与之配对的红外光敏二极管，且要选择暗电流小的管子，这样可以减少噪声干扰。在一个圆筒壁上挖两个小孔(两个孔与圆筒截面的圆心在一条直线上)，一侧放红外发光二极管，另一侧放光敏二极管。当手指放入圆

图 12.9　脉搏传感器示意图

筒时，由于心脏压送血液的不同手指上通过的血流量不同，其透光率不同。光敏二极管对不同的透光率会有敏感的反映，通过的电流会随血流量而变化，把电流的变化再转换成电压的变化，然后进行测量。这个电信号经过前置电路的处理就可以进行计数测量了。前置电路具体是由光电转换器、低通滤波器、同相放大器、施密特触发器和单稳态触发器等几部分组成的。脉搏测量电路原理图如图 12.10 所示。

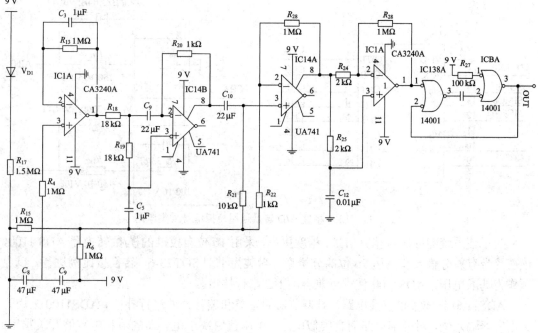

图 12.10　脉搏测量电路原理图

图 12.10 中，光电转换器实际上是一个电流/电压转换器，它把光电二极管 V_{D1} 的电流变化转换成电压的变化。当有红外光穿过时，V_{D1} 导通，IC1A 就有变化的输出送至 IC14B；当手指遮住光线没有红外光穿过时，V_{D1} 截止，IC1A 没有输出。IC14B 组成低通滤波器电路，它只允许 1 Hz 以下的信号通过，用以滤除干扰信号。IC14B 的输出信号经过电容 C_{10} 耦合至 IC14A 组成的交流同相放大器，其电压增益为 $A_F = 1+47/1 = 48$。IC14B 为一个施密特触发器，它是一个接正反馈的运放电路，R_{ah} 为反馈电阻。只要输入信号有一点变化，在其输出端即可获得较大的电压摆动。IC13、IC13A 构成单稳态发生器，以保证单一脉冲的输出，脉冲宽度大约为 80 ms，将此脉冲信号送入单片机的 P3.4 口作为计数信号，每检测到一个脉冲计数器加 1，从而得到脉搏数。

4. 通用模拟信号处理接口

在实际电路应用中，模拟信号采集是一个重要环节。通用模拟信号处理接口能够处理一些标准电压和电流信号(0～5 V，1～10 V，0～10 mA，4～20 mA)，同时能够对微信号和差分信号进行精确的转换。该设计采用了 MSP430F149 中的 1 路 12 位 A/D 转换、Mrcrochip公司的可编程增益放大器(Programmable Gain Amplifier，PGA)MCP6S28 及简单的滤波保护电路来采集 8 路模拟信号，电路图如图 12.11 所示。

图 12.11 中精密电阻用来分压和将电流信号转换成电压信号，其电阻值可以根据需要做出修改，只要保证 CH0～CH7 的电压不超过 2.5 V(MSP430 单片机采用的参考电压为2.5 V)即可。稳压二极管 BZX84BSV6LT1 用来保护意外干扰信号超过芯片 MCP6S28 引脚极限电压造成芯片损坏。电容和电阻组成简单的阻容式低通滤波器。MCP6S28 将放大器、MUX 和利用 SPI 总线选择的增益控制器整合在一起，从而可以有效地提升系统的数码仿真控制效能。通过有效地控制增益和选择输入信道来得到更大的设计灵活性，同时 PGA 不需要反馈和输入电阻，可以大幅度减低成本并节省空间。

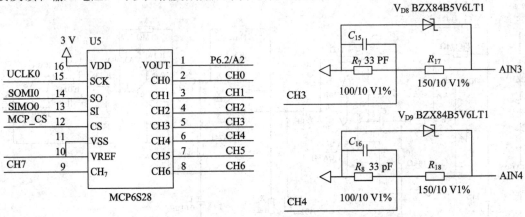

图 12.11　12 位精度 A/D 转换通用模拟信号采集电路

为了使系统能够测量差分信号、精度更高，采用 16 位自校准的模/数转换器 ADS 1100，该芯片带有差分输入和高达 16 位的分辨率，封装为小型 SOT23-6。转换按比例进行，以电源作为基准电压，ADS1100 使用可兼容的 I^2C 串行接口。

ADS1100 集成了自校准电路，对调节器的增益和偏移误差进行补偿。ADS1100 采用开关电容器输入级。对外部电路而言类似电阻，电阻值取决于电容器的值和电容的开关频率，对于 PGA 的增益而言，差分输入阻抗的典型值为 2.4 MΩ/PGA。共模阻抗的典型值为 8 MΩ。输入阻抗的典型值不能忽视，除非输入源为低阻抗，否则会影响测量精度。

ADS 1100 的 SCL、SDA 引脚通过上拉电阻与时钟芯片及智能电池接口复用连接到单片机的 P6.3、P6.4 口上。

ADS1100 内有两个寄存器，即输出寄存器和匹配寄存器，它们均可通过 I^2C 端口访问。输出寄存器内含上一次 A/D 转换的结果；配置寄存器允许用户改变 ADS1100 的工作方式并查询电路的状态。

① 输出寄存器：16 位输出寄存器中含有上一次 A/D 转换的结果，该结果采取二进制的补码格式。在复位或上电之后，输出寄存器被清零，并保持为 0 直到第一次 A/D 转换完成。

② 配置寄存器：8 位配置寄存器用来控制 ADS1100 的工作方式、数据速率和可编程增益放大器(PGA)设置。配置寄存器的默认设置是 8CH，具体模式如表 12.2 所示。

表 12.2　配置寄存器

位	7	6	5	4
名称	ST/BSY	0	0	SC
位	3	2	1	0
名称	DR1	DR0	PGA1	PGA0

其中 ST/BSY 位表示它是被写入还是被读出。在单周期转换方式中，写"1"到 ST/BSY 位将导致转换的开始，写"0"则无影响。在连续方式中，ADS 1100 将忽略 ST/BSY 的值。

在单周期转换方式中读地，ST/BSY 表明模/数转换器是否忙于进行一次转换。如果 ST/BSY 被读作"1"，则表明目前模/数转换器忙，转换正在进行；如果被读作"0"，则表明目前没有进行转换，且上一次的转换结果存于输出寄存器中。在连续方式中，ST/BSY 总是被读作"1"。

位 6 和位 5 为保留位，必须被置为"0"。

SC 位用于控制 ADS 1100 的工作方式。当 SC 为"1"时，ADS 1100 以单周期转换方式工作；当 SC 为"0"时，ADS 1100 以连续转换方式工作。该位的默认设置为 0。

位 3 和位 2(DR 位)用于控制 ADS 1100 的数据速率，其控制方式如表 12.3 所示。位 1 和 0(PGA 位)用于控制 ADS1100 的增益设置，控制方式如表 12.4 所示。

<table>
<tr><td colspan="3">表 12.3　DR 位</td><td colspan="3">表 12.4　PGA 位</td></tr>
<tr><td>DR1</td><td>DR2</td><td>DATA RATE</td><td>PGA1</td><td>PGA0</td><td>GAIN</td></tr>
<tr><td>0</td><td>0</td><td>128 S/S</td><td>0</td><td>0</td><td>1</td></tr>
<tr><td>0</td><td>1</td><td>32 S/S</td><td>0</td><td>1</td><td>1</td></tr>
<tr><td>1</td><td>0</td><td>16 S/S</td><td>0</td><td>1</td><td>2</td></tr>
<tr><td>1</td><td>1</td><td>8 S/S</td><td>1</td><td>0</td><td>4</td></tr>
<tr><td></td><td></td><td></td><td>1</td><td>1</td><td>8</td></tr>
</table>

① ADS1100 的读操作：用户可从 ADS1100 中读出输出寄存器和配置寄存器的内容。但为此要对 ADS1100 寻址，并从器件中读出 3 个字节。前面的 2 个字节是输出寄存器的内容，第 3 个字节是配置寄存器的内容。从 AD1100 中读取多于 3 个字节的值是无效的。从第 4 个字节开始的所有字节将为 FFH。

② ADS 1100 的写操作：用户可写新的内容至配置寄存器(但不能更改输出寄存器的内容)。为了做到这一点，要对 ADS1100 寻址以进行写操作，并对 ADS1100 配置寄存器写入一个字节。

5. ZigBee 无线数据通信模块

1) 2.4 GHz 无线收发芯片 CC2420

CC2420 是 Chipcon 公司推出的一款符合 IEEE 802.15.4 规范的 2.4 GHz 射频芯片，已经被用来开发工业无线传感及家庭组网等 PAN 网络的 ZigBee 设备和产品。该器件包括众多额外功能，是第一款适用于 ZigBee 产品的 RF 器件。它基于 Chipcon 公司的 SmartRF03 技术，以 0.18 μm CBIOS 工艺制成，只需极少外部元器件，性能稳定且功耗极低。CC2420

的选择性和敏感性指数超过了 IEEE 802.15.4 标准的要求，可确保短距离通信的有效性和可靠性。利用此芯片开发的无线通信设备支持数据传输率高达 250 kb/s，可以实现多点对多点的快速组网。

2) CC2420芯片内部结构

CC2420 芯片的内部天线接收的射频信号经过低噪声放大器和 I/Q 下变频处理后，中频信号只有 2 MHz，此混合 I/Q 信号经过滤波、放大、A/D 变换、自动增益控制、数字解调和解扩，最终恢复出传输的正确数据。

发射机把要发送的数据先被送入 128 B 的发送缓存器中，头帧和起始帧是通过硬件自动产生的。根据 IEEE 802.15.4 标准，所要发送的数据流的每 4 bit 被 32 码片的扩频序列扩频后送到 D/A 变换器。然后，经过低通滤波和上变频混频后的射频信号最终被调制到 2.4 GHz，并经放大后送到天线发射出去。

3) 配置IEEE 802.15.4工作模式

CC2420 先将要传输的数据流进行变换，每个字节被分组为两个符号，每个符号包括 4 个比特 LSB 优先传输。每个被分组的符号用 32 码片的伪随机序列表示，共有 16 个不同的 32 码片伪随机序列。经过 DSSS 扩频变换后，码片速率达到 2 Mchip/s，此码片序列再经过 O-QPSK 调制，每个码片被调制为半个周期的正弦波。码片流通过 I/Q 通道交替传输，两通道延时为半个码片周期。

CC2420 为 IEEE802.15.4 的数据帧格式提供硬件支持。其 MAC 层的帧格式为头帧+数据帧+校验帧；PHY 层的帧格式为同步帧+PHY 头帧+MAC 帧，帧头序列的长度可以通过寄存器的设置来改变。可以采用 16 位 CRC 校验来提高数据传输的可靠性。发送或接收的数据帧被送入 RAM 中的 128 B 的缓存区进行相应的帧打包和拆包操作。

4) C2420与MSP430单片机的连接

CC2420 与处理器的连接非常方便。它使用 SFD、FIFO、FIFOP 和 CCA 四个引脚表示收发数据的状态；而处理器通过 SPI 接口与 CC2420 交换数据、发送命令等，如图 12.12 所示。

CC2420 采用 SPI 接口，该接口由 SCLK、CS、SI 和 SO 四线组成。片选信号为低电平有效，复位信号为高电平有效。该接口的使用步骤如下：

① 使 CS 变低，这是为了告知 CC2420 新的 SPI 通信周期开始了。

② 在芯片"被选"以后，开始驱动 SCLK 时钟信号。SCLK 不需要用固定频率驱动并且可以有

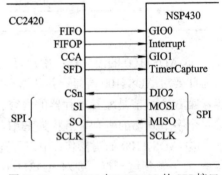

图 12.12　CC2420 与 MSP430 的 SPI 接口

一个可变的服务周期。在 SCLK 信号上升沿，CC2420 对 SI、SO 上的数据进行取样。在 SCLK 信号下降沿，如果 SO 的操作模式是输出，则 CC2420 将改变 SO 上的数据。

当这一周期完成时，停止 SCLK 的驱动并将 CS 信号变高。

当 CC2420 的 SFD 引脚为低电平时，表示接收到了物理帧的 SFD 字节。接收到的数据存放在 128 B 的接收 FIFO 缓存区中，帧的 CRC 校验由硬件完成。

CC2420 的 FIFO 缓存区保存 MAC 帧的长度、MAC 帧头和 MAC 帧负载数据三个部分，而不保存帧校验码。CC2420 发送数据时，数据帧的前导序列、帧起始分隔符以及帧检验序列可设置由硬件产生；接收数据时，这些部分只用于帧同步和 CRC 校验，而不会保存到接收 FIFO 缓存区。

6. 键盘、显示接口电路设计

无线传感器网络节点对功耗要求比较高，本系统设计中，设计了几个按键和 LED 状态显示。由于上位机软件还未得以开发完全，为了调试方便采用 16 个按键和 LCD 显示，接口可以随意插拔，主要用于初期设置参数，在具体工作时则不使用。当上位机软件开发完毕后，可以通过串口或无线方式进行参数设置。

1) A/D 转换16个按键

该设计采用单片机的一通道 12 位 A/D 转换器来测量扫描 16 个按键的动作，只支持单个按键。如果同时按下两个或两个以上的按键，则 A/D 会采集到错误的电压值，程序不响应，或者给出错误的键值。按键、输入电压及 A/D 转换值的理论对应关系如表 12.5 所示。

表 12.5　按键、输入电压及 A/D 转换值对应关系表

按　键	转换电压/V	A/D 转换结果	判断有效值
无	0	000H	00H
K0	0.15	0F6H	0FH
K1	0.30	1ECH	1EH
K2	0.45	2E1H	2EH
K3	0.60	3D7H	3DH
K4	0.75	4CDH	4CH
K5	0.90	5C3H	5CH
K6	1.05	68BH	68H
K7	1.20	7AEH	7AH
K8	1.35	8A4H	8AH
K9	1.50	99AH	99H
K10	1.65	A8FH	A8H
K11	1.80	B85H	B8H
K12	1.95	C7BH	C7H
K13	2.10	D71H	D7H
K14	2.25	E66H	E6H
K15	2.40	F5CH	F5H

A/D 转换按键图如图 12.13 所示，当不同的按键被按下时，A/D 转换器的电压不同，通过 A/D 转换值可以判断出哪个按键被按下。A/D 转换结果共有 12 位，判断时采用高 8 位为判定标准。图 12.13 是近似理论值，但是在实际中不可能得到很准确的 A/D 转换值，通常存在以下几种误差：

(1) 对于同一个电压值，A/D 多次转换的结果不可能完全相同。

(2) 由于工艺及温度的原因，电阻存在一定的不稳定误差，所以不能得到很准确的分压。本设计中采用电阻精度为 1%，能够很好地完成按键辨识工作。

本设计中采用 12 位 A/D 转换数据中的前 8 位，允许误差是+4，将其换算为：

每个按键输入电压允许误差：+(4/256) * 2.5=+0.039 V

每个按键分压电阻允许误差：+[0.039/ (3/200000)]=+2600 Ω

因此,经过 A/D 转换,实际转换值在允许误差之内:(理论值-4)<实际转换值(高 8 位)<(理论值 +4),则认为按键被按下,否则程序不响应。

在电阻选用上,要注意电阻的累积误差。在图 12.13 中,采用精度为 1% 的电阻,已经能够满足对电阻误差的要求,电阻值不会超出允许范围而采集到错误的电压值。在按键消抖方面,当检测到按键被按下后,开始读取键值,每隔 8 ms 读一次键值,直到连续 4 次读取的键值完全相同,则认为抖动已经消除,消抖时间为 8 ms × 4 = 32 ms。

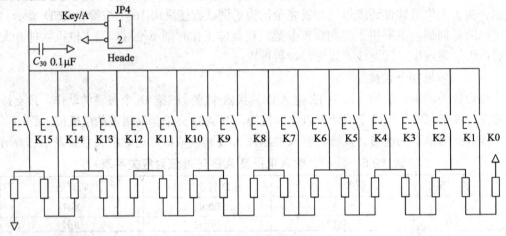

图 12.13　A/D 转换按键图

2) 液晶显示

液晶采用北京青云科技公司的 LCM12832ZK,LCM12832ZK 按照每个中文字符 16 × 16 点阵将显示屏分为 2 行 8 列,共 16 个区,每个区可显示 1 个中文字符或 2 个 16 × 8 点阵全高 ASCII 码字符,即每屏最多可实现 16 个中文字符或 32 个 ASCII 码字符显示。内部提供 128 × 2 B 的字符显示 RAM 缓冲区(DDRAM)。字符显示是通过将字符显示编码写入该字符显示 RAM 实现的。根据写入的内容不同,可分别在液晶屏上显示 CGROM(中文字库)、HCGROM(ASCII 码字库)及 CGRAM(自定义字形)的内容。三种不同字符/字型的选择编码范围为:0000～0006H 显示自定义字型,02H～7FH 显示 ASCII 码字符,A1A0H～F7FFH 显示 8192 种 GB2312 中文字库字型。字符显示 RAM 在液晶模块中的地址 80H～97H。字符显示的 RAM 的地址与 16 个字符显示区域有着一一对应的关系。

12.1.3　无线监护传感器节点的底层代码设计

1. 底层软件整体构架

系统使用了三种频率,即主系统时钟信号 MCLK(供 CPU 和系统使用)、子系统(控制)时钟 SMCLK(供外围模块使用)及辅助时钟 ACLK(由晶振频率产生,供外围模块使用)。系统占用的资源如下:

1) 频率计数器

本系统利用了 MSP430F149 单片机的 16 位定时器 Timer_A,采用捕获触发方式来计算频率,可编程光/频转换器 TSL230B 的输出及测频通道 1、2 连接到单片机的 P1.1～P1.3,用来作为 Timer_A 的 CCI0～2A 的捕获输入端。测量时采用主系统时钟信号 MCLK,以满足系统的高频率测量。测量方式可以是被动的 I/O 口外部中断或系统按一定的时间间隔进行相关测量。

2) 12位A/D 转换

外部八通道的模拟输入通道占用系统 12 位 A/D 转换的一个输入引脚，电池电压和 16 个按键各占用一个 I/O 口(AO、A1、A2)，系统主频采用 f_{high}，以提高系统速度。参考电压采用内部 2.5 V 参考电压。

3) SPI接口

MSP430F149 具有两个硬件 SPI 接口，同时由于引脚的复用，也可以用软件模拟的方法处理。存储器 FM25C256、MCP6S28 共用一个 SPIO 接口，无线模块及以太网芯片 ENC28J60(预留本系统未用)占用另一个 SPI1 接口。使用 SPI 接口时，主系统频率采用 f_{DCO}。

4) 1-Wire接口

设计中 DS2401 连接到单片机引脚中，采用软件模拟时序的方法进行通信，主系统频率采用 f_{DCO}。

5) I^{2}C 接口

SD2003、ADS1100 共用一个 I^{2}C 接口，温湿度传感器 SHT11 由于要保护数据，因此将数据线分开。液晶 LCM 12832ZK 采用类似于 I^{2}C 的接口，由于时序及通信协议不太一样，所以另外占用三个引脚，其中一个为使能端。MSP430F149 单片机没有硬 I^{2}C 接口，所有的程序采用软件模拟进行通信。

6) UART接口

MSP430F149 单片机有两个串口，一个用于无线模块的通信，另一个通过 RS232 电平转换芯片与 PC 的串行口相连。

其他通用 I/O 用于器件的设置及电源的管理。MSP430F149 内部除了比较器之外，所有的资源都在设计中得到了应用。

2. 底层代码设计

IAR 的 Enbedded Workbench 为开发不同的 MSP430 目标处理项目提供了强有力的开发环境，并为每一种目标处理器提供工具选择，为开发和管理 MSP430 嵌入式应用提供了极大的便利。

1) 时钟系统的设置

单片机系统的基础时钟模块有 3 个时钟源，目前系统中都运用到了。f_{low}、f_{DCO}、f_{high} 都可以用作系统的主系统时钟(MCLK)，用于 CPU 和系统。f_{low}、f_{DCO} 可通过选择应用于辅助时钟(ACLK)，f_{DCO}、f_{high} 可用作子系统时钟(SMCLK)，ACLK、SMCLK 都可由软件选择应用于各外围模块。所有的信号都可以经过 1、2、4、8 分频做出应用，在整个软件设计中可以根据需要进行合适的设置。主系统工作主要是用内部振荡器产生的频率(DCO)，在低功耗模式中采用的是低频晶振，其他频率的安排在上节中已经说明。以下程序为 DCO 的设置，并对当前频率进行检测补偿，弥补 DCO 输出频率不准的缺点。

单片机时钟系统 DCO 的设置程序如下：

```
    void Set_DCO (void)        //设置 DCO 为 1 MHz，并作频率补偿，提高精度
        {
```

```
unsigned int Compare, Oldcapture=0;
CCTL2=CM_1 + CCIS_ 1 + CAP;        //计时器为捕获模式
TACTL=TASSEL_2+MC_2+TACLR;
while (1)                          //采用计数器计算当前时钟频率
{
    while (!(CCIFG & CCTL2));      //等待捕捉模式
    CCTL2&=~CCIFG;                 //清除捕捉中断标记
    Compare=CCR2;
    Compare=Compare-Oldcapture;
    Oldcapture=CCR2;
    if (DELTA==Compare)    break;
    else if (DELTA<Compare)
    {
        DCOCTL--;
        if (DCOCTL==0xFF)          //频率过高
        {
            if (!(BCSCTLI==(XT2OFF+DIVA_3)))
            BCSCTLI--;
        }
    }
    Else
    {
        DCOCTL++;                  //频率过低
        if (DCOCTL=0x00)
        {
            if (!(BCSCTLI=(XT2OFF+DIVA_3+0x07)))
            BCSCTLI++;
        }
    }
}
CCTL2=0;                           //清除 CCR2
TACTL=0;                           //关闭 Timer_A
}
```

2) 通用软件包的设计及应用

在本系统中有很多器件采用相同的接口，具有相同的通信时序。在程序设计中建立了不同的头文件和驱动程序，相同接口的器件可以调用相关的头文件和驱动程序，能够减少系统的代码量，简化程序设计。SPI 接口的主要程序如下：

```
SPIOHardware.c
void Init_SPIO()
```

```
    {
        P3SEL=0x0E;                          //设置 P3 为 SPI 模式
        P3OUT== 0x20;
        U0CTL=CHAR+SYNC+MM+SWRST;            //8 位数据模式，主机方式
        U0TCTL=CKPL+SSEL1+STC;               //三线方式
            U0BR0=0x002;                     //SPICLK=SMCLK/2，波特率设置
        U0BR1=0x000;
        U0MCTL=0x000;
        ME 1=USPIE0;
        U0CTL&=~SWRST;                       //允许 SPI 通信
      IE1|=URXIE0;
    }
Void    SendByteSPI0(unsigned char n, unsigned char *p)        //n 为数据个数
    {
    for (;n!=0;n--)
    {
     TXBUF0=*p;
     P++;
    }
}
#pragma vector=USARTORX_VECTOR          //中断接收数据程序
__nterrupt void SPIO-RX(void)
{
...}
```

3) 模拟量、开关量测量的代码设计

模拟量采集采用 1 路 12 位 A/D 转换，1 路 SPI 接口(采用三线制)构成 12 位 A/D。在数据采集时需要先设置 MCP6S28，然后进行转换。

设置 MCP6S28 的指令寄存器为 000x xxx0、增益寄存器为 xxxx x000、通道寄存器为 xxxx x000。直接调用 SPI0Hardware.c 中的函数，发送 16 位数据进行设置。系统内部需要 12 位 A/D 转换的 A0(按键读数，中断方式读数)、A1(电池电压读数)、A2(传感器模拟量数据测量)。其中，A0、A2 需要对单通道重复测量，以多次测量求平均。A1 只需单通道单次测量即可。下面是 A2 测量的初始化函数，所测量的数据在中断函数中的 ADC 12MEM0 中读取。

```
    void A2ADC 12Iintal (void )
    {
    P6SEL|= BIT2;                           //选取复用 I/O 口第二功能
    ADCI2CTL0=ADC 12ON+SHT0_ 8+MSC;         //打开 A/D 转换
    ADCI2CTL1 = SHP+CONSEQ_ 2;              //采样时间设置
    ADC12IE = 0x01;                         //允许中断 ADC 12IFG.0
    ADC12CTL0|= ENC;                        //允许转换
```

```
        ADC12CTL0|= ADC12SC;                        //开始转换
    }
```

4) 串口通信程序设计

这里的串口通信程序主要是 MSP430 与 PC 之间的通信，也可以用于单片机与 PC 之间的通信。串口通信是 MCLK 选用 XT2，ACLK 选用 LFXT 1，串行通信模块使用 USARTO，波特率时钟采用 ACLK，波特率为 9600 b/s，串行通信模式为 1 位起始位+8 位数据位+1 位奇校验位+1 位停止位，将串行通信接收中断打开，在中断函数中将收到的数据放入缓冲区。发送不要中断，每发送一个字节后通过查询标志位的方式判断是否发送完毕。程序流程图如图 12.14 所示。

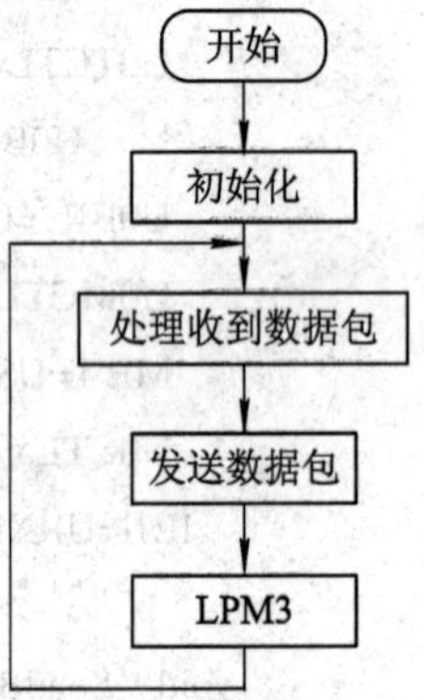

```
开始
  ↓
初始化
  ↓
处理收到数据包
  ↓
发送数据包
  ↓
LPM3
```

图 12.14　程序流程图

串口初始化程序和发送程序如下：

```
    void   UartInit()                            //串口初始化程序
    {
        USART_SEL |= UTXD0+URXD0;                //选择引脚的第二功能
        UCTL0=CHAR+PENA+SWRST;
        UTCTL0=SSEL0;
        UBR00=0X03;                              //设置波特率为 9600 b/s
        UBR 10=0;
        UMCTL0=0X4A;
        UCTL0&=~SWRST;
        ME1|=UTXE0+URXE0;
        IE1|=URXIE0;                             //打开接收中断
    }
    void   USART0_Sendbyte(unsigned char *pbuff, unsigned char n)   //发送数据
    {
        unsigned char i;
        for (i=O;i<n,i++)
        {
            while ((IFG1&UTIFG0)==0);            //判断是否发送完毕
            TXBUF0=*pbuff;
            pbuff++;
        }
    }
```

3. 无线传感器网络通信协议

本系统的采用 ZigBee 网络采用了如图 12.15 和图 12.16 所示的星型网络和网状网络的拓扑结构。在 ZigBee 编程时应考虑到接收、发送、休眠模式之间需要一定的稳定时间；在发射增益、帧听周期、休眠切换、数据速率之间获取能量、距离和速度上的最优，通过串口 2 进行数据收发。

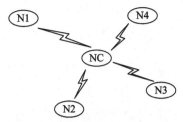

图 12.15　星型网络

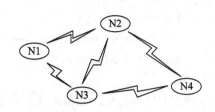

图 12.16　网状网络

为了实现星型和网状两种网络结构，需要专门定制通信协议；同时由于无线部分硬件上是不具备自动唤醒功能的，为了达到节能的目的，必须通过软件方式采用合理的通信协议以保证节能的同时不丢失数据。本无线传感器网络的通信数据包格式如表 12.6 所示。

表 12.6　无线传感器数据包格式

Header1	Header2	Header3	Length	Mode	HostID	LocalID	DestID	Data n	CheckSum
0xFF	0xAA	0x55	1 B	1 B	1 B	1 B	1 B	n B	1 B

表中，Header1～Header3 为数据包包头，分别为 0XFF、0XAA、0x55；Length 为数据包的长度；Mode 是传输模式：数据、命令、应答、星型传输、点到点转发；HostID 为主机地址；LocalID 为本机地址；DestID 为目标地址；Data n 为传输的数据或指令($n<20$)；Checksum 为数据校验和防止数据出错。该数据包可以修改以适应不同的应用。

1) 星型网络拓扑的实现

在星型网络中 NC 负责维护网络，N_1～N_4 的所有数据必须通过 NC 节点进行通信，所有节点必须在 NC 的覆盖范围内，对 NC 节点的要求比较高。

在 NC 向 N_1～N_4 通信时只需要知道 HostID 和 DestID 地址即可，在 N_1～N_4 向 NC 同时发送数据时，会出现同频干扰现象。系统采用时分 TDMA(Time Division Multiple Access)技术,把 NC 与任意 N 节点的通信分开，NC 通过扫描的方式与各台节点进行单个通信，这样系统中 NC 与子节点的通信方式就成为点对点的通信方式。这种网络方式的实现比较简单，也是目前比较常用的拓扑结构，其主程序流程图如图 12.17 所示。

协议主要把数据分割成一定格式的，并增加一些额外的信息形成打包过程，同时在接收端要去掉额外信息，完成解包过程。下面是请求握手函数：

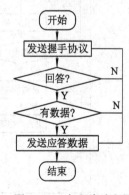

图 12.17　主程序流程图

```
void Handshake (unsigned char uint)
{
    unsigned char buff[8];
    buff [0]=0xFF;
    buff[1]=0xAA;
    buff[2]=0x55;
    buff[3]=0x05;                    //长度为 5
    buff[4]=0x01;                    //模式设置定义为请求握手包
```

```
buff[5]=0x00;                              //主机地址
buff[6]= uint;                             //目标地址
buff[7]=(buff[3]+buff[4]+buff[5]+buff[6]);
USART1_ Sendbyte(buff,8);                  //发送数据包子程序
}
```

其他数据包或应答包的组成与上程序类似。其解包的过程是将所获的数据进行分析比较，并发送应答，由于代码比较长这里不再列出。

2) 自组织网状网络通信协议

目前关于无线传感器网络的通信协议研究比较多，也已经取得了一定的成果，但很多通信协议在资源受限的无线传感器网络节点中很难实现，只局限于 NS2/OPNET 等仿真平台的实现。这里针对网状网络提出了一套用于实现节点自组织和数据多点跳传的通信协议。网状网络是真正意义上的无线传感器网络的通信协议之一，虽然有一定的缺点，但是一种比较适合本平台应用的拓扑结构。在点到点转发模式下，程序整体框图如图 12.18 所示。

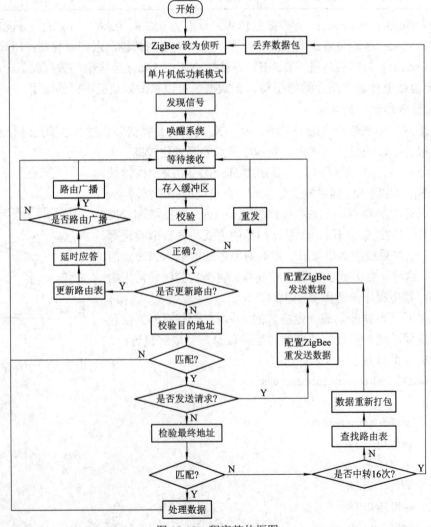

图 12.18　程序整体框图

数据包还是采用表12.6中的定义。在模式中高3位表示级别，低5位是模式位；Data n 高4位为中转次数，低4位为有效数据长度。数据校验采用数据和校验方式。数据包中转数据次数有限，最多为16次，当超过这个次数且没有达到最终地址时，该数据包会被自动丢弃。

在节点自组织前，它们的路由表都是空白的，自组织过程中，只能用广播的方式联系其他节点。广播的数据包格式如下：

0xFF	0xAA	0x55	0xFF	DestID	HostID	0x00

由于目的和最终地址未知，所以用FFH表示更新路由命令，HostID表示本次广播的地址。OOH表示数据包无中转，无有效数据。收到该广播的节点可以根据广播者的地址更新自己的路由表。应答广播时的应答数据包格式如下：

0xFF	0xAA	0x55	0xFF	HostID	0x00

其中，DestID表示应答对象的地址，FF表示更新路由命令，HostID表示应答者的地址。收到应答的节点可以根据应答者的地址更新自己的路由表。

ZigBee传感器节点的自组织是指只要打开各个传感器节点的电源，它们均会处于帧听状态。然后，将这些节点随机地分布在待监测区域，但必须保证至少有一个节点处在基站节点的信息范围内，随机分布如图12.19所示，大圆表示对节点的通信范围，N_4 为基站，N_1 就处于基站节点的信号范围内。

节点布置以后，由基站 N_4 发起自组织开始命令，基站节点广播(默认基站节点级别为0)，N_1 收到该广播后作出应答，并定义自己的级别为1，基站节点根据收到的应答更新其路由表。N_1 节点收到基站节点的应答信号后，开始广播，

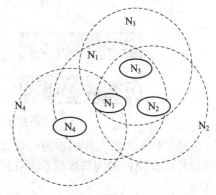

图12.19 传感器节点和基站节点随机分布图

N_2、N_3 收到广播信号并应答，并将自己定义为2级节点，这样每个传感器节点会得到一张路由表。这张表把能与自己直接通信的节点按类别保存，如表12.7所示。

表12.7 基站节点的路由表

节点	地址编号	地址级别	上级节点	同级节点	下级节点
N_4	4	0	—	—	N_1
N_1	1	1	N_4	—	N_2，N_3
N_2	2	2	N_1	N_3	—
B_3	3	2	N_1		

在自组织过程中，某些节点可能会收到来自不同级别的其他节点的广播，根据上面的规则会定义自己为几个不同的级别，程序取其最小的作为自己的级别。为了避免多个应答信号造成链路堵塞，节点发出应答信号前要有一段延时。延时应答的时间是根据广播者编号和本机编号的乘积决定的。

4. 系统设计方案

1) 医院监护网络体系方案

医院监护系统由有线网络(局域网)和无线网络两部分组成,如图 12.20 所示。患者身上佩戴的 ZigBee 终端与邻近的 ZigBee 接入点建立无线链路和逻辑连接,将采集到的生理信息数据(体温、脉搏、血压等)发送到 AP(Access Point)。AP 通过医院的局域网,将数据转发到监护服务器上,由服务器端的软件对数据进行分析和处理。

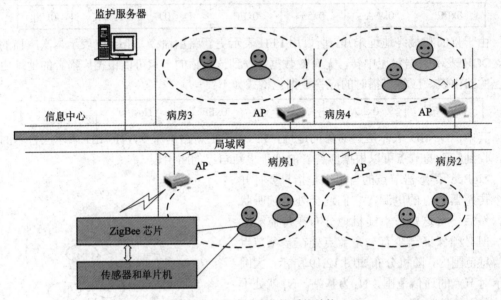

图 12.20　医院无线监护系统结构

医院监护系统的工作流程为: AP 上电后立即尝试连接局域网上的服务器,服务器的 IP 和端口号以及 AP 的网络配置都写在配置文件中,用户可以手动修改,连接成功后进入就绪状态。

如果有携带 ZigBee 移动监护设备的患者进入 AP 的覆盖区域,ZigBee 移动监护设备将会查询到 AP 并与之建立 ACL 链路,AP 接受连接将会进行主从切换,保证 AP 作为传感器网络的主单元可以继续被其他 ZigBee 移动监护设备发现和建链。之后 ZigBee 移动监护设备和 AP 之间进行 SDP、L2CAP、RFCOMM 连接。AP 向服务器报告有 ZigBee 移动监护设备进入该区域,此后 AP 将透明地转发 AP 和 ZigBee 移动监护设备之间的双向数据。主机可以通过 AP 和 ZigBee 移动监护设备的串口替代功能完成控制、数据采集的功能。当患者离开此 AP 的覆盖范围后,链路中断,AP 向服务器报告 ZigBee 移动监护设备离开该区域,同时患者携带的 ZigBee 移动监护设备开始搜索新的 AP。医护人员根据 ZigBee 移动监护设备与哪一个 AP 相连可以获知患者在整个病区内的活动情况。

2) 家庭监护网络体系方案

远程家庭监护网络体系结构如图 12.21 所示。ZigBee 无线系统主要由 ZigBee 无线传感器节点(脉搏传感器节点)、若干个具有路由功能的无线节点和 ZigBee 中心网络协调器(监护基站设备)组成。监护基站设备连接 ZigBee 无线网络与以太网,是家庭无线网络的核心部分,负责无线传感器网络节点和设备节点的管理。脉搏生理数据经过家庭网关传输到远程监护服务器。远程监护服务器负责脉搏生理数据的实时采集、显示和保存。其他监护信息如体温、血压、血氧等也可以传输到服务器。医院监护中心和医生可以登录监护服务器查看被监护者的生理信息，也可以远程控制家庭 ZigBee 无线网络中的传感器和设备，从而在被监护病人出现异常时，能及时检测到并采取抢救措施。被监护者的亲属等也可以登录监护服务器随时了解被监护者的健康状况。

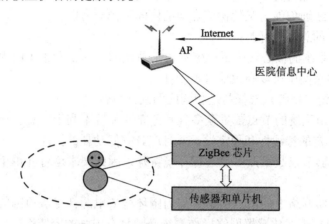

图 12.21　远程家庭监护网络体系结构

当无线远程医疗系统发展成为一个成熟的医疗产品时，传统的医疗模式将被打破，一种全新的基于互联网的医疗监护体系将会形成——它以医院为核心，面向社区、家庭与个人，通过互联网联系组成一个有机整体，保证人们无论在医院内外甚至偏远地区均能得到及时、有效、专业的医疗诊断和治疗，从而大大提高医疗水平，使人们的生活质量越来越高。

12.2　基于无线传感器网络的光强环境监测系统设计

近年来，随着人们对环境问题的关注程度越来越高，所需要知道的环境数据也越来越多，国家和各级地方政府针对环境问题所制定的政策、法律、规定和标准也越来越多，环境监测的重要性也随之体现了出来。环境监测的核心目标是采集能够代表环境质量现状及其发展变化趋势的数据，并通过这些数据判断环境质量，评价当前环境所存在的主要问题，为环境管理服务。在环境监测方面主要有有线监测和无线监测两大类主要的监测方式。

随着无线传感器网络的出现及大规模普及，为环境监测随机而高效地获取节点数据提供了可能，同时还可以避免由于采集数据而对环境造成的破坏。利用无线传感器网络可以将大量的传感器节点通过飞机散播等方式随机部署在监测区域内，既实用又便捷，且采集的信息可靠性高。

12.2.1　环境监测系统需求分析

环境监测是环境保护的重点，其目的是要准确、及时、全面地反映环境现状，为环境管理、控制污染、环境规划、环境保护等提供科学的依据。相较于传统的环境监测，使用无线传感器网络进行环境监测有三个显著的优点：其一，无线传感器节点体积小、方便部署，可以极大地减少部署节点时人为因素对所要监测环境区域的影响或破坏；其二，传感器节点数量众多、分布广，可以全面地采集被监测区域的数据，大量的监测数据为后续的分析工作减少了误差，提供了更加科学的依据；其三，无线传感器节点本身具有一定的数据计算能力和数据存储能力，可根据需要进行较为复杂的、有计算和存储要求的监控。另一方面，节点的无线通信能力又使得节点间的协同工作成为现实。

环境监测系统的总体目标是：

(1) 裁减操作系统的核心代码量以弥补由于节点的小体积所带来的内存空间有限的影响，使其在有限的空间中可以高效地管理硬件。

(2) 针对本系统应用特点选择与之相匹配的硬件平台。

(3) 由于本应用系统的节点数量众多且其分布的环境不利于随意补充节点的能量，所以要求节点具有一定的持续性和稳定性，并且应具有低功耗的性能。

(4) 由于传感器节点数量众多及运行环境特殊，因此要求运行在单个节点上的操作系统具有健壮性。

(5) 无线传感器网络中的节点由于受到周围环境或电源耗尽等原因的影响而失效并且维护困难，这就要求无线传感器网络操作系统必须具有很强的容错性，以保证系统具有高强壮性。当网络的软、硬件出现故障时，系统能够通过自动调整或自动重构纠正错误，保证网络正常工作。

12.2.2　系统结构体系设计

本设计采用层次型的体系结构，如图 12.22 所示。

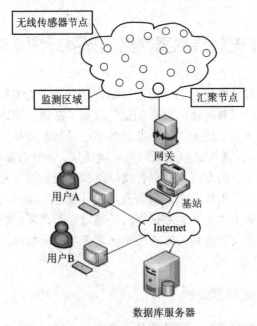

图 12.22　系统体系结构

每一个节点都将自己采集的环境监测数据发送到汇聚节点；汇聚节点再将收集到的传感器节点数据进行集中汇集后再经由网关发送到与 Internet 直接相连的基站电脑上；基站电脑再将汇聚节点发送过来的数据通过 Internet 发往数据库服务器，此时，远程用户就可以通过网络来访问数据中心的数据，达到监测环境的目的。

　　由于传感器节点具有一定的数据计算和通信能力，因此在将数据传送到网关前可以对数据进行初步的、简单的处理以减轻网络的传送负担，节省节点能量，延长节点使用寿命。

12.2.3　系统功能模块设计

　　系统设计主要分为硬件平台设计和软件设计两大部分。

1. 系统硬件模块设计

　　结合系统的实际应用及需求，选用由 U. C. Berkeley 大学研制、Crossbow 公司生产的 Mica 系列节点，传感器节点的硬件构架如图 12.23 所示。节点实物图如图 12.24 所示。

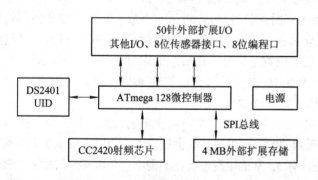

图 12.23　传感器节点硬件总体架构

图 12.24　节点实物图

1) 微控制器模块

　　本设计采用的节点微控制器是 Atmel 公司的 ATmega128L 单片机，其主要特点如下：

　　(1) 先进的 RISC 精简指令集结构：大部分的指令是单时钟周期指令；拥有 32 个 8 位通用工作寄存器和外围接口控制寄存器；采用全静态操作的工作方式；微控制器工作在 16 MHz 下；片内带有两个时钟周期的硬件乘法器。

　　(2) 非易失性程序和数据存储器。内部拥有 128 KB 的在线可重复编程 Flash 和 4 KB EEPROM，擦写次数均可达到 10000 次；BOOT 区独立的加密位使得写操作真正可读，并且实现了片内引导程序的系统编程；拥有 4 KB 的内部 SRAM 和在线可编程 SPI 接口。

　　(3) 带有符合 IEEE std.1149.1 标准的 JTAG 接口，便于节点调试。通过 JTAG 接口连接 JTAG 仿真器，可方便地实现程序的在线调试和仿真。调试过后的正确代码又可通过 JTAG 接口写入 Atmega128L 的 Flash 代码区内。

　　(4) 外设特点：拥有 2 个 8 位定时器/计数器、2 个扩充的 16 位定时器/计数器；片内模拟比较器、1 个实时计数器、2 通道 8 位 PWM、6 通道 PWM、输出比较调节器、8 通道 10 位 A/D 转换、8 个单端通道、7 个微分通道、2 个增益的微分通道；两线(I^2C)串行接口、二路可编程串行 UART 接口、主/从 SPI 串行接口、可编程看门狗定时器。

(5) 特别的 MCU 特点：具有五种睡眠模式，即空闲模式、ADC 噪声抑制模式、省电模式、掉电模式、待命模式和扩展待命模式；可通过软件编程的方式来选择时钟频率；具有多种内外中断模式，可极大地减少系统设计时的查询需要，方便地设计出上电复位和可编程的低电压检测。

(6) 拥有 53 个可编程的 I/O 端口和 64 个引脚的 TQFP 与 MLF 封装。

(7) 工作电压为 2.7～5.5 V。电压动态范围较大，可适应各种恶劣的工作环境。

2) 通信模块

通信模块使用 Chipcon 公司推出的符合 2.4 GHz IEEE 802.15.4 标准的射频收发器——CC2420。CC2420 的主要特性为：工作频带范围为 2.400～2.4835 GHz；所采用的直接序列扩频方式符合 IEEE 802.15.4 规范要求；数据速率可达 250 kb/s，码片速率可达 2 Mchip/s；调制方式为 O-QPSK；超低电流消耗和高接收灵敏度；抗邻频道干扰能力强；内部集成有 VCO、LNA、PA 以及电源整流器，采用低电压供电，可编程控制输出功率；符合 IEEE 802.15.4 标准的 MAC 层硬件可自动生成帧格式、同步插入与检测和电源检测；提供完全自动的 MAC 层安全保护；易配置与控制微处理器的接口；采用 QLP-48 封装。

CC2420 接收数据时是从无线接收到射频信号后，经过低噪声放大器和正交变换后将频率变更为 2 MHz 的中频，形成同相分量和正交分量。同相分量信号和正交分量信号经过滤波、放大后，直接通过模/数转换器转换成数字信号，最后按需求对数字信号进行后续的处理。CC2420 发送数据时是使用正交上变频。基带信号直接被数/模转换器转换为模拟信号，通过低频滤波器，直接变频到事先所设定的信道上。

CC2420 内部使用 1.8 V 工作电压，可适合任何由电池供电的设备；外部数字接口使用 3.3 V 电压，可保持和 3.3 V 逻辑器件的兼容性。其片上集成了一个直流稳压器，能够把 3.3 V 电压转化成 1.8 V 电压，可保证只有 3.3 V 的电源设备在不需额外变压器的前提下正常地工作。

3) 传感器模块

本设计采用的光热传感器如图 12.25 所示。

图 12.25 光热传感器实物图

4) 电源

该节点使用两节 5 号电池供电，成本低，购买方便。

2. 系统软件模块设计

系统软件设计的流程图如图 12.26 所示。

系统开始工作后，首先调用函数完成硬件引脚初始化和节点硬件初始电压的设置、相关组件的初始化工作。初始化工作结束后节点便开始采集数据的工作，环境监测数据采集成功后就开始进行数据的接收工作，在确定数据全部接收完毕后节点将进入休眠状态，此时打开定时器、中断，在定时器定时时间到了之后节点的这一轮工作就告一段落，开始进入下一轮新的工作。

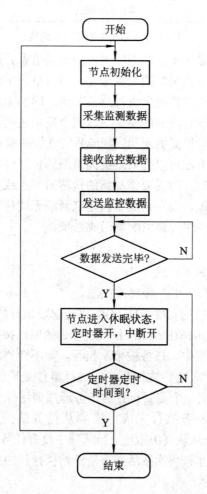

图 12.26　系统软件设计的流程图

12.2.4　系统实现

本节是在前面系统分析与设计的基础上，实现系统的硬件功能模块和软件功能模块。

在软件功能模块主要实现基于 TinyOS 的调度机制和消息通信机制，最后利用 TinyOS 自带的模拟仿真软件 TOSSIM 对程序进行调试，并通过模拟得到节点采集光强测量值的数据及曲线。

1．系统硬件功能模块实现

本设计所选用的传感器节点由传感器模块、处理器模块、无线通信模块和能量供应模块四个部分组成，如图 12.27 所示。

图 12.27   无线传感器节点结构

传感器模块的主要任务是采集被监测区域内的光强信息并进行一定的数据处理；处理器模块主要负责处理传感器节点采集的数据信息，对自身采集的数据以及其他节点发来的数据进行存储和处理；无线通信模块负责传感器节点之间的无线通信工作；能量供应模块为传感器节点提供保证正常运行所需的能量。这四个模块之间都各自预留有接口，这样做的好处是可以为系统升级和维护提供便利，降低系统维护的成本。

采用这种分模块设计的方法可以有效地提高系统的扩展性和灵活性。由于无线传感器节点定义有统一、完整的接口，当需要添加新的传感器节点或其他硬件部件时可以在现有的无线传感器网络中直接添加，而不需要重新建立新的无线传感器网络。也可根据在不同的应用环境下选择不同的组件进行自由配置形成系统。

2．系统软件模块实现

1) 基于 TinyOS 的调度机制实现

TinyOS 采用"任务+事件"的二级调度机制。

(1) TinyOS 的任务调度机制实现。TinyOS 将全部要执行的任务放在一个任务队列中。在该任务队列中的任务依照 FIFS(First In First Service)的原则按照进入任务队列的先后次序依次执行。在程序执行的过程中，任务被依次执行，而不允许相互抢占其他任务的执行，但是在遇到硬件中断事件时却能够被打断。在进行事件处理时，程序可通过使用关键字"post"声明该程序即将要把一个需要执行的任务通过调用任务声明函数"TOS_post"添加到任务队列当中。当该任务执行完成，需要从任务队列中撤出时，可以调用函数"TOSH_run_task"将该任务从队列中撤出。当队列中没有任务时，处理器将进入睡眠状态直到有其他事件进入队列时才被再次激活并重新开始执行新的工作。TinyOS 的任务调度机制的实现过程如图 12.28 所示。

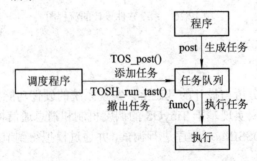

图 12.28   TinyOS 的任务调度机制实现过程示意图

(2) TinyOS 的事件驱动机制实现。事件驱动机制完成的是一整套符合无线传感器网络特点、满足无线传感器网络要求的操作，如命令的调用、事件的通知、任务的生成、任务调度机制的协同等功能。

在前面的任务调度机制的实现中已经分析过，当没有事件需要处理的时候处理器是处于休眠状态的。只有当有事件需要处理时，处理器才会被唤醒，且当处理器被唤醒后，一切与事件相关联的所有操作都会在极短的时间内被处理完毕。TinyOS 的这种特性可以最大限度地限制能量消耗、有效地延长系统的使用寿命。

TinyOS 事件驱动机制的实现过程如图 12.29 所示。硬件中断是被最底层的那些组件直接处理的。在执行完中断处理函数后，会触发一系列的其他指令和事件，这些指令和事件随后生成任务。生成任务后事件的处理就要在中断处理函数完成后才会被处理。全部处理完成后，处理器又被置于睡眠状态直到有新的事件需要处理时才会再次被唤醒。

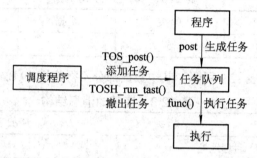

图 12.29　TinyOS 事件驱动机制实现过程示意图

程序通过 OscilloscopeM.StdControl.start()调用 TimerM.Timer.start()开启了一个定时器，该定时器设定每隔 125 个时间单位的时间产生一次时钟硬件中断。每当发生硬件中断时，处理器的程序指针会自动调转到该硬件中断所对应的中断向量处并开始执行该指令地址处存放的指令。与此同时，根据连接情况下层组件逐步调用上层组件以实现事件处理程序，从而实现 TinyOS 的事件驱动机制。

2) 基于 TinyOS 的消息通信机制实现

TinyOS 所采用的通信方式是主动消息通信。主动消息模式是面向消息通信(Messaged-based Communication)的高性能通信模式。

TinyOS 的消息由默认的 40 个字节组成，并用一个结构体对象对消息进行维护，因为消息中包含了 addr、type、group 等信息，故被称为主动消息(Active Message，AM)。消息的定义如下：

```
typedef struct TOS_Msg
{
uint16_t addr;
uint8_t type;
uint8_t group;
uint8_t length;
int8_t data[TOSH_DATA_LENGTH];
uint16_t crc;
uint16_t strength;
uint8_t ack;
uint16_t time;
```

```
    uint8_t sendSecurityMode;
    uint8_t receiveSecurityMode;
} TOS_Msg;
```

TOSH_DATA_LENGTH 是指 TinyOS 消息数据部分的长度，其默认值为 29 个字节，但该长度值并不是不可改变的，可以通过修改 Makefile 文件中 MSG_SIZE 的大小使其达到最大值 36。

消息主要由帧头、数据和 CRC 校验三部分组成，如表 12.8 所示。

表 12.8 消息的构成

组成部分	帧头	数据	CRC 校验
所占字节数/B	5	29	—

完整的消息格式如表 12.9 所示。其中数据部分不得超过 29 B。

表 12.9 完整的消息结构

		所战字节数/B
目标地址		2
主动消息句柄 ID		1
组群 ID		1
数据长度		1
数据	目标节点 ID	2
	计数器	2
	ADC 通道	2
	ADC 数据	每 2 个字节 10 个数据

系统发送和接收消息的主要经历过程如图 12.30 所示。

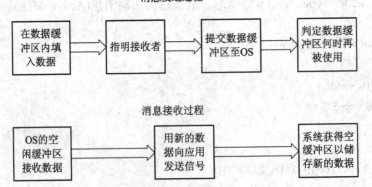

消息发送过程

在数据缓冲区内填入数据 → 指明接收者 → 提交数据缓冲区至OS → 判定数据缓冲区何时再被使用

消息接收过程

OS的空闲缓冲区接收数据 → 用新的数据向应用发送信号 → 系统获得空缓冲区以储存新的数据

图 12.30 系统发送和接收消息的过程

在消息的产生、接收、发送过程中，有用户接口组件(GenericComm)、消息分类组件(AMStandard)、CRC 校验组件(CRCPacket、NoCRCPacket、MicaHighSpeedRadioM)、消息

收发组件(FramerM，包括收消息组件 ReceivMsg 和发消息组件 SendMsg)、数据收发组件(SecDedRadioByteSignal，包括字节收发接口 ByteComm 和位收发接口 Radio)等多个组件参与。这其中的每个组件都需要完成不同的功能，各组件之间相互协作，共同完成消息的产生、接收和发送任务。

用户接口组件"GenericComm"是由系统提供给用户的、标准的使用接口。然而，有时为了最大限度地提高使用上的灵活性，在实际应用的过程中也可以采用选取栈中层组件提供的接口的方法来提高系统的灵活性。当然，并不是所有的组件都必须使用用户接口组件提供的接口。对于那些没有使用用户接口组件提供接口的组件，则直接从用户接口组件下层的组件中抽取接口，完成数据接收、发送的功能。

TinyOS 操作系统针对无线通信技术要完成从位到字节层次的收发任务是通过使用数据收发组件来实现的。消息收发组件负责消息的收发，并将收到的字节组合成主动消息。在CRC 校验层，完成消息中所包含数据的校验工作，在这一层有三个实现组件——CRCPacket、NoCRCPacket 和 MicaHighSpeedRadioM，在实际应用过程中，需要针对每个具体的应用来有针对性地选择不同的实现组件。

发送数据时，程序调用了带有目的地址、消息大小和消息数据这三个参数的 send()命令。消息数据的目的地址 TOS_BCAST_ADDR(0xfff)表示是无线广播，TOS_UABT_ADDR(0x007e)则表示是将消息发送到串行端口。

当消息发送完成时，SendMsg.send()命令就触发 SendMsg.sendDone()事件。若 send()命令能够被成功执行，则消息会用等待的方式将排队发送出去；若执行失败，则消息发送组件将不能接收到任何消息。

为了避免因为内存管理而消耗大量的资源，TinyOS 活动消息缓冲区在严格执行并发操作的同时，将执行交互所有者协议。当消息层接收到 send()命令时，它将拥有发送缓冲区的使用权，并且还能够请求组件等到 sendDone()事件发生完毕后再对缓冲区进行修改。

3) 节点任务的实现

在本设计中，传感器节点需要完成的主要任务包括：采集被监测范围内的环境数据，并将这些数据进行一定的处理后发往汇聚节点。在对节点程序进行代码编写的过程中选用了 NesC 语言，其代码包括模块部分和配件部分，其中配件部分的代码如下：

```
configuration Oscilloscope {}       //Oscilloscope 是顶层配件,不提供和使用任何接口
implementation
{
//声明 Oscilloscope 配件所用到的组件
components Main, OscilloscopeM, TimerC, LedsC, DemoSensorC as Sensor,
UARTComm as Comm;
/*列出了 Oscilloscope 配件中各组件间的调用关系,其中箭头左侧所使用的接口是由箭头右侧的
    组件所提供的*/
Main.StdControl -> OscilloscopeM;
Main.StdControl -> TimerC;
OscilloscopeM.Timer -> TimerC.Timer[unique("Timer")];
OscilloscopeM.Leds -> LedsC;
```

OscilloscopeM.SensorControl -> Sensor;

OscilloscopeM.ADC -> Sensor;

OscilloscopeM. ADC -> Comm;

OscilloscopeM.ResetCounterMsg->

Comm.ReceiveMsg[AM_OSCOPERESETMSG];

OscilloscopeM. ResetCounterMsg -> Comm.SendMsg[AM_OSCOPEMSG];

}

Oscilloscope 配件描述了 Oscilloscope 程序的顶层配置结构,如图 12.31 所示。图中箭头代表调用关系,箭头起始端的配件为接口使用者,终止端的配件为接口提供者。

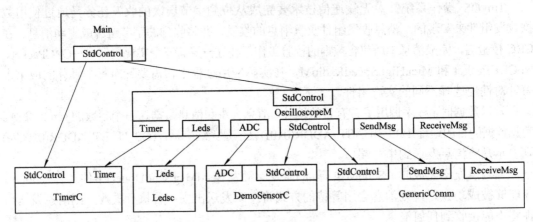

图 12.31　程序的顶层配置结构图

在模块部分,Oscilloscope 提供了 StdControl 接口供其他组件调用。使用了 Timer、Leds、ADC、StdControl、SendMsg、ReceiveMsg 等接口对节点进行控制。Main 使用的 StdControl 接口有两个实现途径:由 OscilloscopeM 和 TimerC 提供的 StdControl 接口实现。OscilloscopeM 使用的 Timer 接口由 TimerC 提供的 Timer[unique("Timer")]接口实现。OscilloscopeM 使用的 Leds 接口由 LedsC 提供的 Leds 接口实现。

OscilloscopeM 使用的 SensorControl 接口由 LedsC 提供的 SensorControl 接口实现。

OscilloscopeM 使用的 ADC 接口有两个实现途径:由 Sensor 和 Comm 提供的 ADC 接口实现。OscilloscopeM 使用的 ResetCounterMsg 接口由 Comm 提供的 ReceiveMsg[AM_OSCOPERESETMSG]和 SendMsg[AM_OSCOPEMSG]实现。

下面具体分析程序的启动过程。

Oscilloscope 程序是在模块 RealMain 被编译后开始运行的,RealMain 的配件结构图如图 12.32 所示。在 RealMain 模块中实现了函数 int main()_attribute_((C, spontaneous)),这个函数在此的作用是为 Oscilloscope 提供启动的执行函数,即类似于 C 语言里的 int main()函数。RealMain 的 hardwareInit()接口会调用 HPLInit 的 init()接口,而后者又会直接调用一个初始化硬件电路引脚的宏函数,从而达到初始化硬件引脚的作用。同样的道理,RealMain 的 Pot 接口的 init()函数会调用 PotM 的 Pot 接口的 init()函数,后者则会根据实际的需要进一步调用相关函数以完成设置节点硬件初始电压的任务。完成了硬件的相关初始化和设置后,还需要对该程序的相关组件进行相应的初始化工作。在程序设计的时候,通过 RealMain

的 StdControl 接口的 init()函数调用 TimerM 和 OscilloscopeM 的相应的接口和函数可以实现初始化组件的目标。

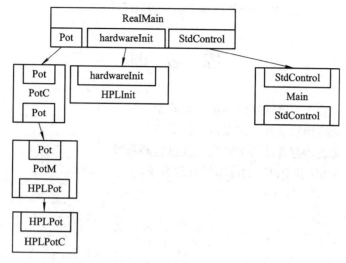

图 12.32　RealMain 程序的配件结构图

软、硬件的初始化工作都做完后就可以循环地从任务队列中按照"先进先服务"的原则执行任务，开始节点数据采集的工作了。采集工作结束后，节点会将采集到的数据通过多跳的方式发送到汇聚节点，随后，节点的定时器功能将被开启，并判断节点是否进入中断的状态，如此反复地进行监测工作。

4) TOSSIM仿真

TOSSIM 是 TinyOS 传感器网络的仿真器，可运行在普通的 PC 终端电脑上。在 TOSSIM 的仿真模拟环境下，TinyOS 的应用程序被直接被编译到 TOSSIM 的体系中。然而 TOSSIM 并不是 TinyOS 系统的万能模拟器，TOSSIM 仅仅只提供了除传感器节点硬件以外的全部软件模拟，允许与实际节点有相同代码的模拟节点在普通计算机上的大规模模拟仿真。同时，还能进行程序的调试工作。将写好的代码用 TOSSIM 进行调试并确认无误后再导入到实际的节点中，可防止因为代码编写错误而导致的节点硬件损坏，减少了系统开发过程中不必要的损失。具体的仿真请参考其他相关资料。

本系统所采用的无线传感器网络实现的环境监测与传统的环境监测系统相比，有以下突出的优点：

(1) 无线传感器节点体积小，整个网络只需一次部署即可，极大地减少了人为因素对监测环境的影响。这一特点对于那些对环境敏感的场所非常适用。

(2) 传感器节点数量众多、分布广，可以全面采集被监测区域的数据，大量的数据给后续工作提供了极大的便利。

(3) 无线传感器节点本身具有一定的数据计算能力和数据存储能力，可根据需要进行较为复杂的监控。另一方面，节点的无线通信能力又使得节点间的协同工作成为现实，提高了无线传感器网络的实用性。

(4) 程序设计采用分层设计思路，选用基于组件化的编程语言——NesC 语言，提高了系统的可复用性，同时也保证了系统的升级和更新速度。

本书所介绍的环境监测系统操作简单、方便实用、成本低廉、可扩展性能高、可靠性高等，具有广泛的应用前景，不但可以应用于大范围监控领域如森林防火、洪灾预警、生态研究，也可应用于智能家居、智能建筑等其他小型监控领域。

练 习 题

1. 设计基于无线传感器网络的环境监测系统。
2. 设计基于无线传感器网络的室内定位系统。
3. 设计基于无线传感器网络的温室温湿度监测系统。
4. 设计基于 WSN 和 RFID 的停车场管理系统。

参 考 文 献

[1]　熊茂华, 等. ARM9 嵌入式系统设计与开发应用. 北京：清华大学出版社，2008

[2]　熊茂华, 等. ARM 体系结构与程序设计. 北京：清华大学出版社，2009

[3]　杨震伦, 熊茂华. 嵌入式操作系统及编程. 北京：清华大学出版社，2009

[4]　熊茂华, 等. 嵌入式 Linux 实时操作系统及应用编程. 北京：清华大学出版社，2011

[5]　熊茂华, 等. 嵌入式 Linux C 语言应用程序设计与实践. 北京：清华大学出版社，2010

[6]　熊茂华, 等. 物联网技术与应用开发. 西安：西安电子科技大学出版社，2012

[7]　王汝林, 王小宁, 等. 物联网基础及应用. 北京：清华大学出版社，2011

[8]　王汝传, 等. 无线传感器网络技术及其应用. 北京：人民邮电出版社，2011

[9]　张少军. 无线传感器网络技术及应用. 北京：中国电力出版社. 2010

[10]　陈林星. 无线传感器网络技术与应用. 北京：电子工业出版社，2009

[11]　林凤群, 等. RFID 轻量型中间件的构成与实现. 计算机工程，2010(9): 77-80

[12]　孙剑, 等. RFID 中间件在世界及中国的发展现状. 物流技术与应用，2007, 12(2): 4-9

[13]　丁振华, 李锦涛, 等. RFID 中间件研究进展. 计算机工程，2006, 32(21): 9-11

[14]　王立端, 杨雷, 等. 基于 GPRS 远程自动雨量监测系统. 计算机工程，2007(8): 199-201

[15]　伍新华. 物联网工程技术. 北京：清华大学出版社，2011

[16]　刘琳, 于海斌. 无线传感器网络数据管理技术. 计算机工程，2008(1): 62-64

[17]　赵继军, 等. 无线传感器网络数据融合体系结构综述. 传感器与微系统，2009(10)

[18]　孙利民, 等. 无线传感器网络. 北京：清华大学出版社，2005

[19]　薛莉. 无线传感器网络中基于数据融合的路由算法. 数字通信，2011(6): 52-54

[20]　褚伟杰, 等. 基于 SOA 的 RFID 中间件集成应用. 计算机工程，2008, 34(14): 84-86

[21]　蔡殷. 基于无线传感器网络的光强环境监测系统设计：[硕士学位论文]. 广州：华南理工大学图书馆，2009

[22]　褚文楠. 无线传感器网络中间件技术研究及在温室环境监测中的应用：[硕士学位论文]. 广州：华南理工大学图书馆，2009

[23]　范斌. 无线传感器网络安全研究：[硕士学位论文]. 广州：华南理工大学图书馆. 2007